BACHILLERATO 1

Matemáticas

Ciencias

PRÁCTICA

AUTORES
Susana Cardona García
José Antonio Rey Navarro

REVISOR TÉCNICO
Vidal Quiralte Fuentes

El 0,7 % de la venta de este libro se destina a proyectos de desarrollo de la ONGD SED (www.sed-ongd.org).

EDELVIVES BACHILLERATO

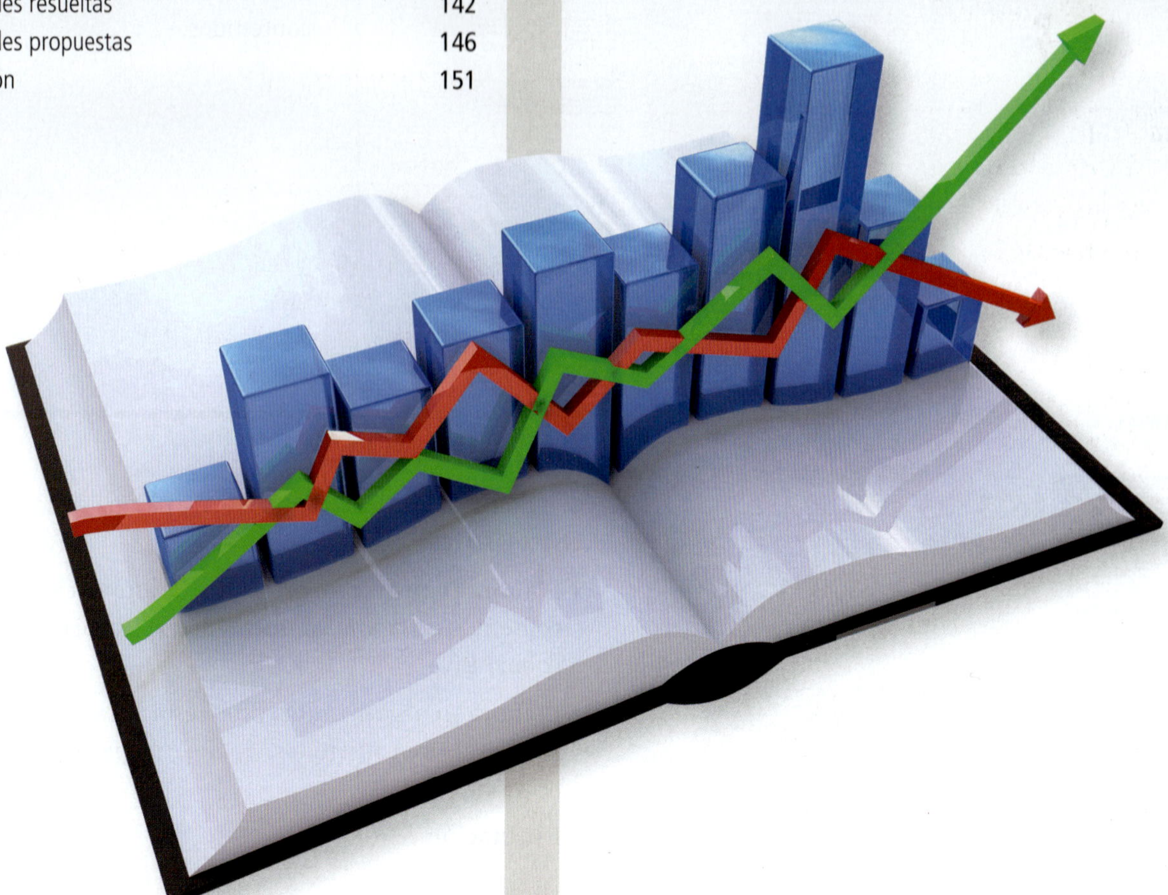

ASÍ ES ESTE PROYECTO

VOLUMEN DE **TEORÍA**

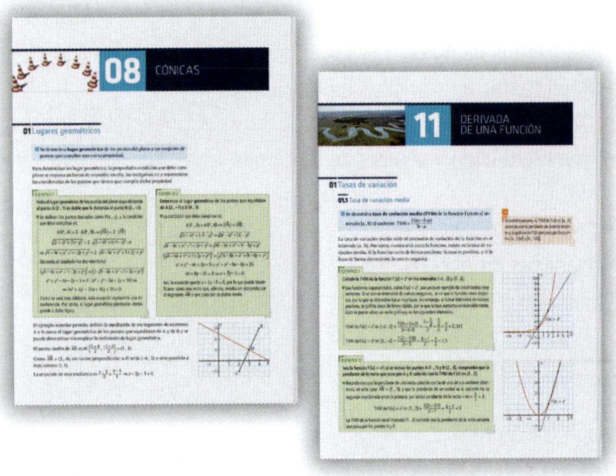

INICIO DE UNIDAD

Las unidades comienzan presentando directamente los contenidos dado el carácter pragmático de este volumen para el estudio.

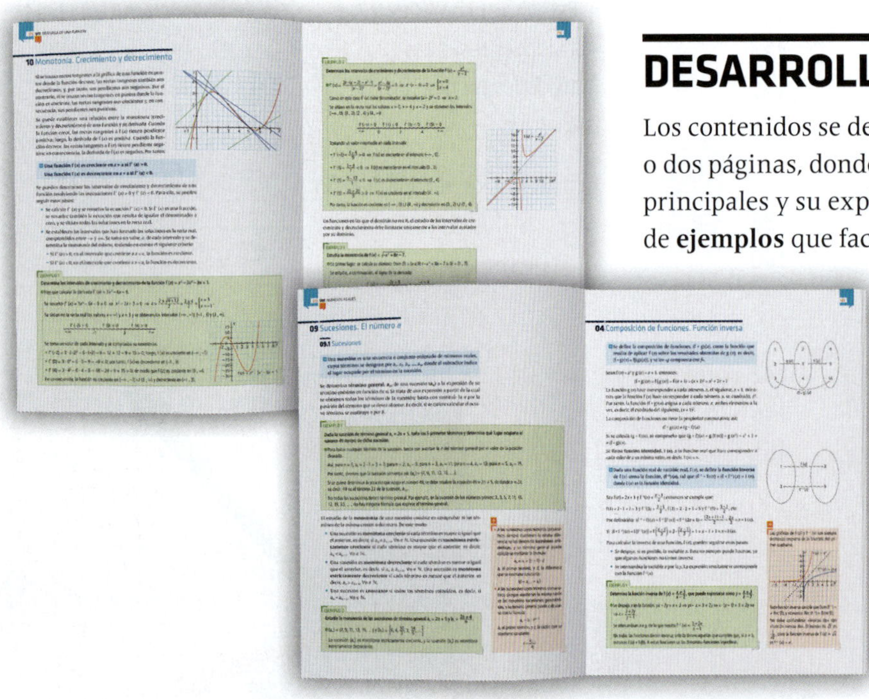

DESARROLLO DE LOS CONTENIDOS

Los contenidos se desarrollan en epígrafes de una o dos páginas, donde aparecen resaltados los conceptos principales y su explicación teórica se acompaña de **ejemplos** que facilitan su comprensión.

Además, la información de los márgenes permite ampliar determinados aspectos de los contenidos.

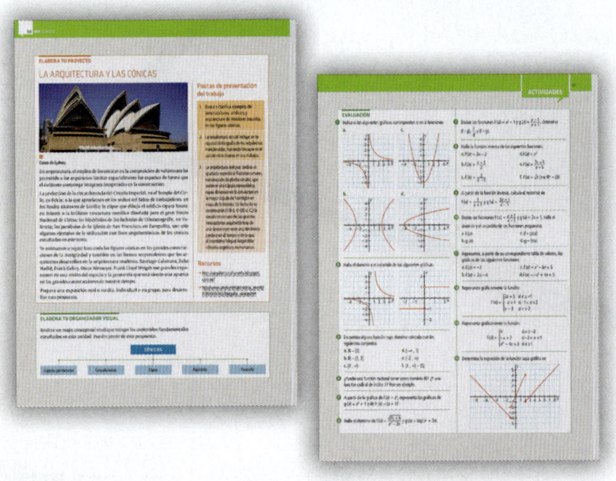

ACTIVIDADES

Cada unidad finaliza con una doble página de trabajo dividida en tres partes:

- **Elabora tu proyecto:** propuesta de ampliación de algún contenido de la unidad que se puede trabajar de forma cooperativa.
- **Elabora tu organizador:** propuesta para la elaboración de la síntesis de los contenidos. Aparece resuelta en el volumen de práctica.
- **Evaluación**

VOLUMEN DE **PRÁCTICA**

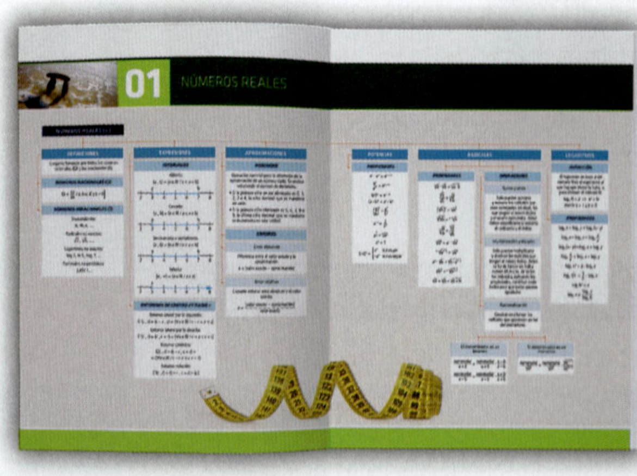

ESQUEMA DE LA UNIDAD

Síntesis de los contenidos de la unidad de forma visual, que se podrá ampliar.

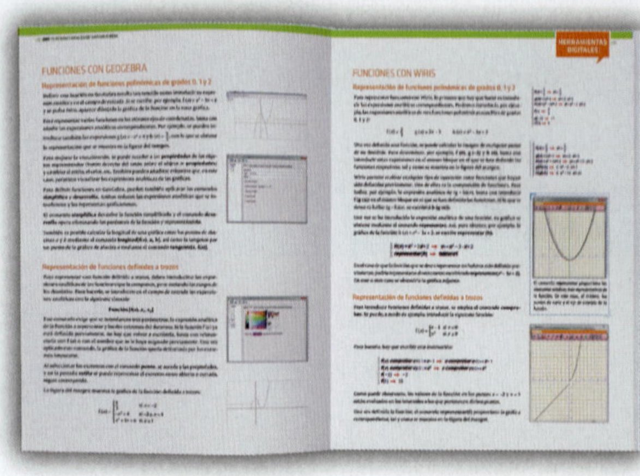

HERRAMIENTAS DIGITALES

Doble página dedicada a enseñar a utilizar programas infomáticos como GeoGebra y Wiris.

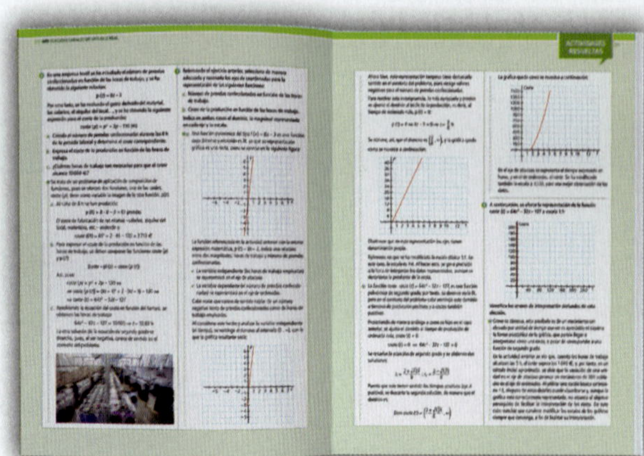

ACTIVIDADES RESUELTAS

Varias páginas con modelos de los problemas más representativos, resueltos paso a paso, que se pueden encontrar a la hora de aplicar los contenidos estudiados en esta unidad.

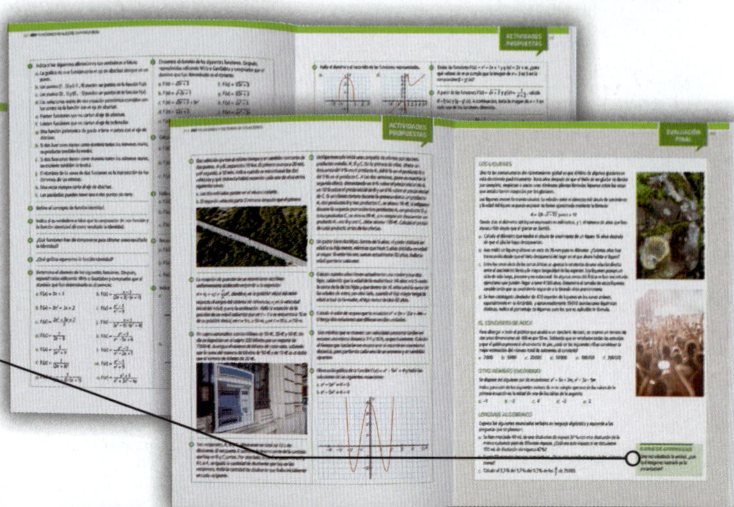

ACTIVIDADES PROPUESTAS Y EVALUACIÓN

Batería de actividades propuestas para practicar los contenidos tratados en la unidad.

- **Diario de aprendizaje:** pregunta para la reflexión del alumno sobre su proceso de aprendizaje.

01 NÚMEROS REALES

NÚMEROS REALES ($\mathbb{R}$)

DEFINICIONES

Conjunto formado por todos los números racionales ($\mathbb{Q}$) y los irracionales ($\mathbb{I}$).

NÚMEROS RACIONALES ($\mathbb{Q}$)

$$\mathbb{Q} = \left\{\frac{a}{b} \mid a, b \in \mathbb{Z} \text{ y } b \neq 0\right\}$$

NÚMEROS IRRACIONALES ($\mathbb{I}$)

Trascendentes:

π, Φ, e, …

Radicales no exactos:

$\sqrt{2}$, $\sqrt[3]{5}$, …

Logaritmos no exactos:

log 3, ln 5, $\log_2 7$, …

Decimales no periódicos:

3,457 1…

EXPRESIONES

INTERVALOS

Abierto:

$(a, b) = \{x \in \mathbb{R} \mid a < x < b\}$

Cerrado:

$[a, b] = \{x \in \mathbb{R} \mid a \leq x \leq b\}$

Semicerrado o semiabierto:

$[a, b) = \{x \in \mathbb{R} \mid a \leq x < b\}$

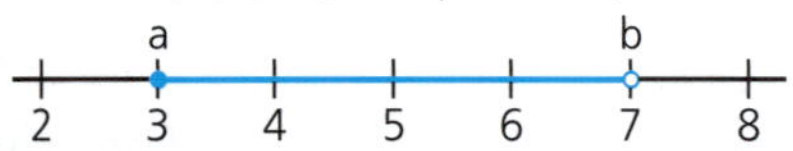

Infinito:

$[a, \infty) = \{x \in \mathbb{R} \mid x \geq a\}$

ENTORNOS DE CENTRO *c* Y RADIO *r*

Entorno lateral por la izquierda:

$E^-(c, r) = (c - r, c) = \{\forall x \in \mathbb{R} \mid c - r < x < c\}$

Entorno lateral por la derecha:

$E^+(c, r) = (c, c + r) = \{\forall x \in \mathbb{R} \mid c < x < c + r\}$

Entorno simétrico:

$E(c, r) = (c - r, c + r) =$
$= \{\forall x \in \mathbb{R} \mid c - r < x < c + r\}$

Entorno reducido:

$E^*(c, r) = (c - r, c + r) - \{c\}$

APROXIMACIONES

REDONDEO

Operación esencial para la obtención de la aproximación de un número dado. Se realiza reduciendo el número de decimales.

- Si la primera cifra en ser eliminada es 0, 1, 2, 3 o 4, la cifra decimal que se mantiene no varía.
- Si la primera cifra eliminada es 5, 6, 7, 8 o 9, la última cifra decimal que se mantiene se incrementa en una unidad.

ERRORES

Error absoluto

Diferencia entre el valor exacto y la aproximación:

$\varepsilon = |\text{valor exacto} - \text{aproximación}|$

Error relativo

Cociente entre el error absoluto y el valor exacto:

$$\varepsilon = \frac{|\text{valor exacto} - \text{aproximación}|}{\text{valor exacto}}$$

POTENCIAS

PROPIEDADES

$a^n \cdot a^m = a^{n+m}$

$\frac{a^n}{a^m} = a^{n-m}$

$(a^n)^m = a^{n \cdot m}$

$(a \cdot b)^n = a^n \cdot b^n$

$\left(\frac{a}{b}\right)^n = \frac{a^n}{b^n}$

$a^{-n} = \frac{1}{a^n}$

$a^{\frac{p}{q}} = \sqrt[q]{a^p}$

$a^0 = 1$

$(-a)^n = \begin{cases} a^n & \text{si } n \text{ es par} \\ -a^n & \text{si } n \text{ es impar} \end{cases}$

RADICALES

PROPIEDADES

$\sqrt[n]{a} \cdot \sqrt[n]{b} = \sqrt[n]{a \cdot b}$

$\frac{\sqrt[n]{a}}{\sqrt[n]{b}} = \sqrt[n]{\frac{a}{b}}$

$\left(\sqrt[n]{a}\right)^p = \sqrt[n]{a^p}$

$\sqrt[n]{\sqrt[m]{a}} = \sqrt[n \cdot m]{a}$

$\sqrt[n]{\frac{a}{b}} = \frac{\sqrt[n]{a}}{\sqrt[n]{b}}$

$\sqrt[n]{a^p} = a^c \cdot \sqrt[n]{a^r}$

$\sqrt[k \cdot n]{a^{k \cdot p}} = \sqrt[n]{a^p}$

$a^p \cdot \sqrt[n]{b} = \sqrt[n]{b \cdot a^{n \cdot p}}$

$\sqrt[n]{a^p} = \sqrt[n \cdot k]{a^{p \cdot k}}$

$\sqrt[n]{a} + \sqrt[n]{b} \neq \sqrt[n]{a+b}$

OPERACIONES

Suma y resta

Solo pueden sumarse y restarse los radicales que sean semejantes (es decir, los que tengan el mismo índice y el mismo radicando). Antes deben simplificarse al máximo el radicando y el índice.

Multiplicación y división

Solo pueden multiplicarse y dividirse los radicales que tengan el mismo índice. Antes se ha de buscar un índice común (el m.c.m. de todos los índices) y, aplicando las propiedades, modificar cada índice para que todos queden igualados.

Racionalización

Consiste en eliminar los radicales que aparezcan en los denominadores.

El denominador es un binomio

$\frac{\text{numerador}}{a+b} = \frac{\text{numerador}}{a+b} \cdot \frac{a-b}{a-b}$

$\frac{\text{numerador}}{a-b} = \frac{\text{numerador}}{a-b} \cdot \frac{a+b}{a+b}$

El denominador es un monomio

$\frac{\text{numerador}}{\sqrt[n]{a^p}} = \frac{\text{numerador}}{\sqrt[n]{a^p}} \cdot \frac{\sqrt[n]{a^{n-p}}}{\sqrt[n]{a^{n-p}}}$

LOGARITMOS

DEFINICIÓN

El logaritmo en base *a* del número N es el exponente al que hay que elevar la base, *a*, para obtener el número N.

$\log_a N = x \Rightarrow a^x = N$

donde $a \neq 1$ y $a > 0$

PROPIEDADES

$\log_b x + \log_b y = \log_b (x \cdot y)$

$\log_b x - \log_b y = \log_b \frac{x}{y}$

$\log_b (x \cdot y) = \log_b x + \log_b y$

$\log_b \frac{x}{y} = \log_b x - \log_b y$

$\log_b x^p = p \cdot \log_b x$

$\log_b \sqrt[n]{x} = \frac{1}{n} \cdot \log_b x$

$\log_b b^x = x$

$\log_b x = \frac{\log_a x}{\log_a b}$

NÚMEROS REALES CON GEOGEBRA

Al ejecutar GeoGebra, aparece una ventana inicial de trabajo que muestra dos zonas claramente diferenciadas: la **vista algebraica** (zona de la izquierda) y la **vista de diseño o vista gráfica** (zona central). En la parte superior de la ventana se muestran una serie de iconos que facilitan el acceso a los comandos. Al pulsar sobre la flecha que se encuentra en la esquina inferior de cada icono, se abre un desplegable que muestra más opciones del comando correspondiente.

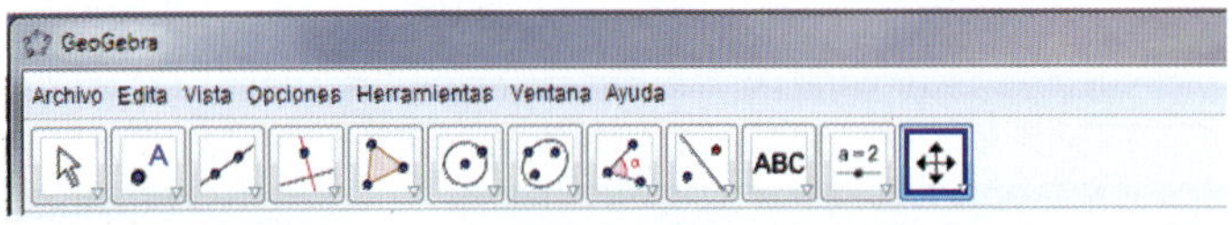

GeoGebra es un *software* matemático libre e interactivo que se ofrece como apoyo educativo para uso de docentes y alumnos. Markus Hohenwarter es el creador de esta aplicación, cuya versatilidad es tal que permite desarrollar propuestas en ámbitos tan variados como la geometría, el álgebra y el cálculo.

El ejecutable del programa puede descargarse de:

http://www.geogebra.org

Para documentarse acerca de los distintos procedimientos y las posibilidades que permite el programa, conviene consultar el manual oficial en castellano en:

http://www.geogebra.org/help/docues.pdf

Representación de un rectángulo áureo con GeoGebra

Una manera de iniciarse en el uso del programa consiste en representar un rectángulo con la armónica proporcionalidad del número de oro:

$$\phi = \frac{1+\sqrt{5}}{2}$$

En primer lugar, conviene trazar un cuadrado de lado 2. Para hacerlo, se selecciona el comando **nuevo punto** y se marcan los vértices (0 , 0), (0 , 2), (2 , 0) y (2 , 2). También pueden introducirse las coordenadas de cada punto escribiéndolas directamente en **Entrada** (el campo de entrada de texto que se encuentra en la parte inferior de la pantalla) y pulsando *Intro*.

Después, se señala el punto medio de uno de los lados del cuadrado, por ejemplo de la base. Para ello, se selecciona el comando **punto medio** y se hace clic con el ratón sobre los dos extremos de dicho lado.

Seguidamente, se une este punto medio con uno de los extremos del lado opuesto. Para ello, se selecciona el comando **segmento entre dos puntos** y se hace clic sobre cada uno de los puntos que se desean unir. La longitud del segmento resultante es de $\sqrt{5}$ unidades, valor que se obtiene aplicando el teorema de Pitágoras al triángulo rectángulo cuyos catetos miden 1 unidad y 2 unidades.

Ahora, se selecciona el comando **circunferencia dados su centro y uno de sus puntos** y se hace clic primero sobre el extremo del segmento que coincide con el punto medio de un lado y después sobre el otro extremo de ese segmento. El punto de intersección del arco trazado con el eje X corresponde a uno de los vértices del rectángulo. Si se pulsa sobre este punto, aparecen sus coordenadas en la vista algebraica: (3,24 , 0)

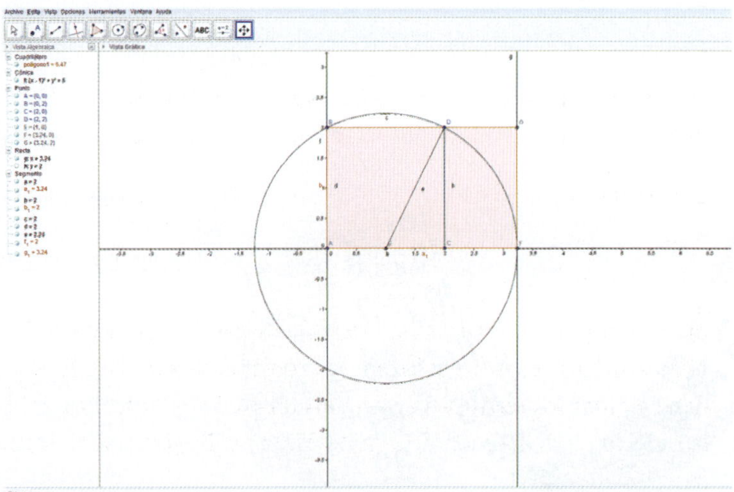

La longitud de la base del rectángulo es $1 + \sqrt{5}$, por lo que el rectángulo cumple la proporción aurea:

$$\phi = \frac{1+\sqrt{5}}{2} = \frac{\text{lado mayor}}{\text{lado menor}}$$

Para acabar de dibujar el rectángulo, se selecciona el comando **polígono** y se hace clic con el ratón sobre los cuatro vértices del rectángulo.

NÚMEROS REALES CON WIRIS

Al ejecutar Wiris, aparece una ventana inicial de trabajo con varias pestañas que permiten acceder a áreas de trabajo tan diversas como la edición, las operaciones, la programación, la combinatoria, las matrices, el análisis...

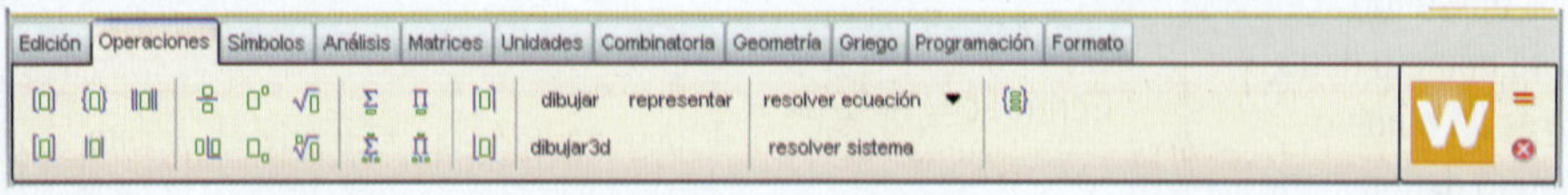

Para comenzar con esta aplicación, puede teclearse Wiris en cualquier buscador; aparecerán distintos enlaces con la indicación «Wiris, tu calculadora en la red» desde los que se puede descargar el ejecutable de la aplicación, para poder trabajar sin conexión, así como un manual que permite profundizar en las posibilidades y procedimientos de esta herramienta. Sin embargo, no es estrictamente necesario instalar el programa, pues la aplicación también puede usarse *on-line*.

Cálculos aritméticos básicos

Las operaciones básicas definidas en Wiris son la suma (+), la resta (-) y el producto (* o ·). El cociente (/) y la potencia (^) se pueden insertar, además, desde el menú **Operaciones**, así como la raíz cuadrada y la raíz n-ésima. Se pueden introducir tantas operaciones como se desee y obtener el resultado correspondiente con solo pulsar el símbolo [=].

Si se quiere obtener el resultado decimal de una división, hay que añadir «.0» al dividendo; en caso contrario, Wiris devolverá el resultado fraccionario (como se observa en la figura del margen).

$2\cdot4 \rightarrow 8$
$5+3\cdot4 \rightarrow 17$
$10/4 \rightarrow \frac{5}{2}$
$\frac{10}{4} \rightarrow \frac{5}{2}$
$10.0/4 \rightarrow 2.5$
$2\text{^}3 \rightarrow 8$
$2^3 \rightarrow 8$
$9\text{^}(1/2) \rightarrow 3$
$\sqrt{9} \rightarrow 3$
$\sqrt[3]{8} \rightarrow 2$

Si lo que se desea es obtener el cociente y el resto de una división, se debe hacer clic sobre el icono [□|□], o bien hacer uso de los comandos **coc** y **resto**.

23 |5 → 23 |5 (cociente 4, resto 3)
coc(23,5) → 4
resto(23,5) → 3

Para descomponer un número en factores primos, se usa el comando **factorizar**, y para calcular el mínimo común múltiplo o el máximo común divisor, los comandos **mcm** y **mdc**, respectivamente. En cuanto a los logaritmos, se dispone de los comandos **ln** (logaritmo neperiano), **log** (logaritmo decimal) y **log**$_a$ (logaritmo en base *a*). Hay que tener en cuenta que el número *e*, o cualquier otro carácter especial, se debe introducir desde el menú **Símbolos**, y no directamente por teclado.

factorizar(240) → $2^4\cdot3\cdot5$
mcm(42,15,36) → 1260
mcd(42,15,36) → 3

log(100) → 2
log$_2$8 → 3.
ln(2) → 0.69315
ln(1) → 0
ln(e^2) → 2

Sucesiones con Wiris

El comando **progresión** permite evaluar de qué tipo es una sucesión con solo introducir tres términos consecutivos y devuelve, además, su término general.

a=**progresión**(−1,2,5) → −1,2,5,...,$-4+3\cdot$**n**,...aritmético
b=**progresión**(3,6,12) → 3,6,12,...,$\frac{3}{2}\cdot2^{\mathbf{n}}$,...geométrico

En el ejemplo anterior, se han designado las sucesiones con las letras *a* y *b*, respectivamente. Esto permite operar con dichas sucesiones. Por ejemplo, se pueden calcular los términos a_6 y b_4, los términos generales a_n y b_n, la diferencia de la sucesión a_n o la razón de la sucesión b_n, tal y como se muestra en la figura del margen.

a(6) → 14
b(4) → 24
a(**n**) → $3\cdot\mathbf{n}-4$
b(**n**) → $3\cdot2^{\mathbf{n}-1}$
paso(**a**) → 3
razón(**b**) → 2

1 **Expresa los siguientes números en notación científica:**

a. 134 000 000 000

b. 0,000 000 000 000 000 163

La notación científica consiste en una manera rápida de expresar números muy grandes o muy pequeños utilizando potencias de base diez. En notación científica, un número dado, N, se expresa de la forma $N = a \cdot 10^n$, donde *a* es un número racional llamado coeficiente, y *n*, un número entero denominado orden de magnitud.

a. Este número dispone de nueve ceros, por lo que se puede expresar de la forma: $134 \cdot 1\,000\,000\,000 = 134 \cdot 10^9$

En notación científica, el coeficiente se escribe con una única cifra en la parte entera, por lo que se considera que $134 = 1{,}34 \cdot 10^2$, y se expresa el número de la forma:

$$1{,}34 \cdot 10^2 \cdot 10^9 = 1{,}34 \cdot 10^{11}$$

b. En este caso, el número dispone de 18 cifras decimales, por lo que se puede expresar de la forma:

$$\frac{163}{1\,000\,000\,000\,000\,000\,000} = 163 \cdot 10^{-18}$$

Dado que en notación científica el coeficiente debe disponer de una única cifra en la parte entera, se considera que $163 = 1{,}63 \cdot 10^2$ y se expresa el número de la forma:

$$1{,}63 \cdot 10^2 \cdot 10^{-18} = 1{,}63 \cdot 10^{-16}$$

2 **Encuentra una ecuación algebraica que tenga como solución el número áureo.**

La proporción áurea es la división armónica de un segmento en media y extrema razón, es decir, resulta de dividir un segmento en dos segmentos, A y B, con A < B, de manera que la razón entre el segmento de menor tamaño, A, y el segmento de mayor tamaño, B, sea igual a la razón entre el segmento mayor, B, y la totalidad, A + B.

De esta manera, se establece una relación de proporcionalidad entre el segmento mayor dividido por el todo y el segmento menor dividido por el mayor.

$$\frac{B}{A+B} = \frac{A}{B}$$

En consecuencia, se puede tomar un segmento de lado 1 y dividirlo en dos partes de manera que se verifique la proporción áurea:

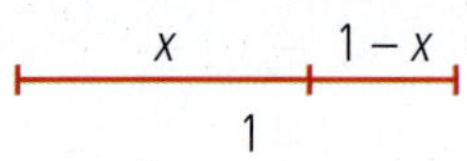

$$\frac{x}{1} = \frac{1-x}{x}$$

Seguidamente, mediante transposición de términos, se halla la ecuación buscada:

$$\frac{1-x}{x} = \frac{x}{1} \Rightarrow 1 - x = x^2 \Rightarrow x^2 + x - 1 = 0$$

3 **Determina el entorno simétrico que corresponde al intervalo $\left(-\frac{1}{2}, 3\right)$.**

Para hallar el entorno simétrico, se calcula el centro y el radio del entorno:

$$\text{Centro: } c = \frac{-\frac{1}{2} + 3}{2} = \frac{5}{4}$$

$$\text{Radio: } r = 3 - \frac{5}{4} = \frac{7}{4}$$

Por tanto, el entorno buscado es: $E\left(\frac{5}{4}, \frac{7}{4}\right)$

4 **Halla el mayor entorno simétrico con centro en $-\frac{3}{4}$ que esté contenido en el intervalo $\left(-3, \frac{1}{5}\right)$.**

Se calculan las dos distancias del centro a los extremos del intervalo:

$$r_1 = -\frac{3}{4} - (-3) = \frac{9}{4}$$

$$r_2 = \frac{1}{5} - \left(-\frac{3}{4}\right) = \frac{19}{20}$$

Se toma en consideración la menor de las distancias, $r = \frac{19}{20}$, que será, a su vez, el radio del mayor entorno simétrico con centro en $-\frac{3}{4}$ contenido en el intervalo indicado.

Por tanto, el entorno buscado es: $E\left(-\frac{3}{4}, \frac{19}{20}\right)$

5 **Define y representa los siguientes conjuntos:**

$$A = E(1, 4) \cup \left[\frac{1}{2}, 6\right) \qquad B = E(1, 4) \cap \left[\frac{1}{2}, 6\right)$$

El primero de los conjuntos es la unión de un entorno y un intervalo semiabierto. Convirtiendo el entorno en intervalo y resolviendo la unión, se obtiene:

$$A = E(1, 4) \cup \left[\frac{1}{2}, 6\right) = (-3, 5) \cup \left[\frac{1}{2}, 6\right) = (-3, 6)$$

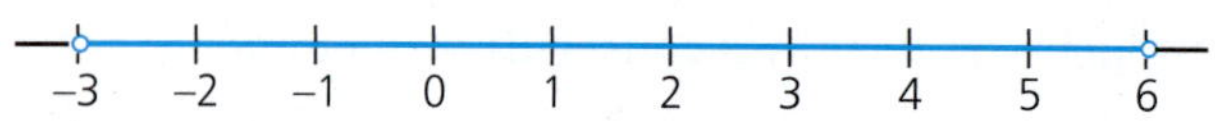

El segundo de los conjuntos es la intersección de dos intervalos, y, por tanto, deben seleccionarse los elementos que son comunes a ambos intervalos:

$$B = E(1, 4) \cap \left[\frac{1}{2}, 6\right) = (-3, 5) \cap \left[\frac{1}{2}, 6\right) = \left[\frac{1}{2}, 5\right)$$

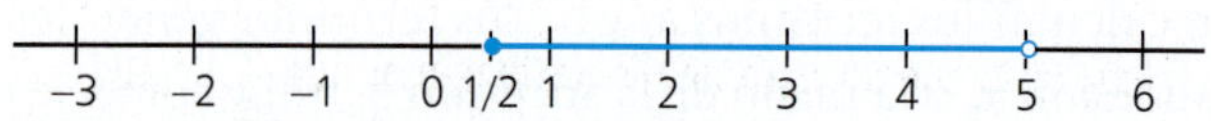

6 **Determina el intervalo en el que se cumple que $\frac{2a-3}{2} > 3$ y $-a \geq 3$, donde *a* es cualquier número incluido en ese intervalo.**

Se desarrollan la primera inecuación de primer grado y se obtiene:

$$\frac{2a-3}{2} > 3 \Rightarrow 2a - 3 > 6 \Rightarrow a > \frac{9}{2}$$

Por otro lado, de la segunda inecuación resulta:

$$-a \geq 3 \Rightarrow a \leq -3$$

(Observa que, para resolver la inecuación, se han multiplicado ambos miembros de la desigualdad por –1, por lo que el sentido de la desigualdad se ha invertido).

Las dos soluciones que son contradictorias, ya que no es posible hallar un número que sea menor o igual que –3 y a la vez mayor que $\frac{9}{2}$. Por consiguiente, se concluye que no existe el intervalo pedido.

7 **Halla el valor de *x* en la expresión $|2x + 1| = 3$.**

De la expresión se obtienen dos ecuaciones polinómicas de primer grado:

$$2x + 1 = 3 \Rightarrow x = \frac{3-1}{2} = 1$$

$$2x + 1 = -3 \Rightarrow x = \frac{-3-1}{2} = -2$$

Las soluciones que hay que comprobar son, por tanto, $x = 1$ y $x = -2$.

$x = 1 \Rightarrow |2 \cdot 1 + 1| = |3| = 2$ (solución válida)

$x = -2 \Rightarrow |2 \cdot (-2) + 1| = |-3| = 3$ (solución válida)

8 **Desarrolla el valor de la expresión algebraica $x - 2 + |3x - 1|$.**

Dado que el sumando que contiene el valor absoluto tiene doble expresión según sea su signo, se opera y se llega a la siguiente expresión:

$$x - 2 + |3x - 1| = \begin{cases} x - 2 + 3x - 1 & \text{si } 3x - 1 \geq 0 \\ x - 2 - (3x - 1) & \text{si } 3x - 1 < 0 \end{cases} \Rightarrow$$

$$\Rightarrow x - 2 + |3x - 1| = \begin{cases} 4x - 3 & \text{si } x \geq \frac{1}{3} \\ -2x - 1 & \text{si } x < \frac{1}{3} \end{cases}$$

9 **Expresa en forma de intervalo los siguientes conjuntos de números reales:**

a. $|x + 2| < \frac{1}{5}$ **b.** $|x + 2| \geq \frac{1}{5}$

a. El conjunto de números reales contenidos en la expresión del valor absoluto propuesta está formado por aquellos números que se encuentran a una distancia menor que $\frac{1}{5}$ de –2.

Por tanto, el entorno simétrico es: $E\left(-2, \frac{1}{5}\right)$

Los extremos de tal entorno se calculan de la siguiente manera:

$$-2 - \frac{1}{5} = -\frac{11}{5} \qquad -2 + \frac{1}{5} = -\frac{9}{5}$$

Por consiguiente: $E\left(-2, \frac{1}{5}\right) = \left(-\frac{11}{5}, -\frac{9}{5}\right)$

b. Los extremos del intervalo hallado en el apartado anterior siguen siendo de utilidad en este apartado, pero la interpretación es la contraria: se buscan todos los números reales cuya distancia a –2 sea mayor que $\frac{1}{5}$, por lo que se obtienen dos intervalos que se extienden hasta el infinito: uno a la izquierda del extremo inferior y otro a la derecha. Debe tenerse en cuenta que en este caso los extremos calculados, $-\frac{9}{5}$ y $-\frac{11}{5}$, son soluciones válidas de la inecuación (están incluidos en los intervalos). Por tanto, el intervalo pedido es:

$$\left(-\infty, -\frac{11}{5}\right] \cup \left[-\frac{9}{5}, \infty\right)$$

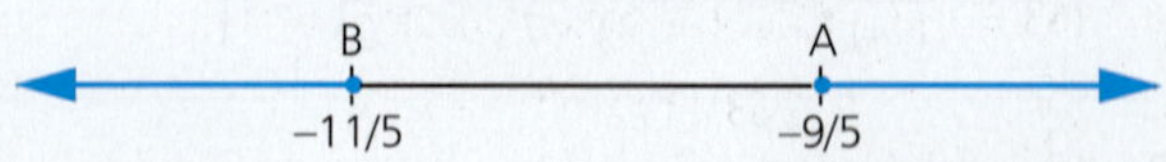

10 **Aproxima a las centésimas los números 12,126 y 0,126 e interpreta los errores absolutos y relativos que se obtienen.**

Errores absolutos

Para el número 12,126, la aproximación resulta 12,13, y el error absoluto, $\varepsilon = |12,126 - 12,13| = 0,004$.

Para el número 0,126, la aproximación resulta 1,13, y el error absoluto, el mismo que en el caso anterior:

$$\varepsilon = |0,126 - 0,13| = 0,004$$

En ambas aproximaciones se comete un error de 4 milésimas.

Errores relativos

El error relativo informa mejor sobre el error cometido que el absoluto, por lo que conviene calcularlo para las dos aproximaciones:

Para 12,126: $\varepsilon = \frac{|12,126 - 12,13|}{12,126} = 0,00033$ (0,033 %)

Para 0,126: $\varepsilon = \frac{|0,126 - 0,13|}{0,126} = 0,032$ (3,2 %)

Como puede observarse, en el número 0,126 hay 126 milésimas, y nos estamos equivocando en cuatro de ellas. Por el contrario, en el número 12,126 hay 12 126 milésimas, por lo que un error de cuatro de ellas resulta inapreciable, de ahí su bajo porcentaje de error relativo.

11 Realiza las siguientes operaciones:

a. $\left(-1+\left(\frac{1}{1+\frac{1}{\frac{-1}{2}+1}}\right)^2\right)^{-1}$ **b.** $\frac{(-24)\cdot(-21^3)\cdot 9^3\cdot(-2)^{-5}}{27\cdot(-3)^{-3}}$

a. Se procede a operar adecuadamente con las fracciones, atendiendo a la jerarquía algebraica:

$$\left[-1+\left(\frac{1}{1+\frac{1}{\frac{-1}{2}+1}}\right)^2\right]^{-1} = \left[-1+\left(\frac{-1}{1+\frac{1}{\frac{1}{2}}}\right)^2\right]^{-1} = \left(-1+\left(\frac{-1}{1+2}\right)^2\right)^{-1} =$$

$$= \left(-1+\left(\frac{-1}{3}\right)^2\right)^{-1} = \left(-1+\frac{1}{9}\right)^{-1} = \left(\frac{-8}{9}\right)^{-1} = -\frac{9}{8}$$

b. Se expresa cada término como potencia de factores primos y se opera después por separado con los factores de signo negativo, evaluando el signo según el exponente sea par o impar:

$$\frac{(-24)\cdot(-21^3)\cdot 9^3\cdot(-2)^{-5}}{27\cdot(-3)^{-3}} =$$

$$= \frac{(-1)\cdot(-2^3\cdot 3)\cdot(-1)\cdot(3^3\cdot 7^3)\cdot(3^2)^3\cdot(-1)^{-5}\cdot(2)^{-5}}{(3^3)^4\cdot(-1)^{-3}\cdot(3)^{-3}\cdot 7^2} =$$

$$= \frac{(-1)\cdot(-1)\cdot(-1)^{-5}}{(-1)^{-3}}\cdot\frac{2^{-2}\cdot 3^{10}\cdot 7^3}{3^9\cdot 7^2} = \frac{3\cdot 7}{2^2} = \frac{21}{4}$$

12 Realiza las siguientes operaciones:

a. $\sqrt[5]{0{,}004^4\cdot 800^7}$

b. $\frac{\sqrt[4]{4a^2}\cdot\sqrt[6]{16a^5}\cdot\sqrt[3]{2a^2}}{a\sqrt{8}}$

c. $\sqrt[5]{a-\frac{9a}{25}}+\frac{1}{a}\sqrt{a^3\cdot b}-\frac{1}{b}\sqrt{a\cdot b^3}+\frac{5}{3}\sqrt{9b}-\sqrt{36b}$

d. $\sqrt{\frac{a}{2b}}\cdot\left(\sqrt[3]{\frac{4b^2}{a^2}}:\sqrt{\frac{2b}{a}}\right)$

a. Se expresan los factores como productos de potencias de números primos y se aplican las propiedades de los radicales para extraer del radical cuantos factores sea posible:

$$\sqrt[5]{0{,}004^4\cdot 800^7} = \sqrt[5]{(2^2\cdot 10^{-3})^4\cdot(2^3\cdot 10^2)^7} = \sqrt[5]{2^{29}\cdot 10^2} =$$

$$= \sqrt[5]{2^{29}\cdot(2\cdot 5)^2} = \sqrt[5]{2^{31}\cdot 5^2} = 2^6\cdot\sqrt[5]{2\cdot 5^2} = 64\cdot\sqrt[5]{50}$$

b. La resolución de este apartado exige multiplicar radicales y, por tanto, se realiza estableciendo un índice común y modificando los radicandos, manteniendo la equivalencia con la expresión inicial.

Una vez obtenido el índice común, se trabaja de forma que una única raíz englobe todo el radicando:

$$\frac{\sqrt[4]{4a^2}\cdot\sqrt[6]{16a^5}\cdot\sqrt[3]{2a^2}}{a\sqrt{8}} = \frac{\sqrt[12]{(2)^2\cdot a^2)^3}\cdot\sqrt[12]{(2^4\cdot a^5)^2}\cdot\sqrt[12]{(2\cdot a^2)^4}}{\sqrt[12]{a^{12}}\cdot\sqrt[12]{(2^3)^6}} =$$

$$= \frac{\sqrt[12]{2^6\cdot 2^8\cdot 2^4\cdot a^6\cdot a^{10}\cdot a^8}}{\sqrt[12]{2^{18}\cdot a^{12}}} = \sqrt[12]{\frac{2^{18}a^{24}}{2^{18}\cdot a^{12}}} = \sqrt[12]{a^{12}} = a$$

c. En este apartado se debe realizar una suma de radicales, y, en consecuencia, es necesario que estos sean semejantes. Para ello, se opera con los radicandos, extrayendo cuantos factores sea posible. Una vez hecho esto, resulta sencillo determinar qué radicales se pueden sumar y cuáles no.

$$\sqrt[5]{a-\frac{9a}{25}}+\frac{1}{a}\sqrt{a^3\cdot b}-\frac{1}{b}\sqrt{a\cdot b^3}+\frac{5}{3}\sqrt{9b}-\sqrt{36b} =$$

$$= \sqrt[5]{\frac{25a-9a}{25}}+\frac{1}{a}a\sqrt{a\cdot b}-\frac{1}{b}b\sqrt{a\cdot b}+\frac{5}{3}3\sqrt{b}-6\sqrt{b} =$$

$$= \sqrt[5]{\frac{16a}{25}}+\sqrt{a\cdot b}-\sqrt{a\cdot b}+5\sqrt{b}-6\sqrt{b} =$$

$$= 5\frac{4}{5}\sqrt{a}+\sqrt{a\cdot b}-\sqrt{a\cdot b}+5\sqrt{b}-6\sqrt{b} = 4\sqrt{a}-\sqrt{b}$$

d. La dificultad de este apartado radica en observar correctamente la jerarquía de las operaciones:

$$\sqrt{\frac{a}{2b}}\cdot\left(\sqrt[3]{\frac{4b^2}{a^2}}:\sqrt{\frac{2b}{a}}\right) = \frac{\sqrt{\frac{a}{2b}}\cdot\sqrt[3]{\frac{4b^2}{a^2}}}{\sqrt{\frac{a}{2b}}} = \sqrt[6]{\frac{\left(\frac{a}{2b}\right)^3\cdot\left(\frac{4b^2}{a^2}\right)^2}{\left(\frac{2b}{a}\right)^3}} =$$

$$= \sqrt[6]{\frac{\frac{2^4a^3\cdot b^4}{2^3a^4\cdot b^3}}{\frac{2^3b^3}{a^3}}} = \sqrt[6]{\frac{2^4a^6\cdot b^4}{2^6a^4\cdot b^6}} = \frac{1}{2b}\cdot\sqrt[6]{2^4a^2\cdot b^4} = \frac{\sqrt[3]{2^2a\cdot b^2}}{2b}$$

13 Resuelve $\frac{\sqrt{18\cdot a^2\cdot b}}{3\cdot\sqrt[4]{4a^3\cdot b}}$.

Esta expresión puede resolverse siguiendo dos procedimientos:

Primer procedimiento. Se multiplica numerador y denominador por la raíz cuarta cuyo radicando complete las potencias del radicando del denominador, para obtener el grado 4 en todos sus factores:

$$\frac{\sqrt{18\cdot a^2\cdot b}}{3\cdot\sqrt[4]{4a^3\cdot b}} = \frac{\sqrt{18\cdot a^2\cdot b}}{3\cdot\sqrt[4]{2^2\cdot a^3\cdot b}} = \frac{\sqrt{2\cdot 3^2\cdot a^2\cdot b}}{3\cdot\sqrt[4]{2^2\cdot a^3\cdot b}}\cdot\frac{\sqrt[4]{2^2\cdot a\cdot b^3}}{\sqrt[4]{2^2\cdot a\cdot b^3}} =$$

$$= \frac{\sqrt[4]{2^2\cdot 3^4\cdot a^4\cdot b^2}\cdot\sqrt[4]{2^2\,a\cdot b^3}}{3\cdot\sqrt[4]{2^4\cdot a^4\cdot b^4}} = \frac{\sqrt[4]{2^4\cdot 3^4\cdot a^5\cdot b^5}}{2\cdot 3\cdot a\cdot b} = \sqrt[4]{a\cdot b}$$

Segundo procedimiento. Se multiplica tanto el numerador como el denominador por la raíz cuarta que contiene el radicando del denominador elevado al cubo. De esta manera, el producto de ambos sigue cumpliendo la regla exigida:

$$\frac{\sqrt{18\cdot a^2\cdot b}}{3\cdot\sqrt[4]{4a^3\cdot b}} = \frac{\sqrt{18\cdot a^2\cdot b}}{3\cdot\sqrt[4]{2^2\cdot a^3\cdot b}} = \frac{\sqrt{2\cdot 3^2\cdot a^2\cdot b}}{3\cdot\sqrt[4]{2^2\cdot a^3\cdot b}}\cdot\frac{\sqrt[4]{(2^2\cdot a^3\cdot b)^3}}{\sqrt[4]{(2^2\cdot a^3\cdot b)^3}} =$$

$$= \frac{\sqrt[4]{2^2\cdot 3^4\cdot a^4\cdot b^2}\cdot\sqrt[4]{2^6\,a^9\cdot b^3}}{3\cdot\sqrt[4]{(2^2\cdot a^3\cdot b)^4}} = \frac{\sqrt[4]{2^8\cdot 3^4\cdot a^{13}\cdot b^5}}{2^2\cdot 3\cdot a^3\cdot b} =$$

$$= \frac{2^2\cdot 3\cdot a^3\cdot b\sqrt[4]{a\cdot b}}{2^2\cdot 3\cdot a^3\cdot b} = \sqrt[4]{a\cdot b}$$

14 **Un agricultor quiere vallar el perímetro de un campo rectangular, uno de cuyos lados mide el triple que el otro, y que tiene una diagonal de 50 m. Calcula el precio que deberá pagar si cada metro de valla cuesta 15 €. Expresa el resultado en forma de radical y después aproxima a los céntimos de euro.**

Los lados, designados con x y $3x$, son los catetos de un triángulo cuya hipotenusa vale 50. Por tanto:

$$x^2 + (3x)^2 = 50^2 \Rightarrow 10x^2 = 2\,500 \Rightarrow x = \sqrt{250} = 5\sqrt{10}\text{ m}$$

El perímetro del rectángulo es:

$$P = 2x + 2 \cdot (3x) = 2 \cdot (5\sqrt{10}) + 6 \cdot (5\sqrt{10}) = 8 \cdot (5\sqrt{10}) =$$
$$= 40 \cdot \sqrt{10}\text{ m}$$

Puesto que el precio es de 15 €/m, el precio total es:

$$15 \cdot 40 \cdot \sqrt{10} = 600 \cdot \sqrt{10}\text{ €}$$

Se trata de un valor irracional que se debe aproximar a las centésimas, pues esta es la cifra significativa de menor valor de la moneda con la que trabajamos. De este modo, el precio será de 1 897,37 €.

15 **Utiliza la definición de logaritmo y calcula el valor de x en las siguientes expresiones:**

a. $\log_x 25 = -2$

b. $\log_7 \frac{1}{49} = x$

c. $\log_3 x = -2$

d. $\log_3 4^x = 2$

Aplicando la definición de logaritmo, las expresiones logarítmicas se convierten en expresiones con potencias:

a. $\log_x 25 = -2 \Rightarrow x^{-2} = 25 \Rightarrow x^2 = \frac{1}{25} \Rightarrow x = \pm\sqrt{\frac{1}{25}} = \pm\frac{1}{5}$

Se elige la solución positiva, $x = \frac{1}{5}$, puesto que la base no puede tomar valores negativos.

b. $\log_7 \frac{1}{49} = x \Rightarrow 7^x = \frac{1}{49} = 7^{-2} \Rightarrow x = -2$

c. $\log_3 x = -2 \Rightarrow x = 3^{-2} \Rightarrow x = \frac{1}{9}$

d. $\log_3 4^x = 2 \Rightarrow 3^2 = 4^x \Rightarrow \log_4 9 = x \log_4 4 \Rightarrow x = \log_4 9$

16 **Sabiendo que $\log_b 2 = x$, $\log_b 3 = y$ y $\log_b 5 = z$, calcula $\log_b\left(\frac{1,6^{-3} \cdot 50^2}{\sqrt[3]{0,00048}}\right)$ en función de x, y, z.**

En este caso se trata de expresar la característica del logaritmo como producto de potencias de 2, 3 y 5, para convertir después la expresión inicial en una suma de logaritmos:

$$\log_b\left(\frac{1,6^{-3} \cdot 50^2}{\sqrt[3]{0,0006}}\right) = \log_b\left[\frac{(2^4 \cdot 10^{-1})^{-3} \cdot (2 \cdot 5^2)^2}{(2 \cdot 3 \cdot 10^{-4})^{\frac{1}{3}}}\right] =$$

$$= \log_b\left[\frac{(2^4 \cdot (2 \cdot 5)^{-1})^{-3} \cdot (2 \cdot 5^2)^2}{(2 \cdot 3 \cdot (2 \cdot 5)^{-4})^{\frac{1}{3}}}\right] = \log_b\left(\frac{2^7 \cdot 5^7}{2^{-1} \cdot 3^{\frac{1}{3}} \cdot 5^{\frac{-4}{3}}}\right)$$

Llegados a este punto, se opera utilizando las propiedades de las potencias para simplificar la característica del logaritmo:

$$\log_b \frac{2^{-7} \cdot 5^7}{2^{-1} \cdot 3^{\frac{1}{3}} \cdot 5^{\frac{-4}{3}}} = \log_b 2^{-6} \cdot 3^{\frac{-1}{3}} \cdot 5^{\frac{25}{3}}$$

Seguidamente se aplican las propiedades de los logaritmos:

$$\log_b 2^{-6} \cdot 3^{\frac{-1}{3}} \cdot 5^{\frac{25}{3}} = \log_b (2^{-6}) + \log_b 3^{\frac{-1}{3}} + \text{lob}_b\, 5^{\frac{25}{3}} =$$

$$= -6 \log_b 2 - \frac{1}{3}\log_b 3 + \frac{25}{3}\log_b 5 = -6x - \frac{1}{3}y + \frac{25}{3}z$$

17 **Resuelve la ecuación $10^x = 22$.**

A priori se trata de una ecuación exponencial, pero, aplicando las propiedades de los logaritmos, se convierte en una ecuación muy elemental. Basta con tomar logaritmos en base 10 en ambos miembros de la ecuación y aplicar la propiedad de la potencia de la característica:

$$10^x = 22 \Rightarrow \log 10^x = \log 22 \Rightarrow x \cdot \log 10 = \log 22 \Rightarrow x = \log 22$$

18 **Encuentra, en cada caso, la relación que debe existir entre x e y, para que se verifiquen las siguientes expresiones:**

a. $\log x = 2 - \log y$

b. $\log_7 x - 5 = \log_7\left(\frac{y}{5}\right)$

a. $\log x = 2 - \log y \Rightarrow \log x + \log y = 2 \Rightarrow$

$$\Rightarrow \log(x \cdot y) = 2 \Rightarrow x \cdot y = 10^2 \Rightarrow x = \frac{100}{y}$$

b. $\log_7 x - 5 = \log_7\left(\frac{y}{5}\right) \Rightarrow \log_7 x - \log_7\left(\frac{y}{5}\right) = 5 \Rightarrow$

$$\Rightarrow \log_7\left(\frac{x}{\frac{y}{5}}\right) = 5 \Rightarrow \log_7\left(\frac{5x}{y}\right) = 5 \Rightarrow \frac{5x}{y} = 7^5 \Rightarrow$$

$$\Rightarrow x = \frac{7^5 \cdot y}{5} = \frac{16\,807y}{5}$$

19 **Utilizando la definición y las propiedades de los logaritmos, resuelve la siguiente ecuación:**

$$\log(2x + 6) - \log(2x + 1) = 1 - \log 5$$

Para resolver esta ecuación, es preciso eliminar logaritmos. Para ello, se agrupan estos hasta obtener una igualdad compuesta por dos logaritmos de la misma base, que, por ser iguales, verifican que sus características también lo son.

$$\log(2x + 6) - \log(2x + 1) = 1 - \log 5 \Rightarrow$$

$$\Rightarrow \log(2x + 6) - \log(2x + 1) = \log 10 - \log 5 \Rightarrow$$

$$\Rightarrow \frac{2x + 6}{2x + 1} = \frac{10}{5} = 2 \Rightarrow 2x + 6 = 2(2x + 1) \Rightarrow$$

$$\Rightarrow 2x + 6 = 4x + 2 \Rightarrow x = 2$$

Esta solución verifica la ecuación, ya que:

$$\log(2 \cdot 2 + 6) - \log(2 \cdot 2 + 1) = 1 - \log 5$$

Por tanto, cabe concluir que $x = 2$.

1 Representa los siguientes números en la recta real:

a. $\frac{2}{7}$

b. $-\sqrt{10}$

c. $\sqrt{3}$

d. $\frac{15}{7}$

2 Halla el resultado de la suma $1,\widehat{2} + 1,2 - 0,\widehat{6}$.

3 Expresa mediante intervalos las siguientes desigualdades y represéntalas en la recta:

a. $-3 \leq x \leq 2$

b. $-\infty < x < 2$

c. $-3 < x < 2$

4 Sabiendo que $\frac{a-3}{2} < 1$ y $-2a \leq 3$, determina el intervalo al que pertenece *a*.

5 Determina el mayor entorno simétrico centrado en $-\frac{5}{7}$, contenido en el intervalo $(-2\ ,\ 1)$.

6 Dados los conjuntos $A = \{-3 \leq x \leq 2\}$ y $B = E^{-}(1, 4)$, calcula:

a. $A \cup B$

b. $A \cap B$

7 Dados los conjuntos $A = \{-3 \leq x \leq 2\}$, $B = E^{-}(1, 4)$ y $C = [-1\ ,\ \infty)$, calcula:

a. $A \cup B$

b. $A \cap B$

c. $C \cup A$

d. $A \cup B \cup C$

e. $A \cap B \cap C$

8 Realiza las siguientes operaciones:

a. $|2 - \sqrt{7}|$

b. $|3 - \sqrt{7}| + 2|\sqrt{7} - 1| - |1 - \sqrt{7}|$

9 Sabiendo que $\left|a - \frac{3}{2}\right| < 4$, determina el intervalo al que pertenece *a*.

10 Si $|a| < \sqrt{3}$, ¿cuál es la amplitud del intervalo en el que está definido *a*?

11 Resuelve la siguiente ecuación: $\left|3x + \frac{1}{2}\right| = 5$

12 Simplifica estas expresiones. Después, comprueba con Wiris los resultados que has obtenido.

a. $\dfrac{1}{1 - \dfrac{1}{1 + \dfrac{1}{1 - \dfrac{1}{3}}}}$

b. $\dfrac{3 - \dfrac{1 - \frac{1}{2}}{2 - \frac{1}{4}}}{2 + \dfrac{\frac{1}{5}}{3 - \frac{1}{4}}}$

c. $\dfrac{2 - \left|\frac{1}{2} - \frac{2}{5}\right|}{2 + \left(|1 - 4| - |2 - 5|\right)}$

13 Redondea los siguientes números con una, dos y tres cifras decimales:

a. π

b. $\frac{3}{11}$

c. e

d. $\sqrt{7}$

14 Obtén las aproximaciones por defecto y por exceso de los siguientes números con una, dos y tres cifras:

a. π

b. $\frac{3}{11}$

c. e

d. $\sqrt{7}$

15 Calcula el error absoluto y el relativo que se comete al aproximar los siguientes valores a las milésimas:

a. $\frac{1}{3}$

b. $\frac{20}{9}$

16 Acota el error relativo que se comete al realizar las siguientes aproximaciones:

a. π a las milésimas.

b. *e* a las décimas.

c. $\sqrt{7}$ a las centésimas.

d. $\frac{1+\sqrt{2}}{2}$ a las milésimas.

17 Opera trabajando con aproximaciones a las milésimas:

a. $\sqrt{2} + \sqrt{10}$

b. $\dfrac{3 \cdot \sqrt{2} + 1}{7}$

c. $3\pi \cdot \sqrt{2}$

18 Realiza estas operaciones:

a. $\dfrac{2^3 \cdot 3^2 \cdot (-3)^2 \cdot 5^7}{(-5)^5 \cdot (-2)^4}$

b. $\left[-1 - \left(\dfrac{-1}{2}\right)^3\right]^{-5}$

c. $\dfrac{6^5 \cdot 14^3 \cdot 18^2 \cdot 2^{-3}}{28^3 \cdot 27^4 \cdot 3^{-3}}$

d. $\dfrac{(-6)^5 \cdot (-14^3) \cdot 18^2 \cdot (-2)^{-3}}{28^3 \cdot (-27^4) \cdot 3^{-3}}$

19 Racionaliza las siguientes expresiones:

a. $\dfrac{x}{\sqrt{x}}$

b. $\dfrac{2 \cdot \sqrt{3}}{\sqrt{2}}$

c. $\dfrac{2 \cdot \sqrt{xy}}{\sqrt{y}}$

d. $\dfrac{2 + x}{\sqrt{x} + 3}$

e. $\dfrac{2 \cdot \sqrt{x}}{\sqrt{y} - \sqrt{x}}$

f. $\dfrac{2 + \sqrt{2}}{2 - \sqrt{2}}$

20 Racionaliza estas expresiones:

a. $\dfrac{x\sqrt{y}}{y\sqrt{x}}$

b. $\dfrac{3 \cdot \sqrt{x - 1}}{\sqrt[3]{x - 1}}$

c. $\dfrac{3 \cdot \sqrt{3}}{\sqrt{2} + 1 + \sqrt{3}}$

d. $\dfrac{xy^2}{\sqrt[4]{y}}$

e. $\dfrac{3x}{\sqrt[7]{x^2 y^4}}$

f. $\dfrac{x + y}{\sqrt{x^2 - y^2}}$

21 Resuelve las siguientes operaciones. Después, comprueba los resultados que has obtenido con Wiris.

a. $\sqrt[3]{125 \cdot 50 \cdot 32}$

b. $\sqrt[5]{0{,}0000004^4}$

c. $\sqrt[5]{(243)^2 : (64)^{-3}}$

d. $\sqrt[5]{(243)^{\frac{2}{3}} : (64)^{-\frac{1}{2}}}$

e. $\sqrt[3]{\sqrt{2 \cdot \sqrt{2 \cdot \sqrt{2 \cdot \sqrt{2}}}}}$

f. $\dfrac{\sqrt{3} \cdot \sqrt[5]{27^2}}{9^{-2}}$

g. $\sqrt[3]{\dfrac{1}{9} \cdot \sqrt[3]{3^2 \cdot \dfrac{1}{9} \cdot \sqrt{27}}}$

22 Resuelve estas operaciones:

a. $\sqrt{a^3 \cdot \sqrt[3]{a^2 \cdot \sqrt{a}}}$

b. $\sqrt{(\sqrt{a^2})^4} \cdot \left[\sqrt{a \cdot \sqrt[3]{(a^7)^2}}\right]^{-6}$

c. $\dfrac{\sqrt{a} \cdot \sqrt[5]{a^2}}{a \cdot \sqrt[3]{a^2}}$

d. $x \cdot \sqrt{x^6} \cdot \sqrt[5]{x^2} : \sqrt[4]{x}$

e. $\sqrt{50 \cdot a^4bc^2} : \sqrt[3]{5bc}$

f. $\sqrt{a^2 \cdot \sqrt{a^2 \cdot \sqrt[4]{a^2}}}$

g. $\sqrt{a^5 \cdot \sqrt{\dfrac{1}{a^3} \cdot \sqrt{a^7}}}$

23 Realiza estas operaciones:

a. $\sqrt{\dfrac{x}{9y^3}} \cdot \left(\sqrt[4]{\dfrac{3y^2}{x^3}} : \sqrt{\dfrac{x}{27y}}\right)$

b. $\left(\sqrt{\dfrac{1}{x} \cdot \sqrt[4]{x\sqrt{x^8\sqrt{\dfrac{1}{x} \cdot \sqrt{x}}}}}\right)^7$

24 Resuelve las siguientes operaciones:

a. $\dfrac{1}{5} \cdot \sqrt{54} - \dfrac{1}{2} \cdot \sqrt{18} + \dfrac{1}{10} \cdot \sqrt{24}$

b. $\sqrt{\dfrac{1}{2}} + \sqrt{32} - \dfrac{3}{5\sqrt{8}}$

c. $3 \cdot \sqrt{x} - \sqrt{4x} + 2 \cdot \sqrt{36x} - 5 \cdot \sqrt{x - \dfrac{9x}{25}}$

d. $5 \cdot \sqrt{8} - 3 \cdot \sqrt{\dfrac{1}{8}} - \dfrac{1}{5} \cdot \sqrt{32} - \sqrt{128}$

e. $\sqrt{\dfrac{a}{b}} - \sqrt{\dfrac{b}{a}} + \sqrt{\dfrac{4a^3}{b}}$

25 Realiza estas operaciones:

a. $\sqrt{\frac{1}{2}}+\sqrt{\frac{1}{8}}+\sqrt[4]{\frac{1}{4}}-3\sqrt{2}+\sqrt{\frac{1}{32}}$

b. $\sqrt{18y}-\sqrt{2y}+\frac{5}{2}\sqrt{8y}-\frac{4}{3}\sqrt{9y}$

c. $\sqrt{\frac{2a}{b}}+\sqrt{\frac{2b}{a}}+\sqrt{\frac{a}{2b}}+\sqrt{\frac{2}{ab}}-\sqrt{\frac{ab}{2}}$

26 Calcula los tres primeros términos de las siguientes sucesiones:

a. $a_n = 2n + 1$

b. $b_n = \frac{1}{n+1}$

c. $c_n = 2^n$

d. $d_n = 3$

27 Clasifica las siguientes sucesiones indicando si son crecientes, decrecientes, constantes, convergentes o divergentes:

a. $a_n = 2n + 1$

b. $b_n = \frac{1}{n+1}$

c. $c_n = 2^n$

d. $d_n = 3$

28 Estudia la monotonía y la acotación de las siguientes sucesiones:

a. $a_n = n + 1$

b. $b_n = \frac{3}{n+1}$

c. $c_n = (-1)^n$

d. $d_n = -n + 20$

29 Determina, en cada caso, el término general de la sucesión indicada. Después, comprueba los resultados que has obtenido con Wiris:

a. $\{3, 13, 23, 33, \ldots\}$

b. $\left\{\frac{2}{7}, \frac{4}{10}, \frac{6}{13}, \frac{1}{2}, \ldots\right\}$

c. $\left\{-\frac{5}{2}, -\frac{3}{5}, -\frac{1}{10}, \frac{1}{17}, \ldots\right\}$

d. $\{-3, 5, -7, 9, \ldots\}$

30 ¿Existe el término a_7 de una sucesión? ¿Y el término $a_{1/3}$? Justifica tus respuestas.

31 En cursos anteriores has trabajado los conceptos de progresión aritmética y geométrica. Elabora un cuadro que recoja sus características y términos generales y pon un ejemplo de cada una de esas sucesiones.

32 Busca información sobre la utilidad de los números trascendentales *e* y número de oro.

33 Busca información sobre ejemplos de uso de la escala logarítmica.

34 Dado el número de oro, $\varphi = \frac{1+\sqrt{5}}{2}$, comprueba que $\varphi^2 = \varphi + 1$.

35 Halla el valor de los siguientes logaritmos:

a. $\log_3 \sqrt{3} = x$

b. $\log_4 \frac{1}{16} = x$

c. $\log_{\frac{1}{9}} \sqrt{3} = x$

d. $\log_{\frac{1}{4}} 2 = x$

36 Halla el valor de *x* en los siguientes logaritmos:

a. $\log_{25} x = \frac{1}{2}$

b. $\log_3 x = -2$

c. $\log_x \sqrt{3} = -\frac{1}{2}$

d. $\log_{\frac{1}{3}} x = -2$

37 Realiza las siguientes operaciones aplicando las propiedades de los logaritmos. Después, comprueba los resultados que has obtenido con Wiris.

a. $\log_5 \frac{1}{\sqrt{125}} - \log_2 \left(\frac{1}{2}\right)^{-3} - \log_3 \sqrt[5]{81^2} + \log 0{,}001^2$

b. $\log_n \frac{1}{\sqrt[3]{n^2}} - \log_m m^{-1} - \log_{\frac{1}{m}} m^6$

c. $\log_{h+i} (h+i)^3 - \log_{2a} \sqrt[5]{\frac{1}{8a^3}} + \log_{\frac{3}{b}} \frac{b}{3}$

d. $\log_{\sqrt{5}} 125 - \log_{\sqrt{2}} 4 - 5 \log \sqrt{0{,}001}$

e. $\log_a \left(\frac{\sqrt{a}}{\sqrt[5]{a^3}} \cdot a\right) - \log_{\frac{1}{b}} \left(\frac{1}{\sqrt[3]{b}}\right)$

38 Calcula, en cada caso, el valor de M:

a. $\log M = \log x + \frac{3}{4} \log y - 2 \log z$

b. $\log M = \log (x^2 + 3y^2) + \log (x^2 - 3y^2)$

c. $\frac{2}{3} \log M = 2 \log x - \frac{1}{7} \log (x - z)$

d. $\frac{1}{2} \log M = 3 \log \frac{1}{x} - 5 \log \frac{z}{y}$

e. $\frac{7}{3} \log M + 3 = \log (100x^3 \cdot \sqrt{y}) - \frac{1}{2} \log x$

39 Toma logaritmos decimales y desarrolla las siguientes expresiones:

a. $M = 2xy^3$

b. $M = \sqrt[5]{\dfrac{2xy^3}{z^2}}$

c. $M = \dfrac{x^3 \cdot \sqrt[5]{t} \cdot m^{-3}}{s^{3/4}}$

d. $M = \dfrac{2 \cdot \sqrt[3]{x} \cdot y^3}{4z^{-4}}$

e. $M = 2xy^3 + z$

f. $M = \sqrt[5]{t^{-2} \cdot \sqrt[3]{ts} \cdot m^{-3}}$

40 Utilizando las propiedades de los logaritmos, desarrolla las siguientes expresiones, dejándolas en función de x:

a. $\log_n \left(n^{\frac{-3}{7}} \cdot \dfrac{1}{7^x}\right)$

b. $\log_3 \left(\dfrac{9^4}{\sqrt{27^{-2x}}}\right)$

c. $\log_3 \left(\dfrac{9^x \cdot \sqrt[3]{27^2}}{\sqrt[5]{3^{6x}}}\right)$

41 En función de los logaritmos decimales de 2 y de 3, calcula estos logaritmos:

a. $\log 50$

b. $\log 0{,}5$

c. $\log 240$

d. $\log \sqrt[3]{\sqrt{6}}$

e. $\log \sqrt{0{,}18}$

f. $\log \dfrac{0{,}2^3}{\sqrt[3]{\sqrt{6}} \cdot 0{,}5}$

g. $\log \sqrt[5]{\dfrac{2{,}4^2}{\sqrt[3]{1{,}8} \cdot 2{,}5}}$

42 Con ayuda de la calculadora, obtén aproximaciones hasta las centésimas de estos logaritmos:

a. $\log_3 50$

b. $\log_{\sqrt{2}} \dfrac{5}{3}$

c. $\log_{\frac{1}{5}} \sqrt{3}$

d. $\log_{\pi} 3$

e. $\log_{(1+\sqrt{3})} \pi$

f. $\log_{(2 \cdot \sqrt{3})} \sqrt{7}$

g. $\log_{\left(\frac{\sqrt{3}}{7}\right)} \sqrt{2}$

43 Sabiendo que $\log_b 2 = x$, $\log_b 3 = y$ y $\log_b 5 = z$, calcula, en función de x, y, z, los siguientes logaritmos:

a. $\log_b \left(\dfrac{0{,}000\,24^3}{8{,}1^5}\right)$

b. $\log_b \left(\dfrac{480^{-5}}{0{,}36^3}\right)$

44 Calcula el siguiente logaritmo:

$$\log_{\frac{1}{a}} \left(\sqrt{\sqrt{a \cdot \sqrt{a \cdot \sqrt{\frac{1}{a} \cdot \sqrt{a}}}}}\right)$$

45 Sirviéndote de la definición y propiedades de los logaritmos, resuelve las siguientes ecuaciones:

a. $\log (2x + 6) = 2$

b. $\log (x + 3) - \log (2x - 2) = 1 - \log 5$

c. $2 \log x - \log (x - 16) = \log 100$

d. $2 \log x - \log (x + 6) = 0$

46 A partir de la definición y propiedades de los logaritmos, resuelve las siguientes expresiones, haciendo uso de la calculadora:

a. $25^x \cdot 3 = 2$

b. $100^x \cdot 1{,}3 = 2$

47 Calcula el valor de x en las siguientes expresiones:

a. $3^x = 20$

b. $\dfrac{3}{2} \cdot 10^{-2} = x^3$

c. $\dfrac{3}{2} + \log_x 2 = 2$

d. $\dfrac{3}{2} \cdot 10^{-2} = e^x$

48 Si $\log a + \log b = 3$, ¿qué relación existe entre a y b?

49 Si $\log a - \log b = 1 - \log 3$, ¿qué relación existe entre a y b?

50 Resuelve $\dfrac{1}{2 + \sqrt[3]{3}}$ teniendo en cuenta las siguientes igualdades:

$$(b + c) \cdot (b^2 - bc + c^2) = b^3 + c^3$$
$$(b - c) \cdot (b^2 + bc + c^2) = b^3 - c^3$$

51 Desarrolla el valor de las siguientes expresiones algebraicas:

a. $2x + 5 + |2 - x|$

b. $\dfrac{x}{2} - |x + 1|$

c. $x + 2 + |2x + 1|$

ACTIVIDADES PROPUESTAS

52 Resuelve las ecuaciones $2^{1-x^2} = \frac{1}{16}$ y $10^{1-x^2} = 2$

53 El término pH procede del latín *pondus hydrogenii*, «peso de hidrógeno», y es un valor fundamental para caracterizar el grado de acidez de las sustancias. Se define como el logaritmo decimal negativo de la concentración de iones hidrógeno:

$$pH = -\log [H^+]$$

Calcula la concentración de iones hidrógeno presentes en una disolución que tiene un pH de 3,4.

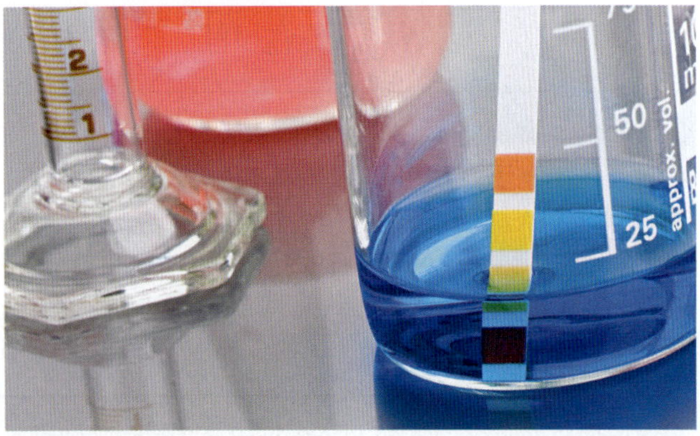

54 En 18 g de agua hay $6{,}022 \cdot 10^{23}$ moléculas. Según los expertos, una persona debe beber al día 2 L de agua, o lo que es lo mismo, 2 kg de agua destilada.

a. ¿Cuántas moléculas de agua ingeriríamos de seguir esta recomendación?

b. Si el peso de un hombre es de 75 kg y el 75 % del mismo es agua, ¿cuántas moléculas de agua contiene su cuerpo?

55 Se sabe que la luz viaja en el vacío a 300 000 km/s.

a. ¿Cuántos metros habrá recorrido al llegar a la Tierra un haz de luz que salió de la estrella Alfa Centauro A si la distancia entre la estrella y nuestro planeta es de 4,36 años luz?

b. La galaxia Andrómeda es una galaxia espiral gigante. De hecho, es el objeto celeste localizable a simple vista más alejado de la Tierra. ¿A cuántos años luz se encuentra dicha galaxia de la Tierra si dista de ella $2{,}4 \cdot 10^{22}$ m?

56 El número de vatios proporcionados por una batería de x días de vida útil viene dado por la expresión $P(x) = 75 \cdot e^{-0{,}012x}$. ¿Cuánto tiempo habrá de pasar para que la potencia disponible de la batería disminuya a 25 W?

57 Los núcleos atómicos de las sustancias radioactivas se desintegran de acuerdo a la siguiente fórmula: $N = N_0 e^{-\lambda t}$

En esta expresión, N_0 es el número de núcleos que hay inicialmente en una muestra, λ es una constante denominada constante de desintegración radiactiva que depende del tipo de núcleo atómico, t es el tiempo expresado en segundos y N es el número de núcleos que quedan finalmente en la muestra.

a. Halla la expresión que proporciona el tiempo que debe transcurrir para que la muestra tenga N núcleos sin desintegrar.

b. Encuentra la expresión que proporciona el tiempo que debe transcurrir para que el número de átomos de la muestra se reduzca a la mitad.

c. La mitad de los núcleos de una muestra de Polonio-213 se han desintegrado en $4 \cdot 10^{-6}$ s. ¿Cuál es la constante de desintegración radiactiva de este elemento?

58 La población de un cultivo de bacterias ha aumentado en un 30 % desde su primera observación hace un mes, cuando contaba con aproximadamente un millar de bacterias.

a. Obtén una expresión algebraica que exprese dicho crecimiento.

b. Calcula el número de bacterias presentes en el cultivo cinco meses después de la primera observación.

c. Indica el tiempo que ha de pasar para que la población de bacterias se cuadruplique.

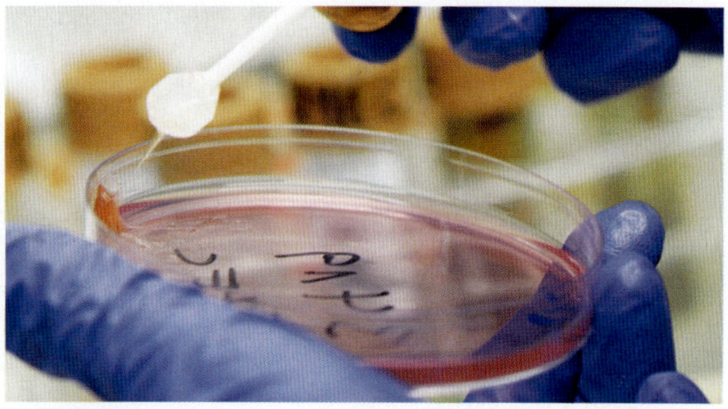

59 Indica la veracidad o falsedad de las siguientes afirmaciones:

a. A todo número real le corresponde un punto de la recta real

b. Todos los números reales pueden ser representados con exactitud en la recta real.

c. Todo número que puede ser expresado como cociente de dos números naturales es un número racional.

d. Si tomamos un punto cualquiera de la recta real, hay infinitos números reales a derecha o izquierda de él.

EL NÚMERO ESCONDIDO

El punto señalado con color rojo en la ilustración del margen corresponde a la representación de un número en la recta real. Identifica dicho número.

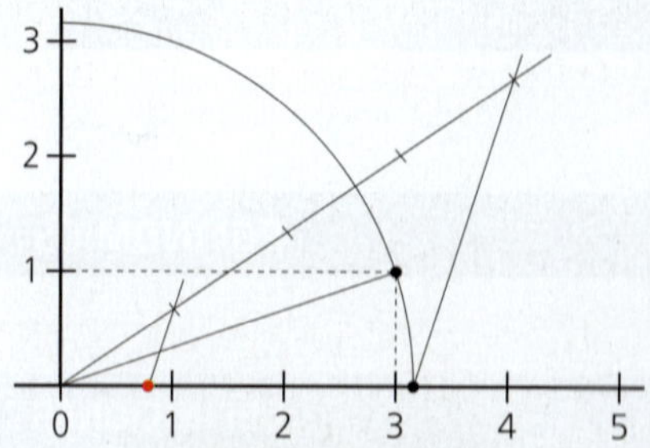

¿UNA ESCALA LOGARÍTMICA EN EL CHAMPÚ?

Existen muchas magnitudes que se miden mediante escalas logarítmicas. En realidad, las escalas logarítmicas nos alejan de las clásicas representaciones lineales de datos, pero nos permiten trabajar con rangos de medidas muy amplios sin perder precisión. Muchas magnitudes físicas se miden mediante estas escalas, como es el caso de la intensidad de los seísmos, la intensidad sonora, el brillo estelar, etc. ¡Incluso existe una escala logarítmica para el champú! Bromas aparte, muchos recipientes incorporan información sobre el pH de las sustancias que contienen, y tal magnitud se suele medir con escalas logarítmicas. Busca información sobre estas escalas y explica sus rangos lineales y logarítmicos.

Ahora experimentemos con estas escalas a partir de los datos registrados en la tabla del margen, que corresponden a los valores que toma una determinada magnitud.

1. Representa dichos valores en la recta real y observa lo difícil que resulta visualizarlos.

2. Añade a la tabla una columna que incorpore los logaritmos en base diez de los valores registrados y representa en una recta estos valores logarítmicos.

3. Realiza una comparativa entre las dos representaciones.

4. Indica si la escala logarítmica «acerca» los puntos muy alejados y «separa» los cercanos.

5. Imagina que en la escala logarítmica aparece el punto 2,04. ¿Qué valor de la magnitud corresponde a este punto?

DATOS	VALORES
DATO 1	0,015
DATO 2	25
DATO 3	1,1
DATO 4	35
DATO 5	1 010
DATO 6	0,15
DATO 7	540
DATO 8	12

ENORME INCREMENTO DE ROBOS

Un presentador de un noticiario de TV mostró el gráfico adjunto y afirmó:

«El gráfico muestra que en el año 1999 se ha producido un enorme incremento del número de robos comparando con las cifras registradas en 1998».

¿Consideras que la afirmación del presentador es una interpretación razonable del gráfico? Explica en qué se fundamenta tu respuesta.

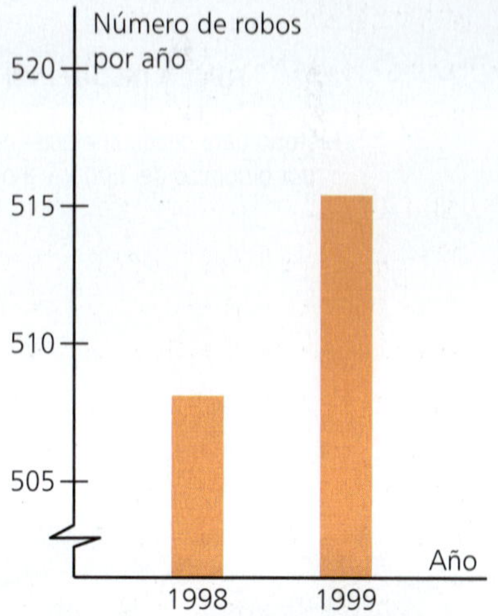

A VUELTAS CON LA BICI

Las ruedas de la bicicleta de Pedro tienen una circunferencia de 96 cm. Se trata una bicicleta de tres marchas que dispone un plato y tres piñones. Las relaciones de transmisión de la bicicleta son las siguientes:

Piñón pequeño: 3:1

Piñón mediano: 6:5

Piñón grande: 1:2

¿Cuántas vueltas de pedal tendría que dar Pedro para recorrer 960 m si usa el piñón mediano?

Nota: Una relación de transmisión de 3:1 significa que por cada 3 vueltas completas de pedal, las ruedas dan 1 vuelta completa.

DIARIO DE APRENDIZAJE

¿Sobre qué tema de esta unidad me siento preparado para debatir con mis compañeros?

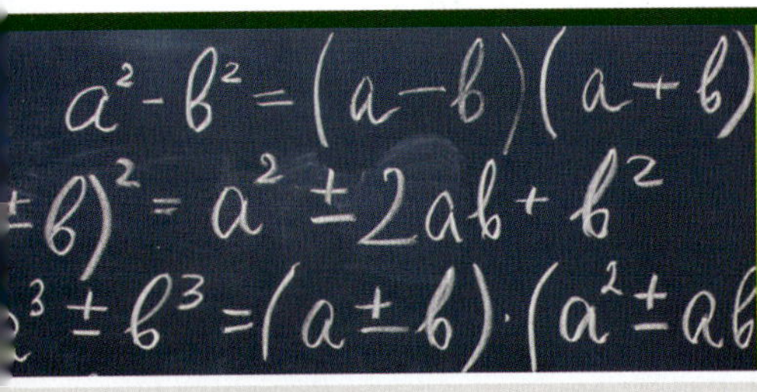

02 POLINOMIOS

POLINOMIOS

DEFINICIONES

POLINOMIO DE GRADO *n*

Expresión algebraica del tipo:

$P(x) = a_n x^n + \ldots + a_2 x^2 + a_1 x + a_0$

Donde $a_n, \ldots, a_2, a_1, a_0 \in \mathbb{R}$.

a_n: coeficiente principal

a_0: término independiente

VALOR NUMÉRICO DE P (*x*) PARA *x* = *a*

Es el resultado que se obtiene de sustituir la variable *x* por *a* en P (*x*) y operar. Se designa por P (a).

RAÍZ DE UN POLINOMIO

$x = a$ es raíz de $P(x)$ si $P(a) = 0$.

REGLA DE RUFFINI

Método para dividir cualquier polinomio por binomios del tipo $x + a$ o $x - a$.

OPERACIONES

SUMA Y RESTA

Se suman o restan los monomios que tienen el mismo grado en cada uno de los polinomios.

$ax^n \pm bx^n = (a \pm b)\, x^n$

MULTIPLICACIÓN

Se multiplican todos y cada uno de los monomios de P (*x*) por todos y cada uno de los monomios de Q (*x*) aplicando la propiedad:

$ax^n \cdot bx^m = (a \cdot b)\, x^{n+m}$

DIVISIÓN

Para dividir un polinomio, P (*x*), entre otro, Q (*x*), es necesario que el grado del dividendo, P (*x*), sea mayor o igual que el del divisor, Q (*x*).

Se ordenan los polinomios de mayor a menor grado de los monomios y se divide, en primer lugar, el monomio de mayor grado de P (*x*) entre el de mayor grado de Q (*x*), para luego proceder de forma similar a la división entre números aplicando la propiedad:

$ax^n : bx^m = \dfrac{a}{b} \cdot x^{n-m}$

FACTORIZACIÓN

Consiste en expresar un polinomio como el producto del mayor número posible de factores.

PROCEDIMIENTO

1. Se observa la posibilidad de extraer factor común o de encontrar productos notables.
2. Se buscan las posibles raíces de P (x) (deben ser divisores del término independiente).
3. Si $x = a$ es una raíz, cabe establecer que $x - a$ es uno de los factores (teorema del factor).
4. Si $x - a$ es un factor, se divide por Ruffini P (x) entre $x - a$. El cociente es un nuevo factor.
5. En ese cociente recién calculado se siguen buscando nuevos factores (se vuelve al paso 1).

RECURSOS

Factorización notable

$(a^2 - b^2) = (a + b) \cdot (a - b)$

Teorema del resto

El resto de P (x) : ($x - a$) coincide con P (a). Si P (a) = 0, entonces *a* es raíz de P (x).

Teorema del factor

Si *a* es raíz de P (x), entonces $x - a$ es un factor de P (x).

Regla de Ruffini

Si $x - a$ es un factor de P (x), al dividir por Ruffini P (x) : ($x - a$), el cociente que resulta es otro factor de P (x).

FRACCIÓN ALGEBRAICA

Expresión del tipo $\frac{P(x)}{Q(x)}$ en la que P (x) y Q (x) son polinomios, con el grado de Q (x) ≥ 1.

SIMPLIFICACIÓN

Se observa si los polinomios del numerador y el denominador tienen raíces comunes:

- Si tienen raíces comunes, se factorizan los polinomios y se simplifica la fracción.
- Si no tienen raíces comunes, no se puede simplificar la fracción.

m.c.d.

1. Se factorizan los polinomios.
2. Se consideran los factores comunes elevados al menor exponente con el que aparecen factorizados.
3. El m.c.d. es el producto de estos factores.

OPERACIONES

m.c.m.

1. Se factorizan los polinomios.
2. Se consideran los factores comunes y no comunes elevados al mayor exponente con el que aparezcan factorizados.
3. El m.c.m es el producto de estos factores.

Suma y resta

$$\frac{P(x)}{Q(x)} \pm \frac{R(x)}{S(x)} = \frac{\text{m.c.m.} \cdot P(x) \pm \text{m.c.m.} \cdot R(x)}{\text{m.c.m.}}$$

Multiplicación

$$\frac{P(x)}{Q(x)} \cdot \frac{R(x)}{S(x)} = \frac{P(x) \cdot R(x)}{Q(x) \cdot S(x)}$$

División

$$\frac{P(x)}{Q(x)} : \frac{R(x)}{S(x)} = \frac{P(x) \cdot S(x)}{Q(x) \cdot R(x)}$$

POLINOMIOS CON GEOGEBRA

Cálculo de raíces y factorización de polinomios

Para calcular las raíces de un polinomio con GeoGebra, lo primero que hay que hacer es introducir su expresión algebraica en el campo **Entrada.** Para introducir, por ejemplo, el polinomio P $(x) = x^3 - 4x^2 - 7x + 10$, hay que escribir:

Entrada: **P(x)= x^3-4x^2-7x+10**

Una vez definido el polinomio P (x), este puede ser factorizado mediante la instrucción **Factoriza[P(x)].** Para calcular sus raíces, hay que introducir en el campo de entrada la instrucción **Raíz[P(x)].** En la vista algebraica aparece el polinomio factorizado y los puntos de corte con el eje X de su gráfica:

Función
- $P(x) = x^3 - 4x^2 - 7x + 10$
- $f(x) = (x - 5)(x - 1)(x + 2)$

Punto
- A = (-2, 0)
- B = (1, 0)
- C = (5, 0)

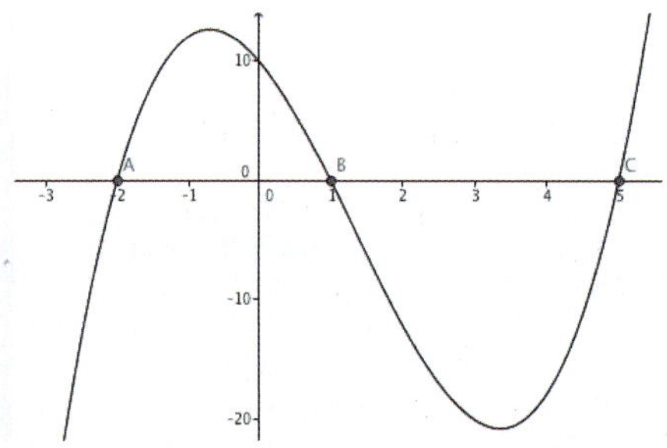

+ OBSERVA

Al comenzar a escribir en el campo **Entrada,** aparece un desplegable con sugerencias que proporcionan la forma correcta de introducir los comandos. Pulsando sobre el icono «α» que hay en dicho campo, se pueden insertar símbolos y caracteres especiales.

Cada vez que se introduce un elemento, GeoGebra le da un nombre (si no se ha hecho previamente). Estos elementos se guardan en la memoria de la aplicación para poder ser utilizados en cualquier momento durante la sesión.

Operaciones con polinomios

Para realizar operaciones con polinomios, se usan los comandos **Desarrolla** y **Polinomio**; ambos devuelven la expresión algebraica del resultado de la operación. Por ejemplo, para multiplicar los polinomios P $(x) = x^3 - 3x^2 + 4$ y Q $(x) = x^2 + x - 6$, se introducen primero los polinomios y se escribe después en el campo **Entrada**:

Desarrolla[P(x)*Q(x)], o bien, **Polinomio[P(x)*Q(x)]**

En la vista algebraica aparece el resultado de la operación.

Para conocer el cociente y el resto de una división de polinomios, se puede usar el comando **División[P(x), Q(x)].**

Si solo se requiere conocer el cociente, cabe emplear el comando **Cociente[P(x), Q(x)].** En el caso de que solo interese conocer el resto, se utiliza el comando **Resto[P(x), Q(x)].**

El mínimo común múltiplo y el máximo común divisor se calculan mediante los comandos **MCM[P(x), Q(x)]** y **MCD[P(x), Q(x)]**, respectivamente. Pero en ambos casos conviene utilizar la vista **CAS** de GeoGebra.

Función
- $P(x) = x^3 - 3x^2 + 4$
- $Q(x) = x^2 + x - 6$
- $f(x) = x^5 - 2x^4 - 9x^3 + 22x^2 + 4x - 24$

Cálculo Simbólico (CAS)

1	MCD[P(x), Q(x)]
	→ $x - 2$
2	MCM[P(x), Q(x)]
	→ $(x^2 - x - 2)(x^2 + x - 6)$

Operaciones con fracciones algebraicas

Uno de los procesos más laboriosos a la hora de sumar o restar fracciones polinómicas consiste en calcular el mínimo común múltiplo de los denominadores. Este proceso se resuelve con el comando **Simplifica[f(x)+g(x)]**, pero, si se desea ir paso a paso, se puede utilizar el comando **ComúnDenominador.**

En la figura del margen, la función h(x) es el denominador común de las fracciones algebraicas f (x) y g (x).

Función
- $f(x) = \frac{x + 5}{x^2 + 4x + 3}$
- $g(x) = \frac{3}{x^2 + 2x + 1}$
- $h(x) = (x + 3)(x^2 + 2x + 1)$

POLINOMIOS CON WIRIS

Valor numérico de un polinomio

Para obtener el valor numérico de un polinomio con Wiris se utiliza el comando **evaluar**. Por ejemplo, si se quiere calcular el valor numérico del polinomio $x^2 + \frac{3}{2}x + 1$ para $x = -2$, se procede como se indica a continuación.

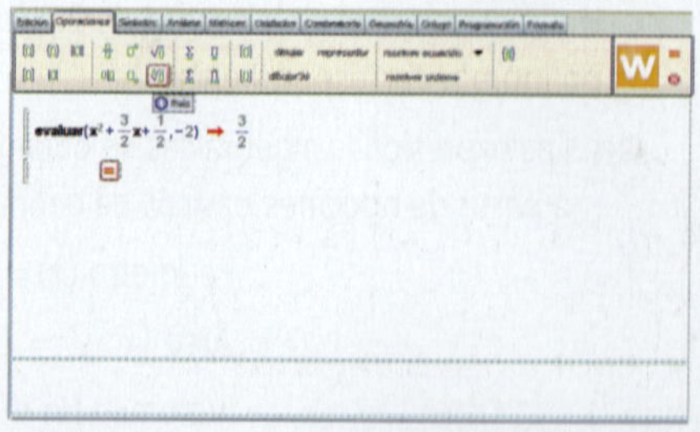

Se escribe en el primer bloque activo (aquel en el que parpadea el cursor) el comando **evaluar**, y entre paréntesis, el polinomio cuyo valor numérico se desea establecer y, separado por una coma, el valor del número real con el que sustituir la variable del polinomio:

$$\text{evaluar}\left(x^2 + \frac{3}{2}x + \frac{1}{2}, -2\right)$$

A continuación, se pulsa sobre el signo igual [=] que aparece tras la línea de escritura. Al hacerlo, surge inmediatamente una flecha que indica la dirección hacia el resultado buscado, que en este caso es $\frac{3}{2}$. Además, el cursor desciende, creando un nuevo bloque y haciendo que aparezca el símbolo de igual en esa nueva línea de edición, por si se desea realizar una nueva operación.

Raíces de un polinomio

Para obtener las raíces de un polinomio se utiliza el comando **raíces**, indicando a continuación, y entre paréntesis, el polinomio sobre el que se va a trabajar.

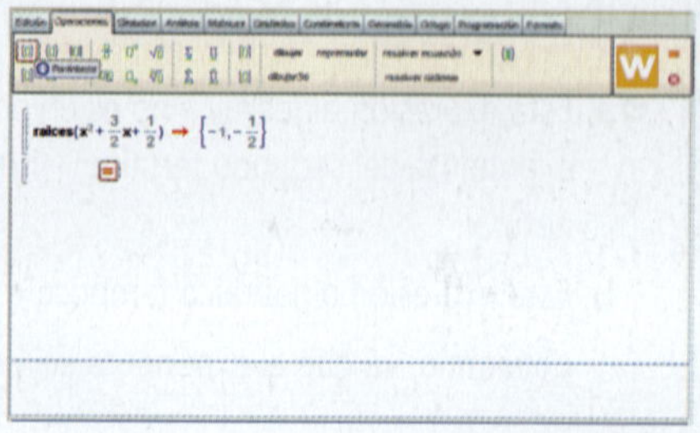

Por ejemplo, para hallar las raíces del polinomio $x^2 + \frac{3}{2}x + \frac{1}{2}$, se escribe el comando **raíces** y, a continuación, el polinomio entre paréntesis:

$$\text{raices}\left(x^2 + \frac{3}{2}x + \frac{1}{2}\right)$$

Tras pulsar sobre el icono [=], las raíces aparecen en pantalla. En este caso son -1 y $-\frac{1}{2}$.

Factorización de un polinomio

Para factorizar un polinomio, se utiliza el comando **factorizar**, indicando a continuación, y entre paréntesis, el polinomio que se va a factorizar.

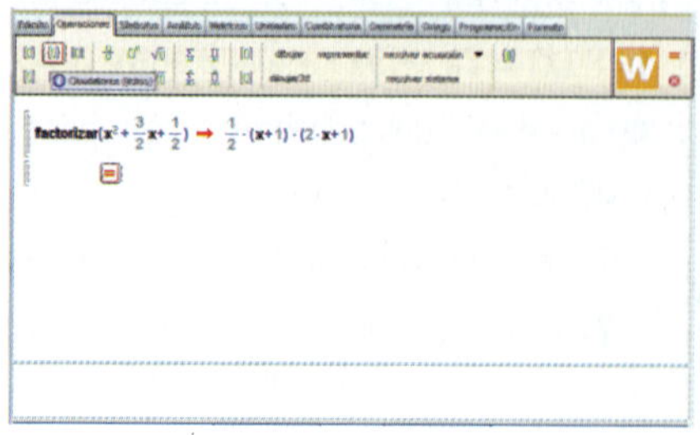

Por ejemplo, para factorizar el polinomio $x^2 + \frac{3}{2}x + \frac{1}{2}$, se escribe el comando **factorizar** y, a continuación, el polinomio entre paréntesis:

$$\textbf{factorizar}\left(x^2 + \frac{3}{2}x + \frac{1}{2}\right)$$

Tras pulsar sobre el icono [=], aparece en pantalla la factorización del polinomio. En este caso, es:

$$\frac{1}{2} \cdot (x + 1) \cdot (2x + 1)$$

Cabe recordar que Wiris distingue entre mayúsculas y minúsculas, por lo que los comandos deben introducirse siempre utilizando la sintaxis correcta.

1 **Resuelve los siguientes supuestos:**

a. Escribe la expresión algebraica que representa el perímetro de un cuadrado, el área de un rectángulo y el volumen de un cubo en función de sus lados respectivos.

b. Determina el grado de cada uno de los polinomios encontrados en el apartado anterior.

c. Halla el volumen de un cubo de 2 cm de lado a partir del polinomio correspondiente.

a. Las expresiones algebraicas se obtienen de manera sencilla a partir de nociones básicas de geometría:

$$\text{Perímetro}\ (x) = 4x$$

$$\text{Área}\ (x, y) = x \cdot y$$

$$\text{Volumen}\ (x) = x^3$$

b. Las tres expresiones tienen un único término, y es el grado de ese término el que marca el del polinomio, que es, respectivamente, 1, 2 y 3.

c. El volumen del cubo de 2 cm de lado se determina calculando el valor numérico del polinomio Volumen (x) para ese valor.

$$\text{Volumen}\ (2) = 2^3 = 8\ \text{cm}$$

2 **Determina el grado de los siguientes polinomios:**

a. $P(x) = x + \dfrac{1}{x}$ **b.** $M(x) = 2\sqrt{x} + x\sqrt{2}$ **c.** $S(x) = xyzt + 3$

a. Esta expresión algebraica no es un polinomio, ya que el exponente del segundo término, –1, no es un número natural.

b. Esta expresión algebraica tampoco corresponde a un polinomio, ya que el exponente del primer término es $\dfrac{1}{2}$.

c. Esta expresión sí que corresponde a un polinomio, ya que todos los exponentes son número naturales. Se trata de un polinomio de grado 4 con dos términos.

3 **Realiza las siguientes divisiones de polinomios:**

a. $P(x) = 2x^4 - 3x^2 + x + 2$ entre $Q(x) = x^2 - x + 1$.

b. $P(x) = 2x^4 - 3x^2 + x + 2$ entre $Q(x) = 2x^2 - x + 1$.

Para dividir dos polinomios, se pueden seguir los siguientes pasos:

1. Se ordenan los polinomios de forma decreciente.
2. Se divide el primer monomio del polinomio dividendo entre el primer monomio del divisor.
3. Se multiplica el resultado del cociente obtenido por cada término del polinomio divisor. El producto obtenido se suma, con signo contrario, con el polinomio dividendo.
4. Se procede de modo análogo hasta que el grado del polinomio resultante sea menor que el grado del divisor. El polinomio que se obtiene constituye el resto de la división.

a.

$$\begin{array}{rrrrr|l}
2x^4 & & -3x^2 & +x & +2 & x^2 - x + 1 \\ \cline{6-6}
-2x^4 & +2x^3 & -2x^2 & & & 2x^2 + 2x - 3 \\ \cline{1-3}
 & 2x^3 & -5x^2 & +x & +2 & \\
 & -2x^3 & +2x^2 & -2x & & \\ \cline{2-4}
 & & -3x^2 & -x & +3 & \Rightarrow \\
 & & 3x^2 & -3x & +3 & \\ \cline{3-5}
 & & & -4x & +5 &
\end{array}$$

$$\Rightarrow \frac{2x^4 - 3x^2 + x + 2}{x^2 - x + 1} = (2x^2 + 2x - 3) + \frac{-4x + 5}{x^2 - x + 1}$$

b.

$$\begin{array}{rrrrr|l}
2x^4 & & -3x^2 & +x & +2 & 2x^2 - x + 1 \\ \cline{6-6}
-2x^4 & +x^3 & -x^2 & & & x^2 + \frac{x}{2} - \frac{7}{4} \\ \cline{1-3}
 & x^3 & -4x^2 & +x & +2 & \\
 & -x^3 & +\frac{x^2}{2} & -\frac{x}{2} & & \\ \cline{2-5}
 & & \frac{-7}{2}x^2 & +\frac{x}{2} & +2 & \Rightarrow \\
 & & \frac{7}{2}x^2 & -\frac{7x}{4} & +\frac{7}{4} & \\ \cline{3-5}
 & & & -\frac{5}{4}x & +\frac{15}{4} &
\end{array}$$

$$\Rightarrow \frac{2x^4 - 3x^2 + x + 2}{x^2 - x + 1} = \left(x^2 + \frac{1}{2}x - \frac{7}{4}\right) + \frac{\frac{-5}{4}x + \frac{15}{4}}{2x^2 - x + 1}$$

4 **Divide el polinomio $2x^4 + 7x - 5$ entre $x + 2$ aplicando la regla de Ruffini.**

Los pasos precisos para aplicar correctamente la regla de Ruffini son los siguientes:

1. Se ordena el polinomio dividendo de mayor a menor grado, escribiendo solo los coeficientes de cada término y asignando el coeficiente 0 al término que falte.
2. Se «baja» el primer coeficiente del dividendo y se multiplica por la raíz del polinomio divisor (en nuestro caso, –2), y el resultado se coloca debajo del segundo coeficiente del polinomio dividendo. A continuación, se suman dichos números y el resultado se vuelve a multiplicar por la raíz del divisor.
3. Se repite el procedimiento hasta que no queden coeficientes en el polinomio dividendo:
4. El último de los coeficientes obtenidos es el resto de la división. Los demás, en el orden en que aparecen, son los coeficientes del polinomio cociente, que tiene un grado menos que el polinomio dividendo.

$$\begin{array}{r|rrrrr}
 & 2 & 0 & 0 & 7 & -5 \\
-2 & & -4 & 8 & -16 & 18 \\ \hline
 & 2 & -4 & 8 & -9 & \lfloor 13
\end{array}$$

Cociente: $2x^3 - 4x^2 + 8x - 9$ Resto: 13

5 **Realiza la división $(2x^3 + x^2 + x + 2) : (2x + 1)$ aplicando la regla de Ruffini.**

Para que se pueda aplicar la regla de Ruffini, es necesario que el coeficiente principal del divisor sea 1, pero en la división que nos ocupa, el divisor es un binomio de la forma $ax \pm b$. A fin de emplear Ruffini en estos casos, se factoriza el divisor de la siguiente manera:

$$\frac{P(x)}{ax \pm b} = \frac{P(x)}{a \cdot \left(x \pm \frac{b}{a}\right)} = \frac{P(x)}{x \pm \frac{b}{a}} : a$$

Por tanto, ya que $2x + 1 = 2 \cdot \left(x + \frac{1}{2}\right)$, se aplica la regla con $x + \frac{1}{2}$ y se divide el cociente que se obtenga entre 2:

	2	1	1	2
$-\frac{1}{2}$		−1	0	$-\frac{1}{2}$
	2	0	1	$\frac{3}{2}$

Cociente: $\frac{2x^2 + 1}{2} = x^2 + \frac{1}{2}$ Resto: $\frac{3}{2}$

6 **¿Cuál es la diferencia entre los conceptos de raíz y factor de un polinomio?**

Una raíz de un polinomio es un número real tal que el valor numérico del polinomio para ese número es 0, mientras que un factor es un divisor de ese polinomio. El concepto de factor se encuentra asociado al de raíz, en el sentido que, si *r* es una raíz de un polinomio, $x - r$ es un factor; no obstante, así como las raíces son números reales, los factores son polinomios.

7 **Sabiendo que 3 y −2 son las raíces de un polinomio de grado 2, calcula dicho polinomio, teniendo en cuenta que el coeficiente de mayor grado del mismo es 1.**

Si 3 y −2 son las raíces del polinomio, entonces $x - 3$ y $x - (-2) = x + 2$ son sus factores; por tanto, el polinomio se obtiene multiplicando dichos polinomios de primer grado:

$$P(x) = (x - 3) \cdot (x + 2) = x^2 - x - 6$$

8 **Encuentra una ecuación algebraica de segundo grado que tenga como solución el número áureo.**

Responder a esta pregunta resulta sencillo si se tiene en cuenta que las soluciones de las ecuaciones algebraicas son las raíces de los polinomios correspondientes. Según esto, cabe concluir que una ecuación de segundo grado que contenga como solución el número de oro es, por ejemplo:

$$P(x) = \left(x - \frac{1 + \sqrt{5}}{2}\right) \cdot \left(x + \frac{1 + \sqrt{5}}{2}\right) = x^2 - \left(\frac{3 + \sqrt{5}}{2}\right)$$

9 **Factoriza los siguientes polinomios:**

a. $P(x) = 2x^2 - x - 1$

b. $T(x) = 5x^2 - 45$

c. $Q(x) = m^2x^2 - m^2y^2$

d. $M(x) = 4x^4 - 4x^3 - x^2 + x$

a. Por ser un polinomio de grado dos, la forma más rápida de factorizarlo es resolver la ecuación de segundo grado:

$$2x^2 - x - 1 = 0 \Rightarrow x = \frac{1 \pm \sqrt{1 + 8}}{4} \Rightarrow x_1 = 1, x_2 = -\frac{1}{2}$$

Por tanto:

$$P(x) = 2 \cdot (x - 1) \cdot \left(x + \frac{1}{2}\right) = (x - 1) \cdot (2x + 1)$$

Cabe recordar que, al factorizar un polinomio, se ha de incorporar el coeficiente de mayor grado, en este caso 2, a la factorización:

b. En este caso se extrae 5 como factor común y se expresa la resta de cuadrados como producto de la suma por la diferencia.

$$T(x) = 5x^2 - 45 = 5 \cdot (x^2 - 9) = 5 \cdot (x^2 - 3^2) = 5 \cdot (x - 3) \cdot (x + 3)$$

c. El procedimiento que hay que seguir es análogo al del apartado anterior, pero en este caso se extrae m^2 como factor común:

$$Q(x) = m^2x^2 - m^2y^2 = m^2 \cdot (x^2 - y^2) = m^2 \cdot (x - y) \cdot (x + y)$$

d. En primer lugar se extrae *x* como factor común:

$$4x^4 - 4x^3 - x^2 + x = x \cdot (4x^3 - 4x^2 - x + 1)$$

Después se factoriza el segundo factor; para ello, se consideran los divisores de su término independiente como posibles raíces enteras del polinomio.

Se comprueba que 1 es raíz $(4 \cdot 1^3 - 4 \cdot 1^2 - 1 + 1 = 0)$ y se aplica la regla de Ruffini:

	4	−4	−1	1
1		4	0	−1
	4	0	−1	0

La factorización intermedia queda así:

$$4x^4 - 4x^3 - x^2 + x = x \cdot (x - 1) \cdot (4x^2 - 1)$$

Finalmente, se resuelve la ecuación de segundo grado, recordando que se ha de incorporar el coeficiente de mayor grado del polinomio a la factorización:

$$4x^2 - 1 = 0 \Rightarrow x = \pm\sqrt{\frac{1}{4}} = \pm\frac{1}{2}$$

Por tanto:

$$4x^4 - 4x^3 - x^2 + x = 4x \cdot (x - 1) \cdot \left(x - \frac{1}{2}\right) \cdot \left(x + \frac{1}{2}\right) =$$

$$= x \cdot (x - 1) \cdot (2x - 1) \cdot (2x + 1)$$

10 **Halla las raíces del siguiente polinomio e indica su grado:**

$$P(x) = 2 \cdot (x+3) \cdot (x+7)^2 \cdot (x-8)^3 \cdot (x+1)$$

Esta factorización presenta una multiplicidad de raíces:

- El factor $x + 3$ está asociado a la raíz simple -3.
- El factor $x + 7$ tiene multiplicidad 2 y está asociado a la raíz doble -7.
- El factor $x - 8$ tiene multiplicidad 3 y está asociado a la raíz triple 8.
- El factor $x + 1$ está asociado a las raíz simple -1.

El polinomio tiene cuatro raíces, pero siete factores; por tanto, puede concluirse que el grado del polinomio $P(x)$ es 7.

Cabe notar que el factor numérico 2 forma parte de la factorización, pero no es un factor polinómico y, en consecuencia, no modifica el grado del polinomio.

11 **Halla las raíces de los siguientes polinomios y los puntos de corte con el eje *X* de las gráficas de las funciones correspondientes:**

a. $P(x) = x^2 + 2$

b. $Q(x) = x^3 - x$

a. Este polinomio de segundo grado se puede factorizar fácilmente resolviendo la ecuación $x^2 + 2 = 0$.

$$x^2 + 2 = 0 \Rightarrow x = \sqrt{-2}$$

Sin embargo, la ecuación no tiene soluciones reales, lo que significa que el polinomio no puede factorizarse en polinomios de grado 1, ni tiene raíces.

Dado que las soluciones de la ecuación $x^2 + 2 = 0$ coinciden con las abscisas de los puntos de corte con el eje *X* de la gráfica de la función referenciada, $f(x) = x^2 + 2$, y que la ecuación no tiene soluciones, se concluye que la gráfica no corta al eje *X*, como puede observarse en la figura:

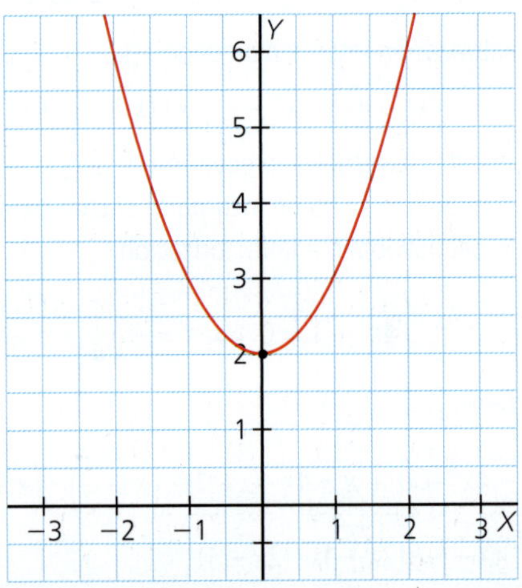

b. Se trata de un polinomio sin término independiente, de manera que se extrae *x* como factor común, con lo que se obtiene un producto notable fácil de resolver:

$$x^3 - x = x \cdot (x^2 - 1) = x \cdot (x-1) \cdot (x+1)$$

Como se observa, el polinomio tiene tres raíces simples: -1, 0 y 1

Estas raíces coinciden con las abscisas de los puntos de corte con el eje *X* de la gráfica de la función $f(x) = x^3 - x$. Por tanto, los puntos de intersección son:

$$(-1\ ,\ 0);\ (0\ ,\ 0);\ (1\ ,\ 0)$$

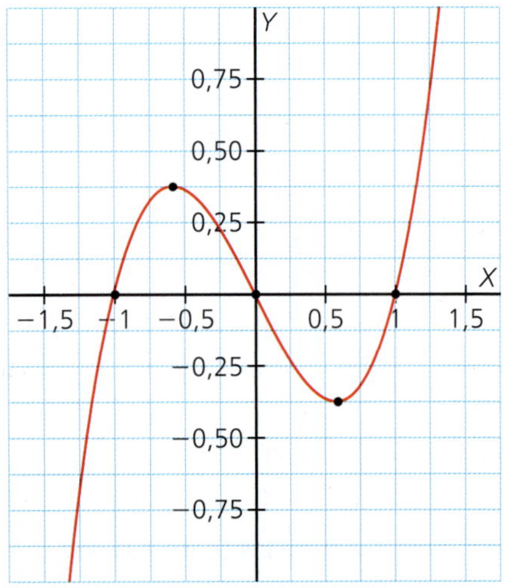

12 **Calcula el valor de *m* para que el polinomio $P(x) = 2x^3 - 3mx^2 + x + 3$ sea divisible entre $x + 1$.**

El teorema del resto establece que el valor numérico del polinomio dividendo para la raíz del polinomio divisor es 0. Por tanto, se ha de verificar que:

$$2 \cdot (-1)^3 - 3m \cdot (-1)^2 + (-1) + 3 = 0 \Rightarrow$$
$$\Rightarrow -2 - 3m - 1 + 3 = 0 \Rightarrow m = 0$$

13 **Calcula el m.c.d. y el m.c.m. de los siguientes polinomios:**

a. $P(x) = x^2 - 1$; $Q(x) = x^3 - 6x^2 + 11x - 6$

b. $M(x) = x^3y - xy$; $N(x) = x^2y^2 - x^2y - y^2 + y$

El m.c.d. y el m.c.m. se calculan factorizando los polinomios y aplicando las definiciones correspondientes.

a. Se factorizan ambos polinomios: el primero es una factorización simple de productos notables, y para el segundo se buscan sus posibles raíces entres los divisores del término independiente, -6. El resultado es:

$$P(x) = (x-1) \cdot (x+1)$$
$$Q(x) = (x-1) \cdot (x-2) \cdot (x-3)$$

El máximo común divisor se obtiene escogiendo los factores comunes de ambos polinomios elevados al menor de los exponentes, es decir:

$$\text{m.c.d.}\ [P(x)\ ,\ Q(x)] = x - 1$$

El mínimo común múltiplo se obtiene con los factores comunes y no comunes elevados al mayor exponente, es decir:

$$\text{m.c.m. } [P(x), Q(x)] = (x-1)\cdot(x+1)\cdot(x-2)\cdot(x-3) =$$
$$= x^4 - 5x^3 + 5x^2 + 5x - 6$$

b. La factorización de estos polinomios requiere extraer factor común, reorganizando los sumandos.

Se factoriza M (x):

$$M(x) = x^3y - xy = xy\cdot(x^2-1) = xy\cdot(x-1)\cdot(x+1)$$

Se factoriza N (x):

$$N(x) = x^2y^2 - x^2y - y^2 + y = x^2\cdot(y^2-y) - y^2 + y =$$
$$= x^2\cdot(y^2-y) - (y^2-y) = (y^2-y)\cdot(x^2-1) =$$
$$= y\cdot(y-1)\cdot(x-1)\cdot(x+1)$$

El máximo común divisor se obtiene escogiendo los factores comunes de ambos polinomios elevados al menor de los exponentes. Es decir:

$$\text{m.c.d. } [M(x), N(x)] = y\cdot(x-1)\cdot(x+1) = x^2y - y$$

El mínimo común múltiplo se obtiene con los factores comunes y no comunes de ambos polinomios elevados al mayor exponente. Es decir:

$$\text{m.c.m. } [M(x), N(x)] = y\cdot(x-1)\cdot(x+1) =$$
$$= x^3y^2 - x^3y - xy^2 + xy$$

14 Simplifica la siguiente expresión algebraica:

$$\frac{2x^4 + x^3 - x^2 - 2x - 1}{x^2 + 5x + 4}$$

Siempre que hay que simplificar una expresión de este tipo, se empieza por buscar las raíces del polinomio de menor grado, ya que la expresión podrá simplificarse cuando esas raíces lo sean también del polinomio de grado mayor.

En consecuencia, se factoriza el polinomio del denominador, S (x) = $x^2 + 5x + 4$, para lo que se resuelve la ecuación de segundo grado $x^2 + 5x + 4 = 0$:

$$x = \frac{-5 \pm \sqrt{25 - 4\cdot 1\cdot 4}}{2} = \frac{-5 \pm \sqrt{9}}{2} \Rightarrow x_1 = -4;\ x_2 = -1$$

Por tanto, el denominador queda factorizado de la siguiente forma:

$$S(x) = x^2 + 5x + 4 = (x+4)\cdot(x+1)$$

A continuación, se comprueba por el teorema del resto que $x = -4$ y $x = -1$ son también raíces del numerador, es decir, se comprueba que el valor numérico del polinomio del numerador, N (x) = $2x^4 + x^3 - x^2 - 2x + 1$, es 0 para $x = -4$ y $x = -1$:

$$N(-1) = 2\cdot(-1)^4 + (-1)^3 - (-1)^2 - 2\cdot(-1) - 1 \neq 0$$
$$N(-4) = 2\cdot(-4)^4 + (-4)^3 - (-4)^2 - 2\cdot(-4) - 1 \neq 0$$

Este resultado indica que el numerador y el denominador no tienen ninguna raíz común. Por consiguiente, la fracción polinómica ya está expresada en su forma más simplificada.

15 Opera con las siguientes expresiones algebraicas y simplifica al máximo los resultados:

a. $\dfrac{x^2}{x^2-1} - \dfrac{x-1}{x^2+x} - \dfrac{3x-2}{x^3-x}$

b. $\left(\dfrac{x^2}{x^3-2x^2-x+2} + \dfrac{1}{x^2-1} - \dfrac{4}{x^2-x-2}\right)\cdot\left(\dfrac{2x-1}{x-2} + \dfrac{1-x}{x-1}\right)$

a. Para operar con estas expresiones, conviene seguir estos pasos:

1. Se factorizan tanto numeradores como denominadores:

$$\frac{x^2}{x^2-1} - \frac{x-1}{x^2+x} - \frac{3x-2}{x^3-x} =$$
$$= \frac{x^2}{(x-1)\cdot(x+1)} - \frac{x-1}{x\cdot(x+1)} - \frac{3x-2}{x\cdot(x-1)\cdot(x+1)}$$

2. Se reducen las fracciones a común denominador:

$$\frac{x\cdot x^2}{x\cdot(x-1)\cdot(x+1)} - \frac{(x-1)\cdot(x-1)}{x\cdot(x-1)\cdot(x+1)} - \frac{3x-2}{x\cdot(x-1)\cdot(x+1)}$$

3. Se realizan las operaciones correspondientes:

$$\frac{x\cdot x^2 - (x^2-2x+1) - (3x-2)}{x\cdot(x-1)\cdot(x+1)} = \frac{x^3 - x^2 - x - 1}{x\cdot(x-1)\cdot(x+1)} =$$
$$= \frac{(x+1)\cdot(x^2-2x+1)}{x\cdot(x-1)\cdot(x+1)} = \frac{(x-1)^2}{x\cdot(x-1)} = \frac{x-1}{x}$$

b. Se sigue el mismo procedimiento aplicado en el apartado anterior:

1. Se factorizan tanto numeradores como denominadores:

$$\left(\frac{x^2}{x^3-2x^2-x+2} + \frac{1}{x^2-1} - \frac{4}{x^2-x-2}\right)\cdot\left(\frac{2x-1}{x-2} + \frac{1-x}{x-1}\right) =$$
$$\left(\frac{x^2}{(x+1)\cdot(x-1)\cdot(x-2)} + \frac{1}{(x+1)\cdot(x-1)} - \frac{4}{(x+1)\cdot(x-2)}\right)\cdot$$
$$\cdot\left(\frac{2x-1}{x-2} + \frac{(-1)\cdot(x-1)}{x-1}\right)$$

2. Se reducen las fracciones a común denominador:

$$\left(\frac{x^2}{(x+1)\cdot(x-1)\cdot(x-2)} + \frac{(x-2)}{(x+1)\cdot(x-1)\cdot(x-2)} -\right.$$
$$\left.- \frac{4\cdot(x-1)}{(x+1)\cdot(x-1)\cdot(x-2)}\right)\cdot\left(\frac{(2x-1)}{x-2} - 1\right)$$

3. Se realizan las operaciones correspondientes:

$$\left(\frac{x^2+x+2-4x+4}{(x+1)\cdot(x-1)\cdot(x-2)}\right)\cdot\left(\frac{(2x-1)-(x-2)}{x-2}\right) =$$
$$= \left(\frac{x^2-3x+2}{(x+1)\cdot(x-1)\cdot(x-2)}\right)\cdot\left(\frac{x+1}{x-2}\right) =$$
$$= \left(\frac{(x-1)\cdot(x-2)}{(x+1)\cdot(x-1)\cdot(x-2)}\right)\cdot\left(\frac{x+1}{x-2}\right) = \frac{1}{x-2}$$

1. Identifica el grado y el término independiente de los siguientes polinomios:

a. $P(x) = 5x^3 + 7 - \frac{1}{3}x^2 + ax$

b. $Q(x) = a^2x^2 + ax$

c. $R(x) = 5x - \sqrt{3} + \frac{3}{2}x^5$

d. $S(x) = x^2 + \frac{3}{x^2} + 2$

e. $T(x) = 5x - \sqrt{3x}$

f. $V(x) = x^3 - x^2 + \frac{1}{2x}$

2. Halla el valor numérico de $P(x) = 2x^3 - x^2 - x - 1$ para $x = -2$, $x = 0$ y $x = 3$. Después, comprueba con Wiris o GeoGebra los resultados que has obtenido.

3. Calcula el valor de *a* sabiendo que el valor numérico de $Q(x) = 2x^3 + ax^2 - x + 15$ para $x = -2$ es -11.

4. Halla los coeficientes de un polinomio de grado 2 de modo que se verifique que los valores numéricos de dicho polinomio para $x = -1$, $x = 1$ y $x = 0$ son $P(1) = 0$, $P(0) = 2$ y $P(-1) = 6$, respectivamente.

5. Considera los siguientes polinomios y resuelve las operaciones indicadas:

$P(x) = 5x^2 + 3x^2 - 2x + 1$ $\quad Q(x) = x^2 + 3x$ $\quad S(x) = \frac{1}{3}x + 1$

$T(x) = x^2 - 1$ $\quad R(x) = 2x^3 + x^2 + 1$ $\quad U(x) = x + 1$

a. $R(x) \cdot [Q(x) + S(x) + T(x)]$

b. $2 \cdot P(x) - 4 \cdot Q(x) + 3 \cdot S(x)$

c. $P^2(x) - Q^2(x)$

d. $[P(x) + Q(x) - 3S(x)] \cdot Q(x)$

e. $3 \cdot P(x) + Q(x) \cdot S(x)$

f. $\frac{R(x)}{U(x)}$

g. $\frac{R(x)}{T(x)}$

h. $\frac{Q(x)}{U(x)}$

i. $\frac{R(x)}{Q(x)}$

j. $\frac{R(x) \cdot Q(x)}{T(x)}$

6. En una división de polinomios, el grado del dividendo es 7 y el del divisor 4. ¿Qué se puede decir del grado del resto?

7. Resuelve estas divisiones:

a. $(5a^5 + 3a^2 - 2a + 1) : 5a$

b. $(12y - 3y^4 - 4y^3 + 2y^6) : 2y^2$

c. $(12y - 3y^4 - 4y^3 + 2y^6) : (y^2 - y + 1)$

d. $(3x^4 - 2x^3 + x - 3) : (2x^2 - 1)$

e. $(10y^{10} + y^5 - 2) : (y + 1)$

f. $(x^9 - x^5 + 1) : (3x^5 + 2x)$

g. $(x^9 - x^5 + 1) : (2x^3 + x)$

8. Considera los siguientes polinomios y realiza la división de $P(x)$ y $Q(x)$ entre $S(x)$ y $T(x)$, aplicando la regla de Ruffini.

$P(x) = 3x^6 - 2x^4 + x^3 - 2x + 1$ $\quad Q(x) = -x^4 - x^2 + 3x$

$S(x) = x - 2$ $\quad T(x) = x + \frac{1}{2}$

9. Determina, en cada caso, los valores de *m* y de *n* para que se cumplan las siguientes condiciones:

a. $P(x) = 3mx - 2x^2 + 3x + m$ es divisible entre $x + 2$.

b. La división $P(x) = 3mx - 2x^2 + 3x + m$ de entre $x + 2$ tiene resto -4.

c. $P(x) = x^4 + mx^3 - 19x^2 + nx + 90$ es divisible entre $x + 3$ y $x - 2$.

10. Calcula el valor de *m* y de *n*, sabiendo que el polinomio $x^3 + mx^2 + nx - 4$ es divisible entre $x^2 + 3x - 4$.

11. Explica el concepto de raíz o cero de un polinomio y enuncia los teoremas del resto y del factor.

12. Al dividir un polinomio, $P(x)$, entre el factor $x - 1$, se ha obtenido como cociente $3x + 2$, y como resto, 3. Calcula el valor de $P(x)$.

13. Halla un polinomio de segundo grado que tenga en 2 una de sus raíces y tal que $P(-3) = 30$. Después, comprueba con Wiris o GeoGebra los resultados que has obtenido.

14. Encuentra un polinomio de segundo grado tal que 1 y -4 sean sus raíces y $P(2) = 18$. Después, comprueba con Wiris o GeoGebra los resultados que has obtenido.

15. Un polinomio tiene por raíces -1 y 2, la segunda de las cuales, una raíz doble. Halla la expresión algebraica de dicho polinomio, sabiendo que $P(0) = 12$. Después, comprueba con Wiris o GeoGebra los resultados que has obtenido.

16. Halla un polinomio de segundo grado que tenga como término independiente -3 y cuyo valor numérico para $x = 2$ sea 7 y para $x = -2$ sea 3. Después, comprueba con Wiris o GeoGebra los resultados obtenidos.

17. Escribe tres polinomios distintos cuyas raíces sean -1, 2 y 5.

18. Halla un polinomio de cuarto grado que sea divisible entre $x^2 - 1$ y se anule en $x = -3$ y en $x = 5$.

19. Indica si la siguiente afirmación es verdadera o falsa:
«Un polinomio de grado cero tiene como raíz propia el cero».

20 ¿Son siempre las raíces de un polinomio divisores del término independiente? Pon un ejemplo que ilustre tu respuesta.

21 Factoriza los siguientes polinomios, sabiendo que se tratan de identidades notables:

a. $a^2 - b^2$

b. $a^2 - 2ab + b^2$

c. $\frac{9}{4}m^2 + \frac{3}{2}mn + \frac{1}{4}n^2$

d. $m^4 - 16$

22 Descompón en factores estos polinomios:

a. $P(x) = 3x + 1$

b. $Q(x) = 3x^2 - x$

c. $R(x) = x^2 - 1$

d. $S(x) = x^2 + 1$

e. $T(a) = a^2 + 2a$

f. $U(x) = 2x^2 - 3$

g. $V(a) = ab - 3a$

h. $W(x) = x^3 - x$

23 Factoriza los siguientes polinomios. Después, comprueba con Wiris o GeoGebra los resultados obtenidos.

a. $P(x) = 16x^2 + 8x + 1$

b. $Q(y) = y^2 + \frac{5y}{6} + \frac{1}{6}$

c. $R(x) = 3x^3 + x^2 - 12x - 4$

d. $S(x) = x^2 - x^4$

e. $T(x) = x^2 + x^4$

f. $U(x) = x^4 - 5x^2 + 4$

g. $V(x) = 6x^6 + 13x^5 - 5x^4 - 15x^3 - x^2 + 2x$

h. $W(x) = x^3 - \frac{9}{2}x^2 + \frac{3}{2}x + 2$

i. $Y(x) = 2x - 8x^3$

j. $Z(x) = x^3 - 4x^2 + 4x$

24 Calcula el máximo común divisor y el mínimo común múltiplo de los siguientes polinomios:

a. $P(x) = x + 1$; $Q(x) = x^2 + 4x + 3$

b. $P(x) = 3x^2 + 12x + 9$; $Q(x) = x^2 + 4x + 3$

c. $P(x) = x^3 - 5x^2 + 6x$; $Q(x) = x^2 + x - 6$

d. $P(x) = x^2 + 3x - 4$; $Q(x) = x^2 - 3x - 4$

25 Opera y simplifica:

a. $\frac{a^2 - b^2}{a^2 + ab}$

b. $\frac{25x^2 - 25y^2}{5x + 5y}$

c. $\frac{x - y}{y - x}$

d. $\frac{2x - 6}{4x^2 - 36}$

e. $\frac{3x^2 + 3x - 6}{3x^2 + 9x - 12}$

f. $\frac{2x^5 - 5x^4 - 5x^3 + 5x^2 + 3x}{4x^3 - 14x^2 + 4x + 6}$

g. $\frac{x^3 - 4x}{x^3 - x^2 - 4x + 4}$

h. $\frac{x^4 + x^3 + 2x - 4}{2x^4 + 5x^3 + 6x^2 + 10x + 4}$

26 Simplifica las siguientes expresiones:

a. $\dfrac{\frac{1}{x} - \frac{1}{y}}{\frac{1}{x^2} - \frac{1}{y^2}}$

b. $1 + \cfrac{1}{1 + \cfrac{1}{1 + \cfrac{1}{1 + \cfrac{1}{1 + \frac{1}{x}}}}}$

c. $1 + \cfrac{1}{1 - \cfrac{1}{1 + \cfrac{1}{1 - \cfrac{1}{1 + \frac{1}{x}}}}}$

d. $1 + \cfrac{2}{1 - \cfrac{3}{1 + \cfrac{4}{1 - \cfrac{5}{1 + \frac{6}{x}}}}}$

27 Simplifica las siguientes expresiones:

a. $\frac{x^4 - 16}{(x + 2)^2}$

b. $\left[(4x + 8) \cdot \frac{x}{x + 2}\right] + \frac{2}{x - 2}$

c. $\frac{1 + a}{b} : \frac{a^2 - b^2}{ab - b}$

d. $\frac{2a}{a - b} + \frac{10b}{a^2 - b^2}$

28 Calcula los valores de *a* y *b* que verifican esta igualdad:

$$\frac{x + 11}{x^2 + 2x - 3} = \frac{a}{x - 1} + \frac{b}{x + 3}$$

29 Realiza las siguientes operaciones:

a. $x + 2 - \frac{4x}{x + 2}$

b. $\frac{x + 3}{x^2} + \frac{x^2 - 1}{x + 1}$

c. $\frac{x + 3}{x^2} - \frac{x^2 - 1}{x^3} - \frac{1}{x}$

d. $\frac{x + 2}{x^2 - 4} + \frac{x - 3}{x^2 - 9} - \frac{x + 3}{x^2 + 6x + 9}$

e. $\frac{x - 3}{x^2 - 4x + 3} + \frac{x^2 - 1}{x - 1}$

f. $\frac{x - 1}{x^2 - 1} + \frac{x - 1}{x + 1} - \frac{2x - 2}{x - 1}$

g. $\frac{x - 3}{x + 3} + \frac{3x - 1}{x - 1} - \frac{2x}{x}$

h. $\frac{x - 3}{x - 2} + \frac{x^2 - 1}{2x - 4}$

i. $\frac{x^2 + 3x}{x^2} + \frac{x^2 - 1}{x}$

j. $\frac{x + y}{x - y} + \frac{x^2 - y^2}{2x - 2y}$

30 Realiza las siguientes operaciones:

a. $\frac{a + b}{a} + \frac{a^2 - 2a}{a^2 b}$

b. $\frac{x + y}{x - y} : \frac{x^2 - y^2}{2x + 2y}$

c. $\frac{1 - x}{x - 1} + \dfrac{\frac{4 - 2x}{4x - 2}}{\frac{1}{2}x + \frac{1}{2}}$

d. $\left(\frac{x - 1}{x + 1} - \frac{x + 1}{x - 1}\right) : \frac{1}{x^3 - x}$

e. $(-2) \cdot \left(\frac{1 + x}{x - 1}\right) + \frac{x - 2}{1 - x} \cdot \left(\frac{1 - x}{x - 3}\right)^{-1} + \dfrac{2}{\frac{1 - x}{x + 2}}$

ACTIVIDADES PROPUESTAS

31 Expresa de manera algebraica los siguientes enunciados:

a. El perímetro de un cuadrado de lado x.

b. El perímetro de un cuadrado de diagonal x.

c. La suma de dos números consecutivos.

d. La suma de dos números pares consecutivos.

e. La suma de un número y su opuesto.

f. El producto de un número y su opuesto.

g. El área de un cuadrado de lado x.

h. El área de un rectángulo cuyos lados mayor y menor se diferencian en 2 unidades.

i. La hipotenusa de un triángulo rectángulo de catetos iguales.

j. El área de un triángulo rectángulo de catetos iguales.

k. La suma de tres múltiplos consecutivos de 7.

l. La suma de los cuadrados de dos números consecutivos.

m. El cuadrado de la suma de dos números consecutivos.

n. La suma de dos números que difieren en 9.

o. La apotema de un hexágono de lado x.

p. El cociente de la suma de dos números impares consecutivos entre su diferencia.

q. La diferencia del cociente de dos números y su producto.

r. El producto del cociente de dos números y el cuadrado de su suma.

32 Si el cuadrado de un polinomio es $x^4 - 10x^3 + 37x^2 - 60x + 36$, ¿cuál es dicho polinomio?

33 Calcula los valores de m y n para que el polinomio $mx^4 + (n - 1)x^3 + (n + 1)x^2 + 2mx$ sea divisible entre $x + 1$.

34 La velocidad de un tren en el momento en que acelera viene dada por la expresión $v(t) = 3 + 5t$, donde t es el tiempo expresado en segundos, y v, la velocidad expresada en metros por segundo. Calcula el valor de la velocidad al inicio del movimiento y en $t = 2$ s. ¿En qué momento alcanzará la velocidad el valor de 63 m/s?

35 Determina el perímetro de un rectángulo, sabiendo que la longitud del lado mayor es tres veces la del lado menor. Determina también su área y su diagonal. ¿Son todas las expresiones obtenidas polinomios?

36 Expresa el área y la diagonal de un rectángulo que tiene 50 unidades de perímetro en función de uno de sus lados.

37 Un inversor coloca parte de su capital en un banco que le ofrece un beneficio del 7 %. El resto de su capital, que constituye un 40 % del total, lo invierte en acciones bursátiles con un alto interés del 10 %.

a. Determina el polinomio que expresa la ganancia en función del capital. ¿Qué grado tiene dicho polinomio?

b. Si su capital asciende a 3 500 €, ¿a cuánto ascenderá la ganancia?

38 Una pequeña fábrica ha establecido los costos de su actividad derivados de la gestión y el pago de las nóminas más los seguros sociales mediante la expresión:

$$C(x) = 3\,400 - 50x$$

Por otra parte, ha determinado que los ingresos responden a la expresión:

$$I(x) = 2\,200 - 40x + x^2$$

En ambos casos, x es el número de unidades del producto vendidas.

a. Expresa la ganancia de la fábrica en función de las unidades del producto vendidas.

b. ¿Cuántas unidades han de venderse para que al menos no haya pérdidas?

c. ¿Qué beneficio se obtiene si se venden 110 unidades?

39 En el estudio de viabilidad de la creación de una fábrica, se estima que el precio de venta por unidad de producto, $P(x)$, responde a la expresión $120 - 9x$, donde x es el número de unidades producidas. Por otro lado, los costes se estiman mediante la expresión $C(x) = 10x - 35$.

a. ¿Es fijo el precio de la unidad de producto? En caso negativo, ¿cómo varía?

b. Si los ingresos suponen el producto de las unidades vendidas por su precio, ¿cuál es su expresión algebraica?

c. La ganancia es, obviamente, la diferencia entre ingresos y gastos. ¿Cuál es su expresión algebraica?

SISTEMAS DE NUMERACIÓN

Lee con atención el texto del margen y responde a las siguientes cuestiones:

1. Explica la diferencia entre los conceptos cifra y número.

2. Averigua si el sistema de numeración romano es posicional o no. Justifica tu respuesta con algún ejemplo.

3. Indica la veracidad o falsedad de la siguiente afirmación: «El sistema de numeración romano es un sistema posicional, como lo demuestra el hecho de que, por ejemplo, los números CX y XC representen cantidades distintas».

4. El teorema fundamental de la numeración permite expresar cualquier número en base 10. Su expresión matemática es la siguiente:

$$\text{número}_{10} = \sum_{i=n}^{m} \text{cifra}_n \cdot (\text{base})^n$$

En la expresión anterior, *n* toma distintos valores según el orden posicional de la cifra. Por ejemplo, el número $\text{abcde}_{(\text{base}}$, se expresa en base diez de la siguiente manera:

$$\text{número}_{10} = e \cdot (\text{base})^0 + d \cdot (\text{base})^1 + c \cdot (\text{base})^2 + b \cdot (\text{base})^3 + a \cdot (\text{base})^4$$

Demuestra que los números $101_{(2}$ y $12_{(3}$ corresponden a $5_{(10}$.

5. Busca información sobre los dígitos o cifras del sistema hexadecimal

6. Expresa en base 10 los números $10{,}01_{(2}$, $A2_{(12}$ y $FA_{(16}$.

7. Interpreta en términos de sistema de numeración el siguiente polinomio:

$$P(x) = ax^4 + bx^3 + cx + d$$

5 es igual a 101, a 12 e, incluso, a V

Nos adentramos en el fascinante mundo de los sistemas de numeración, donde el número 5, expresado en base 10, se escribe 101 en base 2, 12 en base 3 y v en el sistema de numeración romano.

Un sistema de numeración es un conjunto de símbolos y reglas que permite representar cantidades numéricas.

Se denomina sistema de numeración posicional a aquel en el que el valor de una cifra depende de la posición que ocupa en el número. Así, por ejemplo, en el sistema decimal, los números 43 y 14 tienen una cifra igual, el 4, pero en el primer número representa 4 decenas, es decir 40 unidades, mientras que en el segundo número representa 4 unidades.

PISOS Y EDIFICIOS

Los vecinos de un inmueble han decidido comprar el edificio de manera que cada vecino aporte una cantidad proporcional al tamaño de su piso. Por ejemplo, una persona que viva en un piso que ocupa la quinta parte de la superficie habitable del edificio deberá abonar la quinta parte del precio total del edificio.

El edificio cuenta con tres pisos, A, B y C, de diferentes tamaños.

1. Indica si las siguientes afirmaciones son ciertas o falsas:

a. La persona que vive en el piso más grande pagará más dinero por cada metro cuadrado de su piso que la persona que vive en el piso más pequeño.

b. Si se conocen las superficies de dos pisos y el precio de uno de ellos, entonces se puede calcular el precio del otro.

c. Si se conoce el precio del edifico y cuánto pagará cada propietario, entonces se puede calcular la superficie habitable total del edificio.

d. Si el precio total del edificio se redujera en un 10 %, cada uno de los propietarios pagaría un 10 % menos por su piso.

2. El mayor de los tres pisos, el piso A, tiene una superficie total de 95 m^2. Los pisos B y C tienen superficies de 85 m^2 y 70 m^2, respectivamente. Si el precio de venta del edifico es de 300 000 zeds, ¿cuánto deberá pagar el propietario del piso B?

3. Obtén la expresión polinómica que permite calcular, conocida la superficie habitable del edificio y el precio total, lo que ha de pagar cada propietario en función de los metros cuadrados de su piso, *x*.

4. Obtén la expresión polinómica que permite calcular el precio medio por metro cuadrado del edificio.

DIARIO DE APRENDIZAJE

Una vez estudiada la unidad, ¿con qué imágenes ilustraría yo la presentación?

03 ECUACIONES Y SISTEMAS DE ECUACIONES

ECUACIONES Y SISTEMAS

ECUACIONES POLINÓMICAS DE GRADO IGUAL O MAYOR QUE 2

Se ordenan y se expresan como $P(x) = 0$.

ECUACIÓN DE SEGUNDO GRADO COMPLETA

$$ax^2 + bx + c = 0 \Rightarrow$$
$$\Rightarrow x = \frac{-b \pm \sqrt{b^2 - 4ac}}{2a}$$

ECUACIÓN DE SEGUNDO GRADO INCOMPLETA

$$ax^2 + bx = 0 \Rightarrow$$
$$\Rightarrow x(ax + b) = 0 \Rightarrow \begin{cases} x = 0 \\ x = -\dfrac{b}{a} \end{cases}$$
$$ax^2 + c = 0 \Rightarrow x = \pm\frac{\sqrt{-c}}{a}$$

ECUACIÓN BICUADRADA

$$ax^4 + bx^2 + c = 0$$

Se realiza el cambio $y = x^2$:

$$y = \frac{-b \pm \sqrt{b^2 - 4ac}}{2a}$$
$$x = \pm\sqrt{y} \text{ (si } y \geq 0)$$

ECUACIÓN DE GRADO IGUAL O MAYOR QUE 3

1. Se ordena y se expresa como $P(x) = 0$.
2. Se factoriza $P(x)$ en factores de grado ≤ 2:
   $P(x) = A(x) \cdot B(x) \cdot C(x) \cdot \ldots$
3. Se iguala cada factor a cero y se resuelve la ecuación correspondiente:
   $A(x) = 0$, $B(x) = 0$, $C(x) = 0$, …

ECUACIONES RACIONALES, CON RADICALES Y CON VALORES ABSOLUTOS DE GRADO IGUAL O MAYOR QUE 2

La incógnita aparece en el denominador, en el radicando o dentro de un valor absoluto.

Aunque el proceso de resolución sea correcto, la solución que se obtiene no siempre es válida.

ECUACIÓN RACIONAL

1. Se halla el m.c.m. de los denominadores.
2. Se multiplican todos los términos de la ecuación por el m.c.m., con lo que se eliminan los denominadores.
3. Se resuelve la ecuación resultante.
4. Se comprueba la validez de las soluciones. Serán válidas aquellas que no anulen ningún denominador.

ECUACIÓN CON RADICALES

1. Si hay un solo radical, se aísla en uno de los miembros de la ecuación.
2. Se elevan los dos miembros de la ecuación al índice de la raíz.
3. Se resuelve la ecuación resultante.
4. Se comprueba la validez de las soluciones. Serán válidas aquellas que verifiquen la igualdad y que cumplan que el radicando ≥ 0.
5. Si hay más de un radical en la ecuación, se repite el proceso varias veces.

ECUACIÓN CON VALORES ABSOLUTOS

1. Se aísla el valor absoluto en uno de los miembros de la ecuación.
2. Se plantean dos posibles ecuaciones:
   $$|f(x)| = g(x) \Rightarrow \begin{cases} f(x) = g(x) \\ f(x) = -g(x) \end{cases}$$
3. Se comprueba la validez de las soluciones. Serán válidas aquellas que verifiquen la igualdad inicial.

ECUACIONES EXPONENCIALES Y LOGARÍTMICAS

Son ecuaciones exponenciales aquellas en las que la incógnita aparece en el exponente de una potencia.

Son ecuaciones logarítmicas aquellas en las que la incógnita aparece en la característica de un logaritmo.

ECUACIÓN EXPONENCIAL

1. Se realiza el cambio $y = a^x$.
2. Se resuelve la ecuación (sin exponenciales) resultante.
3. Se despeja x a partir de los valores obtenidos de y.

ECUACIÓN LOGARÍTMICA

1. Todos los términos de la ecuación deben ser logaritmos con la misma base.
2. Se aplican las propiedades de los logaritmos para reducir la ecuación a dos logaritmos, uno en cada miembro de la ecuación.
3. Se igualan las características.
4. Se resuelve la ecuación (sin logaritmos) resultante.
5. Se comprueba la validez de las soluciones. Serán válidas aquellas que cumplan que la característica es mayor que 0.

SISTEMAS LINEALES

Todas las ecuaciones son de primer grado.

DISCUSIÓN

Sistema compatible determinado: tienen una única solución.

Sistema compatible indeterminado: tienen infinitas soluciones.

Sistema incompatible: no tienen solución.

MÉTODO DE GAUSS

Consiste en transformar el sistema que se va a resolver en un sistema triangular.

1. Se elige como primera ecuación y primera incógnita la más conveniente, es decir, aquella cuyos coeficientes sean más cómodos de combinar para reducir las incógnitas.
2. Se elimina por reducción la primera incógnita del resto de ecuaciones (2.ª, 3.ª, etc.).
3. Se elimina por reducción, usando la segunda ecuación, la segunda incógnita del resto de ecuaciones (3.ª y sucesivas).
4. Se resuelve en orden inverso: primero, la última ecuación; después, la penúltima, etc.

$$\begin{cases} a_{11}x + a_{12}y + a_{13}z = b_1 \\ a_{21}x + a_{22}y + a_{23}z = b_2 \\ a_{31}x + a_{32}y + a_{33}z = b_3 \end{cases} \Rightarrow$$

$$\Rightarrow \begin{cases} a_{11}x + a_{12}y + a_{13}z = b_1 \\ \qquad a'_{22}y + a'_{23}z = b'_2 \\ \qquad\qquad a'_{33}z = b'_3 \end{cases}$$

SISTEMA HOMOGÉNEO

Todos los términos independientes son nulos (iguales a cero).

Son compatibles porque la solución $x = 0$, $y = 0$, $z = 0$, … siempre verifica el sistema.

SISTEMAS NO LINEALES

Alguna de las ecuaciones no es de primer grado.

RESOLUCIÓN

Para resolver sistemas no lineales, pueden seguirse estos pasos:

1. Se escoge la ecuación más sencilla.
2. Se despeja la incógnita más sencilla.
3. Se sigue el método de sustitución con la incógnita despejada.
4. Se comprueba la validez de las soluciones en todas las ecuaciones del sistema.

Si hay ecuaciones exponenciales, se intenta eliminar las bases.

Si hay ecuaciones logarítmicas, se agrupan los logaritmos y se eliminan.

RESOLUCIÓN DE PROBLEMAS

Algunas recomendaciones útiles a la hora de enfrentarse a los problemas son:

1. Lee el problema completo e identifica datos e incógnitas, distinguiendo entre unos y otras.
2. Expresa algebraicamente (esto es, mediante ecuaciones) la relación existente entre los datos.
3. Simplifica las ecuaciones para que queden expresadas de la forma más cómoda posible antes de operar. Es decir, elimina decimales, fracciones, paréntesis, etc.
4. Resuelve y comprueba si los resultados son válidos en el contexto del problema. No se trata de comprobar si las soluciones verifican el sistema (el problema podría estar bien calculado, pero mal planteado), sino de ver si cumplen las condiciones del enunciado.

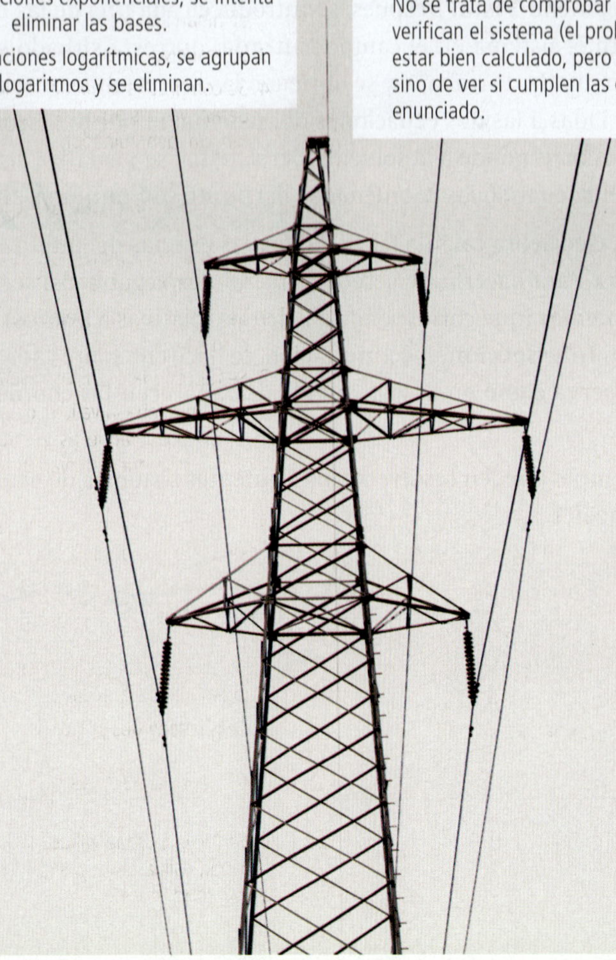

ECUACIONES CON GEOGEBRA

Resolución de ecuaciones

Para trabajar con ecuaciones, lo primero que hay que hacer es activar la **Vista CAS** (Computación Algebraica Simbólica). Para hacerlo, hay que desplegar el menú **Vista** y seleccionar dicha opción. Aparecerá la vista que muestra la figura del margen.

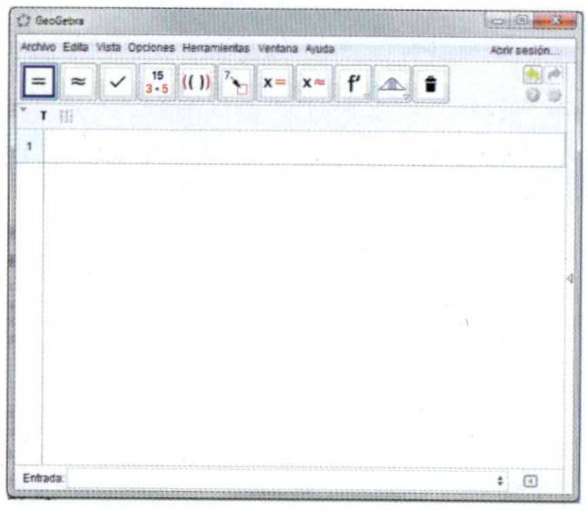

Para resolver ecuaciones, se utiliza el comando **Resuelve,** seguido de la ecuación que se desea resolver entre corchetes. A modo de ejemplo, observa la resolución de estas ecuaciones:

1. $3x^2 - 1 = 0$
2. $\ln(x + 1) = 1$
3. $\sqrt{x-1} + \sqrt{2x+5} = 8$
4. $2^{x-1} - 2^x + 4 = 0$

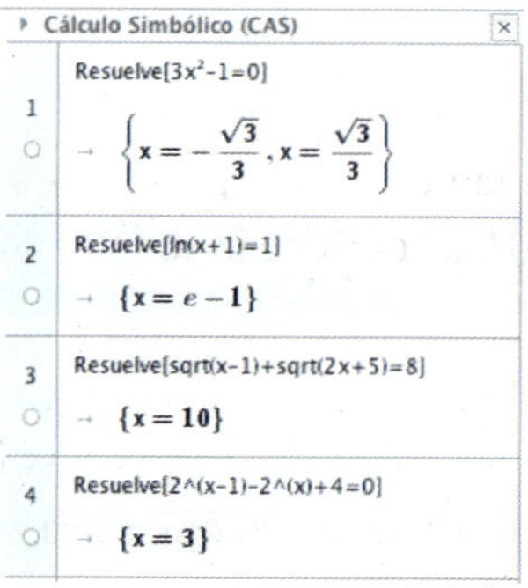

TEN EN CUENTA

Las raíces cuadradas se introducen en GeoGebra escribiendo «sqrt» (del inglés *square root*).

Resolución de sistemas

Una de las ventajas de GeoGebra es que permite visualizar la representación gráfica de una gran variedad de objetos matemáticos, lo que resulta especialmente útil cuando se quieren obtener las soluciones de los sistemas de ecuaciones.

Para resolver sistemas de ecuaciones, debe activarse la vista gráfica (si no se ha hecho ya) en el menú **Vista.** Después, se introduce cada una de las ecuaciones que conforman el sistema en el campo **Entrada,** que está situado en la parte inferior de la pantalla de trabajo, y se obtienen las representaciones gráficas de las rectas asociadas a las dos ecuaciones del sistema. El punto de corte de ambas rectas, que corresponde a la solución del sistema, se visualiza a simple vista, especialmente cuando las coordenadas del punto son números enteros.

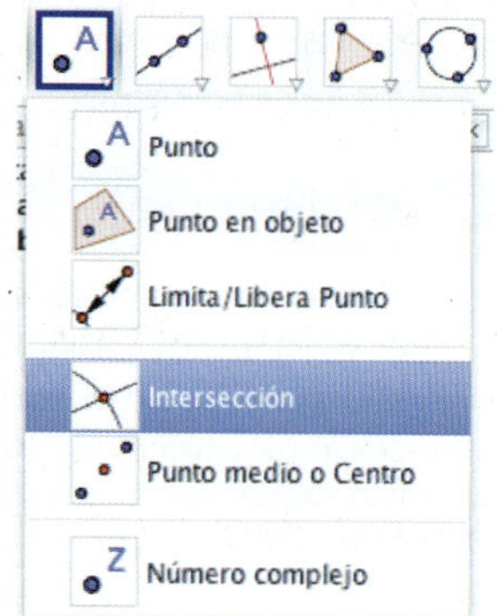

Con todo esto, GeoGebra calcula las coordenadas exactas del punto de corte de las dos gráficas. Para hacerlo, se accede al menú desplegable del segundo bloque de herramientas (que corresponde a cálculos relativos a puntos) y se selecciona la opción **Intersección.** A continuación, se hace clic sobre cada una de las rectas y se observa cómo en la vista algebraica aparecen las coordenadas del punto de corte.

INVESTIGA

Para resolver sistemas de tres ecuaciones con tres incógnitas, es necesario representar cada una de las ecuaciones en tres dimensiones; a tal fin, hay que activar la **Vista Gráfica 3D** de GeoGebra.

A modo de ejemplo pueden resolverse los siguientes sistemas de ecuaciones lineales y no lineales:

a. $\begin{cases} 2x - 3y = -8 \\ x + 3y = 5 \end{cases}$

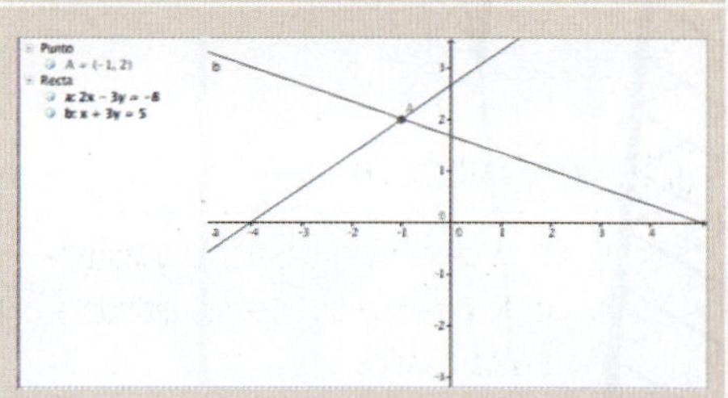

b. $\begin{cases} -x + 3y = -2 \\ 2x - 6y = -5 \end{cases}$

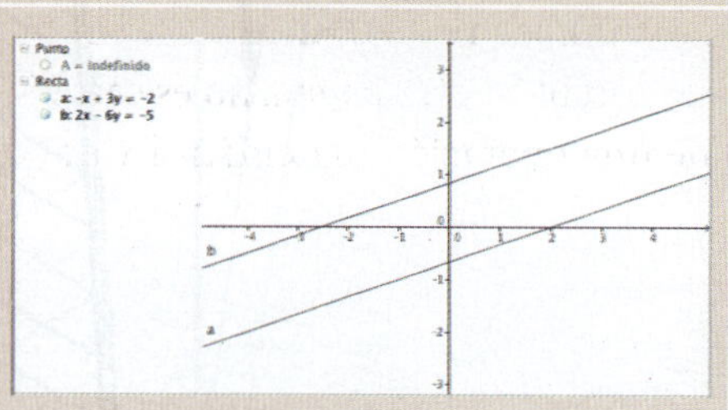

c. $\begin{cases} x^2 + y^2 = 5 \\ x + y = 1 \end{cases}$

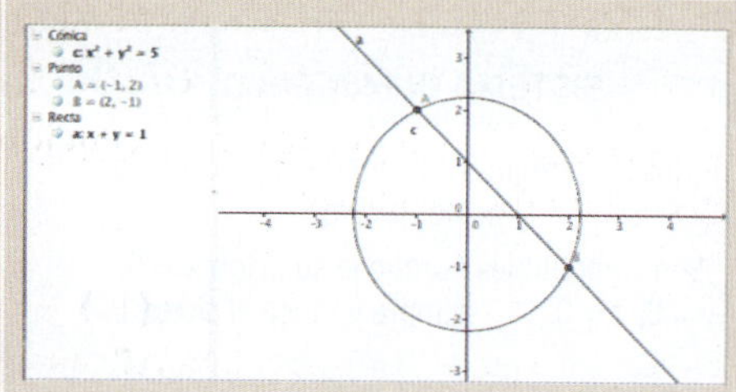

ECUACIONES CON WIRIS

Resolución de ecuaciones

resolver ecuación ▼

Para resolver ecuaciones utilizando esta herramienta, se selecciona la opción **resolver ecuación,** que se encuentra dentro de la pestaña **Operaciones**. Al seleccionar dicha opción, aparece en pantalla un nuevo bloque en el que se muestra la sintaxis del comando **resolver**:

resolver (□=□)

Al completar ambos miembros de la igualdad con las expresiones algebraicas correspondientes y pulsar sobre el icono [=], se obtiene la solución de la ecuación.

Si se introduce una ecuación de primer grado, como por ejemplo $x + 1 = 2x - 2$, el sistema devuelve un número real. Si lo que se introduce es una identidad, como $x + 1 = x + 1$, el sistema devuelve la identidad $x = x$, que es verificada por infinitas soluciones reales.

Por último, puede resultar interesante ver cómo responde Wiris cuando se introduce una ecuación absurda. Si se introduce, por ejemplo, $x + 1 = x - 1$, el sistema devuelve una respuesta vacía. Hay que estar, pues, siempre atentos a la hora de interpretar los resultados que se obtienen.

resolver (x+1=2x−2) → {{x=3}}
resolver (x+1=x+1) → {{x=x}}
resolver (x+1=x−1) → {□}

Resolución de sistemas

En este caso, el comando que hay que ejecutar es **resolver sistema,** que funciona de modo similar al comando anterior, con la diferencia de que hay que introducir el número de ecuaciones que componen el sistema en una ventana emergente como la que se muestra a continuación:

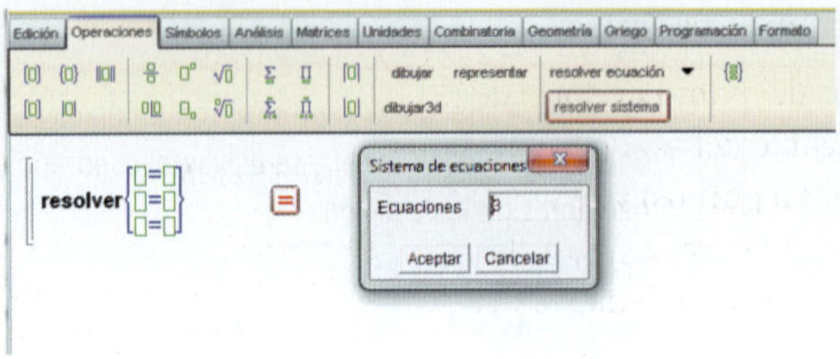

$$\textbf{resolver}\begin{cases}2x+y-z=0\\ z+y+z=1\\ 2x+y+z=2\end{cases} \rightarrow \{\{x=1, y=-1, z=1\}\}$$

$$\textbf{resolver}\begin{cases}3x+\dfrac{y}{2}=15\\ \dfrac{2}{x}+\dfrac{3}{y}=1\end{cases} \rightarrow \left[\{x=4, y=6\}, \left\{x=\dfrac{5}{2}, y=15\right\}\right]$$

$$\textbf{resolver}\begin{cases}\log(x)=1-\log(y)\\ 2x+2=2(y-2)\end{cases} \rightarrow \{\{x=2., y=5.\}\}$$

Una vez indicado el número de ecuaciones, se introducen las ecuaciones que forman el sistema y se pulsa sobre el signo [=], con lo que obtiene la solución.

A la hora de editar expresiones logarítmicas hay que tener cuidado con la sintaxis que se utiliza, puesto que los comandos deben introducirse con la sintaxis precisa.

Así, por ejemplo, al editar una expresión logarítmica, hay que incluir la característica entre paréntesi; si no se incluyen los paréntesis, el sistema no es capaz de interpretar el texto como la ejecución de una operación matemática y devuelve el texto sin operar.

log(10) → 1
log10 → **log10**

+ TEN EN CUENTA

Wiris distingue entre mayúsculas y minúsculas, por lo que hay que tener cuidado al escribir los comandos.

1 Resuelve las siguientes ecuaciones:

a. $x^4 + 2x^3 + 2x^2 + 2x + 1 = 0$

b. $x + \dfrac{2x - 6}{x^2 - 2x} = \dfrac{3x + 7}{x - 2} + \dfrac{1}{x}$

c. $\sqrt{x^2 - 1} = x + \sqrt{x - 1}$

a. En primer lugar, se buscan las raíces del polinomio $P(x) = x^4 + 2x^3 + 2x^2 + 2x + 1$ entre las dos posibles, es decir, entre $\{\pm 1\}$:

$P(1) = 1 + 2 + 2 + 2 + 1 \neq 0$; luego, $x = 1$ no es raíz.

$P(-1) = 1 - 2 + 2 - 2 + 1 = 0$; por tanto, $x = -1$ sí es raíz.

Se aplica la regla de Ruffini para realizar la división $P(x) : (x + 1)$:

	1	2	2	2	1
−1		−1	−1	−1	−1
	1	1	1	1	0

Se buscan las raíces del cociente $Q(x) = x^3 + x^2 + x + 1$:

$x = 1$ no puede ser raíz de $Q(x)$ porque no lo es de $P(x)$.

$Q(-1) = -1 + 1 - 1 + 1 = 0$; luego, $x = -1$ sí es raíz.

Se aplica la regla de Ruffini nuevamente:

	1	1	1	1
−1		−1	0	−1
	1	0	1	0

Por tanto, el polinomio queda factorizado de la siguiente manera:

$$P(x) = (x + 1) \cdot (x + 1) \cdot (x^2 + 1) = (x + 1)^2 \cdot (x^2 + 1)$$

Una vez factorizado el polinomio, se resuelve la ecuación $P(x) = 0$ igualando a 0 cada factor:

$P(x) = (x + 1)^2 \cdot (x^2 + 1) = 0 \Rightarrow$

$$\Rightarrow \begin{cases} (x+1)^2 = 0 \Rightarrow x + 1 = 0 \Rightarrow x = -1 \\ x^2 + 1 = 0 \Rightarrow x = \sqrt{-1} \text{ (No existe.)} \end{cases}$$

Se comprueba la solución hallada:

$$(-1)^4 + 2 \cdot (-1)^3 + 2 \cdot (-1)^2 + 2 \cdot (-1) + 1 = 0$$

Por tanto, $x = -1$ es una solución válida.

b. Se halla el m.c.m. de los denominadores:

$$\text{m.c.m.} = x \cdot (x - 2)$$

Se multiplican todos los términos de la ecuación por el m.c.m.:

$x \cdot (x - 2) \cdot x + x \cdot (x - 2) \cdot \dfrac{2x - 6}{x \cdot (x - 2)} =$

$= x \cdot (x - 2) \cdot \dfrac{3x - 7}{x - 2} + x \cdot (x - 2) \cdot \dfrac{1}{x} \Rightarrow$

$\Rightarrow x^2 \cdot (x - 2) + (2x - 6) = x \cdot (3x - 7) + x - 2 \Rightarrow$

$\Rightarrow x^3 - 5x^2 + 8x - 4 = 0$

Se buscan las raíces del polinomio $P(x) = x^3 - 5x^2 + 8x - 4$ entre sus seis posibles: $\{\pm 1, \pm 2, \pm 4\}$

$P(1) = 1 - 5 + 8 - 4 = 0$; luego, $x = 1$ es raíz.

Se aplica la regla de Ruffini:

$P(x) : (x - 1) \rightarrow$

	1	−5	8	−4
1		1	−4	4
	1	−4	4	0

El cociente es $Q(x) = x^2 - 4x + 4$; por tanto:

$$P(x) = (x - 1) \cdot (x^2 - 4x + 4)$$

Se resuelve la ecuación $P(x) = 0$ igualando a 0 cada factor:

$P(x) = (x - 1) \cdot (x^2 - 4x + 4) = 0 \Rightarrow$

$$\Rightarrow \begin{cases} x - 1 = 0 \Rightarrow x = 1 \\ x^2 - 4x + 4 = (x - 2)^2 = 0 \Rightarrow x = 2 \end{cases}$$

Se comprueban las soluciones halladas:

- Para $x = 1$: $1 + \dfrac{-4}{-1} = \dfrac{-4}{-1} + \dfrac{1}{1}$; luego, $x = 1$ es una solución válida.
- Para $x = 2$: $2 + \dfrac{-2}{0} \neq \dfrac{-1}{0} + \dfrac{1}{2}$; luego, $x = 2$ no es una solución válida, ya que $\dfrac{-2}{0}$ no existe.

Por tanto, la única solución válida es $x = 1$.

c. Como hay dos radicales, se aíslan en el primer miembro de la ecuación y se elevan ambos miembros al cuadrado:

$(\sqrt{x^2 - 1} - \sqrt{x - 1})^2 = x^2 \Rightarrow$

$\Rightarrow (x^2 - 1) + (x - 1) - 2\sqrt{(x^2 - 1) \cdot (x - 1)} = x^2 \Rightarrow$

$\Rightarrow x - 2 - 2\sqrt{x^3 - x^2 - x + 1} = 0$

Se obtiene una nueva expresión con un único radical. Se despeja dicho radical y se elevan al cuadrado los dos miembros de la ecuación:

$(x - 2)^2 = (2\sqrt{x^3 - x^2 - x + 1})^2 \Rightarrow$

$\Rightarrow x^2 - 4x + 4 = 4(x^3 - x^2 - x + 1) \Rightarrow 4x^3 - 5x^2 = 0$

Seguidamente, se resuelve la ecuación resultante:

$4x^3 - 5x^2 = 0 \Rightarrow x^2 \cdot (4x - 5) = 0 \Rightarrow$

$$\Rightarrow \begin{cases} x^2 = 0 \Rightarrow x = 0 \\ 4x - 5 = 0 \Rightarrow x = \dfrac{5}{4} \end{cases}$$

Finalmente, se comprueban las soluciones:

- Para $x = 0$: $\sqrt{-1} \neq 0 + \sqrt{-1} \Rightarrow$ No es una solución válida, ya que $\sqrt{-1}$ no existe.
- Para $x = \dfrac{5}{4}$: $\sqrt{\dfrac{9}{16}} \neq \dfrac{5}{4} + \sqrt{\dfrac{1}{4}} \Rightarrow \dfrac{3}{4} \neq \dfrac{5}{4} + \dfrac{1}{2} \Rightarrow \dfrac{3}{4} \neq \dfrac{7}{4} \Rightarrow$

  $\Rightarrow$ No es una solución válida.

Por tanto, la ecuación no tiene soluciones válidas.

2 Resuelve las siguientes ecuaciones exponenciales:

a. $8^{x-1} = \frac{1}{4}$

b. $a^{x+1} - 2^{x+4} + 12 = 0$

a. Como solo hay dos términos, se aplican las propiedades de las potencias para igualar las bases:

$(2^3)^{x-1} = 2^{-2} \Rightarrow 2^{3x-3} = 2^{-2} \Rightarrow$

$\Rightarrow 3x - 3 = -2 \Rightarrow 3x = 1 \Rightarrow x = \frac{1}{3}$

b. Hay tres términos, por lo que es necesario realizar el cambio de variable $2^x = y$. Para ello, se aplican las propiedades de las potencias con los dos términos exponenciales:

$$4^{x+1} = 4^x \cdot 4 = (2^2)^x \cdot 4 = (2^x)^2 \cdot 4 = 4y^2$$
$$2^{x+4} = 2^x \cdot 2^4 = 16y$$

Tras el cambio de variable, la ecuación queda:

$$4y^2 - 16y + 12 = 0 \Rightarrow y^2 - 4y + 3 = 0$$

Se resuelve esta ecuación y se halla:

$$y = \frac{4 \pm \sqrt{16-12}}{2} = \frac{4 \pm 2}{2} \Rightarrow \begin{cases} y = 3 \\ y = 1 \end{cases}$$

Se deshace el cambio de variable y se obtienen las soluciones:

$$\begin{cases} y = 3 \Rightarrow 2^x = 3 \Rightarrow x = \log_2 3 \\ y = 1 \Rightarrow 2^x = 1 \Rightarrow 2^x = 2^0 \Rightarrow x = 0 \end{cases}$$

3 Resuelve la ecuación $\sqrt[5]{3^{2x+1}} = 7$.

Esta ecuación exponencial muestra una igualdad entre dos potencias que no tienen la misma base, por lo que el recurso habitual de igualar los exponentes no es válido.

Para resolver la ecuación, se deberá trabajar con la incógnita x como factor y no como exponente; por ello, se tomarán logaritmos en ambos miembros de la igualdad y se aplicará una de las propiedades de los logaritmos: la que permite convertir los exponentes de las características en factores del logaritmo.

En este caso, se toman logaritmos decimales:

$$\sqrt[5]{3^{2x+1}} = 7 \Rightarrow 3^{\frac{2x+1}{5}} = 7 \Rightarrow \log\left(3^{\frac{2x+1}{5}}\right) = \log 7 \Rightarrow$$

$$\Rightarrow \left(\frac{2x+1}{5}\right) \cdot \log 3 = \log 7 \Rightarrow x = \frac{1}{2} \cdot \left(\frac{5 \log 7}{\log 3} - 1\right)$$

4 Resuelve las siguientes ecuaciones logarítmicas:

a. $\log(7x - 5) = 2$

b. $\log(x^2 - 5) + 2\log 5 - \log(x - 2) = 2$

a. Se aplica la definición de logaritmo y se aísla x:

$\log(7x - 5) = 2 \Rightarrow 10^2 = 7x - 5 \Rightarrow 7x - 5 = 100 \Rightarrow$

$\Rightarrow 7x = 105 \Rightarrow x = \frac{105}{7} = 15$

Se comprueba la solución:

$$\log(105 - 5) = \log 100 = 2$$

Por tanto, $x = 15$ es una solución válida.

b. Para resolver esta ecuación, se puede hacer uso de estas dos equivalencias:

$$2\log 5 = \log 5^2$$
$$2 = \log 10^2$$

Aplicando estas dos equivalencias a la expresión inicial, la ecuación queda de la siguiente forma:

$\log(x^2 - 5) + \log 5^2 - \log(x - 2) = \log 10^2 \Rightarrow$

$\Rightarrow \log(x^2 - 5) + \log 25 = \log 100 + \log(x - 2)$

Se agrupan, ahora, los logaritmos y se igualan las características:

$\log[(x^2 - 5) \cdot 25] = \log[100 \cdot (x - 2)] \Rightarrow$

$\Rightarrow 25 \cdot (x^2 - 5) = 100 \cdot (x - 2) \Rightarrow$

$\Rightarrow x^2 - 5 = 4 \cdot (x - 2) \Rightarrow x^2 - 4x + 3 = 0 \Rightarrow$

$\Rightarrow x = \frac{4 \pm \sqrt{16-12}}{2} = \frac{4 \pm 2}{2} = \begin{cases} x = 3 \\ x = 1 \end{cases}$

Finalmente, se comprueban las soluciones:

- Para $x = 3$: $\log 4 + 2\log 5 - \log 1 = \log 100 = 2$; luego, $x = 3$ es una solución válida.
- Para $x = 1$: $\log(-4) + 2\log 5 - \log(-1) \neq 2$; por tanto, $x = 1$ no es una solución válida, ya que $\log(-4)$ y $\log(-1)$ no existen.

Así, pues, solo es válida la solución $x = 3$.

5 Resuelve la ecuación $|x^2 - x - 2| + 2 = x$.

Se aísla el valor absoluto y se plantean las dos posibles ecuaciones:

$$|x^2 - x - 2| = x - 2 \Rightarrow \begin{cases} x^2 - x - 2 = x - 2 \\ x^2 - x - 2 = -x + 2 \end{cases}$$

Se resuelven dichas ecuaciones:

$$x^2 - x - 2 = x - 2 \Rightarrow x^2 - 2x = 0 \Rightarrow x \cdot (x - 2) = 0 \Rightarrow \begin{cases} x = 0 \\ x = 2 \end{cases}$$

$$x^2 - x - 2 = -x + 2 \Rightarrow x^2 - 4 = 0 \Rightarrow x = \sqrt{4} = \pm 2$$

Se comprueban las soluciones:

- Para $x = 0$: $|-2| + 2 \neq 0$; luego, $x = 0$ no es una solución válida.
- Para $x = 2$: $|0| + 2 = 2$; por tanto, $x = 2$ es una solución válida.
- Para $x = -2$: $|4| + 2 \neq -2$; por consiguiente, $x = -2$ no es una solución válida.

Así pues, solo es válida la solución $x = 2$.

6 **Discute y, en caso de que sea posible, resuelve los siguientes sistemas de ecuaciones lineales:**

a. $\begin{cases} 2x - y + z = 3 \\ 3x + 2y - z = 1 \\ 2x - 3y + 2z = 5 \end{cases}$

b. $\begin{cases} 2x - y + z = 3 \\ 3x + 2y - z = 1 \\ -x - 3y + 2z = 2 \end{cases}$

c. $\begin{cases} 2x - y + z = 3 \\ 3x + 2y - z = 1 \\ -x - 3y + 2z = 5 \end{cases}$

Como los tres sistemas son muy similares (las dos primeras ecuaciones coinciden), se utiliza el mismo procedimiento (el método de Gauss) en los tres casos. Se tomará como primera incógnita z, y, como primera ecuación, la segunda.

a. $\begin{cases} 2x - y + z = 3 \\ 3x + 2y - z = 1 \\ 2x - 3y + 2z = 5 \end{cases} \Rightarrow \begin{cases} -z + 3x + 2y = 1 \\ z + 2x - y = 3 \\ 2z + 2x - 3y = 5 \end{cases} \Rightarrow$

$\Rightarrow \begin{cases} -z + 3x + 2y = 1 \\ 5x + y = 4 \quad (E_1 + E_2) \\ 8x + y = 7 \quad (2E_1 + E_3) \end{cases} \Rightarrow$

$\Rightarrow \begin{cases} -z + 3x + 2y = 1 \\ 5x + y = 4 \\ 3x = 3 \quad (E_3 - E_2) \end{cases} \Rightarrow \begin{cases} x = 1 \\ y = -1 \\ z = 0 \end{cases}$

Como la solución es única, el sistema es compatible determinado.

b. $\begin{cases} 2x - y + z = 3 \\ 3x + 2y - z = 1 \\ -x - 3y + 2z = 2 \end{cases} \Rightarrow \begin{cases} -z + 3x + 2y = 1 \\ z + 2x - y = 3 \\ 2z - x - 3y = 2 \end{cases} \Rightarrow$

$\Rightarrow \begin{cases} -z + 3x + 2y = 1 \\ 5x + y = 4 \quad (E_1 + E_2) \\ 5x + y = 4 \quad (2E_1 + E_3) \end{cases} \Rightarrow$

$\Rightarrow \begin{cases} -z + 3x + 2y = 1 \\ 5x + y = 4 \\ 0x = 0 \quad (E_2 - E_3) \end{cases}$

Quedan solo dos ecuaciones independientes, ya que $0x = 0$ es una identidad; por tanto, el sistema es compatible indeterminado.

Al tratarse de un sistema compatible determinado, las soluciones se expresan en función de una letra denominada parámetro. Se asigna el parámetro a una de las incógnitas, por ejemplo a x, y se calculan y y z en función de x. Por tanto, la solución del sistema es:

$$x = t;\ y = 4 - 5t;\ z = 3t + 2\,(4 - 5t) - 1 = 7 - 7t$$

c. $\begin{cases} 2x - y + z = 3 \\ 3x + 2y - z = 1 \\ -x - 3y + 2z = 5 \end{cases} \Rightarrow \begin{cases} -z + 3x + 2y = 1 \\ z + 2x - y = 3 \\ 2z - x - 3y = 5 \end{cases} \Rightarrow$

$\Rightarrow \begin{cases} -z + 3x + 2y = 1 \\ 5x + y = 4 \quad (E_1 + E_2) \\ 5x + y = 7 \quad (2E_1 + E_3) \end{cases} \Rightarrow$

$\Rightarrow \begin{cases} -z + 3x + 2y = 1 \\ 5x + y = 4 \\ 0x = 3 \quad (E_3 - E_2) \end{cases}$

Como la tercera ecuación es incompatible, el sistema es incompatible.

7 **Resuelve el siguiente sistema de ecuaciones no lineales:**

$$\begin{cases} \log 2x - \log y = 1 \\ 1 + \sqrt{x + 6} = y + 3 \end{cases}$$

Se aplican las propiedades de los logaritmos en la primera ecuación y se despeja x:

$\log 2x - \log y = \log 10 \Rightarrow \log \dfrac{2x}{y} = \log 10 \Rightarrow \dfrac{2x}{y} = 10 \Rightarrow$

$\Rightarrow 2x = 10y \Rightarrow x = 5y$

Se sustituye la expresión hallada para x en la segunda ecuación:

$1 + \sqrt{5y + 6} = y + 3 \Rightarrow (\sqrt{5y + 6})^2 = (y + 2)^2 \Rightarrow$

$\Rightarrow 5y + 6 = y^2 + 4y + 4$

Se resuelve la ecuación resultante:

$$y = \frac{1 \pm \sqrt{1 + 8}}{2} = \begin{cases} y = 2 \\ y = -1 \end{cases}$$

Se calculan los valores de x que se corresponden con cada valor de y:

$$y = 2 \rightarrow x = 5y = 10$$
$$y = -1 \rightarrow x = 5y = -5$$

Se comprueban las soluciones:

- $y = 2$: $x = 10 \Rightarrow \log 20 - \log 2 = 1 \Rightarrow 1 + \sqrt{16} = 2 + 3$; luego, es una solución válida.
- $y = -1$: $x = -5 \Rightarrow \log(-10) - \log(-1) \neq 1$; por tanto, no es una solución válida, ya que no existe el logaritmo de un número negativo.

8 **Resuelve el siguiente sistema no lineal:**

$$\begin{cases} \log_x (3y + 1) = 2 \\ \log_y \left(x - \dfrac{19}{5}\right) = -1 \end{cases}$$

Dado que las incógnitas aparecen tanto en las bases de los logaritmos como en las características, la estrategia más eficaz consiste en aplicar la definición de logaritmo para llegar a expresiones algebraicas polinómicas:

$$\begin{cases} \log_x(3y+1) = 2 \\ \log_y\left(x - \frac{19}{5}\right) = -1 \end{cases} \Rightarrow \begin{cases} x^2 = 3y+1 \\ y^{-1} = x - \frac{19}{5} \end{cases} \Rightarrow \begin{cases} x^2 = 3y+1 \\ \frac{1}{y} = \frac{5x-19}{5} \end{cases}$$

Se despeja y en la segunda ecuación, con lo que se obtiene $y = \frac{5}{5x-19}$, y se sustituye este resultado en la primera:

$$x^2 = 3 \cdot \left(\frac{5}{5x-19}\right) + 1 \Rightarrow (5x-19)x^2 = 15 + 5x - 19 \Rightarrow$$

$$\Rightarrow 5x^3 - 19x^2 - 5x + 4 = 0$$

Se obtiene una ecuación polinómica de tercer grado. Se puede comprobar que tal ecuación cuenta con una única raíz entera, 4. Aplicando Ruffini con dicho valor, se obtiene:

$$5x^3 - 19x^2 - 5x + 4 = (x-4) \cdot (5x^2 + x - 1)$$

De esta expresión resulta $x = 4$; y, sustituyendo este valor en la ecuación despejada de y, se halla el valor de dicha incógnita:

$$y = \frac{5}{5x-19} = \frac{5}{5 \cdot 4 - 19} = 5$$

La solución del sistema es, por consiguiente: $(x, y) = (4, 5)$

9 **Al intercambiar en un número de tres cifras las unidades con las centenas, el número resultante disminuye en 99 unidades, mientras que, al intercambiar las unidades con las decenas, aumenta en 36 unidades. Sabiendo que sus cifras suman 12, halla dicho número.**

Si se asigna x a la cifra de las centenas, y a la de las decenas y z a la de las unidades, el número en cuestión se expresa como:

$$100x + 10y + z$$

En el enunciado del problema, se informa de que si se intercambian unidades y centenas, el número disminuye en 99 unidades. Por tanto:

$$100x + 10y + z = 100z + 10y + x + 99$$

También se afirma que, si se intercambian unidades y decenas, el número aumenta en 36 unidades. Por consiguiente:

$$100x + 10y + z = 100x + 10z + y - 36$$

Finalmente, se destaca que las tres cifras suman 12. De manera que:

$$x + y + z = 12$$

Con las tres ecuaciones halladas, se plantea el sistema, se simplifica y se resuelve:

$$\begin{cases} x + y + z = 12 \\ 100x + 10y + z = 100z + 10y + x + 99 \\ 100x + 10y + z = 100x + 10z + y - 36 \end{cases} \Rightarrow$$

$$\Rightarrow \begin{cases} x + y + z = 12 \\ 99x - 99z = 99 \\ 9y - 9z = -36 \end{cases} \Rightarrow \begin{cases} x + y + z = 12 \\ x - z = 1 \\ y - z = -4 \end{cases} \Rightarrow$$

$$\Rightarrow z = 5;\ x = 6;\ y = 1$$

Por tanto, se trata del número 615.

10 **Considera la gráfica de la función $f(x) = \frac{1}{2}x^3 + x^2 - 4x$.**

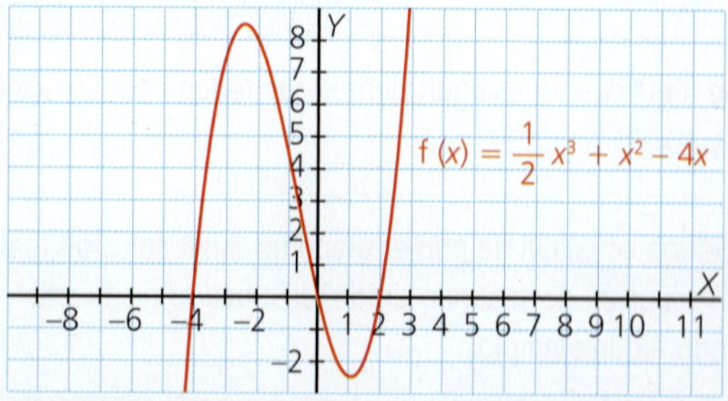

a. **Halla las soluciones de la ecuación $\frac{1}{2}x^3 + x^2 - 4x = 0$.**

b. **Determina el número de soluciones que tiene la ecuación $\frac{1}{2}x^3 + x^2 - 4x = 4$.**

c. **Indica el número de soluciones que tiene la ecuación $\frac{1}{2}x^3 + x^2 - 4x = -4$.**

a. Se buscan los puntos en los que la función se anula, es decir, los puntos de corte con el eje X. Como se observa, lo hace en tres puntos, de abscisas $x = -4$, $x = 0$ y $x = 2$. Las soluciones de la ecuación son precisamente estos valores.

b. Para calcular el número de soluciones de esta ecuación, se traza la recta horizontal $y = 4$ y se observan los tres puntos de corte entre las dos gráficas. Las abscisas de estos puntos son las soluciones de la ecuación. Sin embargo, en este caso es imposible hallar con exactitud dichas abscisas, como puede apreciarse en la gráfica adjunta:

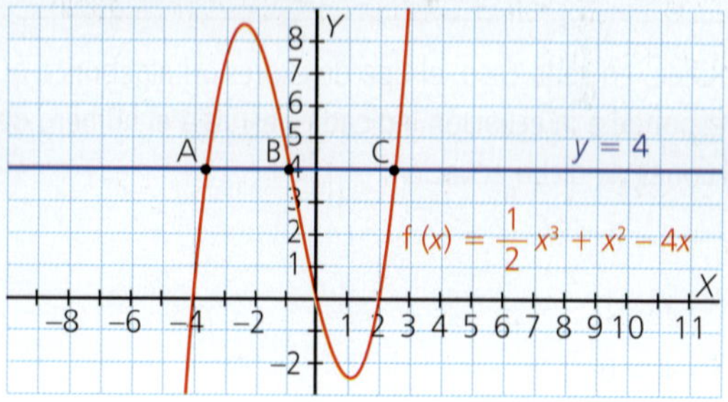

c. En este caso se traza la recta horizontal $y = -4$ y se observa que corta a la gráfica de la función en un único punto. Por tanto, la ecuación $\frac{1}{2}x^3 + x^2 - 4x = -4$ tiene una única solución.

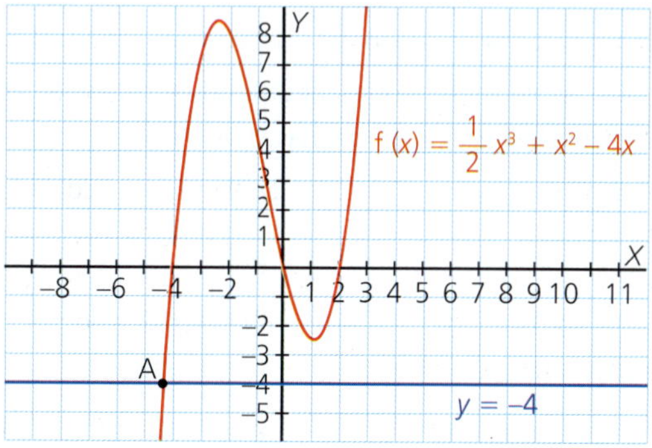

1 Escribe una ecuación polinómica que tenga por soluciones $x = 0$, $x = 2$ y $x = 3$.

2 Escribe tres ecuaciones equivalentes que tengan por soluciones $x = 1$ y $x = -1$.

3 ¿Puede una ecuación de primer grado no tener solución real? ¿Y una ecuación de segundo grado? Justifica tu respuesta poniendo algún ejemplo.

4 ¿Cuántas soluciones reales puede tener una ecuación polinómica de tercer grado? Justifica tu respuesta poniendo algún ejemplo.

5 ¿Cuántas soluciones puede tener un sistema lineal de dos ecuaciones con dos incógnitas? Justifica tu respuesta poniendo algún ejemplo.

6 Representa gráficamente las soluciones de un sistema compatible determinado, de un sistema compatible indeterminado y de un sistema incompatible.

7 ¿Por qué número hay que multiplicar los dos miembros de una ecuación para que la ecuación resultante no sea equivalente? ¿Y para que la ecuación resultante sea equivalente?

8 Halla el valor que debe tener m para que la solución de la ecuación $x^2 - mx + 1 = 0$ sea una raíz doble.

9 Identifica, en cada caso, el tipo de expresión algebraica que corresponde a la ecuación indicada y estudia el número de soluciones de dicha ecuación:

a. $x^2 - y = 0$

b. $x^2 - x = 0$

c. $x^2 + 4 = 0$

d. $\dfrac{\sqrt{3}x}{2} - \sqrt{3} + 2 = 0$

e. $x^2 = 0$

f. $3x + 1 = x - 1 + (2x + 2)$

10 Resuelve las siguientes ecuaciones. Después, comprueba con Wiris o GeoGebra los resultados que has obtenido.

a. $x^4 - 5x^2 + 4 = 0$

b. $x^4 - 2x^2 + 1 = 0$

c. $x^4 - 3x^2 = 0$

d. $x^6 - 7x^3 - 8 = 0$

e. $x^3 - 2x^2 - 13x - 10 = 0$

f. $3x^3 + 3x^2 - 12x = 12$

g. $2x^3 - x^2 - 2x + 1 = 0$

h. $x^3 - 2x^2 + 3x = 2$

i. $5x^4 - 40x = 0$

j. $4x^4 - 4 = 0$

11 Resuelve de forma gráfica y algebraica la ecuación $x^2 - 5x + 4 = 0$.

12 Resuelve las siguientes ecuaciones:

a. $\dfrac{1}{2} \cdot \left[\dfrac{3}{2} \cdot (x + 5) + \dfrac{2}{3} \cdot (x + 6)\right] = x + 4$

b. $\dfrac{4\sqrt{3}x + 8}{2} = 6\sqrt{3}x - 20$

c. $\left(\dfrac{5}{2} + x\right) \cdot \left(x - \dfrac{3}{2}\right) - (x + 5) \cdot (x - 3) = 3 \cdot \left(3 + \dfrac{1}{4}\right)$

d. $\dfrac{7x^2 - 9}{7} - 2 \cdot \left(\dfrac{x - 3}{2}\right)^2 = \dfrac{(x - 2)^2}{2} - x$

e. $\dfrac{2x - \dfrac{x - 3}{1 - \dfrac{2}{3}}}{1 + \dfrac{1 + \dfrac{3}{4}}{4 - \dfrac{5}{3}}} \cdot \dfrac{7}{4} = \dfrac{\dfrac{2x}{3}}{1 - \dfrac{3 + \dfrac{1}{3}}{10}}$

f. $(x - 2)^2 = 3$

g. $\dfrac{x}{5} \cdot \left(x + \dfrac{1}{6}\right) = x - 1$

h. $\dfrac{2x^2 - 1}{2} - \dfrac{x - 1}{3} = \dfrac{1 - x}{6}$

i. $\dfrac{(x - 1) \cdot (x + 1)}{2} - \dfrac{x - 5}{6} = \dfrac{2}{3} \cdot (x + 1)$

13 Halla la solución de estas ecuaciones:

a. $\dfrac{2x + 1}{4x + 2} - 2 = \dfrac{2x + 1}{4}$

b. $\dfrac{4}{x} + \dfrac{x}{2} = \dfrac{12}{x}$

c. $\dfrac{3 - x}{5} = \dfrac{2}{x} - \dfrac{4}{5}$

d. $6 \cdot (x^2 + 1) - 13x = -4x^2 + 6x$

14 Resuelve las siguientes ecuaciones:

a. $\dfrac{3}{x + 2} - \dfrac{x}{x - 2} = 2$

b. $\dfrac{x + 2}{2x - 1} - \dfrac{x + 3}{x + 1} - 1 = 0$

c. $\dfrac{x}{x - 1} + \dfrac{3}{x + 1} = 3$

d. $\dfrac{x - 1}{x} - \dfrac{x + 1}{x - 5} = \dfrac{x + 2}{x^2 - 5x}$

e. $\dfrac{2 - x}{x^2 - 1} = \dfrac{4}{x - 1} - \dfrac{x - 1}{x^2 - 2x + 1}$

15 Resuelve las siguientes ecuaciones irracionales. Después, comprueba con Wiris o GeoGebra los resultados que has obtenido.

a. $x + \sqrt{x+1} = 2x - 1$

b. $3 + \sqrt{x^2 - 3} = x^2$

c. $\sqrt{x} + \sqrt{x+1} = 1$

d. $x + \sqrt{x+1} - 2x = 1$

e. $\sqrt{7-3x} - x = 7$

16 Resuelve las siguientes ecuaciones irracionales. Después, comprueba con Wiris o GeoGebra los resultados que has obtenido.

a. $3 \cdot \sqrt{6x+1} - 5 = 2x$

b. $\sqrt{x+4} = 3 - \sqrt{x-1}$

c. $\sqrt{x-3} + \sqrt{x+4} = \sqrt{4x+1}$

d. $x - \sqrt{x^2-3} = \sqrt{x-1}$

e. $\sqrt{x} + \dfrac{1}{\sqrt{x}} = \dfrac{x+1}{2}$

17 Resuelve las siguientes ecuaciones exponenciales:

a. $3^{-x+1} = 3^{2x-5}$

b. $3^{2x-1} - 243 = 0$

c. $2^{1-x} = \dfrac{1}{8}$

d. $7^{3x-3} = 1$

e. $3^{x+1} + 3^x + 3^{x-1} = 39$

f. $3^x + 3^{2-x} = 10$

g. $4^{x-1} + 2^{x+2} = 48$

h. $9^x - 6 \cdot 3^{x+1} + 81 = 0$

i. $2^x = 9$

j. $3^{x+2} = 4$

k. $10^{2x+2} = 16$

l. $4^x + 4^{x-1} - 4^{x+1} + 44 = 0$

18 Resuelve estas ecuaciones logarítmicas:

a. $\log(8x+4) = 2$

b. $\log(3x-2) = -1$

c. $\log(x+18) - \log x = 1$

d. $\log(2x+6) - \log(2x+1) = 1 - \log 5$

e. $2\log x - \log(x+6) = 0$

f. $2\log x - 4\log 2 = 3\log 9$

g. $\log_5 \dfrac{25^2}{125^{-2x}} = 4x$

19 Resuelve las siguientes ecuaciones. Después, comprueba con Wiris o GeoGebra los resultados que has obtenido.

a. $|3x+3| = 6$

b. $|2x-3| - 6 = x$

c. $|3x+1| + x = 5$

d. $|2x-5| + 4 = x$

e. $|x^2 - x| + 3 = 3x$

f. $|x+1| = x+1$

g. $x^3 + |3x^2 - 2| + 2 = 0$

h. $|x^2 - 4| - |3x| = 0$

20 Resuelve los siguientes sistemas por los cuatro métodos (sustitución, igualación, reducción y método gráfico). Después, comprueba con Wiris o GeoGebra los resultados que has obtenido.

a. $\begin{cases} 3 \cdot [2 \cdot (2x+y) + 2] = 6x - y + 5 \cdot (3+2y) \\ 9 \cdot \left(\dfrac{5}{81}x + y\right) = 2 \cdot \left(1 - \dfrac{11}{9}x\right) + 8y \end{cases}$

b. $\begin{cases} x - \dfrac{2y}{3} = 3 \\ -3x + y = -3 \end{cases}$

21 Discute los siguientes sistemas y, en caso de que sean compatibles determinados, resuélvelos:

a. $\begin{cases} x + 2y - z = 3 \\ 2x + y - z = 5 \\ 3x - 5y + z = 6 \end{cases}$

b. $\begin{cases} 2x + y - z = 1 \\ x - 2y + z = -3 \\ 3x + y + 2z = 4 \end{cases}$

c. $\begin{cases} 2x + y = 3 \\ y - 2z = 5 \\ x + y - z = 4 \end{cases}$

22 Discute los siguientes sistemas y, en caso de que sean compatibles determinados, resuélvelos:

a. $\begin{cases} 2x + y - z = 1 \\ x - 2y + 2z = -3 \\ 3x - y + z = -2 \end{cases}$

b. $\begin{cases} x - 3y = 1 \\ 9y - z = 1 \\ 2x - z = 1 \end{cases}$

c. $\begin{cases} 3x - y = 0 \\ 2y + z = 1 \\ -5x + z = 2 \end{cases}$

23 Resuelve los siguientes sistemas utilizando el método de Gauss:

a. $\begin{cases} 2x - y + 3z = 9 \\ 3x + 2y + z = 3 \\ 4x + 3y - 2z = 0 \end{cases}$

b. $\begin{cases} 2x + y - z = 1 \\ x + 3y - z = 3 \\ 3x + 4y - 2z = 2 \end{cases}$

c. $\begin{cases} 2x + y - z = 1 \\ x + y - 3z = 4 \\ -y + 5z = 2 \end{cases}$

d. $\begin{cases} x - y = 3 \\ x + y + 2z = 3 \\ 3y + z = 5 \end{cases}$

24 Añade, en cada caso, una ecuación al siguiente sistema para que sea del tipo indicado:

$$\begin{cases} x + 2y + z = 3 \\ 2x - y + 5z = 10 \end{cases}$$

a. Compatible indeterminado.

b. Incompatible.

c. Compatible determinado.

25 Calcula, en cada caso, el valor que debe tomar *a* para que el sistema sea del tipo indicado:

$$\begin{cases} 2x - y + 3z = 9 \\ 3x + 2y + z = 3 \\ 8x + 3y + 5z = a \end{cases}$$

a. Compatible indeterminado.

b. Incompatible.

26 Resuelve estos sistemas. Después, comprueba con Wiris o GeoGebra los resultados que has obtenido.

a. $\begin{cases} x^2 + 2y^2 = 6 \\ 3x^2 - y^2 = 11 \end{cases}$

b. $\begin{cases} x \cdot y = \dfrac{3}{2} \\ x - 2y = 0 \end{cases}$

c. $\begin{cases} \sqrt{x-1} = y \\ 2^{x-1} = 2^{y+2} \end{cases}$

d. $\begin{cases} \sqrt{x-3} = y - 2 \\ 2^x = 4^{y-1} \end{cases}$

e. $\begin{cases} \sqrt{x} + \sqrt{y} = 13 \\ x - 7y = 37 \end{cases}$

27 Resuelve estos sistemas. Después, comprueba con Wiris o GeoGebra los resultados que has obtenido.

a. $\begin{cases} \sqrt{x-6} = y + 1 \\ \log x - \log y = 1 \end{cases}$

b. $\begin{cases} \sqrt{x-1} = y + 2 \\ \log x - \log y = 1 \end{cases}$

c. $\begin{cases} 2^{x+y} = 32 \\ 5x - 3y = 9 \end{cases}$

d. $\begin{cases} 3 \cdot 2^x - 2 \cdot 3^y = 6 \\ \log_2 (3^y - 1) = x \end{cases}$

e. $\begin{cases} \sqrt{x+6} = y - 3 \\ \log 3x - \log y = 1 \end{cases}$

28 Un examen consta de 20 cuestiones. Cada respuesta correcta se valora con 3 puntos, y por cada cuestión incorrectamente contestada se restan 2 puntos. Si al final de la prueba un alumno consiguió 30 puntos, ¿cuántas cuestiones contestó bien y cuántas mal?

29 Halla dos números consecutivos tales que, añadiendo al mayor la mitad del menor, el resultado excede en 13 unidades a la suma de la quinta parte del menor con la onceava parte del mayor.

30 Dos números que difieren en cinco unidades son tales que la diferencia de sus cuadrados es 95. ¿Cuáles son dichos números?

31 Dos números suman 176 y, al dividirlos, se obtiene 6 de cociente y 1 de resto. Indica cuáles son dichos números.

32 Si a la raíz cuadrada de un número le sumamos su quinta parte, el resultado es diez. Calcula dicho número.

33 El precio final de un artículo es 12 € más barato si se le aplica un descuento del 30 % que si se le aplica un descuento del 25 %. ¿Cuánto cuesta ese artículo?

34 La suma de tres números pares consecutivos es 42. Calcula dichos números.

35 La suma de los cuadrados de dos números naturales consecutivos es 265. Calcula dichos números.

36 Un padre tiene 48 años, y su hijo, 8. ¿Cuántos años han de pasar para que la edad del padre sea el triple de la del hijo?

37 La suma de un número y su inverso es de $\dfrac{65}{8}$. Calcula dicho número.

38 La suma de una fracción que tiene 5 por numerador y su inversa da como resultado $\frac{74}{35}$. Halla dicha fracción.

39 Una persona emplea el 55 % de su sueldo mensual en el alquiler de su vivienda, y $\frac{2}{3}$ partes del resto, en alimentación y recibos domiciliados de gas, luz y teléfono. Si dicha persona dispone de 210 € mensuales para gastos personales, ¿a cuánto asciende su sueldo?

40 La población de un cultivo de hongos experimenta un incremento mensual del 15 %. ¿Cuánto tiempo ha de pasar para que la población se triplique?

41 Un campo rectangular de 216 m^2 de área se valla haciendo uso de 60 m de alambrada. ¿Cuáles son las dimensiones que tiene dicho campo?

42 Calcula el valor de *m* para que la solución de la ecuación $x^2 + mx + (m - 1) = 0$ sea única y doble.

43 La suma de dos números naturales es 21, y su producto, 90. Calcula dichos números.

44 Se quiere construir un recipiente con una cartulina rectangular de 214 cm de perímetro; para ello, se recorta en cada esquina un cuadrado de 10 cm de lado. Al doblar las caras de la figura resultante, tal y como se indica en la figura, se obtiene un recipiente cuyo volumen es de 10 320 cm^3. ¿Cuáles son las dimensiones de dicho recipiente?

45 El precio de la compra de dos artículos es de 1 575 €. Tras aplicar un descuento del 16 % al primer artículo y un descuento del 8 % al segundo, el precio queda en 1 383 €. ¿Cuál es el precio de cada artículo?

46 La diagonal de un rectángulo mide $6\sqrt{5}$ cm, y uno de sus lados es 6 unidades mayor que el otro. ¿Cuáles son las dimensiones de dicho rectángulo?

47 En un monedero hay 20 monedas de 1 € y de 20 cts. Si el valor total de las monedas es de 9,6 €, ¿cuántas monedas hay de cada tipo?

48 Margarita ha comprado 15 entradas para el cine y 5 para la ópera por un importe total de 295 €. Por su parte, Pedro ha comprado 6 entradas para el cine y 10 para la ópera, pagando 374 €. ¿Cuál es el precio unitario de la entrada para el cine? ¿Y de la entrada para la ópera?

49 De dos números se sabe que su suma es 63 y su diferencia 37. Halla dichos números.

50 Determina dos números sabiendo que al dividir el mayor entre el menor se obtiene 4 de cociente y 4 de resto y que la diferencia entre el doble del mayor y el triple del menor es 33.

51 La suma de las áreas de dos cuadrados es 113 cm^2, y la suma de sus perímetros, 60 cm. Calcula las dimensiones de cada uno de estos cuadrados.

52 En un supermercado, una caja de cereales, tres *pizzas* y dos paquetes de jamón serrano cuestan 20 €. Calcula el precio unitario de cada producto sabiendo que cinco cajas de cereales cuestan lo mismo que un paquete de jamón serrano, y que diez *pizzas* valen igual que seis paquetes de jamón serrano.

53 Un grupo de amigos con gustos dispares ha comprado 7 entradas para el cine, 4 para el teatro y 2 para la pista de patinaje, y ha abonado por todas ellas 286 €. Calcula el precio de cada entrada sabiendo que cuatro entradas para la pista de patinaje cuestan lo mismo que una entrada para el teatro; y que una entrada para el teatro y otra para la pista de patinaje tienen el mismo precio que seis entradas para el cine.

54 La ecuación de la posición de un móvil que avanza con movimiento rectilíneo uniforme responde a la expresión $e = e_0 + vt$, donde e_0 es la posición inicial del móvil respecto al origen del sistema de referencia, *v* es la velocidad, y *t* es el tiempo. Calcula la ecuación de posición de un móvil que en $t = 3$ s se encuentra a 10 m de su posición inicial, y que 8 s después se encuentra a 32 m.

ACTIVIDADES PROPUESTAS

55 Dos vehículos parten al mismo tiempo y en sentidos contrarios de dos puntos, A y B, separados 10 km. El primero avanza a 20 m/s, y el segundo, a 12 m/s. Indica cuándo se encontrarán los dos vehículos y qué distancia habrá recorrido cada uno de ellos en los siguientes casos:

a. Los dos vehículos parten en el mismo instante.

b. El segundo vehículo parte 2 minutos después que el primero.

56 La ecuación de posición de un movimiento rectilíneo uniformemente acelerado responde a la expresión $e = e_0 + v_0 t + \frac{1}{2}at^2$, donde e_0 es la posición inicial del móvil respecto al origen del sistema de referencia, v_0 es la velocidad inicial del móvil, y a es la aceleración. Halla la ecuación de la posición de un móvil sabiendo que en $t = 1$ s se encuentra a 15 m de su posición inicial; en $t = 5$ s, a 55 m, y en $t = 10$ s, a 150 m.

57 Un cajero automático admite billetes de 50 €, 20 € y 10 €. Un día se depositan en el cajero 225 billetes por un importe de 7 000 €. Averigua el número de billetes de cada valor, sabiendo que la suma del número de billetes de 50 € y de 10 € es el doble que el número de billetes de 20 €.

58 Tres recipientes, A, B y C, almacenan un total de 72 L de disolvente. El recipiente A contiene la tercera parte de la cantidad que hay en B y C juntos. Por otro lado, si de B se pasan 4 L a C y 6 L a A, se iguala la cantidad de disolvente que hay en los recipientes. Halla la cantidad de disolvente que había inicialmente en cada recipiente.

59 Un hipermercado inicia una campaña de ofertas por sus tres productos estrella, A, B y C. En la primera de ellas, ofrece un descuento del 4 % en el producto A, del 6 % en el producto B y del 5 % en el producto C. A las dos semanas, pone en marcha la segunda oferta, descontando un 8 % sobre el precio inicial de A, un 10 % sobre el precio inicial de B y un 6 % sobre el precio inicial de C. Si un cliente compra durante la primera oferta un producto A, dos productos B y tres productos C, se ahorra 16 €; si adquiere durante la segunda promoción tres productos A, un producto B y cinco productos C, se ahorra 29 €, y si compra sin descuentos un producto A, uno B y uno C, debe abonar 135 €. Calcula el precio de cada producto antes de las ofertas.

60 Un padre tiene dos hijos. Dentro de 5 años, el padre doblará en edad a su hijo menor, mientras que hace 5 años doblaba en edad al mayor. Si entre los tres suman actualmente 90 años, halla la edad que tiene cada uno.

61 Calcula cuántos años tienen actualmente una madre y sus dos hijos, sabiendo que la edad de la madre hace 14 años era 5 veces la suma de la de los hijos y que dentro de 10 años será la suma de las edades de estos; por otro lado, cuando el hijo mayor tenga la edad actual de la madre, el hijo menor tendrá 42 años.

62 Calcula el valor de m para que $x^2 + (m + 2)x + 4m = 0$ tenga dos soluciones que difieran en dos unidades.

63 Dos móviles que se mueven con velocidad constante tardan en recorrer una misma distancia 7 h y 10 h, respectivamente. Calcula el tiempo que tardarían en encontrarse si recorrieran esa misma distancia, pero partiendo cada uno de un extremo y en sentidos opuestos.

64 Observa la gráfica de la función $f(x) = x^4 - 5x^2 + 4$ y halla las soluciones de las siguientes ecuaciones:

a. $x^4 - 5x^2 + 4 = 0$

b. $x^4 - 5x^2 + 4 = 4$

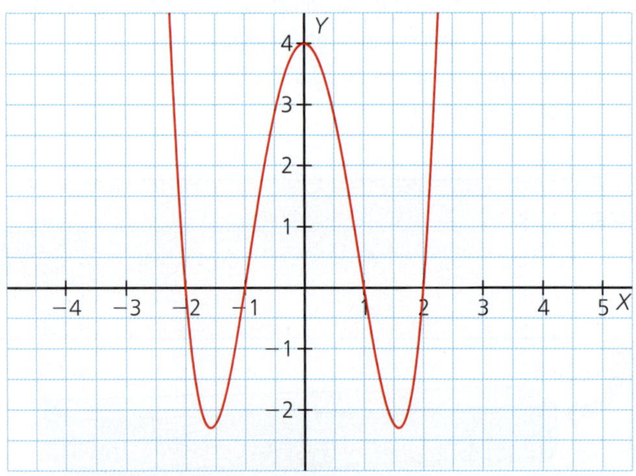

LOS LÍQUENES

Una de las consecuencias del calentamiento global es que el hielo de algunos glaciares se está derritiendo paulatinamente. Doce años después de que el hielo de un glaciar se derrita por completo, empiezan a crecer unas diminutas plantas llamadas líquenes sobre las rocas que antaño fueron ocupadas por los glaciares.

Los líquenes crecen formando círculos. La relación entre el diámetro del círculo de crecimiento y la edad del liquen se puede expresar de forma aproximada mediante la fórmula:

$$d = 7{,}0 \cdot \sqrt{t - 12} \text{ para } t > 12$$

Donde *d* es el diámetro del liquen expresado en milímetros, y *t*, el número de años que han transcurrido desde que el glaciar se derritió.

1. Calcula el diámetro que tendrá el círculo de crecimiento de un liquen 16 años después de que el glaciar haya desaparecido.
2. Ana midió un liquen y obtuvo un valor de 35 mm para su diámetro. ¿Cuántos años han transcurrido desde que el hielo desapareció del lugar en el que ahora habita el liquen?
3. Entre los seres vivos de las zonas árticas se aprecia la existencia de una relación directa entre el crecimiento lento y la mayor longevidad de las especies. Los líquenes poseen un ciclo de vida largo, perenne y no estacional. En algunas zonas del Ártico se han encontrado ejemplares que pueden llegar a tener 4 500 años. Determina el tamaño de estos líquenes considerando que su crecimiento responde a la fórmula vista anteriormente.
4. Se han catalogado alrededor de 400 especies de líquenes en las zonas polares, especialmente en la Antártida, y aproximadamente 15 000 asociaciones liquénicas distintas. Indica el porcentaje de líquenes para los que es aplicable la fórmula.

EL CONCIERTO DE ROCK

Para albergar a todo el público que asistió a un concierto de rock, se reservó un terreno de con unas dimensiones de 100 m por 50 m. Sabiendo que se vendieron todas las entradas y que el público presenció el concierto de pie, ¿cuál de las siguientes cifras constituye la mejor estimación del número total de asistentes al concierto?

a. 2 000 **b.** 5 000 **c.** 20 000 **d.** 50 000 **e.** 100 000 **f.** 200 000

OTRO NÚMERO ESCONDIDO

Se dispone del siguiente par de ecuaciones: $x^2 + 5x + 2m$; $x^2 - 3x - 5m$

Indica para cuál de los siguientes valores de *m* se cumple que una de las raíces de la primera ecuación es la mitad de una de las raíces de la segunda.

a. −1 **b.** −3 **c.** 4 **d.** −2 **e.** 2

LENGUAJE ALGEBRAICO

Expresa los siguientes enunciados verbales en lenguaje algebraico y responde a las preguntas que se plantean:

1. Se han mezclado 40 mL de una disolución de riqueza 37 % con otra disolución de la misma sustancia pero de diferente riqueza. ¿Cuál era esta riqueza si se obtuvieron 150 mL de disolución de riqueza 42 %?
2. Supón 50 números impares consecutivos. ¿En cuanto excede el mayor de los números al menor?
3. Calcula el 2,3 % del 5,7 % del 0,3 % de los $\frac{4}{7}$ de 25 000.

DIARIO DE APRENDIZAJE

Una vez estudiada la unidad, ¿con qué imágenes ilustraría yo la presentación?

04 INECUACIONES Y SISTEMAS DE INECUACIONES

INECUACIONES

DEFINICIONES

x mayor que *a*:

$x > a \Rightarrow x \in (a, \infty)$

x mayor o igual que *a*:

$x \geq a \Rightarrow x \in [a, \infty)$

x menor que *a*:

$x < a \Rightarrow x \in (-\infty, a)$

x menor o igual que *a*:

$x \leq a \Rightarrow x \in (-\infty, a]$

x mayor que *a* y menor que *b*:

$a < x < b \Rightarrow x \in (a, b)$

x mayor o igual que *a* y menor o igual que *b*:

$a \leq x \leq b \Rightarrow x \in [a, b]$

PROPIEDADES

1. Si los dos miembros de una inecuación se multiplican o dividen por un mismo número de signo positivo, la inecuación no cambia de sentido:

   $2x > 4 \Rightarrow x > 2$

2. Si los dos miembros de una inecuación se multiplican o dividen por un mismo número de signo negativo, la inecuación cambia de sentido:

   $-2x > 4 \Rightarrow x < -2$

INECUACIONES DE PRIMER GRADO

INECUACIONES DE PRIMER GRADO CON UNA INCÓGNITA

Pueden reducirse a alguna de estas expresiones:

$ax + b > 0$, $ax + b < 0$, $ax + b \geq 0$, $ax + b \leq 0$, donde *a* y $b \in \mathbb{R}$ y $a \neq 0$.

Se solucionan de la siguiente manera:

$$ax + b > 0 \Rightarrow \begin{cases} x > \frac{-b}{a}, \text{ si } a > 0 \\ x < \frac{-b}{a}, \text{ si } a < 0 \end{cases}$$

Y análogamente con <, ≤ y ≥.

INECUACIONES LINEALES CON DOS INCÓGNITAS

Pueden reducirse a la expresión $ax + by + c > 0$. Para resolverlas, se pueden seguir estos pasos:

1. Se representa la recta $ax + by + c = 0$.
2. Se toma un punto y se comprueba si cumple o no la inecuación.
3. La solución es el semiplano que contiene a los puntos que cumplen la inecuación.

INECUACIONES DE SEGUNDO GRADO CON UNA INCÓGNITA

Pueden reducirse a la expresión $ax^2 + bx + c > 0$, donde $a \neq 0$.

(Se incluyen los demás casos posibles: <, ≤, ≥).

RESOLUCIÓN ANALÍTICA

1. Se resuelve la ecuación de segundo grado $P(x) = 0$.
2. Se sitúan las soluciones en la recta real.
3. Se determina el signo de cada intervalo.
4. Se toma como solución los intervalos cuyo signo se corresponda con el de la inecuación.
5. Se decide si en la solución están incluidas o no las raíces de $P(x)$.

RESOLUCIÓN GRÁFICA

1. Se representa la gráfica de la parábola $P(x) = ax^2 + bx + c$.
2. Se analiza el signo de la función en cada intervalo.
3. Se toma como solución los intervalos cuyo signo se corresponda con el de la inecuación.
4. Se decide si en la solución están incluidas o no las raíces de $P(x)$.

INECUACIONES CON PRODUCTOS O COCIENTES

INECUACIONES POLINÓMICAS DE GRADO 3 O MAYOR QUE 3

1. Se reduce la inecuación a la expresión $P(x) > 0$ (o los demás casos posibles: $<$, $\leq$, $\geq$) y se factoriza el polinomio $P(x)$.
2. Se construye una tabla en la que se disponen todos los factores en la primera columna y sus raíces en la primera fila, ordenadas de menor a mayor entre $-\infty$ e ∞, de tal manera que determinen los diferentes intervalos en los que quedará dividida la recta real.
3. En la última fila se coloca el signo del producto de todos los signos que figuran en una misma columna.
4. Se toma como solución los intervalos cuyo signo se corresponda con la inecuación planteada.
5. Se decide si las raíces del numerador, $P(x)$, deben estar incluidas o no en la solución. Las raíces de $Q(x)$ en ningún caso deben estar presentes.

INECUACIONES CON FRACCIONES ALGEBRAICAS

1. Se reduce la inecuación a la expresión $\frac{P(x)}{Q(x)} > 0$ (o los demás casos posibles: ($<$, $\leq$, $\geq$), y se factorizan los polinomios $P(x)$ y $Q(x)$.
2. Se construye una tabla en la que se disponen todos los factores de ambos polinomios en la primera columna y sus raíces en la primera fila, ordenadas de menor a mayor entre $-\infty$ e ∞, de tal manera que determinen los diferentes intervalos en los que quedará dividida la recta real.
3. Se determina el signo de cada factor en cada intervalo, tomando un valor del intervalo y sustituyéndolo en la expresión inicial.
4. En la última fila se coloca el signo del producto de todos los signos que figuran en una misma columna.
5. Se toma como solución los intervalos cuyo signo se corresponda con la inecuación planteada.
6. Se decide si las raíces del numerador, $P(x)$, deben estar incluidas o no en la solución. Las raíces de $Q(x)$ en ningún caso deben estar presentes.

SISTEMAS DE INECUACIONES

SISTEMAS DE INECUACIONES CON UNA INCÓGNITA

1. Se resuelve cada inecuación del sistema por separado y se obtiene como solución de cada una de ellas un subconjunto de la recta real.
2. Se representan todas las soluciones de las inecuaciones en una misma recta.
3. La solución del sistema es el intervalo que tiene en común todos estos subconjuntos.

SISTEMAS DE INECUACIONES CON DOS INCÓGNITAS

1. Se resuelve cada inecuación del sistema por separado y se obtiene como solución de cada una de ellas un semiplano.
2. Se representan todas las soluciones de las inecuaciones en los mismos ejes cartesianos.
3. La solución del sistema es la región del plano que tiene en común todos estos semiplanos.

Thomas Harriot
(Oxford, 1560-Londres, 1621).

INECUACIONES CON GEOGEBRA

Resolución de inecuaciones con una incógnita

Es muy recomendable el uso de GeoGebra para comprobar los resultados que se han obtenido al solucionar una inecuación, ya que las soluciones de estas siempre pueden proporcionarse en forma gráfica.

Las inecuaciones se insertan directamente desde el campo **Entrada** y se visualizan en la **Vista algebraica.** Para acceder a sus propiedades, se coloca el ratón sobre la inecuación y se presiona el botón derecho, desplegándose un menú contextual. También se puede acceder a las propiedades del objeto seleccionándo dicho objeto y accediendo a **Propiedades**, dentro de menú **Edita.**

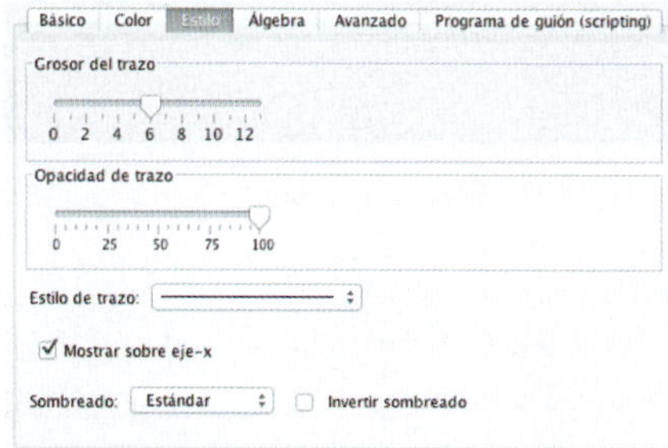

Una vez que se ha accedido a las propiedades, se selecciona la pestaña **Estilo** y se marca **Mostrar sobre eje-x.** En esta pestaña se puede también modifica el grosor del trazo, la opacidad o el estilo, para visualizar mejor la solución. A modo de ejemplo, puede solucionarse una inecuación y un sistema con una incógnita. Hay que tener en cuenta que, para introducir un sistema de ecuaciones, se escriben las ecuaciones que lo componen entre paréntesis y unidas por el símbolo de la conjunción, ∧.

TEN EN CUENTA

Los signos > y < se pueden insertar directamente desde el teclado; para introducir los signos ≥ y ≤, se utiliza el menú que hay a la derecha del campo de entrada señalado con el símbolo «α».

$$x^2 - 2x - 8 < 0$$

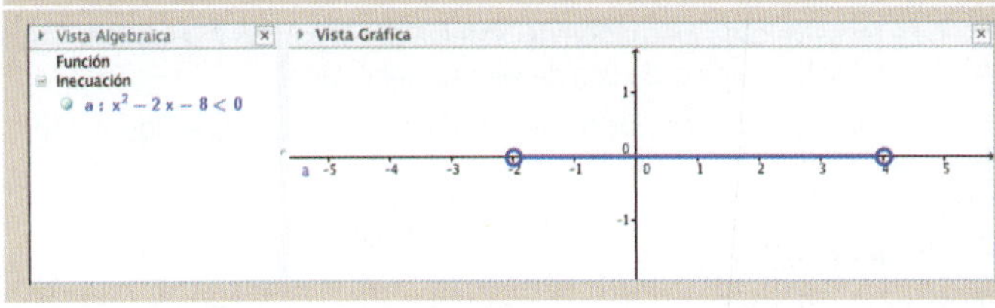

$$\begin{cases} x + 2 > 0 \\ 2x - 6 \leq 0 \end{cases}$$

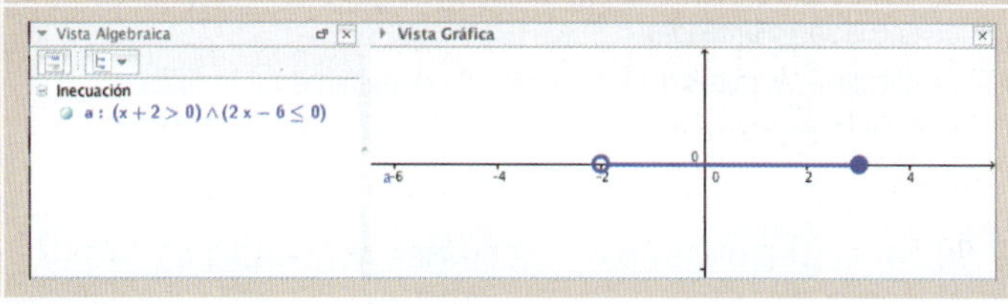

Inecuaciones con dos incógnitas

Las inecuaciones y los sistemas de inecuaciones con dos incógnitas se introducen de forma análoga a como se hace con las inecuaciones y sistemas de inecuaciones con una incógnita. La diferencia estriba en la manera en que se visualiza el resultado. En este caso, la solución aparece representada directamente como una región del plano, por lo que no es necesario modificar ningún ajuste del menú de **Propiedades.**

TEN EN CUENTA

Accediendo a **Propiedades,** se pueden modificar las opciones de visualización desde las pestañas **Básico, Color** y **Estilo.**

Fíjate en los siguientes ejemplos:

$$2x + 3y < 6$$

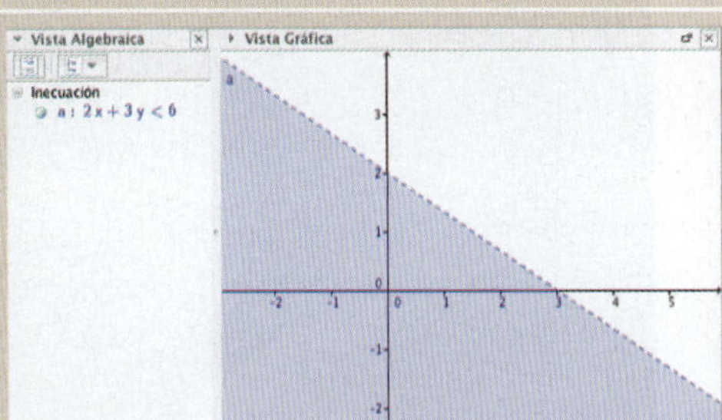

$$\begin{cases} x + 3y \geq 5 \\ x \geq y \\ x \leq 5 \end{cases}$$

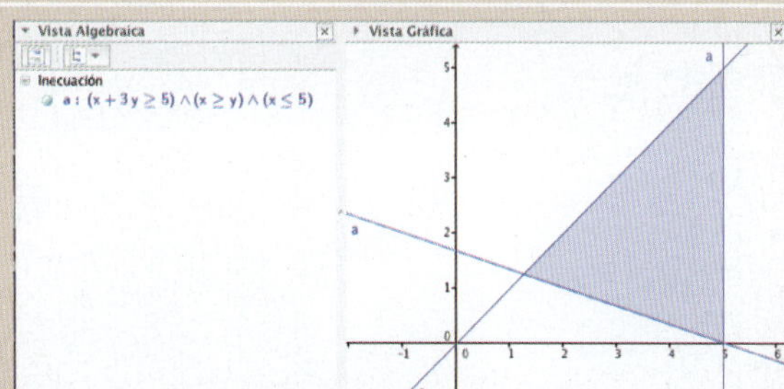

INECUACIONES CON WIRIS

Resolución de inecuaciones con una incógnita

Para introducir inecuaciones en Wiris, es necesario acudir a la pestaña **Símbolos**, donde se pueden encontrar los operadores que permiten construir las desigualdades.

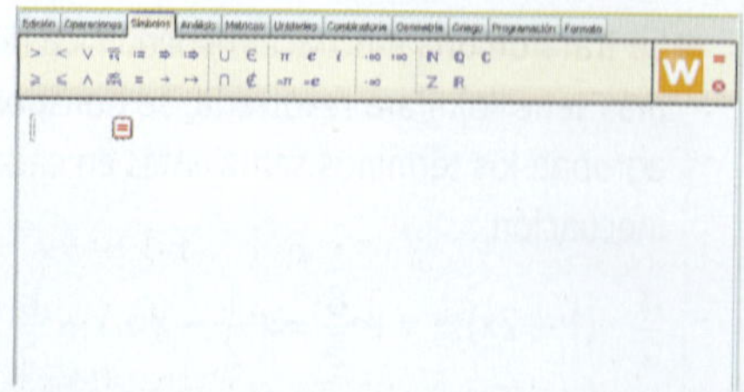

Los cuatro primeros iconos —mayor (>), mayor o igual (≥), menor (<) y menor o igual (≤)— permiten construir las inecuaciones. En cuanto a los iconos ∨ y ∧, corresponden a los operadores lógicos «y» y «o», respectivamente. Estos operadores permiten anidar sentencias lógicas.

Para resolver inecuaciones, se escribe el comando **resolver_inecuación**, y se introduce, dentro de los paréntesis, la inecuación con una incógnita que se desea resolver. Al pulsar sobre el signo [=], Wiris facilita la solución de la inecuación.

$$\text{resolver\_inecuación}(5x+6<0) \rightarrow x<-\frac{6}{5}$$

$$\text{resolver\_inecuación}\left(\frac{x^2-1}{x^2-4}<0\right) \rightarrow x>-2 \wedge x<-1 \vee x>1 \wedge x<2$$

Si la solución de la inecuación son todos los reales, el sistema proporciona la respuesta «**cierto**», mientras que, si la inecuación no tiene solución, la respuesta es «**falso**».

$$\text{resolver\_inecuación}(x^2+6>4) \rightarrow \text{cierto}$$

$$\text{resolver\_inecuación}(x^2+6<4) \rightarrow \text{falso}$$

Cabe señalar que el comando **resolver_inecuación** se ejecuta tanto con acento como sin acento; sin embargo, Wiris sí distingue las mayúsculas de las minúsculas, con lo que se debe tener cuidado e introducir dicho comando en minúsculas.

Resolución de sistemas de inecuaciones con una incógnita

Para resolver sistemas de inecuaciones, se utiliza también el comando **resolver_inecuación**. En este caso, se introducen, entre llaves y separadas por comas, las inecuaciones que conforman el sistema. En la figura del margen se indica como introducir, por ejemplo, los siguientes sistemas:

$$\begin{cases} x>2 \\ x<5 \end{cases} \qquad \begin{cases} \dfrac{x+1}{x-2}<0 \\ x-5<0 \end{cases}$$

$$\text{resolver\_inecuación}(\{x>2, x<5\}) \rightarrow x>2 \wedge x<5$$

$$\text{resolver\_inecuación}\left(\left\{\frac{x^2+1}{x^2-2}<0, x-5<0\right\}\right) \rightarrow x>-\sqrt{2} \wedge x<\sqrt{2}$$

Resolución de inecuaciones y sistemas de inecuaciones con dos incógnitas

Para resolver este tipo de inecuaciones, se ejecuta el comando **dibujar** y se introducen las inecuaciones entre paréntesis y anidadas, si es el caso, por el operador lógico «y», que corresponde al símbolo ∧. Las soluciones de estas ecuaciones son gráficas que Wiris proporciona en una ventana accesoria (tablero 1).

$$\text{dibujar}(x+y<4 \wedge 3x+y>-2 \wedge 2x-y \leq 5) \rightarrow \text{tablero1}$$

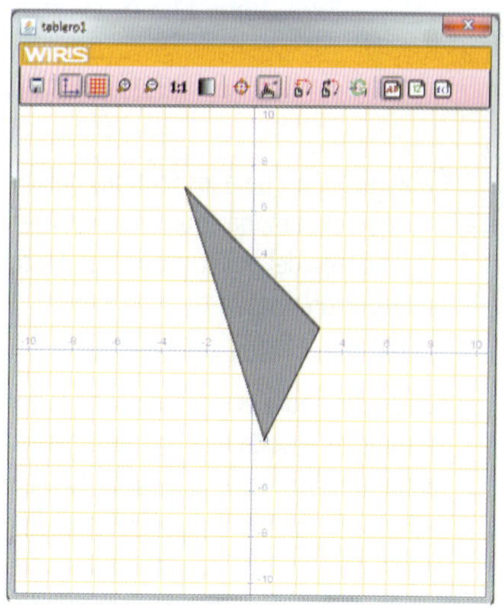

1 Resuelve la siguiente inecuación:

$$\frac{1}{2} \cdot (1 - 2x) \geq x + \frac{6}{5}$$

Se trata de una inecuación polinómica de primer grado (el caso más sencillo). Para resolverla, se transponen términos y se agrupan los términos semejantes en cada miembro de la inecuación:

$$\frac{1}{2} \cdot (1 - 2x) \geq x + \frac{6}{5} \Rightarrow \frac{1}{2} - x \geq x + \frac{6}{5} \Rightarrow$$

$$\Rightarrow \frac{5 - 10x}{10} \geq \frac{10x + 12}{10} \Rightarrow 5 - 10x \geq 10x + 12 \Rightarrow -20x \geq 7$$

Llegados a este punto, en una ecuación se podría pasar el factor −20 al miembro de la derecha dividiendo, pero en una inecuación, al ser −20 un número negativo, dividir ambos miembros de la desigualdad por dicho número implica un cambio en el sentido de la desigualdad:

$$-20x \geq 7 \Rightarrow \frac{-20x}{-20} \leq \frac{7}{-20} \Rightarrow x \leq -\frac{7}{20}$$

Por tanto, la solución de la inecuación corresponde a:

$$x \in \left(-\infty, -\frac{7}{20}\right]$$

2 Resuelve la inecuación $-2x^2 + 10x - 12 \geq 0$.

Para resolver esta inecuación, es conveniente que el coeficiente de segundo grado sea positivo, a fin de no arrastrar factores numéricos negativos. Así pues, se multiplican los dos miembros de la inecuación por −1 y se cambia el sentido de la desigualdad:

$$-2x^2 + 10x - 12 \geq 0 \Rightarrow 2x^2 - 10x + 12 \leq 0$$

Seguidamente se factoriza el polinomio, resolviendo la ecuación de segundo grado asociada, con lo que se obtienen sus raíces:

$$2x^2 - 10x + 12 = 0 \Rightarrow x^2 - 5x + 6 = 0 \Rightarrow$$

$$\Rightarrow x = \frac{5 \pm \sqrt{5^2 - 4 \cdot 6}}{2} = \begin{cases} x_1 = 2 \\ x_2 = 3 \end{cases}$$

Cabe recordar que a los factores polinómicos de primer grado, si es que existen, hay que añadir el coeficiente del monomio de mayor grado del polinomio inicial. En consecuencia, la factorización resulta:

$$2x^2 - 10x + 12 \leq 0 \Rightarrow 2(x - 2) \cdot (x - 3) \leq 0$$

Se estudia ahora el signo de cada factor y el del producto de los factores con ayuda de una tabla. No es necesario incluir el factor numérico 2, ya que, al ser un número positivo, su no inclusión no altera el signo del polinomio en las regiones en que queda dividida la recta real por las raíces de dicho polinomio:

−∞ 0 2 3/3 3 4 ∞

x − 2	−	+	+
x − 3	−	−	+
Producto	+	−	+

La solución de la inecuación corresponde a los intervalos de la recta real para los que el polinomio es negativo, incluidas las raíces. La solución es, por tanto: $x \in [2, 3]$

3 Resuelve la siguiente inecuación: $12x^3 + 8x^2 - 28x < -8$

En primer lugar, se expresa la inecuación de manera que la desigualdad se establezca frente al cero, asegurándose de que el coeficiente del monomio de mayor grado sea positivo, para no arrastrar factores numéricos negativos:

$$12x^3 + 8x^2 - 28x < -8 \Rightarrow 12x^3 + 8x^2 - 28x + 8 < 0$$

A continuación, se factoriza el polinomio; para ello, se consideran los divisores del término independiente como posibles raíces enteras (±1, ±2, ±4 y ±8) y se aplica la regla de Ruffini, de lo que se obtiene la siguiente factorización:

$$P(x) = 12x^3 + 8x^2 - 28x + 8 = (x - 1) \cdot (12x^2 + 20x - 8)$$

Seguidamente, se factoriza el polinomio de segundo grado y se resuelve la ecuación asociada a dicha expresión, con lo que resulta:

$$12 \cdot (x - 1) \cdot (x + 2) \cdot \left(x - \frac{1}{3}\right) < 0$$

Se estudia ahora el signo de cada factor y el del producto de los factores con ayuda de una tabla:

−∞ −3 −2 0 1/3 1/2 1 2 ∞

x − 1	−	−	−	+
x + 2	−	+	+	+
x − 1/2	−	−	+	+
Producto	−	+	−	+

La solución de la inecuación es la unión de todos los intervalos en los que el producto de los factores es negativo. En este caso, la solución es:

$$x \in (-\infty, -2) \cup \left(\frac{1}{3}, 1\right)$$

4 Resuelve la siguiente inecuación: $\dfrac{1 + x^2}{4x - x^3} < 0$

La estrategia que se debe seguir a la hora de resolver una inecuación fraccionaria sigue consistiendo en factorizar los polinomios y estudiar el signo de los factores, asegurándose de que la inecuación se establece frente al cero, como en efecto ocurre en el caso que nos ocupa.

En este tipo de inecuaciones también conviene que los coeficientes de los monomios de mayor grado sean positivos. (Este no es un paso obligatorio, pero facilita la factorización).

En la expresión $\dfrac{1+x^2}{4x-x^3}<0$ solo es posible factorizar el polinomio del denominador, ya que la ecuación de segundo grado asociada al polinomio del numerador no tiene soluciones.

Para factorizar el polinomio del denominador, conviene que el coeficiente del monomio de mayor grado sea positivo, por lo que se multiplican ambos miembros de la inecuación por −1:

$$\frac{1+x^2}{4x-x^3}<0 \Rightarrow (-1)\cdot\frac{1+x^2}{4x-x^3}>(-1)\cdot 0 \Rightarrow$$

$$\Rightarrow \frac{1+x^2}{(-1)\cdot(4x-x^3)}>0 \Rightarrow \frac{1+x^2}{x^3-4x}>0$$

El polinomio del denominador se factoriza extrayendo x como factor común y aplicando la definición del producto notable suma por diferencia:

$$\frac{1+x^2}{x^3-4x}>0 \Rightarrow \frac{1+x^2}{x\cdot(x^2-4)}>0 \Rightarrow \frac{1+x^2}{x\cdot(x-2)\cdot(x+2)}>0$$

Una vez factorizada la expresión, se estudia el signo de cada factor y el del producto de factores:

$-\infty$ −3 −2 −1 0 1 2 3 ∞

$(1+x^2)$	+	+	+	+
x	−	−	+	+
$(x-2)$	−	−	−	+
$(x+2)$	−	+	+	+
Producto	−	+	−	+

La solución de la inecuación es la unión de todos los intervalos en los que el producto de los factores es positivo. Es decir:

$$x \in (-2\ ,\ 0) \cup (2\ ,\ \infty)$$

Es importante recordar que en la solución de este tipo de inecuaciones nunca se deben incluir las raíces del denominador, pues estas lo anulan y, por tanto, están fuera del conjunto de soluciones de la inecuación. Cabe observar también que el factor $1+x^2$ no aporta raíces, y que su signo es invariable en las distintas regiones de la recta.

5 **A partir de la siguiente gráfica, indica para qué valores de x se cumple que $f(x)>0$:**

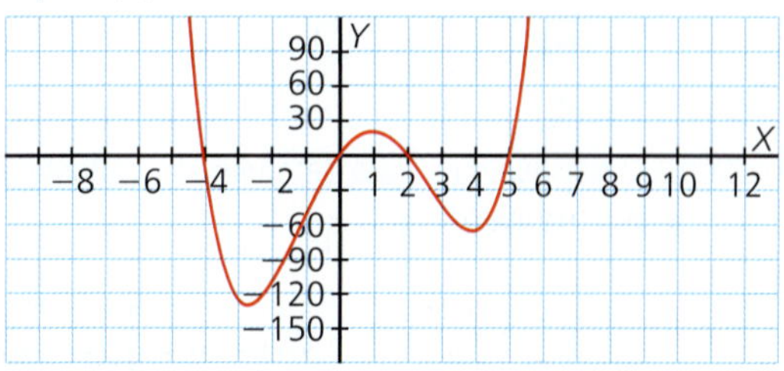

La gráfica muestra los valores en los que la función es nula, positiva o negativa. Como se puede comprobar, la función es nula para los valores $x=-4$, $x=0$, $x=2$ y $x=5$ (las abscisas de los puntos de corte de la gráfica con el eje X). En dichos valores, la función cambia de signo, siendo positiva en el intervalo:

$$(-\infty\ ,\ -4) \cup (0\ ,\ 2) \cup (5\ ,\ \infty)$$

6 **Resuelve los siguientes sistemas de inecuaciones:**

a. $\begin{cases} x+1<0 \\ 2x+3<0 \\ x \geq 2 \end{cases}$ **b.** $\begin{cases} \dfrac{x+10}{5}-x>3 \\ x^2 \geq 1 \end{cases}$

Para resolver estos sistemas, hay que hallar por separado las soluciones de cada inecuación y buscar las regiones coincidentes (aquellas que verifican todas las restricciones).

a. Se resuelven por separado las tres inecuaciones y se obtiene:

$$\begin{cases} x<-1 \\ x<\dfrac{-3}{2} \\ x \geq 2 \end{cases}$$

Después se representan las soluciones:

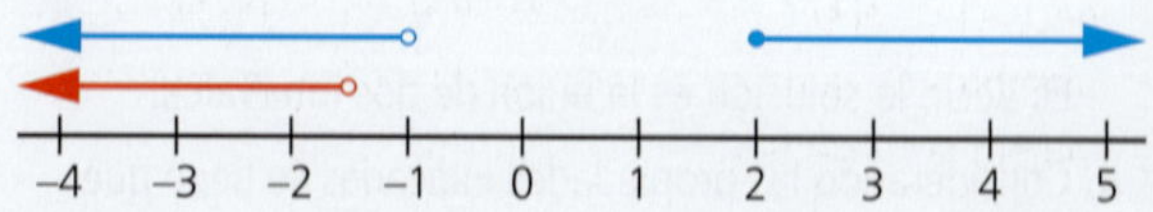

Como se observa, el sistema no tiene solución, pues las soluciones de las tres inecuaciones no coinciden en ninguna región.

b. Se resuelven por separado las dos inecuaciones. La primera es una inecuación de primer grado y se resuelve transponiendo y agrupando términos:

$$\frac{x+10}{5}-x>3 \Rightarrow x+10-5x>15 \Rightarrow -4x>5 \Rightarrow x<-\frac{5}{4}$$

La segunda es una inecuación de segundo grado; para resolverla, se expresa la desigualdad frente al cero y se factoriza el polinomio correspondiente:

$$x^2 \geq 1 \Rightarrow x^2-1 \geq 0 \Rightarrow (x+1)\cdot(x-1) \geq 0$$

Una vez factorizado el polinomio, se procede a estudiar el signo de cada factor y el del producto de factores:

$-\infty$ −2 −1 0 1 2 ∞

$(x+1)$	−	+	+
$(x-1)$	−	−	+
Producto	+	−	+

La solución de esta inecuación es, por tanto: $(-\infty\ ,\ -1] \cup [1\ ,\ \infty)$

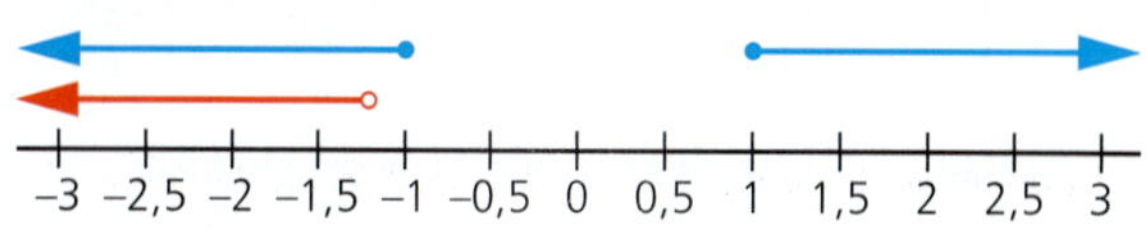

La región que cumple las dos inecuaciones y que, por consiguiente, es solución del sistema es: $x \in \left(-\infty\ ,\ -\dfrac{5}{4}\right)$

En este caso, aunque aparecen tres zonas representadas, la búsqueda de la solución no exige una triple coincidencia, pues se trata de un sistema de dos inecuaciones (dos de las regiones corresponden a la solución de una de las inecuaciones) y la zona de coincidencia debe cumplir dos condiciones, como en efecto ocurre.

7 Resuelve las siguientes inecuaciones:

a. $|2x+1|+x>1$

b. $\left|\dfrac{2x+1}{x+5}\right|>0$

c. $\left|\dfrac{2x+1}{x+5}\right|>1$

d. $\left|\dfrac{2x+1}{x+5}\right|\le 1$

Para resolver estas inecuaciones, conviene tener presentes algunas propiedades del valor absoluto:

- $|x|\le a \Rightarrow \begin{cases} x\le a \\ -x\le a \end{cases} \Rightarrow \begin{cases} x\le a \\ x\ge -a \end{cases} \Rightarrow$

  $\Rightarrow x\in[-a,\infty)\cap[a,\infty) \Rightarrow x\in[-a,a]$

  Es decir, la solución es la intersección de dos intervalos.

- $|x|\ge a \Rightarrow \begin{cases} x\ge a \\ -x\ge a \end{cases} \Rightarrow \begin{cases} x\ge a \\ x\le -a \end{cases} \Rightarrow x\in(-\infty,-a]\cup[a,\infty)$

  Es decir, la solución es la unión de dos intervalos.

a. Considerando las propiedades indicadas se tiene que:

$$|2x+1|+x>1 \Rightarrow$$

$$\Rightarrow \begin{cases} +(2x+1)+x>1 \\ -(2x+1)+x>1 \end{cases} \Rightarrow \begin{cases} x>0 \\ -x-2>0 \end{cases} \Rightarrow \begin{cases} x>0 \\ x<-2 \end{cases}$$

Cabe recordar que las dos expresiones que se obtienen no representan un sistema de inecuaciones, sino que ambas regiones son solución por separado; de donde resulta que la solución es: $x\in(-\infty,-2)\cup(0,\infty)$

b. En este caso se buscan aquellos números reales que, tras realizar las operaciones indicadas, den como resultado otro número cuyo valor absoluto sea positivo, cosa que sucede siempre, excepto cuando el numerador de la expresión es cero o cuando lo es el denominador. Por tanto, la solución son todos los números reales excepto $x=-\dfrac{1}{2}$ y $x=-5$.

c. Se procede de modo análogo a como se hizo en el primer apartado y se obtiene:

$$\left|\frac{2x+1}{x+5}\right|>1 \Rightarrow$$

$$\Rightarrow \begin{cases} \dfrac{2x+1}{x+5}>1 \\ -\left(\dfrac{2x+1}{x+5}\right)>1 \end{cases} \Rightarrow \begin{cases} \dfrac{2x+1}{x+5}-1>0 \\ \dfrac{-2x-1}{x+5}-1>0 \end{cases} \Rightarrow \begin{cases} \dfrac{x-4}{x+5}>0 \\ \dfrac{-3x-6}{x+5}>0 \end{cases}$$

Se evalúa el signo de cada factor y el del producto (o cociente) de los factores:

- Para la primera expresión, $\dfrac{x-4}{x+5}\ge 0$, se tiene:

	$-\infty$ −6 -5	0 4	5 ∞
(x − 4)	−	−	+
(x + 5)	−	+	+
Producto	+	−	+

La solución es: $(-\infty,-5)\cup(4,\infty)$

- Para la segunda expresión, $\dfrac{-3x-6}{x+5}\ge 0$, se tiene que:

	$-\infty$ −6 -5	−4 -2	0 ∞
(−3x − 6)	+	+	−
(x + 5)	−	+	+
Producto	−	+	−

La solución es: $(-5,-2]$

Con lo que la solución del sistema es:

$$x\in(-\infty,-2]\cup[4,\infty)-\{-5\}$$

d. Se procede de modo análogo a como se ha hecho en el apartado anterior y se obtiene:

$$\left|\frac{2x+1}{x+5}\right|\le 1 \Rightarrow$$

$$\Rightarrow \begin{cases} \dfrac{2x+1}{x+5}\le 1 \\ -\left(\dfrac{2x+1}{x+5}\right)\le 1 \end{cases} \Rightarrow \begin{cases} \dfrac{2x+1}{x+5}-1\le 0 \\ \dfrac{-2x-1}{x+5}-1\le 0 \end{cases} \Rightarrow \begin{cases} \dfrac{x-4}{x+5}\le 0 \\ \dfrac{-3x-6}{x+5}\le 0 \end{cases}$$

Observa que la tabla con los signos de los factores será la misma que la del apartado anterior, pero en este caso se habrán de tomar los intervalos de signo negativo.

- La solución de la primera inecuación es: $(-5,4]$
- La solución de la segunda inecuación es: $(-\infty,-5)\cup[-2,\infty)$

La intersección de dichas regiones es la solución del sistema: $x\in[-2,4]$.

8 Resuelve el siguiente sistema: $\begin{cases} x-2y>3 \\ 2x+y<2 \\ x\le 2 \end{cases}$

Para resolver este sistema, se representan las rectas asociadas a cada inecuación y se considera el área determinada por las rectas que cumple con las tres condiciones impuestas.

Se considera la recta asociada a $x-2y>3$, es decir, la recta $y=\dfrac{x-3}{2}$.

x	3	5	−1
y	0	1	−2

La recta divide el plano cartesiano en dos zonas, pero solo una es solución a la desigualdad. Para determinarla, se toma un punto cualquiera del plano que no pertenezca a la recta, por ejemplo el (0 , 0), y se sustituyen las coordenadas en la inecuación:

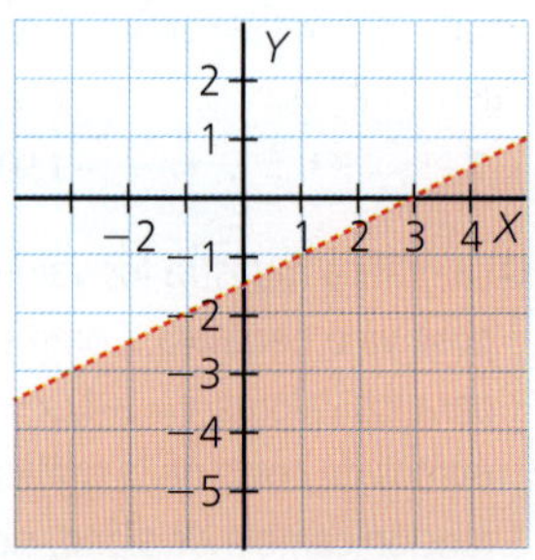

$$x-2y>3 \Rightarrow 0-2\cdot 0>3 \Rightarrow$$
$$\Rightarrow 0>3 \text{ (lo cual es falso)}$$

Por tanto, la solución de esta inecuación es el semiplano en el que no se encuentra el punto (0 , 0).

La recta es de trazo discontinuo, ya que sus puntos no pertenecen al conjunto solución.

Se procede análogamente con las otras dos inecuaciones y se obtienen las siguientes rectas y regiones:

Para $2x + y < 2$:

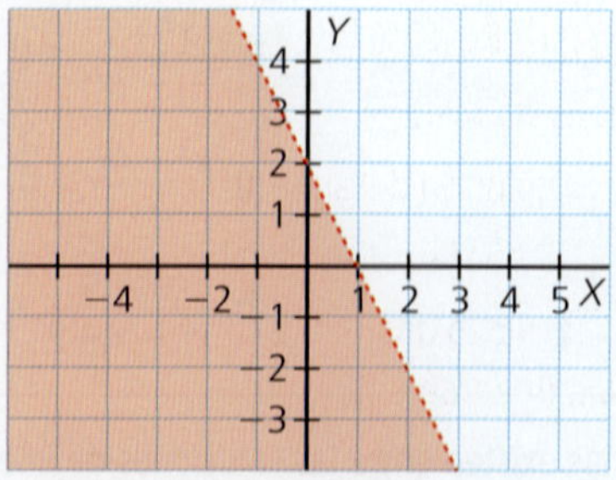

Para $x \leq 2$:

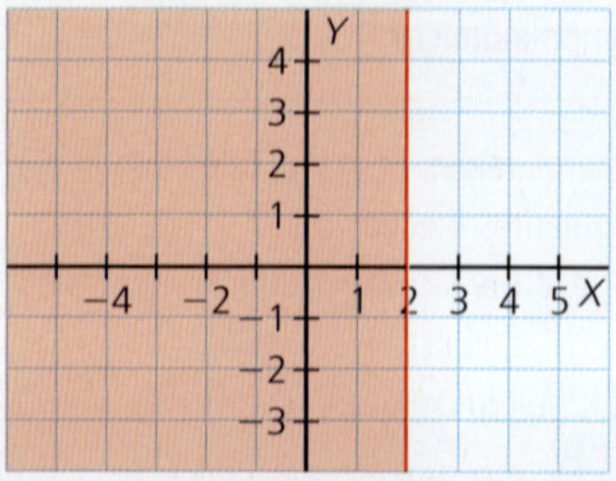

En el primer caso, la recta es discontinua por no formar parte del conjunto solución. En el segundo caso, la recta es continua, pues forma parte de dicho conjunto.

Al combinarse las tres regiones que son solución de cada inecuación, se obtiene la solución del sistema:

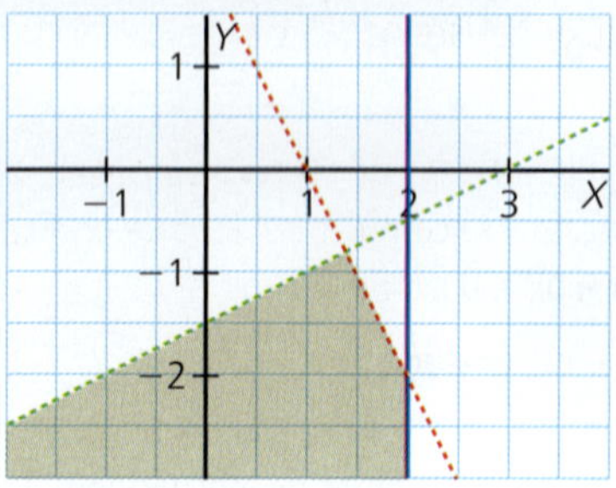

9 **Calcula el valor de a para que $ax^2 - (a + 1)x + 1 = 0$ tenga dos soluciones reales.**

Para que la ecuación de segundo grado tenga dos soluciones reales, el radicando debe ser mayor que cero ($b^2 - 4ac > 0$); si fuera nulo, la ecuación tendría una única solución (solución doble), y si fuera negativa, no tendría soluciones reales. Por tanto:

$$(a + 1)^2 - 4a > 0 \Rightarrow a^2 - 2a + 1 > 0 \Rightarrow (a - 1)^2 > 0$$

Esta inecuación es positiva para cualquier valor de a, excepto para $a = 1$.

	$-\infty$ … 1	1 … ∞
$(a - 1)^2$	+	+

La solución es, por tanto, cualquier valor real a excepción del 1.

10 **Dados tres números reales, m, n y p, tales que $m > n > p > 0$, resuelve la siguiente inecuación: $\frac{(x - m) \cdot (x + n)}{x^2 + p^2} \geq 0$**

Se trata de una inecuación fraccionaria que contiene tres factores. El factor del denominador es una expresión no factorizable cuyo valor es siempre positivo. Las raíces del numerador son m y $-n$, y, puesto que $m > n$, se verifica también que $m > -n$, por lo que la tabla con los signos de cada factor y del producto de factores queda de la siguiente manera:

	$-\infty$ … $-n$	$-n$ … m	m … ∞
$(x + n)$	−	+	+
$(x - m)$	−	−	+
Producto	+	−	+

La solución es, por tanto: $x \in (-\infty , -n] \cup [m , \infty)$. (Se han incluido los extremos, ya que la inecuación admite los ceros).

11 **Considera la región del plano definida por las siguientes condiciones: $x \geq 0$; $y \geq 0$; $y - x \leq 1$; $x - y \leq 1$; $x + y \leq 6$**

a. **Dibuja dicha región.**

b. **Determina los puntos en los que $f(x , y) = \frac{x + 3y}{2}$ alcanza el máximo y el mínimo.**

a. Este sería un típico ejercicio de programación lineal. En estos ejercicios, además de calcular la región factible (conjunto de puntos que cumplen las condiciones indicadas), se ofrece una función (la llamada función objetivo) que debe ser estudiada en dicha región. Sin embargo, y como es lógico, no se evalúa la función en los infinitos puntos de la región factible, sino en los vértices de la misma, donde se hallan los posibles valores que permiten maximizarla o minimizarla.

La región factible, según las restricciones que impone el enunciado del problema, se muestra en la figura adjunta.

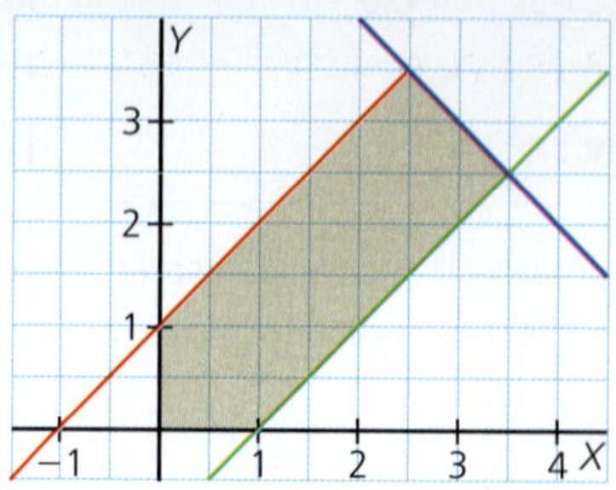

Los vértices de dicha región son:

$$A (0 , 0),\ B (1 , 0),\ C \left(\frac{7}{2} , \frac{5}{2}\right),\ D \left(\frac{5}{2} , \frac{7}{2}\right) \text{ y } E (0 , 1)$$

b. Se calcula el valor de la función objetivo, $f(x , y) = \frac{x + 3y}{2}$, en cada vértice y se obtiene:

$$f(A) = f(0 , 0) = 0;\ f(B) = f(1 , 0) = \frac{1 + 3 \cdot 0}{2} = \frac{1}{2};$$

$$f(C) = f\left(\frac{7}{2} , \frac{5}{2}\right) = \frac{11}{2};\ f(D) = f\left(\frac{5}{2} , \frac{7}{2}\right) = \frac{13}{2};\ f(E) = f(0 , 1) = \frac{3}{2}$$

Por tanto, el valor mínimo se alcanza en el vértice $A (0 , 0)$, y el máximo, en el vértice $D \left(\frac{5}{2} , \frac{7}{2}\right)$.

1 Indica qué principios de equivalencia verifican las inecuaciones.

2 Escribe una inecuación cuya solución sea finita.

3 ¿Puede una inecuación polinómica de primer grado no tener solución real?

4 ¿Puede una inecuación polinómica de segundo grado no tener solución real?

5 ¿Puede un sistema de inecuaciones con dos incógnitas no tener solución? En caso afirmativo, pon un ejemplo.

6 Dada la ecuación $x^2 - ax + 1 = 0$, calcula a para que no haya solución.

7 Comprueba, en cada caso, si la solución que se ofrece verifica la inecuación indicada:

a. $x = 2$, para $\frac{x+3}{5} + 1 < 2$

b. $x = 2$, para $x^2 - 2x + 15 > 2$

c. $x = 2$, para $\begin{cases} x - x^2 < 0 \\ 3x + 1 < 3 \end{cases}$

d. $(x, y) = (2, 3)$, para $\frac{1-x}{2} - \frac{y}{3} + 1 \geq \frac{1}{2}$

8 Resuelve las siguientes inecuaciones polinómicas:

a. $(2x + 3) \cdot (1 - x) > 0$

b. $-x^4 + 5x^2 - 4 < 0$

c. $-5x^2 - 4 < 0$

d. $x^3 + x < 0$

e. $5x^2 + 4 > 0$

f. $x^2 + 6x + 9 \leq 0$

g. $x^3 - 2x^2 - 13x - 10 > 0$

h. $3x^3 + 3x^2 - 12x \geq 12$

i. $5x^4 - 40x < 0$

j. $4 - 4x^4 \leq 0$

9 Resuelve las siguientes inecuaciones y representa las soluciones sobre la recta real:

a. $\frac{1}{2} \cdot \left[\frac{3}{2} \cdot (x + 4) + \frac{2}{3} \cdot (x - 6)\right] \leq x$

b. $\frac{4 \cdot \sqrt{3}x + 8}{2} < 6 \cdot \sqrt{3}x - 20$

c. $\frac{2x+1}{3} - 2 > \frac{2x+1}{4}$

d. $(x - 2)^2 > 3$

e. $\frac{x}{5} \cdot \left(x + \frac{1}{6}\right) \leq x - 1$

f. $\frac{(x-1) \cdot (x+1)}{2} - \frac{x-5}{6} > \frac{2}{3} \cdot (x + 1)$

g. $6 \cdot (x^2 + 1) - 13x \geq -4x^2 + 6x$

10 Resuelve las siguientes inecuaciones fraccionarias. Después, comprueba con Wiris o GeoGebra los resultados que has obtenido.

a. $\frac{4}{x} + \frac{x}{2} \geq \frac{12}{x}$

b. $\frac{-3}{x+1} > 0$

c. $\frac{3-x}{5x} > 1$

d. $\frac{2-x}{x^2-1} > \frac{4}{x-1}$

e. $\frac{4-x^2}{x^3-2x} > 0$

f. $\frac{x^2+2}{-1-2x^2} \leq 0$

g. $\frac{x^3-4x}{x} > 0$

h. $\frac{x^2-9}{x^2-x-2} \leq 0$

11 ¿Qué diferencias existen entre las soluciones de una inecuación fraccionaria estricta y las de una que no lo es? ¿Y en el caso de una inecuación polinómica?

12 Dados los números reales m, n y p, tales que $m > n > p > 0$, resuelve las siguientes inecuaciones:

a. $(x - m) \cdot (x + n) > 0$

b. $\frac{(x-m)}{(x-n) \cdot (x-p)} \leq 0$

c. $\frac{3 \cdot (x-m)}{(x-n) \cdot (x-p)} \leq 0$

d. $\frac{3 \cdot (x-m)}{(x-n) \cdot (p-x)} \leq 0$

e. $\frac{(x-m)^2}{(x-n) \cdot (x-p)} \leq 0$

f. $(x - m)^2 \leq 0$

g. $(m - x)^2 \leq 0$

h. $(x - m)^2 \cdot (x - p)^3 \leq 0$

i. $(x + m) \cdot (x - n) \cdot (x + p) \geq 0$

13 Resuelve los siguientes sistemas de inecuaciones y representa sus soluciones. Después, comprueba con Wiris o GeoGebra los resultados que has obtenido.

a. $\begin{cases} -x + 2 > 6 + \frac{x}{3} \\ \frac{2x-1}{5} + x \leq \frac{3-x}{3} \end{cases}$

b. $\begin{cases} x > 1 \\ \frac{-2x+1}{3} > 1 \\ x < 7 \end{cases}$

c. $\begin{cases} -2 < x \leq 2 \\ \frac{x}{3} \geq 0 \\ -4 < x < 1 \end{cases}$

d. $\begin{cases} x > 1 \\ x \leq 7 \\ x > -2 \end{cases}$

e. $\begin{cases} x \geq 2 \\ x^2 - 1 \geq 0 \end{cases}$

f. $\begin{cases} x^2 - 2x + 1 > 0 \\ x > -2 \end{cases}$

14 Resuelve los siguientes sistemas de inecuaciones y representa sus soluciones. Después, comprueba con Wiris o GeoGebra los resultados que has obtenido.

a. $\begin{cases} x^2 - 2x + 1 \le 0 \\ x > -2 \end{cases}$

b. $\begin{cases} -x^2 + 2x > -15 \\ x > -2 \end{cases}$

c. $\begin{cases} 2x - 3 \ge x \\ x^2 - 4x - 5 < 0 \end{cases}$

d. $\begin{cases} \dfrac{1}{x-1} > 0 \\ 1 - \dfrac{2}{3}x \le 2 \end{cases}$

e. $\begin{cases} \dfrac{x+1}{x-1} > 1 \\ 1 - x > 3 \end{cases}$

f. $\begin{cases} \dfrac{x - x^3}{x+1} > 0 \\ \dfrac{1+x}{2} - x > 3 \end{cases}$

15 Representa gráficamente el conjunto de soluciones de las siguientes inecuaciones:

a. $2 \cdot (2x + y) + 2 > 6x - y + 5 \cdot (3 + 2y)$

b. $x - \dfrac{2y}{3} > 3$

c. $x \le \dfrac{2}{3}$

d. $\dfrac{y}{3} \le -1$

e. $y - 3x - 7 \ge -3x - 6$

16 Representa gráficamente el conjunto de soluciones de los siguientes sistemas de inecuaciones con dos incógnitas:

a. $\begin{cases} x + 2y < 3 \\ 2x + y \ge 1 \end{cases}$

b. $\begin{cases} 2x + y > 0 \\ x - y > 0 \end{cases}$

c. $\begin{cases} x - 3y > 1 \\ \dfrac{1}{5}y - x \le 1 \\ 2x < \dfrac{3}{2} \end{cases}$

d. $\begin{cases} x > 1 \\ -2y \le 1 \\ 2x > \dfrac{-3}{2} \end{cases}$

e. $\begin{cases} y - 2x \le 0 \\ x + y \le 3 \\ x - 2y - 2 < 0 \end{cases}$

f. $\begin{cases} y - x^2 > 0 \\ x + y < 2 \end{cases}$

17 Resuelve estas inecuaciones:

a. $|x - 3| < 2$ **b.** $\left|\dfrac{x+1}{-3x}\right| > 1$ **c.** $\left|\dfrac{x+1}{-3x}\right| < 1$

18 Halla, en cada caso, una inecuación o un sistema que tenga la solución indicada.

a. El intervalo $[3, \infty)$.

b. El intervalo $\left(-\infty, -\dfrac{1}{3}\right]$.

c. El intervalo $\left(\dfrac{1}{3}, \dfrac{1}{2}\right)$.

d. El intervalo $[-2, 3)$.

e. El intervalo $(-\infty, -4] \cup [-2, \infty)$.

f. El intervalo $(-\infty, -4) \cup [-2, \infty)$.

g. El intervalo $(-\infty, -4] \cup [-2, 0) \cup [3, \infty)$.

h. El semiplano superior obtenido al dividir el plano cartesiano mediante la recta $y = 2$.

i. El área del segundo cuadrante del plano cartesiano.

j. El área del cuadrado de vértices (0 , 0), (0 , 1), (1 , 0) y (1 , 1).

19 Resuelve, para cada función, las siguientes inecuaciones: $f(x) \ge 0$; $f(x) > 0$; $f(x) \le 0$; $f(x) < 0$.

a.

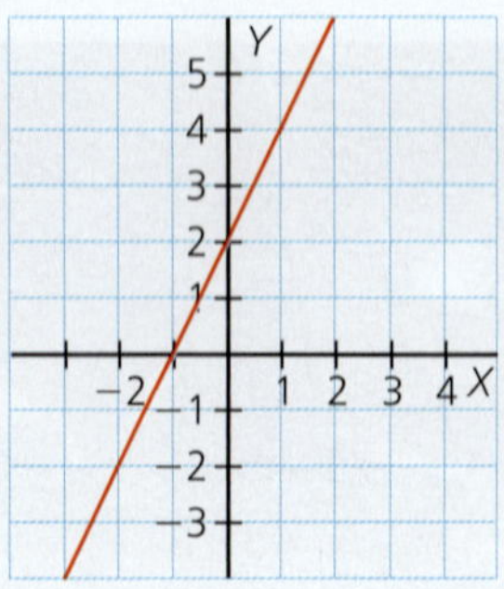

c.

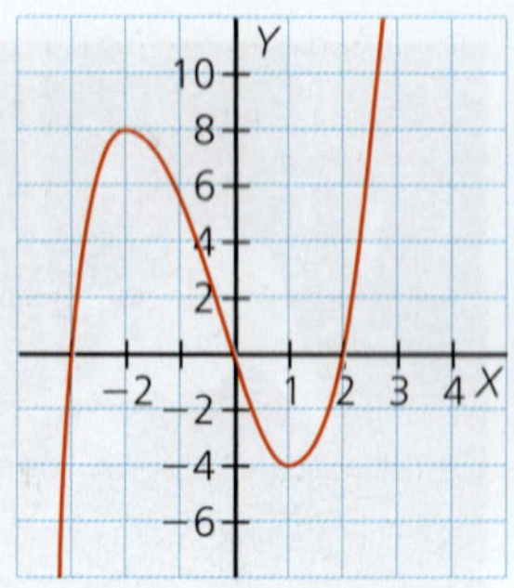

b.

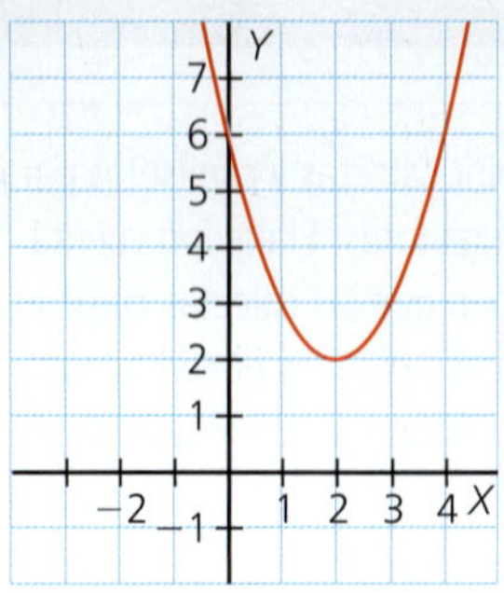

d.

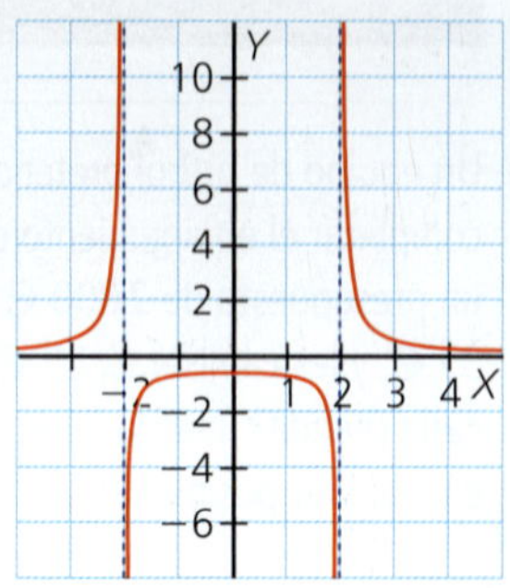

20 Determina el valor de m que hace que se cumplan las condiciones indicadas.

a. La inecuación $3x + \dfrac{2}{3} \ge mx - 5$ tiene como solución $x \le \dfrac{-3}{4}$.

b. La inecuación $\dfrac{mx - 5}{2x + 1} \le 1$ tiene como solución $x \in \left(-\dfrac{1}{1}, 4\right)$.

21 Un móvil puede desplazarse con velocidades comprendidas entre los 85 km/h y los 95 km/h. ¿Entre qué valores oscila las distancia a la que estará el móvil al cabo de 1 hora?

22 A un comercial de seguros le ofrecen dos opciones de contratación. La primera opción consiste en recibir un sueldo fijo mensual de 1 000 €, y la segunda, en percibir un sueldo fijo de 500 € más una comisión de 10 € por cada póliza de seguros contratada. ¿Qué opción de contrato le resulta más favorable según el número de pólizas que consiga contratar?

23 Un granjero dispone de dos tipos de pienso, A y B. El precio de venta del pienso A es de 2 €/kg, y el del pienso B, de 5 €/kg. El granjero quiere rellenar un depósito de 1 000 kg de capacidad con una mezcla de estos dos piensos, de manera que el precio de la mezcla no sea inferior a 3 €/kg ni superior a 4 €/kg. Calcula entre qué valores puede oscilar el número de kilogramos de cada tipo de pienso que el granjero ha de verter en el depósito.

24 Un vinatero quiere obtener 500 L de vino mezclando dos variedades: una que cuesta 1,2 €/L y otra que cuesta 3,5 €/L. Pretende vender esta mezcla a 2,3 €/L. Calcula qué cantidad debe mezclar para no perder dinero. Si desea obtener un beneficio de 15 céntimos por litro, ¿qué cantidades de cada tipo de vino debe combinar?

25 Un equipo de fútbol pretende adquirir calcetas y camisetas para completar el equipamiento de sus jugadores. El equipo cuenta con un presupuesto de 2 000 €. Sabiendo que las calcetas cuestan 35 €, y las camisetas, 25 €, ¿cuántas unidades puede adquirir de cada prenda? Realiza la representación gráfica correspondiente e indica las posibles soluciones.

26 Considera la región del plano definida por las siguientes condiciones:

$$x \geq 0\,;\, y \geq 0\,;\, y - x \leq 1\,;\, x - y \leq 1\,;\, x + y \leq 3$$

a. Dibuja la región.

b. Determina los puntos en los que $x \in [2\,,\,\infty)$ alcanza el máximo y el mínimo.

27 Encuentra los valores máximo y mínimo de la función $Z = 5x + 3y$, sujeta a las restricciones:

$$3x + y \geq 4\,;\, x + y \leq 6\,;\, 0 \leq y \leq 5\,;\, x \leq 5$$

28 Una papelería quiere liquidar un máximo de 78 kg de papel reciclado y un máximo de 138 kg de papel normal. Para ello, elabora dos tipos de lotes, A y B. Los lotes A contienen 1 kg de papel reciclado y 3 kg de papel normal, y los lotes B, 2 kg de papel de cada clase. El precio de venta de cada lote A es de 0,9 €, y el de cada lote B, de 1 €.

a. ¿Cuántos lotes A y B debe vender la papelería para maximizar sus ingresos?

b. ¿A cuánto ascienden esos ingresos máximos?

29 Una empresa fabrica láminas de aluminio finas y gruesas. La empresa dispone cada mes de 400 kg de aluminio y de 450 horas de trabajo para fabricarlas. Cada metro cuadrado de lámina fina necesita 5 kg de aluminio y 10 horas de trabajo y deja una ganancia de 45 €. Por su parte, cada metro cuadrado de lámina gruesa precisa 20 kg de material y 15 horas de trabajo y deja una ganancia de 80 €.

a. ¿Cuántos metros cuadrados de cada tipo debe fabricar la empresa mensualmente para obtener la máxima ganancia?

b. ¿A cuánto asciende esta ganancia?

30 Una empresa de alimentación dispone de 24 kg de trigo y 15 kg de maíz para elaborar dos preparados, A y B. La ración del preparado A contiene 200 g de trigo y 300 g de maíz y aporta 600 calorías de valor energético. La ración del preparado B está integrado por 200 g de trigo y 100 g de maíz, y su valor energético es de 400 calorías. ¿Cuántas raciones de cada tipo hay que preparar para obtener el máximo valor energético total? Calcula dicho valor energético.

31 Un artesano fabrica collares y pulseras. En la fabricación de un collar empeña 2 horas, y en la fabricación de una pulsera, 1 hora. El material del que dispone no le permite fabricar más de 50 piezas. Por otro lado, el artesano solo puede emplear, como máximo, 80 horas de trabajo. Si por cada collar gana 5 € y por cada pulsera, 4 €, ¿cuántos collares y pulseras debe fabricar para optimizar sus beneficios?

EL EDIFICIO RETORCIDO

En la arquitectura moderna a menudo los edificios se alzan con formas inusuales. La figura del margen muestra un modelo diseñado por ordenador de un «edificio retorcido» y un plano de su planta baja. Los puntos cardinales señalan la orientación del edificio.

En la planta baja se encuentra la entrada principal y un espacio reservado para tiendas. Por encima de la planta baja, se elevan 20 plantas de viviendas.

El plano de cada planta es similar al de la planta baja, pero la orientación de cada planta es ligeramente distinta a la de la planta inmediatamente inferior. En el cilindro se encuentran el hueco del ascensor y un rellano para cada planta.

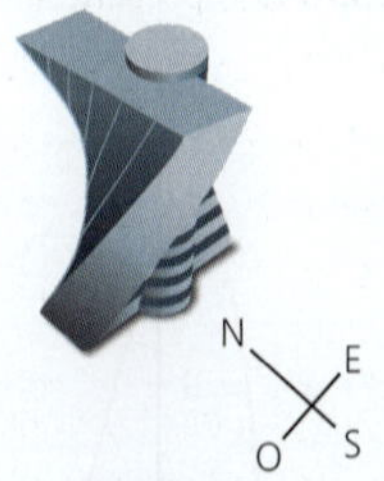

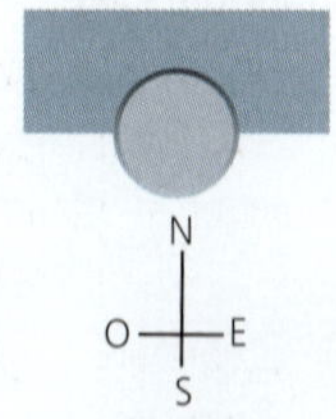

1. Realiza una estimación de la altura de cada planta y de la altura del edificio. Expresa los resultados algebraicamente.
2. Calcula la superficie total del edificio suponiendo que la planta baja tiene 20 m de largo por 8 m de ancho y que el diámetro del cilindro es también de 8 m.
3. Realiza una estimación sobre el volumen del edificio.
4. Las figuras del margen son vistas laterales del edificio retorcido. ¿Desde qué dirección se ha obtenido la vista lateral 1? ¿Desde dónde se ha obtenido la vista lateral 2?

REPRESENTACIONES EN EL PLANO CARTESIANO

Considera un triángulo cuyos vértices son (0 , 5), (2 , 0) y (–2 , 0).

1. Indica si este triángulo es equilátero, isósceles o escaleno y calcula su área y su perímetro.
2. Representa la región del plano formada por todos los puntos que verifican que la suma de sus coordenadas, en valor absoluto, es mayor que 2. Obtén el área de esta región.
3. Representa el conjunto de puntos del plano que verifican que la suma de sus coordenadas es menor que 3 y el producto de las mismas es positivo.

ECONOMÍA DOMÉSTICA

El presupuesto mensual de que dispone Ana está comprendido entre los 1 000 € y los 1 300 €. Ana se ha propuesto que lo que gasta en ropa más lo que gasta en complementos no supere la tercera parte de sus gastos en alimentación.

1. Determina la expresión algebraica que representa los tres gastos en relación con el presupuesto mensual. ¿Qué margen tiene para ropa y complementos?
2. El salario de Ana ha sufrido variaciones significativas al inicio del año, ya que ha recibido una subida salarial del 2,8 % y un complemento por antigüedad que supone 2,17 % de su salario. Por otra parte, los impuestos se han incrementado un 1,7 %.
   - **a.** ¿En cuánto ha aumentado o disminuido su salario porcentualmente?
   - **b.** Si su salario oscilaba entre 22 000 € y 26 000 €, ¿entre qué valores está ahora el sueldo?

ES TIEMPO DE ELECCIONES MUNICIPALES

La candidatura de un determinado grupo político para las elecciones municipales debe cumplir los siguientes requisitos: el número total de componentes de la candidatura debe estar comprendido entre 6 y 18, y el número de hombres no debe exceder del doble del número de mujeres. ¿Cuál es el mayor número de hombres que puede tener una candidatura que cumpla estas condiciones?

DIARIO DE APRENDIZAJE

Una vez estudiada la unidad, ¿con qué imágenes ilustraría yo la presentación?

ACTIVIDADES U01, U02, U03 Y U04

1 La figura adjunta muestra la representación de una determinada función, f (x):

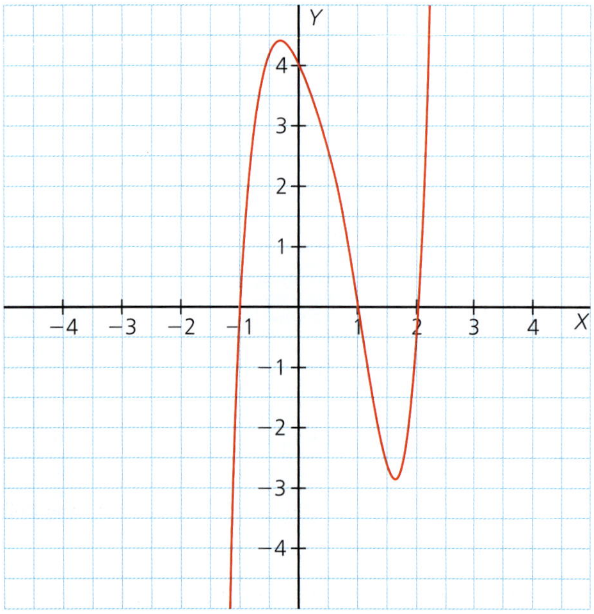

1.1 De la gráfica se deduce que la ecuación f (x) = 0:

a. Tiene tres soluciones: $x = -1$, $x = 0$ y $x = 1$

b. Tiene tres soluciones: $x = -1$, $x = 1$ y $x = 2$

c. Tiene una solución: $x = 4$

1.2 Según muestra la gráfica, la inecuación f (x) ≤ 0 tiene como solución:

a. $x \in (-\infty\ ,\ -1) \cup (1\ ,\ 2)$

b. $x \in (-\infty\ ,\ -1] \cup [1\ ,\ 2]$

c. $x \in \mathbb{R}$

1.3 Según se observa en la gráfica, la ecuación f (x) = 4:

a. Tiene una única solución real.

b. Tiene dos soluciones, y una de ellas es $x = 0$.

c. No tiene solución.

1.4 Según la gráfica, el valor numérico de f (x) para $x = 0$ es:

a. 1, 0 y −1

b. 4

c. 0

1.5 La gráfica muestra que la ecuación |f (x)| = 1 tiene:

a. Tres soluciones.

b. Seis soluciones.

c. Cinco soluciones.

2 Considera la siguiente expresión:

$$\frac{2}{5}\log M = 2\log x - \frac{1}{3}\log(x - z)$$

Si se despeja M, se obtiene:

a. $M = \sqrt{\left(\frac{x^2}{\sqrt[3]{x-z}}\right)^5}$

b. $M = \sqrt[5]{\left(\frac{x^2}{\sqrt[3]{x-z}}\right)^2}$

c. $M = \sqrt{\left(x^2 \cdot \sqrt[3]{x-z}\right)^5}$

3 El error absoluto que se comete al aproximar la fracción $\frac{3}{7}$ a las centésimas es:

a. 0,43

b. $\frac{1}{300}$

c. $\frac{1}{700}$

4 El sistema $\begin{cases} x^2 + y^2 = 1 \\ 2x^2 - 2y^2 = 3 \end{cases}$:

a. Es un sistema lineal de dos ecuaciones con dos incógnitas que no tiene soluciones.

b. Es un sistema no lineal de dos ecuaciones con dos incógnitas que no tiene soluciones.

c. Es un sistema no lineal de dos ecuaciones con dos incógnitas que tiene dos soluciones.

5 Considera el siguiente sistema de ecuaciones:

$$\begin{cases} \log x + \log y = 2 \\ \log x - \log y = -1 \end{cases}$$

Las soluciones del sistema son:

a. $(x_1\ ,\ y_1) = (-\sqrt{10}\ ,\ -10\sqrt{10})$ y $(x_2\ ,\ y_2) = (\sqrt{10}\ ,\ 10\sqrt{10})$

b. $(x_1\ ,\ y_1) = (-\sqrt{10}\ ,\ -10\sqrt{10})$

c. $(x_1\ ,\ y_1) = (\sqrt{10}\ ,\ 10\sqrt{10})$

6 La ecuación $2x + 1 = 2x + 1$:

a. Es una ecuación absurda y no tiene solución.

b. Es una ecuación polinómica de primer grado sin solución real.

c. Es una identidad y su solución es el conjunto formado por todos los números reales.

7 La ecuación exponencial $\sqrt{7^{3x}} = 2$:

a. No puede resolverse, pues las bases 7 y 2 no pueden igualarse.

b. Tiene como solución $\dfrac{3 \log_2 7}{2}$.

c. Tiene como solución $\dfrac{2 \log_7 2}{3}$.

---

8 Se ha medido el nivel de intensidad sonora de un *claxon* y el medidor ha marcado $\beta = 100$ dB. Se sabe que dicho nivel de intensidad, expresado en decibelios, está en relación con la intensidad sonora, I, expresada en W/m^2 (watio por metro cuadrado), según la expresión:

$$\beta(\text{dB}) = 10 \log\left(\frac{I}{10^{-12}}\right)$$

El valor de intensidad sonora del *claxon* se puede expresar como:

a. 10^{-2} W/m^2

b. 2 W/m^2

c. 10 W/m^2

---

9 Añade una tercera ecuación para que el siguiente sistema sea compatible indeterminado:

$$\begin{cases} 3x + 2y - z = 2 \\ x - y = -1 \end{cases}$$

a. $3x + 2y - z = 4$

b. $x - y = -1$

c. $2x + 2y + 2z = 1$

---

10 La solución de una inecuación resulta ser $x \in (-\infty\ , -1] \cup (2\ , \infty)$, por lo que la inecuación en cuestión es:

a. $\sqrt{\dfrac{x+1}{x-2}} > 0$

b. $(x + 1) \cdot (x - 2) \geq 0$

c. $\dfrac{x+1}{x-2} \geq 0$

---

11 La solución de un sistema de inecuaciones con dos incógnitas es:

a. La intersección de todas las regiones de la recta real que son solución de cada inecuación del sistema.

b. La unión de todas las regiones de la recta real que son solución de cada inecuación del sistema.

c. Las regiones del plano cuyos puntos verifican todas y cada una de las inecuaciones del sistema.

12 La solución de la inecuación $|3x + 1| + x > 0$ es:

a. $x \in \mathbb{R}$

b. $x \in \left(-\dfrac{1}{2}, -\dfrac{1}{4}\right)$

c. $x \in \left(-\infty, -\dfrac{1}{2}\right) \cup \left(-\dfrac{1}{4}, \infty\right)$

---

13 Los valores de *a* que hacen que la ecuación $ax^2 - 3x + a = 0$ no tenga solución son:

a. $a \in \left(-\dfrac{3}{2}, \dfrac{3}{2}\right)$

b. $a \in \left(-\infty, -\dfrac{3}{2}\right) \cup \left(\dfrac{3}{2}, \infty\right)$

c. $a \in \mathbb{R}$

---

14 La programación lineal es una rama de las matemáticas que utiliza inecuaciones para:

a. Resolver problemas de optimización, maximizando o minimizando una función llamada función objetivo en una región factible.

b. Resolver problemas de optimización, obteniendo una función objeto a través de la representación de la conocida como región factible.

c. Representar una región intersección en el plano que cumple las inecuaciones o restricciones propuestas.

---

15 Si se opera con la expresión $\sqrt{\dfrac{x}{2y}} \cdot \left(\sqrt[4]{\dfrac{y^3}{x}} : \sqrt{\dfrac{x}{27y}}\right)^2$, se obtiene:

a. $\dfrac{27y^2\sqrt{2}}{2x}$

b. $\dfrac{27y^3}{x\sqrt{2}}$

c. $\dfrac{27y\sqrt{2y}}{2x}$

---

16 Considera la siguiente expresión:

$$\log_5 \frac{1}{\sqrt{125}} - \log_2\left(\frac{1}{2}\right) - \log_{\frac{1}{m}} m^6 + \log_{a+b}(a+b)^3 + \log_{\frac{3}{b}} \frac{b}{3}$$

Si se opera y se simplifican los términos, se obtiene:

a. $\dfrac{15}{2}$

b. $\dfrac{11}{2}$

c. 8

05 TRIGONOMETRÍA

TRIGONOMETRÍA

RAZONES TRIGONOMÉTRICAS

DEFINICIONES

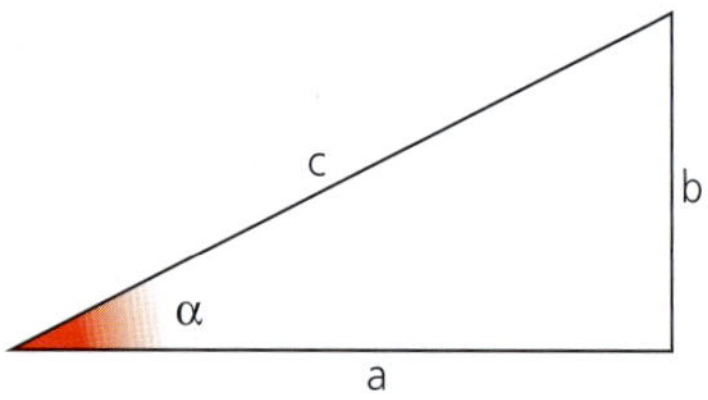

$$\text{sen } \alpha = \frac{\text{cateto opuesto}}{\text{hipotenusa}} = \frac{b}{c}$$

$$\cos \alpha = \frac{\text{cateto contiguo}}{\text{hipotenusa}} = \frac{a}{c}$$

$$\text{tg } \alpha = \frac{\text{cateto opuesto}}{\text{cateto contiguo}} = \frac{b}{a}$$

$$\text{cosec } \alpha = \frac{\text{hipotenusa}}{\text{cateto opuesto}} = \frac{c}{b}$$

$$\sec \alpha = \frac{\text{hipotenusa}}{\text{cateto contiguo}} = \frac{c}{a}$$

$$\text{cotg } \alpha = \frac{\text{cateto contiguo}}{\text{cateto opuesto}} = \frac{a}{b}$$

SIGNOS

	1.er cuadrante	2.° cuadrante	3.er cuadrante	4.° cuadrante
seno	+	+	–	–
coseno	+	–	–	+
tangente	+	–	+	–

RELACIONES ENTRE RAZONES

$$\text{sen}^2 \alpha + \cos^2 \alpha = 1$$

$$1 + \text{tg}^2 \alpha = \sec^2 \alpha$$

$$1 + \text{cotg}^2 \alpha = \text{cosec}^2 \alpha$$

$$\text{tg } \alpha = \frac{\text{sen } \alpha}{\cos \alpha}$$

$$\text{cotg } \alpha = \frac{\cos \alpha}{\text{sen } \alpha}$$

ÁNGULOS

ÁNGULOS NOTABLES

	0°	30°	45°	60°	90°
seno	0	$\frac{1}{2}$	$\frac{\sqrt{2}}{2}$	$\frac{\sqrt{3}}{2}$	1
coseno	1	$\frac{\sqrt{3}}{2}$	$\frac{\sqrt{2}}{2}$	$\frac{1}{2}$	0
tangente	0	$\frac{\sqrt{3}}{3}$	1	$\sqrt{3}$	∞

RELACIÓN CON ÁNGULOS DEL PRIMER CUADRANTE

Segundo cuadrante

$\text{sen } \alpha = \text{sen } (180 - \alpha)$

$\cos \alpha = -\cos (180 - \alpha)$

$\text{tg } \alpha = -\text{tg } (180 - \alpha)$

Tercer cuadrante

$\text{sen } \alpha = -\text{sen } (\alpha - 180)$

$\cos \alpha = -\cos (\alpha - 180)$

$\text{tg } \alpha = \text{tg } (\alpha - 180)$

Cuarto cuadrante

$\text{sen } \alpha = -\text{sen } (360 - \alpha)$

$\cos \alpha = \cos (360 - \alpha)$

$\text{tg } \alpha = -\text{tg } (360 - \alpha)$

ÁNGULOS COMPLEMENTARIOS Y SUPLEMENTARIOS

Complementarios ($\alpha + \beta = 90°$)

$\text{sen } \alpha = \cos \beta$

$\cos \alpha = \text{sen } \beta$

$\text{tg } \alpha = \text{cotg } \beta$

Suplementarios ($\alpha + \beta = 180°$)

$\text{sen } \alpha = \text{sen } \beta$

$\cos \alpha = -\cos \beta$

$\text{tg } \alpha = -\text{tg } \beta$

ÁNGULOS NEGATIVOS

$\text{sen } \alpha = -\text{sen } (-\alpha)$

$\cos \alpha = \cos (-\alpha)$

$\text{tg } \alpha = -\text{tg } (-\alpha)$

ÁNGULOS MAYORES QUE 360°

$\text{sen } \alpha = \text{sen } (\alpha - 360°)$

$\cos \alpha = \cos (\alpha - 360°)$

$\text{tg } \alpha = \text{tg } (\alpha - 360°)$

FÓRMULAS

SUMA DE ÁNGULOS

$$\operatorname{sen}(\alpha+\beta)=\operatorname{sen}\alpha\cdot\cos\beta+\operatorname{sen}\beta\cdot\cos\alpha$$

$$\cos(\alpha+\beta)=\cos\alpha\cdot\cos\beta-\operatorname{sen}\alpha\cdot\operatorname{sen}\beta$$

$$\operatorname{tg}(\alpha+\beta)=\frac{\operatorname{tg}\alpha+\operatorname{tg}\beta}{1-\operatorname{tg}\alpha\cdot\operatorname{tg}\beta}$$

RESTA DE ÁNGULOS

$$\operatorname{sen}(\alpha-\beta)=\operatorname{sen}\alpha\cdot\cos\beta-\operatorname{sen}\beta\cdot\cos\alpha$$

$$\cos(\alpha-\beta)=\cos\alpha\cdot\cos\beta+\operatorname{sen}\alpha\cdot\operatorname{sen}\beta$$

$$\operatorname{tg}(\alpha-\beta)=\frac{\operatorname{tg}\alpha-\operatorname{tg}\beta}{1+\operatorname{tg}\alpha\cdot\operatorname{tg}\beta}$$

ÁNGULO DOBLE

$$\operatorname{sen}(2\alpha)=2\operatorname{sen}\alpha\cdot\cos\alpha$$

$$\cos(2\alpha)=\cos^2\alpha-\operatorname{sen}^2\alpha$$

$$\operatorname{tg}(2\alpha)=\frac{2\operatorname{tg}\alpha}{1-\operatorname{tg}^2\alpha}$$

ÁNGULO MITAD

$$\operatorname{sen}\left(\frac{\alpha}{2}\right)=\pm\sqrt{\frac{1-\cos\alpha}{2}}$$

$$\cos\left(\frac{\alpha}{2}\right)=\pm\sqrt{\frac{1+\cos\alpha}{2}}$$

$$\operatorname{tg}\left(\frac{\alpha}{2}\right)=\pm\sqrt{\frac{1-\cos\alpha}{1+\cos\alpha}}$$

APLICACIONES

IDENTIDADES TRIGONOMÉTRICAS

Para comprobar que dos expresiones trigonométricas, inicialmente distintas, forman una identidad:

a) Se desarrolla o simplifica uno de los dos miembros de la igualdad hasta obtener la expresión del otro miembro.

b) Se desarrollan o simplifican los dos miembros de la igualdad hasta obtener la misma expresión en ambos miembros.

IDENTIDADES TRIGONOMÉTRICAS

Para resolver ecuaciones trigonométricas se pueden seguir estos pasos:

1. Se reducen las razones trigonométricas al mismo ángulo.
2. Se reducen todas las expresiones trigonométricas a la misma razón.
3. Se despeja la razón trigonométrica.
4. Se despeja el ángulo utilizando la función «arco…». (Hay que tener en cuenta que la función «arco…» suele dar dos soluciones).
5. Se comprueba la validez de las soluciones.
6. Se añaden otros ángulos a la solución: $+360° \cdot k$

RESOLUCIÓN DE TRIÁNGULOS

La definición de las razones trigonométricas solo puede usarse en triángulos rectángulos.

Teorema de Pitágoras:

$$\text{hipotenusa}^2=\text{cateto}^2+\text{cateto}^2$$

Teorema del seno:

$$\frac{a}{\operatorname{sen}\widehat{A}}=\frac{b}{\operatorname{sen}\widehat{B}}=\frac{c}{\operatorname{sen}\widehat{C}}$$

Teorema del coseno:

$$a^2=b^2+c^2-2bc\cdot\cos\widehat{A}$$

FUNCIONES TRIGONOMÉTRICAS CON GEOGEBRA

Construcción de la circunferencia goniométrica

Realizando unos sencillos pasos con GeoGebra, es posible dibujar una circunferencia goniométrica en la que se pueden visualizar las razones trigonométricas de un ángulo dado, lo que facilita la comprensión de las relaciones que se establecen entre las razones de ángulos de distintos cuadrantes.

Para construir tal circunferencia, se introduce en el campo **Entrada** la ecuación de la circunferencia de radio 1 con centro en el origen de coordenadas. Es decir:

$$x^2 + y^2 = 1$$

También se indica el eje en el que se pretende representar la tangente de los ángulos. Es decir, un eje vertical tangente a la circunferencia:

$$x = 1$$

Si se hace clic en un punto cualquiera de la circunferencia, después de haber seleccionado la opción **Punto** de la barra de herramientas, se obtiene la representación que se muestra en la figura del margen.

Una vez que se tiene el punto, se traza la recta que pasa por el centro de la circunferencia y por dicho punto mediante la opción **Recta** de la barra de herramientas.

Para representar el ángulo que forma esta recta con el eje *X*, se selecciona la opción **Ángulo**.

TEN EN CUENTA

Para visualizar mejor los elementos geométricos que aparecen en la **Vista Gráfica**, se utilizan las opciones **Desplazar**, **Aproximar** y **Alejar**, a las que se accede desde el último icono del menú herramientas.

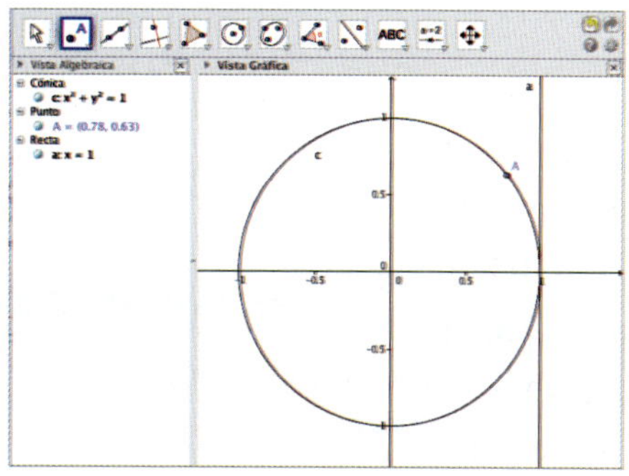

Razones trigonométricas

Las coordenadas del punto A corresponden, respectivamente, al coseno y al seno del ángulo representado.

Para obtener la tangente de dicho ángulo, se selecciona la opción **Intersección** y se hace clic sobre la recta que pasa por el punto A y también sobre la recta vertical, $x = 1$. Se obtiene, así, un punto, C, cuya ordenada corresponde a la tangente del ángulo.

Las coordenadas de los puntos A y C, que, como se ha visto, corresponden a las razones trigonométricas del ángulo, se obtienen activando la **Vista Algebraica**, tal y como se muestra en la figura del margen, donde se aprecia que:

$$\cos(39{,}13°) = 0{,}78 \qquad \text{sen}\,(39{,}13°) = 0{,}78 \qquad \tan(39{,}13°) = 0{,}81$$

Cónica
c: $x^2 + y^2 = 1$
Punto
A = (0.78, 0.63)
B = (0, 0)
C = (1, 0.81)
Recta
a: x = 1
b: −0.63x + 0.78y = 0
Ángulo
α = 39.13°

La opción **Elige y Mueve** permite desplazar el punto A por la circunferencia, con lo que se puede definir cualquier ángulo que se desee.

Para visualizar mejor las razones trigonométricas, se pueden introducir en el campo **Entrada** los siguientes comandos:

Coseno=x(A) **Seno=y(A)** **Tangente=y(C)**

Si se añaden más elementos a la circunferencia goniométrica, es posible visualizar las relaciones que existen entre las razones de ángulos situados en diferentes cuadrantes. Por ejemplo, el otro punto de corte de la recta con la circunferencia goniométrica proporciona las razones del ángulo $180° + \alpha$.

TEN EN CUENTA

Para representar un ángulo, se deben seleccionar los segmentos o semirectas que lo abarcan en el sentido contrario a las agujas del reloj.

FUNCIONES TRIGONOMÉTRICAS CON WIRIS

Conversión de unidades

En Wiris, los ángulos se pueden expresar en radianes o en grados sexagesimales. La conversión de una a otra unidad de medida puede realizarse mediante factores de conversión, como se ha estudiado en esta unidad. Existe, no obstante, una función que permite pasar directamente de radianes a grados, y viceversa: la función **convertir.**

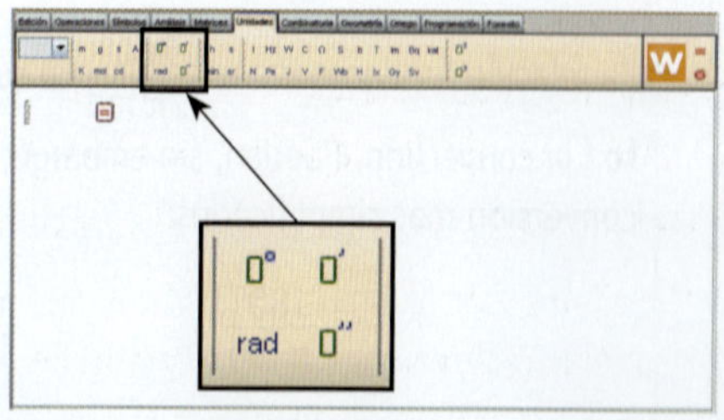

Para pasar de radianes a grados, la función **convertir** exige dos argumentos: el ángulo expresado en radianes y, separado por una coma, el símbolo del grado, que debe incorporarse haciendo uso del comando que se encuentra en la pestaña **Unidades.** En esta pestaña se hallan, también, los comandos para introducir el símbolo de los minutos y el de los segundos, así como el comando para introducir los radianes.

Para pasar de grados a radianes, solo es preciso introducir el ángulo acompañado del símbolo de grado (o del símbolo de minuto o segundo, si fuera el caso) y pulsar [=]. El sistema devolverá el valor adimensional del ángulo, como se muestra en la figura del margen.

seno(90°) → 1
seno(90) → 0.894
seno(5156.6°) → 0.89415
$\text{seno}\left(\frac{\pi}{2}\right) \rightarrow 1$

Por ejemplo, si se quieren convertir 90 radianes a grados, se escribe **convertir(90, °)** y se pulsa [=], con lo que se obtiene la medida equivalente en grados, **5 156°.** Si se quieren convertir 180° a radianes, se escribe **convertir(180°)** y se pulsa [=]; el resultado será su equivalente en radianes, **3,1416.**

$90 \cdot \frac{\pi}{180} \rightarrow \frac{\pi}{2}$
$90 \cdot \frac{180}{3.1416} \rightarrow 5156.6$
convertir(90,°) → 5156.6 °
convertir(180°) → 3.1416 unidad_adimensional

Funciones trigonométricas

Las funciones trigonométricas se declaran en Wiris de la siguiente forma:

seno o **sen**	**coseno** o **cos**	**tangente** o **tan**
cosecante o **cosec**	**secante** o **sec**	**cotangente** o **cotan**

El argumento de estas funciones es el valor numérico del ángulo expresado en radianes. Para trabajar con grados sexagesimales, el valor numérico del ángulo debe ir acompañado del símbolo de grado (o del símbolo de minutos o segundos, si fuera el caso).

Las funciones trigonométricas inversas que incorpora Wiris son, **asen** o **arcoseno**, **acos** o **arcocoseno** y **atan** o **arcotangente**. El argumento de estas funciones es siempre un número real adimensional, y el resultado que devuelve el sistema se expresa siempre en radianes. Para expresar el resultado en grados sexagesimales, hay que encadenar la función **convertir** y cualquiera de las funciones inversas. Por ejemplo, si se desea calcular el arcoseno de $\frac{-\sqrt{3}}{2}$, se debe introducir **arcoseno** $\left(\frac{-\sqrt{3}}{2}\right)$ y pulsar [=], con lo que se obtendrá $\frac{\pi}{3}$ (el ángulo expresado en radianes). Para obtener el ángulo expresado en grados sexagesimales, hay que escribir **convertir(arcoseno**$\left(\frac{-\sqrt{3}}{2}\right)^{\circ}$) y pulsar [=], con lo que se obtendrá $-60°$.

+ TEN EN CUENTA

Wiris, al igual que las calculadoras de uso común, solo devuelve uno de los valores a los que responden las funciones inversas, el llamado determinación principal de la función.

$\text{arcoseno}\left(-\frac{\sqrt{3}}{2}\right) \rightarrow -\frac{\pi}{3}$
$\text{convertir}\left(\text{arcoseno}\left(-\frac{\sqrt{3}}{2}\right),°\right) \rightarrow -60.\,°$

1 **Indica qué factores de conversión permiten transformar ángulos expresados en grados sexagesimales en ángulos expresados en radianes, y viceversa.**

La relación fundamental es $\frac{360°}{2\pi \text{ rad}}$, o su inversa $\frac{2\pi \text{ rad}}{360°}$, según sea la conversión. Pueden, sin embargo, obtenerse factores de conversión más simplificados:

$$\frac{180°}{\pi \text{ rad}} \qquad \frac{\pi \text{ rad}}{180°}$$

Para cambiar las unidades en las que se expresa un ángulo, se utiliza uno u otro factor, según convenga. Por ejemplo, 30° se expresa en radianes de la siguiente forma:

$$\alpha = 30° \Rightarrow \alpha = 30° \cdot \frac{\pi \text{ rad}}{180°} = \frac{\pi}{6} \text{ rad}$$

La expresión de un ángulo en grados sexagesimales permite identificar aproximadamente el ángulo de que se trata, pero la expresión en radianes del mismo, por ejemplo 2, 5 o 9 radianes, no ofrece ninguna idea intuitiva de la amplitud del ángulo (a veces ni siquiera del cuadrante en el que se encuentra dicho ángulo). Por ello, siempre que sea posible, la expresión de un ángulo en radianes ha de contener el factor π, pues este factor da una idea aproximada e intuitiva de la amplitud del ángulo; y permite situarlo aproximadamente en la circunferencia goniométrica mediante porciones de la media circunferencia, que corresponden precisamente a ángulos de π radianes.

Los siguientes ejemplos muestran la conveniencia de expresar los ángulos con factores de π.

- El ángulo de $\frac{\pi}{2}$ radianes corresponde a la mitad de media circunferencia; por tanto, equivale a dividir 180° entre dos, es decir:

$$\frac{\pi}{2} = 90°$$

- El ángulo de $\frac{5\pi}{6}$ radianes equivale a dividir media circunferencia en seis partes $\left(\frac{180}{6} = 30°\right)$ y tomar cinco de esas partes (30° · 5 = 150°); por tanto:

$$\frac{5\pi}{6} \text{ rad} = 150°$$

Indiscutiblemente, aplicar los factores de conversión adecuados permite identificar un ángulo de manera más sencilla que la que resulta de realizar equivalencias mentales con respecto a la media circunferencia. Por ejemplo:

$$\beta = \frac{2\pi}{3} \text{ rad} \Rightarrow \beta = \frac{2\pi}{3} \text{ rad} \cdot \frac{180°}{\pi \text{ rad}} = 120°$$

$$\alpha = 1{,}3 \text{ rad} \Rightarrow \alpha = 1{,}3 \text{ rad} \cdot \frac{180°}{\pi \text{ rad}} = 74{,}48° = 74°\ 29'\ 4''$$

2 **De un ángulo del tercer cuadrante, α, se sabe que $\text{tg}\, \alpha = \frac{1}{2}$. Calcula el resto de razones trigonométricas de dicho ángulo y dibújalas.**

La tangente de un ángulo relaciona dos razones trigonométricas: el seno y el coseno, ya que $\text{tg}\, \alpha = \frac{\text{sen}\, \alpha}{\cos \alpha}$.

Sin embargo, sería un error concluir a partir de esta definición que, dado que $\text{tg}\, \alpha = \frac{1}{2}$, entonces sen α = 1 y cos α = 2. Este resultado no tendría sentido, ya que el coseno es una razón que no puede alcanzar, por su propia definición, valores superiores a 1. La identificación del seno y el coseno de un ángulo con el numerador y el denominador de una tangente con expresión fraccionaria es un grave error que no ha de cometerse.

El valor de la cotangente puede obtenerse a partir de su definición como razón inversa de la tangente:

$$\text{ctg}\, \alpha = \frac{1}{\text{tg}\, \alpha} = 2$$

Conocida la cotangente, la relación $1 + \text{ctg}^2 \alpha = \text{cosec}^2 \alpha$ permite calcular el valor de la cosecante:

$$\text{cosec}^2 \alpha = 1 + 2^2 \Rightarrow \text{cosec}\, \alpha = \pm\sqrt{5} \Rightarrow \text{cosec}\, \alpha = -\sqrt{5}$$

Se ha elegido el signo negativo de la raíz cuadrada por estar el ángulo en el tercer cuadrante y ser la cosecante, por tanto, negativa.

A partir de la cosecante, se calcula el seno, que es también de signo negativo por hallarse el ángulo en el tercer cuadrante:

$$\text{sen}\, \alpha = \frac{1}{\text{cosec}\, \alpha} = \frac{1}{-\sqrt{5}} = -\frac{\sqrt{5}}{5}$$

Seguidamente, se calcula el coseno a partir de la definición de la tangente:

$$\text{tg}\, \alpha = \frac{\text{sen}\, \alpha}{\cos \alpha} \Rightarrow \cos \alpha = \frac{\text{sen}\, \alpha}{\text{tg}\, \alpha} = \frac{-\frac{\sqrt{5}}{5}}{\frac{1}{2}} = -\frac{2\sqrt{5}}{5}$$

Finalmente, se calcula la secante, que es la razón inversa del coseno, y se dibujan las razones seno, coseno y tangente:

$$\sec \alpha = \frac{1}{\cos \alpha} = -\frac{5}{2\sqrt{5}} = -\frac{\sqrt{5}}{2}$$

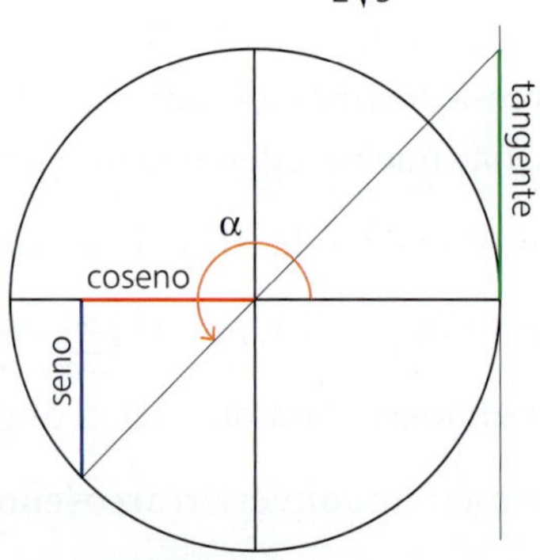

3 **Halla todos los ángulos cuyas razones trigonométricas tengan relación con las del ángulo de 15° y elabora una tabla que los recoja, indicando el cuadrante en el que se encuentran y la relación entre las razones.**

Ángulos simétricos (razones trigonométricas con igual valor absoluto)			
1.er cuadrante	2.° cuadrante	3.er cuadrante	4.° cuadrante
15°	180° − 15° = 165°	180° + 15° = 195°	360° − 15° = 345°
α	$180° - \alpha$	$180° + \alpha$	$360° - \alpha$

Ángulos en relación al complementario (razones trigonométricas que intercambian los valores)			
1.er cuadrante	2.° cuadrante	3.er cuadrante	4.° cuadrante
90° − 15° = 75°	90° + 15° = 105°	270° − 15° = 255°	270° + 15° = 285°
$90° - \alpha$	$90° + \alpha$	$270° - \alpha$	$270° + \alpha$

4 **Sabiendo que la secante de un ángulo α del cuarto cuadrante es $\sec\alpha = 3$, calcula las razones trigonométricas que se indican.**

a. $\text{sen}\,(360 - \alpha)$
b. $\cos\,(180 + \alpha)$
c. $\text{tg}\,(-\alpha)$
d. $\text{cosec}\,(\alpha + 90)$
e. $\sec\,(\alpha - 90)$
f. $\text{ctg}\,(\alpha - 360)$

En primer lugar, se calculan las razones trigonométricas del ángulo α para, más tarde, pasar a deducir los razones de los ángulos pedidos.

El coseno es la razón inversa de la secante; por tanto:

$$\sec\alpha = 3 \Rightarrow \cos\alpha = \frac{1}{\sec\alpha} = \frac{1}{3}$$

El seno se obtiene a partir de la relación fundamental:

$\text{sen}^2\,\alpha + \cos^2\alpha = 1 \Rightarrow$

$$\Rightarrow \text{sen}\,\alpha = \pm\sqrt{1-\cos^2\alpha} = \pm\sqrt{1-\left(\frac{1}{9}\right)^2} = \pm\sqrt{\frac{8}{9}} = \pm\frac{2\sqrt{2}}{3}$$

Se toma el signo negativo de la raíz por pertenecer el ángulo al cuarto cuadrante.

Como la cosecante es la inversa del seno, se tiene que:

$$\text{sen}\,\alpha = -\frac{2\sqrt{2}}{3} \Rightarrow \text{cosec}\,\alpha = \frac{1}{\text{sen}\,\alpha} = -\frac{3\sqrt{2}}{4}$$

Conocidos los valores del seno y del coseno, se hallan la tangente y la cotangente:

$$\text{tg}\,\alpha = \frac{\text{sen}\,\alpha}{\cos\alpha} = \frac{\frac{-2\sqrt{2}}{3}}{\frac{1}{3}} = -2\sqrt{2}$$

$$\text{cotg}\,\alpha = \frac{1}{\text{tg}\,\alpha} = -\frac{\sqrt{2}}{4}$$

Por tanto, las razones trigonométricas del ángulo α son:

$\text{sen}\,\alpha = -\frac{2\sqrt{2}}{3}$ $\quad$ $\text{cosec}\,\alpha = -\frac{3\sqrt{2}}{4}$

$\cos\alpha = \frac{1}{3}$ $\quad$ $\sec\alpha = 3$

$\text{tg}\,\alpha = -2\sqrt{2}$ $\quad$ $\text{cotg}\,\alpha = -\frac{\sqrt{2}}{4}$

a. El ángulo $360° - \alpha$ pertenece al primer cuadrante; por consiguiente, sus razones coinciden con las del ángulo α a excepción del signo, pues todas las razones de un ángulo del primer cuadrante son positivas. De este modo:

$$\text{sen}\,(360° - \alpha) = -\text{sen}\,\alpha = \frac{2\sqrt{2}}{3}$$

b. El ángulo $180° + \alpha$ es mayor que 360°, es decir, se trata de un ángulo que ya ha dado una vuelta completa. Este ángulo pertenece al segundo cuadrante y mantiene las proporciones entre los catetos del triángulo rectángulo que define el ángulo de partida, α. El seno y el coseno de $180° + \alpha$ coinciden con los valores hallados para el ángulo α, pero con los signos cambiados. Por consiguiente:

$$\cos\,(180° + \alpha) = -\cos\alpha = -\frac{1}{3}$$

c. El ángulo $-\alpha$ pertenece al primer cuadrante (si se traza el ángulo en sentido horario, se recorrerán tres cuadrantes hasta llegar al cuarto, que corresponde al primer cuadrante según el sentido antihorario). Por tanto:

$$\text{tg}\,(-\alpha) = -\,\text{tg}\,\alpha = 2\sqrt{2}$$

d. El ángulo $\alpha + 90°$ se ubica en el primer cuadrante y es complementario de α. Por tanto, su cosecante coincide con la secante del ángulo α, manteniendo el signo:

$$\text{cosec}\,(\alpha + 90°) = \sec\alpha = 3$$

e. El ángulo $\alpha - 90°$ se ubica en el tercer cuadrante y también es complementario de α. Su secante coincide con la cosecante del ángulo α, pero con signo negativo, por pertenecer al tercer cuadrante.

$$\sec\,(\alpha - 90°) = \text{cosec}\,\alpha = -\frac{3\sqrt{2}}{4}$$

f. El ángulo $\alpha - 360°$ corresponde al ángulo de partida, pero medido en sentido horario. Es decir, se trata de un ángulo del cuarto cuadrante cuyas razones trigonométricas coinciden en valor y signo con las del ángulo α. Por tanto:

$$\text{cotg}\,(\alpha - 360°) = \text{cotg}\,\alpha = -\frac{\sqrt{2}}{4}$$

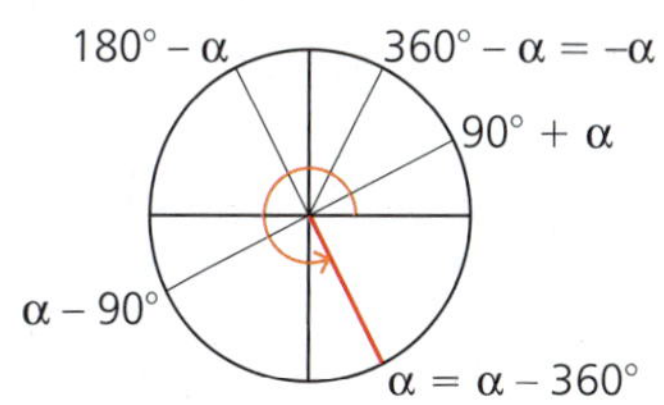

5 Considera que $\text{sen } 37° = \frac{3}{5}$ y halla las siguientes razones trigonométricas sin utilizar la calculadora:

a. sen 74° c. tg 53° e. cosec 23°

b. cos 18,5° d. sec 127° f. sen 143°

Para realizar esta actividad, se hará uso de las expresiones ya conocidas de las razones trigonométricas de la suma y la diferencia de ángulos, así como de la expresión del ángulo doble y de la expresión del ángulo mitad.

En primer lugar, se hallan el coseno y la tangente del ángulo de 37°, ya que estas razones serán utilizadas con posterioridad:

$\text{sen}^2\,\alpha + \cos^2\alpha = 1 \Rightarrow$

$$\Rightarrow \cos 37° = \sqrt{1-\text{sen}^2\,37°} = \sqrt{1-\left(\frac{3}{5}\right)^2} = \sqrt{\frac{16}{25}} = \frac{4}{5}$$

$$\text{tg } 37° = \frac{\text{sen } 37°}{\cos 37°} = \frac{3}{4}$$

a. En este caso, se pide el seno del ángulo doble:

$$\text{sen } 74° = \text{sen } (2\cdot 37°) = 2\cdot \text{sen } 37° \cdot \cos 37° = 2\cdot\frac{3}{5}\cdot\frac{4}{5} = \frac{24}{25}$$

b. Se trata del coseno del ángulo mitad:

$$\cos 18{,}5° = \cos\left(\frac{37°}{2}\right) = \sqrt{\frac{1+\cos 37°}{2}} =$$

$$= \sqrt{\frac{1+\frac{4}{5}}{2}} = \sqrt{\frac{9}{10}} = \frac{3\sqrt{10}}{10}$$

c. Hay que hallar ahora la tangente del ángulo complementario (53° = 90° − 37°):

$$\text{tg } 53° = \text{cotg } 37° = \frac{4}{3}$$

d. Se pide la secante de una suma de ángulos (127° = 37° + 90°). Para hallarla, se determina el coseno y, una vez obtenido, se considera que la secante es la razón inversa:

$\cos 127° = \cos (37° + 90°) =$

$= \cos 37° \cdot \cos 90° - \text{sen } 37° \cdot \text{sen } 90° = \frac{4}{5}\cdot 0 - \frac{3}{5}\cdot 1 = \frac{-3}{5}$

Por tanto: $\sec 127° = \frac{1}{\cos 127°} = -\frac{5}{3}$

e. Se trata de hallar la cosecante de una diferencia de ángulos (23° = 60° − 37°). Para hacerlo, se calcula el seno y, una vez obtenido, se considera que la cosecante es la razón inversa:

$\text{sen } (23°) = \text{sen } (60° - 37°) = \text{sen } 60° \cdot \cos 37° -$

$- \cos 60° \cdot \text{sen } 37° = \frac{\sqrt{3}}{2}\cdot\frac{4}{5} - \frac{1}{2}\cdot\frac{3}{5} = \frac{4\sqrt{3}-3}{10}$

Por consiguiente: $\text{cosec } 23° = \frac{1}{\text{sen } 23°} = \frac{10\cdot(4\sqrt{3}+3)}{39}$

f. Se trata del seno del ángulo suplementario (143° = 180° − 37°); por tanto, coincide con el seno del ángulo de partida:

$$\text{sen } 143° = \text{sen } 37° = \frac{3}{5}$$

6 Demuestra la siguiente identidad trigonométrica:

$$\left[2\cos^2\left(\frac{x}{2}\right)\right]^2 + \text{sen}^2\,x - 2\cos x = 2$$

No existe un método general para demostrar la veracidad de una identidad trigonométrica, pero siempre puede resultar de utilidad operar en uno de los miembros para intentar transformarlo en el otro.

$$\left[2\cos^2\left(\frac{x}{2}\right)\right]^2 + \text{sen}^2\,x - 2\cos x = 2 \Rightarrow$$

$$\Rightarrow \left[2\left(\sqrt{\frac{1+\cos x}{2}}\right)^2\right]^2 + \text{sen}^2\,x - 2\cos x = 2 \Rightarrow$$

$$\Rightarrow \left(2\cdot\frac{1+\cos x}{2}\right)^2 + \text{sen}^2\,x - 2\cos x = 2 \Rightarrow$$

$$\Rightarrow (1+\cos x)^2 + \text{sen}^2\,x - 2\cos x = 2 \Rightarrow$$

$$\Rightarrow 1 + \cancel{2\cos x} + \underbrace{\cos^2 x + \text{sen}^2\,x}_{1} - \cancel{2\cos x} = 2 \Rightarrow 2 = 2$$

7 Resuelve la siguiente ecuación: sen 2x − tg x = 0

Para resolver esta ecuación, se desarrolla tanto el seno como la tangente a fin de obtener una expresión más sencilla y con razones trigonométricas más manejables:

$\text{sen } 2x - \text{tg } x = 0 \Rightarrow 2\,\text{sen } x \cos x - \frac{\text{sen } x}{\cos x} = 0 \Rightarrow$

$\Rightarrow \frac{2\,\text{sen } x\cos^2 x - \text{sen } x}{\cos x} = 0 \Rightarrow$

$\Rightarrow 2\,\text{sen } x \cos^2 x - \text{sen } x = 0 \Rightarrow \text{sen } x \cdot (2\cos^2 x - 1) = 0$

La ecuación se resuelve igualando cada uno de los factores a cero:

$$\text{sen } x = 0 \Rightarrow \begin{cases} x_1 = 0° + 360\,k \\ x_2 = 180° + 360\,k \end{cases}$$

$(2\cos^2 x - 1) = 0 \Rightarrow \cos x = \pm\frac{\sqrt{2}}{2} \Rightarrow$

$$\Rightarrow \begin{cases} x_1 = 45° + 360\,k \\ x_2 = (180 - 45°) + 360\,k = 135° + 360\,k \\ x_3 = (180 + 45°) + 360\,k = 225° + 360\,k \\ x_4 = (360 - 45°) + 360\,k = 315° + 360\,k \end{cases}$$

8 Resuelve el siguiente sistema: $\begin{cases} x + y = \frac{\pi}{2} \\ \text{sen } x + \text{sen } y = \sqrt{2} \end{cases}$

Los dos ángulos, x e y, son complementarios, pues su suma es 90°. Por tanto: $x = \frac{\pi}{2} - y \Rightarrow \text{sen}\left(\frac{\pi}{2} - y\right) + \text{sen } y = \sqrt{2} \Rightarrow$

$\Rightarrow \cos y + \text{sen } y = \sqrt{2}$

Elevando ambos miembros de esta ecuación al cuadrado, se obtiene:

$(\text{sen } y + \cos y)^2 = (\sqrt{2})^2 \Rightarrow \text{sen}^2\,y + 2\,\text{sen } y\cos y + \cos^2 y = 2 \Rightarrow$

$\Rightarrow 2\,\text{sen } y \cos y + 1 = 2 \Rightarrow 2\,\text{sen } y\cos y = 1 \Rightarrow [\text{sen } (2y)] = 1 \Rightarrow$

$$\Rightarrow 2y = \text{arcsen } 1 = \frac{\pi}{2} \text{ rad} \Rightarrow y = \frac{\frac{\pi}{2}}{2} = \frac{\pi}{4} + 2k\pi$$

Sustituyendo este valor en la primera ecuación del sistema, se tiene: $x = \frac{\pi}{2} - y = \frac{\pi}{4} + 2k\pi$

9 **Calcula el área de un pentágono regular de 2 cm de lado.**

Para calcular la apotema, se considera el triángulo rectángulo cuyos catetos son la apotema y la mitad del lado del pentágono. El ángulo que forma la hipotenusa de dicho triángulo con la apotema de la figura es:

$$\alpha = \frac{\frac{360°}{5}}{2} = \frac{72°}{2} = 36°$$

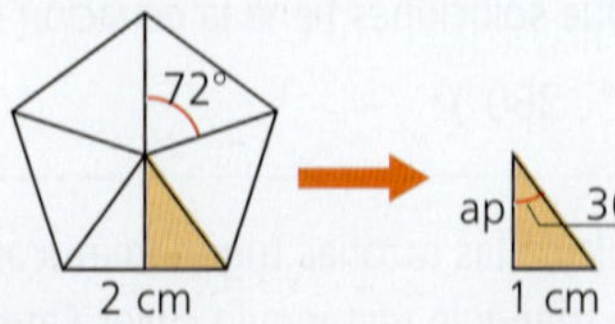

Aplicando la definición de tangente se tiene que:

$$\text{tg } 36° = \frac{\text{cateto opuesto}}{\text{cateto contiguo}} = \frac{1}{\text{apotema}} \Rightarrow \text{apotema} = \frac{1}{\text{tg } 36°} \text{ cm}$$

Por tanto, el área de la figura es:

$$A = \frac{\text{perímetro} \cdot \text{apotema}}{2} = \frac{2 \cdot 5 \cdot \frac{1}{\text{tg } 36°}}{2} = 6{,}88 \text{ cm}^2$$

10 **Una persona se encuentra en la ventana de su apartamento, situada a 8 m del suelo, y observa el edificio de enfrente de modo que ve la parte superior de este con un ángulo de elevación de 35°, y la parte inferior, con un ángulo de depresión de 43°. Determina la altura del edificio que tiene enfrente.**

Para resolver este problema, lo primero que hay que hacer es identificar los triángulos rectángulos que se describen en el enunciado. Para ello, se realiza un esquema de la situación:

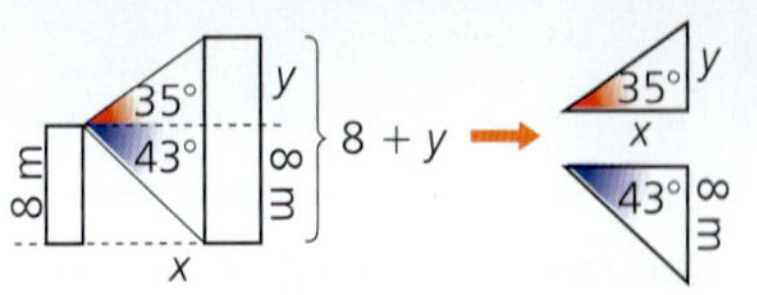

En el triángulo rectángulo inferior se conoce el ángulo, 43°, y el cateto opuesto, 8 m. El cateto contiguo, de idéntico valor en los dos triángulos, corresponde a la distancia entre los dos edificios y puede calcularse a partir de estos datos y de la definición de tangente:

$$\text{tg } 43° = \frac{\text{cateto opuesto}}{\text{cateto contiguo}} = \frac{8}{x} \Rightarrow x = \frac{8}{\text{tg } 43°} \text{ m}$$

Una vez conocido el valor de x, se utiliza la definición de tangente con el ángulo de 35° para hallar el valor de y:

$$\text{tg } 35° = \frac{\text{cateto opuesto}}{\text{cateto contiguo}} = \frac{y}{x} \Rightarrow$$

$$\Rightarrow y = x \cdot \text{tg } 35° = \frac{8}{\text{tg } 43°} \cdot \text{tg } 35° = 6\text{m}$$

Por tanto, la altura del edificio es: h = 8 + y = 8 + 6 = 14 m

11 **Una torre presenta una ligera inclinación a la derecha. Para afianzar su sujeción y evitar que aumente dicha inclinación, se tiende un cable de acero por el lado izquierdo de la torre, desde su cima hasta el suelo. El cable mide $\sqrt{600}$ m y está anclado a una distancia de $\sqrt{300} - 10$ m de la base de la torre, formando un ángulo de 45° con el suelo tal y como muestra la figura:**

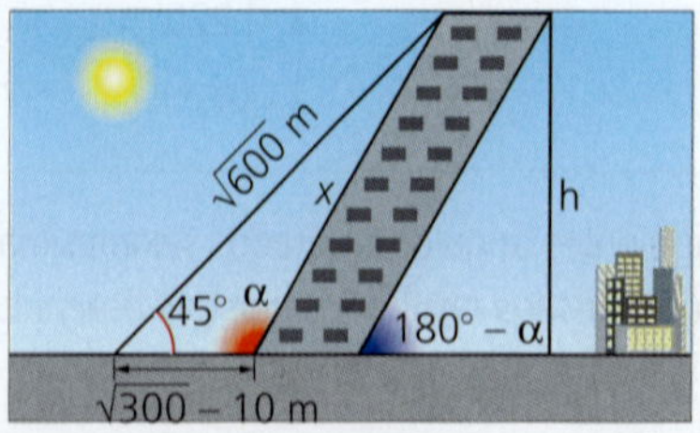

a. ¿Cuál es la envergadura de la torre?

b. ¿Cuál es el ángulo de inclinación de la torre (es decir, el ángulo agudo que forma la torre con la horizontal)?

c. ¿A qué altura se encuentra la cima de la torre?

a. A partir de los datos proporcionados en el enunciado del problema, y haciendo uso del teorema del coseno, se puede calcular la envergadura de la torre, x, que coincide con el lado desconocido del triángulo al que se le aplica dicho teorema:

$$x^2 = (\sqrt{600})^2 + (\sqrt{300} - 10)^2 - 2\sqrt{600} \cdot (\sqrt{300} - 10) \cdot \cos 45° \Rightarrow$$

$$\Rightarrow x^2 = 600 + 300 - 20\sqrt{300} + 100 - 2\sqrt{600} \cdot (\sqrt{300} - 10) \cdot \frac{\sqrt{2}}{2} \Rightarrow$$

$$\Rightarrow x^2 = 1000 - 20\sqrt{300} - \sqrt{600} \cdot \sqrt{300} \cdot \sqrt{2} + 10\sqrt{600} \cdot \sqrt{2} \Rightarrow$$

$$\Rightarrow x^2 = 1000 - 20\sqrt{2^2 \cdot 3 \cdot 5^2} - \sqrt{2^6 \cdot 3^2 \cdot 5^4} + 10\sqrt{2^4 \cdot 3 \cdot 5^2} \Rightarrow$$

$$\Rightarrow x^2 = 1\,000 - 200\sqrt{3} - 600 + 200\sqrt{3} = \sqrt{400} = 20 \text{ m}$$

La torre tiene, pues, una envergadura de 20 m. (Se ha considerado como solución, obviamente, la raíz positiva.)

b. Para calcular el ángulo de inclinación, primero hay que hallar α. Para ello, se aplica el teorema del seno:

$$\frac{x}{\text{sen } 45°} = \frac{\sqrt{600}}{\text{sen } \alpha} \Rightarrow \text{sen } \alpha = \frac{\sqrt{600} \text{ sen } 45°}{x} = \frac{\sqrt{600} \cdot \frac{\sqrt{2}}{2}}{20} =$$

$$= \frac{\sqrt{1200}}{40} = \frac{\sqrt{3}}{2} \Rightarrow \text{sen } \alpha = \frac{\sqrt{3}}{2} \Rightarrow \text{sen } \alpha = \begin{cases} 60° \\ 120° \end{cases}$$

De las dos soluciones posibles, se toma $\alpha = 120°$, ya que para que la torre esté inclinada hacia la derecha, como se afirma en el enunciado del problema, α debe ser mayor que 90°.

Por tanto, el ángulo de inclinación es: 180 − 120 = 60°

c. La altura a la que se encuentra la cima de la torre se calcula a partir de las razones trigonométricas para triángulos rectángulos. En este caso, se aplica la definición de seno:

$$\text{sen } 60° = \frac{\text{cateto opuesto}}{\text{hipotenusa}} = \frac{\text{h}}{20} \Rightarrow \text{h} = 20 \text{ sen } 60° = 10\sqrt{3} \text{ m}$$

Por tanto, la cima de la torre está situada a una altura de: $10\sqrt{3}$ m = 17,32 m

1 Expresa los siguientes ángulos en radianes. Después, comprueba con Wiris los resultados que has obtenido.

a. 30°
b. 45°
c. 47°
d. 59°
e. 60°
f. 90°
g. 120°
h. 225°
i. 1 220°
j. 385°

2 Expresa los siguientes ángulos en grados sexagesimales. Después comprueba con Wiris los resultados que has obtenido.

a. 0,7
b. 1,2
c. 2,5
d. 12
e. –0,3
f. 3,4

3 Expresa estos ángulos en grados sexagesimales. Después, comprueba con Wiris los resultados que has obtenido.

a. $\frac{\pi}{12}$
b. $\frac{\pi}{6}$
c. $\frac{\pi}{3}$
d. $\frac{\pi}{2}$
e. $\frac{2\pi}{3}$
f. $\frac{4\pi}{3}$
g. $\frac{7\pi}{3}$
h. $\frac{13\pi}{3}$

4 Expresa en radianes y en grados sexagesimales el ángulo que forman las manecillas de un reloj cuando marcan las cuatro y diez.

5 Si un ángulo es el doble de otro, ¿lo es también su seno? Justifica tu respuesta poniendo un ejemplo.

6 Si la cotangente de un ángulo es negativa, ¿entre qué valores del intervalo [0° , 360°) puede estar dicho ángulo?

7 Si el seno de un ángulo es negativo, ¿entre qué valores del intervalo [0° , 360°) puede estar dicho ángulo?

8 ¿Qué soluciones tiene la ecuación $\cos \alpha = \frac{5}{4}$ en el intervalo [0° , 360°)?

9 ¿Qué soluciones tiene la ecuación $\cos \alpha = -\frac{1}{4}$ en el intervalo [0° , 360°)?

10 ¿Qué soluciones tiene la ecuación $\text{sen}\ \alpha = -\frac{\sqrt{2}}{2}$ en el intervalo [0° , 360°)?

11 Calcula las razones trigonométricas de los dos ángulos agudos de un triángulo rectángulo cuyos catetos miden, respectivamente, 4 cm y 1 cm. Después, comprueba con GeoGebra los resultados que has obtenido.

12 ¿Cómo se puede calcular la hipotenusa de un triángulo rectángulo de catetos conocidos sin hacer uso del teorema de Pitágoras?

13 Completa la siguiente tabla en tu cuaderno, indicando el signo de las razones trigonométricas de los ángulos según el cuadrante en el que están situados:

	1.er cuadrante	2.° cuadrante	3.er cuadrante	4.° cuadrante
seno y cosecante				
coseno y secante				
tangente y cotangente				

14 Determina, en cada caso, el cuadrante al que pertenece el ángulo y el signo de la razón trigonométrica indicada:

a. sen 145°
b. cos (–120°)
c. cosec 335°
d. tg 1 258°
e. sec (–654°)
f. ctg 225°
g. $\text{sen}\ \frac{\pi}{3}$
h. $\text{cosec}\left(-\frac{\pi}{3}\right)$
i. $\text{tg}\ \frac{11\pi}{12}$
j. $\text{ctg}\ \frac{13\pi}{12}$
k. $\cos \frac{25\pi}{3}$
l. $\sec\left(-\frac{16\pi}{3}\right)$

15 Completa la siguiente tabla en tu cuaderno con los valores de las razones trigonométricas de los ángulos principales. Después, comprueba con Wiris los resultados que has obtenido.

	0°	30°	45°	60°	90°	180°	270°
seno							
coseno							
tangente							
cosecante							
secante							
cotangente							

16 Calcula, en cada caso, las razones trigonométricas del ángulo indicado y represéntalas en la circunferencia goniométrica. Después, comprueba con GeoGebra los resultados que has obtenido.

a. Pertenece al cuarto cuadrante y $\cos\alpha = \frac{2}{3}$.

b. Pertenece al tercer cuadrante y $\text{cotg}\,\alpha = 4$.

17 De un ángulo, α, tal que $\frac{\pi}{2} < \alpha < \pi$, se sabe que $\text{cosec}\,\alpha = 4$. Calcula el resto de razones trigonométricas de dicho ángulo.

18 De un ángulo α tal que $\pi < \alpha < \frac{3\pi}{2}$ se sabe que $\sec\alpha = -\sqrt{6}$. Calcula el resto de razones trigonométricas de dicho ángulo.

19 Deduce las razones trigonométricas de los ángulos de 30°, 45° y 60°.

20 Haciendo uso de la calculadora, halla las siguientes razones trigonométricas:

a. sen 101°
b. cos (–48°)
c. tg 1 589°
d. cosec 15°
e. sec (–562°)
f. ctg 335

21 Haciendo uso de la calculadora, halla, en cada caso, el ángulo referido al primer cuadrante al que corresponde la razón indicada:

a. $\text{sen}\,\alpha = 0{,}73$
b. $\cos\alpha = 0{,}74$
c. $\text{tg}\,\alpha = 0{,}75$
d. $\text{cosec}\,\alpha = 1{,}15$
e. $\sec\alpha = 12{,}5$
f. $\text{ctg}\,\alpha = 1\,000$

22 Demuestra algebraicamente las siguientes relaciones:

a. $1 + \text{tg}^2\,\alpha = \sec^2\alpha$

b. $1 + \text{cotg}^2\,\alpha = \text{cosec}^2\,\alpha$

23 Demuestra gráficamente sobre la circunferencia goniométrica las siguientes relaciones:

a. $1 + \text{tg}^2\,\alpha = \sec^2\alpha$

b. $1 + \text{cotg}^2\,\alpha = \text{cosec}^2\,\alpha$

24 Un peregrino llega exhausto a la plaza del Obradoiro, en Santiago de Compostela. Se tumba en el centro de la plaza y observa en la fachada de la catedral, bajo un ángulo de 48°, la imagen del Santo, que le da la bienvenida. Si el peregrino está tumbado a una distancia de 63 m de la base de la fachada, ¿a qué altura está situada la imagen del santo?

25 Al hacer volar una cometa, se observa que la cuerda que la sujeta, de 25 m de largo, forma un ángulo de 45° con la horizontal. ¿A qué altura vuela la cometa?

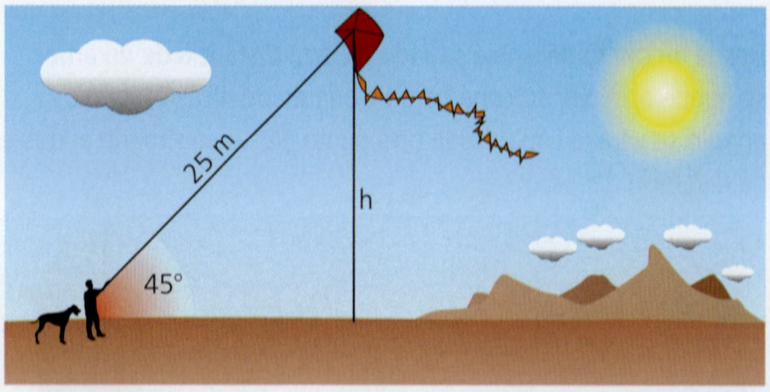

26 Se abre un compás de manera que los extremos están separados 12 cm y forman un ángulo de 120°. Halla la longitud de las ramas del compás.

27 Un excursionista divisa un árbol situado en la otra orilla de un río. El excursionista observa la copa del árbol bajo un ángulo de 45°. Al alejarse 10 m del río, el ángulo con el que ve la copa es de 30°. Calcula la altura del árbol.

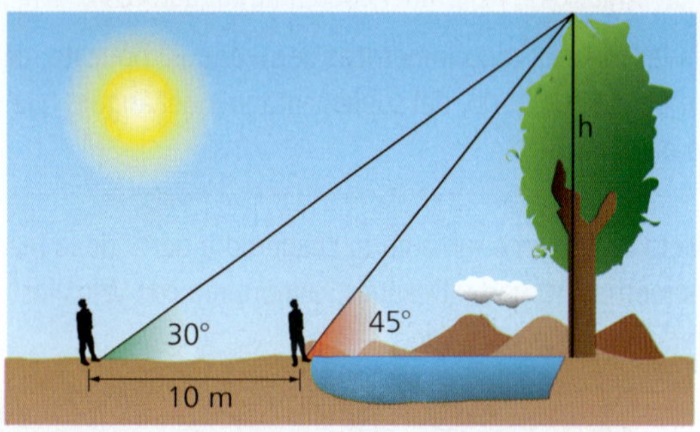

28 Calcula la resultante de dos fuerzas de 70 N y 90 N perpendiculares entre sí.

29 Dos vehículos parten en direcciones perpendiculares a velocidades de 45 km/h y 73 km/h, respectivamente. ¿Qué distancia les separará al cabo de 35 min?

30 Halla la longitud del radio de la circunferencia inscrita en un pentágono regular de 4 cm de lado.

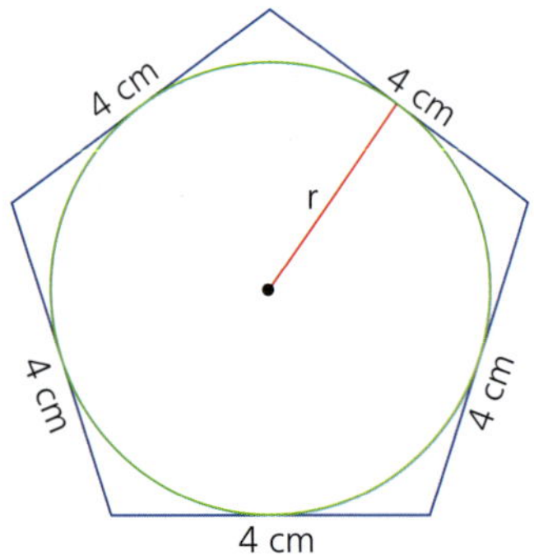

31 Obtén la longitud del radio de la circunferencia circunscrita en un pentágono regular de 4 cm de lado.

32 Desde un punto del suelo situado a cierta distancia de un árbol, se puede observar su copa bajo un ángulo de 45°. ¿Bajo qué ángulo se verá la copa desde otro punto del suelo situado al doble de distancia del árbol?

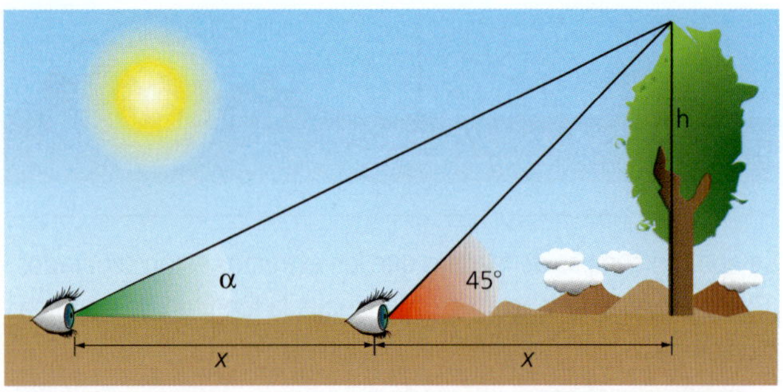

33 Calcula el área de un triángulo isósceles cuyos lados iguales miden 12 cm y cuyo ángulo desigual es de 40°.

34 Dado un ángulo, α, del primer cuadrante tal que $\cos \alpha = \frac{1}{3}$, calcula las razones trigonométricas de su ángulo opuesto, de su ángulo complementario, del suplementario y del ángulo que difiere de él en 180°.

35 Completa la siguiente tabla en tu cuaderno a partir de la razón trigonométrica indicada. Después, comprueba con Wiris los resultados que has obtenido.

	sen α	cos α	tg α	cosec α	sec α	ctg α
59°						
121°				$\frac{7}{6}$		
239°						
301°						
31°						

36 Es conocido que dos ángulos complementarios, $\widehat{A}$ y $\widehat{B}$, cumplen que $\text{sen}\ \widehat{B} = \cos(90° - \widehat{A})$, $\cos \widehat{B} = \text{sen}\ (90° - \widehat{A})$ y $\text{tg}\ \widehat{B} = \text{ctg}\ (90° - \widehat{A})$. Aplicando estos resultados a otros cuadrantes y utilizando las razones trigonométricas calculadas en la actividad anterior, completa la siguiente tabla:

	sen α	cos α	tg α	cosec α	sec α	ctg α
59°						
31°						
149°						
211°						
329°						

37 Calcula las siguientes razones trigonométricas, sabiendo que $\text{tg}\ 37° = \frac{3}{4}$:

- **a.** sen 53°
- **b.** sec 217°
- **c.** cosec 323°
- **d.** cotg 53°
- **e.** cos (–217°)
- **f.** sen 577°
- **g.** cos 143°
- **h.** tg 217°

38 Calcula, en cada caso, las razones del ángulo indicado a partir de las razones del ángulo de 30°.

- **a.** 60°
- **b.** 210°
- **c.** –120°
- **d.** 1 410°
- **e.** –1 050°
- **f.** 120°

39 Dado un ángulo, α, del tercer cuadrante tal que $\text{sen}\ \alpha = -\frac{1}{2}$, determina las siguientes razones trigonométricas:

- **a.** sen (180° – α)
- **b.** tg (180° + α)
- **c.** sen (360° – α)
- **d.** cotg (90° + α)
- **e.** cos (α – 90°)
- **f.** sec (α – 180°)

40 Indica, sin hacer uso de la calculadora, qué ángulo permite hallar las razones trigonométricas de 1 320°, –315°, –240°, 720°, 1 125°, – 1 125° y 1 710°. Señala el cuadrante en el que se encuentran dichos ángulos.

41 Calcula las siguientes razones trigonométricas, sabiendo que α y β son ángulos del segundo y primer cuadrante, respectivamente, y que $\text{sen}\ \alpha = \frac{3}{5}$ y $\cos \beta = \frac{2}{3}$:

- **a.** sen (90° – α)
- **b.** sen (180° + α)
- **c.** sen (– α)
- **d.** cos (90° + β)
- **e.** sen (α + β)
- **f.** cos (α – β)
- **g.** tg (2α)
- **h.** tg (2β)

42 Completa la siguiente tabla en tu cuaderno, sabiendo que $\text{sen}\ \alpha = \frac{2}{7}$, $\cos \beta = \frac{1}{4}$ y que α y β son ángulos del primer cuadrante. Después, comprueba con Wiris los resultados que has obtenido.

	razones trigonométricas		
	seno	coseno	tangente
2α			
2β			
$\alpha/2$			
$\beta/2$			
$\alpha + \beta$			
$\alpha - \beta$			

43 Calcula, haciendo uso de las fórmulas de la suma y diferencia de ángulos, las siguientes razones trigonométricas y comprueba, después, los resultados obtenidos con la calculadora:

a. sen (30° + 180°)
b. sen (30° − 180°)
c. sen (30° − 270°)
d. sen (30° + 90°)
e. sen (30° − 90°)
f. sen (30° + 270°)

44 Halla, sin hacer uso de la calculadora, estas razones trigonométricas. Después, comprueba con Wiris los resultados que has obtenido.

a. sen 75°
b. cos 105°
c. tg 22,5°
d. sen 15°

45 Calcula las siguientes razones trigonométricas, sabiendo que sec 71° = 3. Después, comprueba con Wiris los resultados que has obtenido.

a. sen 19°
b. cos 142°
c. tg 101°
d. cosec 26°

46 Considera que $\text{sen}\ 11° = \frac{1}{5}$ y halla estas razones trigonométricas. Después, comprueba con Wiris los resultados que has obtenido.

a. tg 79°
b. cosec 22°
c. cotg 41°
d. sec 34°

47 Expresa como producto de factores la siguiente expresión:

$$1 - \cos 2 - \cos 4 + \cos 6$$

48 Simplifica esta expresión:

$$\frac{\sqrt{5} \cdot (\cos 2x + \cos 4x) \cdot (\text{sen}\ 2x + \text{sen}\ 8x)}{2\text{sen}\ 5x \cdot \cos 3x \cdot \cos x}$$

49 Una onda estacionaria armónica se forma en una cuerda de extremos fijos como consecuencia de la reflexión de una onda armónica de ecuación $y(x, t) = \text{A sen}(\omega t - kx)$, de manera que las ondas incidente y reflejada suman sus efectos. Sabiendo que la onda reflejada toma la expresión $y(x, t) = \text{A sen}(\omega t + kx)$, donde A, ω y k son magnitudes de la onda armónica; x, la posición en la cuerda, y t, el tiempo, calcula la ecuación de la onda estacionaria.

50 Demuestra algebraicamente la veracidad de las siguientes identidades. Después, comprueba con Wiris que la igualdad se cumple para cualquier ángulo α.

a. $\frac{2\text{tg}\ \alpha}{\text{sen}\ 2\alpha} = \sec^2 \alpha$

b. $\frac{\sec \alpha - 1}{\text{tg}\ \alpha} = \frac{\text{tg}\ \alpha}{\sec \alpha + 1}$

c. $\frac{1}{\text{ctg}^2 \alpha} + \frac{1}{\text{sen}\ \alpha \cdot \text{cosec}\ \alpha} = \sec^2 \alpha$

d. $\text{ctg}^2 \alpha + \frac{1}{\text{tg}\ \alpha \cdot \text{cotg}\ \alpha} = \text{cosec}^2 \alpha$

e. $\text{ctg}^2 \alpha = \cos^2 \alpha + (\text{ctg}\ \alpha \cdot \cos \alpha)^2$

51 Demuestra algebraicamente la veracidad de estas identidades. Después, comprueba con Wiris que la igualdad se cumple para cualquier ángulo α.

a. $\frac{\text{sen}\ 2\alpha}{\text{tg}\ 2\alpha} \cdot \sec \alpha = \cos \alpha - \text{tg}\ \alpha \cdot \text{sen}\ \alpha$

b. $\text{sen}\ \alpha \cdot \cos(\beta - \alpha) + \cos \alpha \cdot \text{sen}(\beta - \alpha) = \text{sen}\ \beta$

c. $\frac{\text{tg}\ \alpha}{\text{tg}\ 2\alpha - \text{tg}\ \alpha} = \cos 2\alpha$

d. $1 - 2\cos 2\alpha = 4\text{sen}^2 \alpha - 1$

e. $\text{sen}^4 \alpha - \text{sen}^2 \alpha = \cos^4 \alpha - \cos^2 \alpha$

f. $\cos 3\alpha = 4\cos^3 \alpha - 3\cos \alpha$

g. $\frac{\text{tg}(\alpha + \beta) + \text{tg}(\alpha - \beta)}{1 + \text{tg}^2 \beta} = \frac{2\text{tg}\ \alpha}{1 - \text{tg}^2 \alpha \cdot \text{tg}^2 \beta}$

52 Desarrolla las razones trigonométricas de sen (3α), cos (3α) y cos (4α) en función del ángulo α.

53 Obtén una expresión simplificada para sen (α + β + δ) y para cos (α + β + δ).

54 Resuelve estas ecuaciones trigonométricas:

a. $\operatorname{sen} x = 0$

b. $\operatorname{sen} x = \frac{1}{2}$

c. $\operatorname{sen}\left(x + \frac{\pi}{2}\right) = -\frac{\sqrt{3}}{2}$

d. $\cos 2x + 5\cos x + 3 = 0$

e. $\operatorname{sen} x - 2\cos 2x = -\frac{1}{2}$

f. $\operatorname{sen}^2 x \cdot \cos^2 x = \frac{1}{4}$

g. $\operatorname{sen} 2x - \operatorname{tg} x = 0$

h. $\cos 2x = 2\operatorname{sen}^2 x$

55 Resuelve las siguientes ecuaciones trigonométricas:

a. $6\cos^2\left(\frac{x}{2}\right) + \cos x + 1 = 0$

b. $\operatorname{sen} 2x \cdot \cos x = 6\operatorname{sen}^3 x$

c. $\operatorname{sen} 3x - 2\operatorname{sen} x = 0$

d. $\cos^2 x + \cos 2x = 3\operatorname{sen} x - \operatorname{sen}^2 x + 3$

e. $\operatorname{tg} 2x + \operatorname{tg} x = 0$

f. $\sqrt{3}\operatorname{sen} x + \cos x = 1$

56 Resuelve estos sistemas de ecuaciones trigonométricas:

a. $\begin{cases} x + y = \frac{\pi}{2} \\ \operatorname{sen} x + \cos y = 1 \end{cases}$

b. $\begin{cases} \operatorname{sen} x - \operatorname{sen} y = 1 \\ \operatorname{sen} x + \operatorname{sen} y = 1 \end{cases}$

c. $\begin{cases} \operatorname{sen}^2 x + \cos y = \frac{3}{4} \\ \operatorname{sen} x - \cos y = 0 \end{cases}$

57 Resuelve los siguientes sistemas de ecuaciones trigonométricas:

a. $\begin{cases} \cos(x + y) = \frac{1}{2} \\ \cos(x - y) = \frac{1}{2} \end{cases}$

b. $\begin{cases} \operatorname{sen} x \cdot \operatorname{sen} y = \frac{1}{4} \\ \cos x \cdot \cos y = \frac{3}{4} \end{cases}$

c. $\begin{cases} x + y = \frac{2\pi}{3} \\ \operatorname{sen} x + \operatorname{sen} y = \frac{3}{2} \end{cases}$

58 Deduce la expresión del seno de la suma de dos ángulos a partir de la diferencia de dichos ángulos.

59 Deduce la expresión del coseno de la diferencia de dos ángulos a partir del seno de la suma de dichos ángulos.

60 Deduce la expresión de la tangente de la diferencia de dos ángulos a partir de los respectivos senos y cosenos.

61 Demuestra los teoremas del seno y del coseno.

62 Resuelve, en cada caso, el triángulo indicado y halla su área.

a. $\widehat{A} = 75°$, $\widehat{B} = 25°$, c = 12 cm

b. $\widehat{A} = 75°$, $\widehat{B} = 25°$, $\widehat{C} = 80°$

c. a = 3 cm, b = 4 cm, c = 5 cm

d. $\widehat{A} = 110°$, $\widehat{C} = 25°$, b = 12 cm

63 Observa la figura y calcula las distancias *x* e *y*.

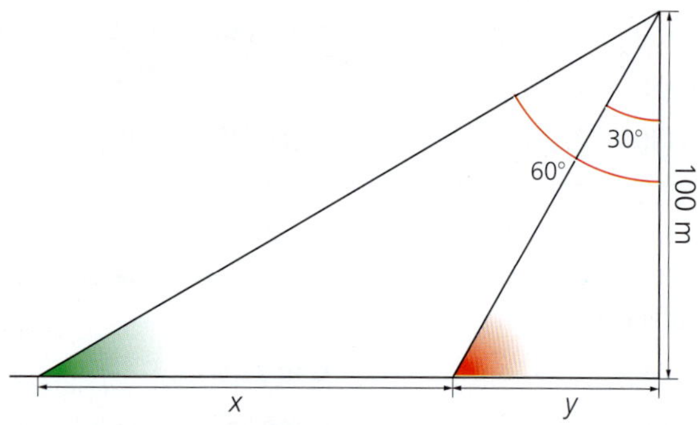

64 Considera el rombo cuyas diagonales miden 10 cm y 8 cm, respectivamente, y calcula:

a. La longitud de sus lados.

b. Los ángulos que forman las diagonales

c. El área del rombo.

65 Los lados desiguales de un paralelogramo miden 10 cm y 8 cm, respectivamente, y forman un ángulo de 110°. Calcula la longitud de las diagonales de dicho paralelogramo.

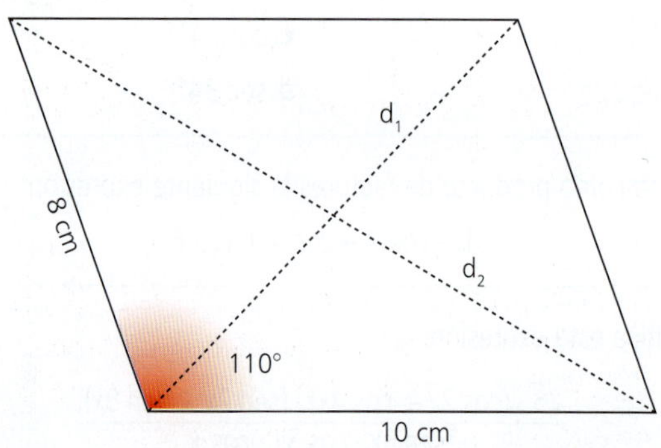

66 El lado de un rombo mide 10 cm, y su ángulo menor, 45°. Calcula el área del rombo y la longitud de sus diagonales.

67 Demuestra el teorema de Pitágoras a partir del teorema del coseno.

68 Un avión sobrevuela dos ciudades, A y B, que están separadas entre sí 40 km. El ángulo de la visual al avión es de 45 ° desde A y de 30° desde B. Halla la distancia del avión a cada ciudad y la altura a la que vuela.

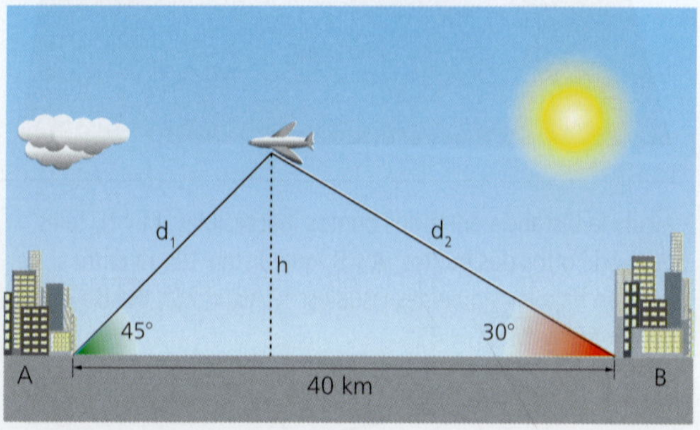

69 ¿Cuánto mide el radio de la circunferencia circunscrita en un triángulo equilátero de 10 cm de lado?

70 Un viandante se detiene en un punto, P, y observa un coche que se encuentra estacionado en otro punto, C, y una moto, aparcada en otro punto, M. Si la separación entre la moto y el coche es de 12 m y los ángulos PCM y PMC son de 15° y de 45°, respectivamente, ¿a qué distancia se encuentra el coche del viandante?

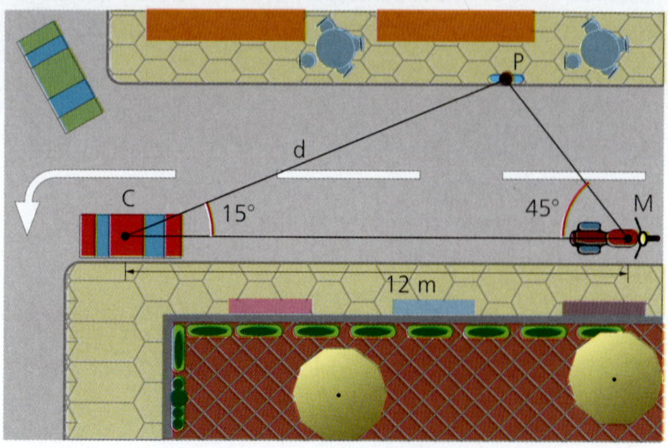

71 Dos móviles separados una cierta distancia se dirigen a un mismo punto, C. Ambos avanzan en línea recta hacia el punto de encuentro con trayectorias que forman un ángulo de 30°. Si el primer móvil debe recorrer 52 m hasta llegar al punto de encuentro, y el segundo móvil, 40 m, ¿a qué distancia se encuentra un móvil del otro al inicio del trayecto?

72 Un poste inclinado 8° respecto a la vertical proyecta una sombra de 4 m cuando el ángulo de declinación del Sol es de 75°. ¿Cuál es la longitud del poste?

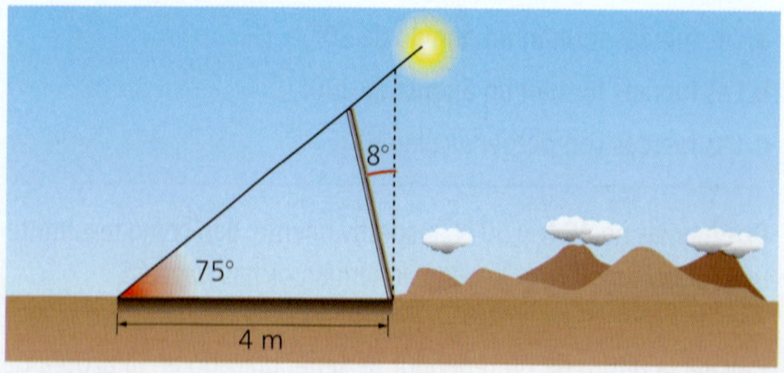

73 Calcula el área de la circunferencia que circunscribe a un triángulo cuyos lados miden 4 cm, 8 cm y 10 cm.

74 La escalera de un tobogán y la rampa forman con el suelo ángulos de 60° y de 15°, respectivamente; por otro lado, la distancia entre el pie de la escalera y el de la rampa es de $\sqrt{45}$ m.

a. Calcula la longitud de la escalera.

b. Halla la longitud de la rampa.

c. Determina el punto más alto del tobogán.

75 Un pescador se halla en la orilla de un río con una caña de 2 m de longitud de la que cuelga un sedal de $\sqrt{3} - 1$ m. De repente, un pez muerde el anzuelo y tira del sedal, de manera que este forma un ángulo de 120° con la caña. Supón que tanto el extremo inferior de la caña como el del sedal se encuentran al nivel del agua y calcula:

a. La distancia que separa al pez del pescador.

b. El ángulo que forma la caña con la superficie del agua.

c. El ángulo que forma el sedal con la superficie del agua.

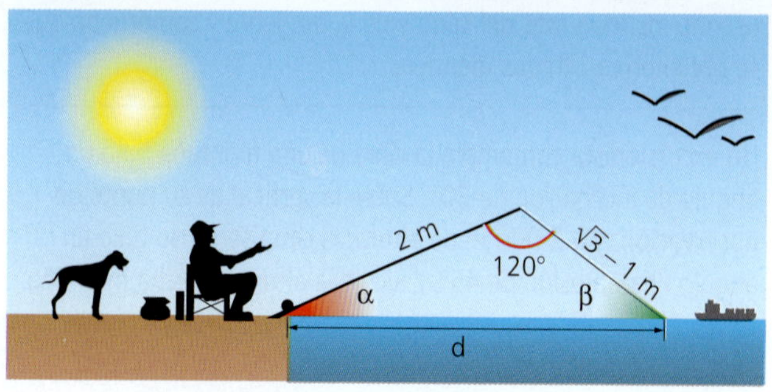

76 Las ramas de un compás miden $\sqrt{2}$ dm y $\sqrt{3} - 1$ dm, respectivamente. Se abre el compás de manera que las ramas formen un ángulo de 135° y se traza una circunferencia en un papel.

a. ¿Cuál es el radio de la circunferencia que se ha dibujado?

b. ¿Qué ángulo forma cada rama del compás con la superficie del papel?

ACTIVIDADES PROPUESTAS

77 Se aplican dos fuerzas de 45 N y 50 N, respectivamente, sobre un cuerpo. Calcula el módulo y el ángulo de la resultante de dichas fuerzas en los siguientes casos:

a. Las fuerzas forman un ángulo de 30°.

b. Las fuerzas forman un ángulo de 120°.

c. Las fuerzas son perpendiculares.

78 Dos fuerzas de 45 N y 50 N, respectivamente, dan como resultante una fuerza de 60 N. ¿Qué ángulo forman dichas fuerzas?

79 Calcula la altura de un repetidor de señal ubicado en la azotea de un edificio, sabiendo que desde un punto alejado del pie de dicho edificio la base y la cúspide del repetidor se ven bajo ángulos de 70° y 75°, respectivamente, y que al alejarse de esa posición 20 m en línea recta, la cúspide del repetidor se observa bajo un ángulo de 47°.

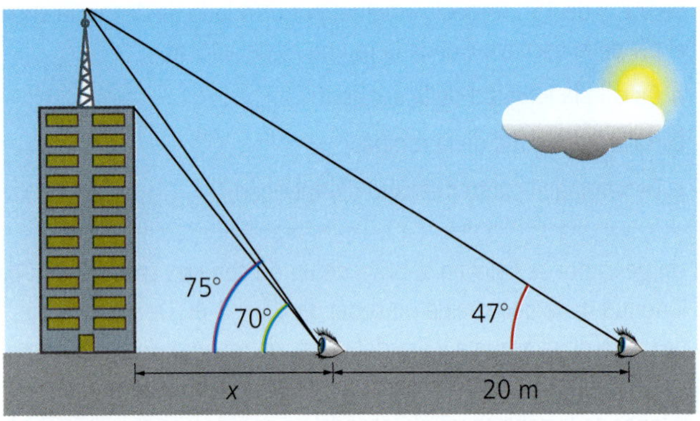

80 ¿En qué circunstancias se puede aplicar el teorema de la tangente?

81 Dado un triángulo con a = 7, $\widehat{A} = 80°$ y $\widehat{B} = 50°$, halla el lado *b* usando los teoremas del seno y de la tangente y comprueba que se obtienen resultados idénticos.

82 Un excursionista contempla la cima de una montaña bajo un ángulo de inclinación de 30°. Sobre la vertical de su punto de observación, y a 2 000 m de altura, la cima se divisa bajo un ángulo de depresión de 45°. Calcula la altura de dicha montaña.

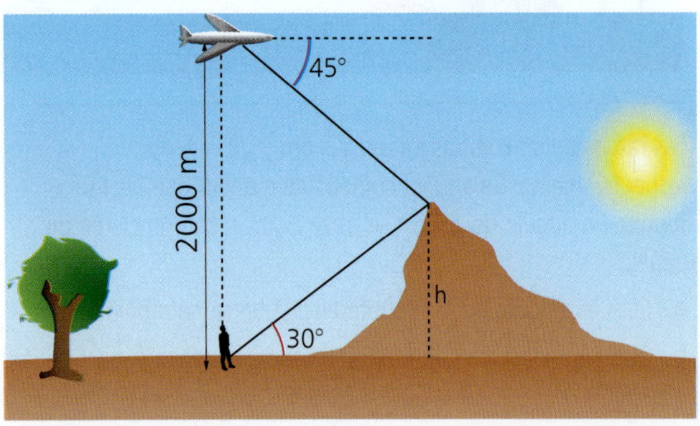

83 Dos observadores se encuentran situados en dos puntos, M y N, separados por un obstáculo que impide la visión mutua. Se coloca un espejo en otro punto, C, que dista 100 m del punto M de manera que resultan las visuales $\widehat{MNC} = 30°$ y $\widehat{NCM} = 45°$. ¿Cuál es la distancia entre M y N?

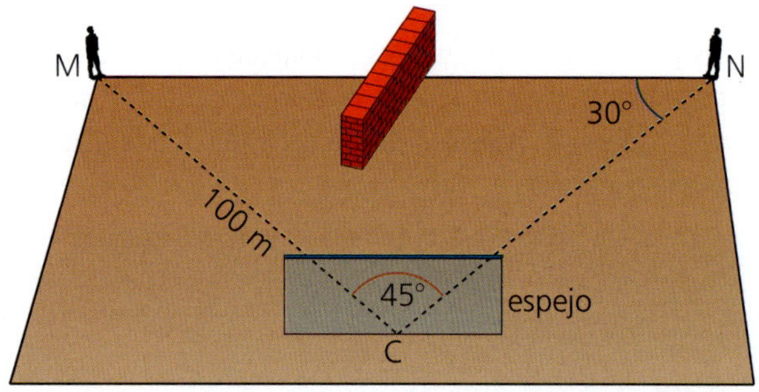

84 Calcula la distancia entre dos puntos inaccesibles, M y N, tales que desde otros dos puntos, A y B, que distan 100 m entre sí, se observan bajo las siguientes visuales: $\widehat{MAB} = 75°$, $\widehat{NAB} = 25°$, $\widehat{NBA} = 80°$ y $\widehat{MBA} = 35°$.

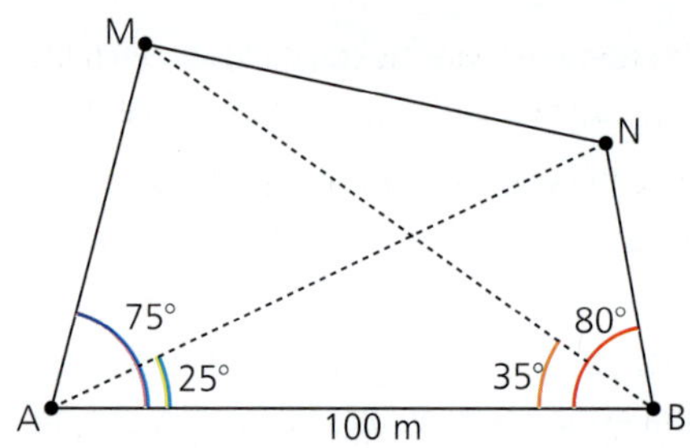

85 Calcula la distancia entre dos puntos, A y B, sabiendo que la distancia entre otros dos puntos, B y C, es de 100 m y que el ángulo $\widehat{ACD}$ es de 75°; el ángulo $\widehat{BCD}$, de 45°; el ángulo $\widehat{BDC}$, de 30°, y el ángulo $\widehat{ADC}$, de 25°.

86 Dos circunferencias con radios de 10 cm y 7 cm, respectivamente, son tangentes exteriormente tal y como muestra la figura. Determina el ángulo, α, que forman sus tangentes comunes.

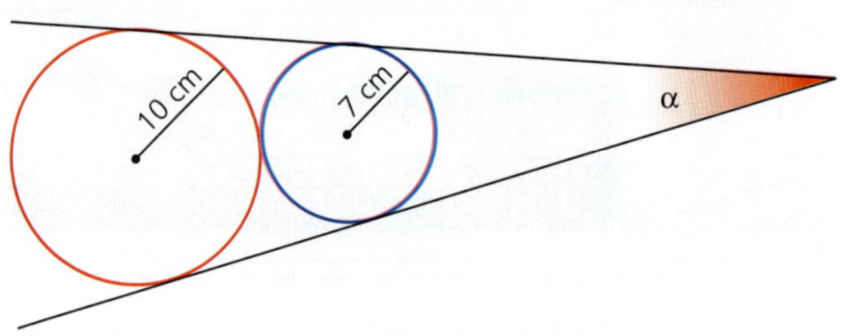

87 Se traza una cuerda de 7 cm en una circunferencia cuyo radio mide 5 cm. Después, desde los extremos de la cuerda, se trazan las tangentes a la circunferencia. ¿Qué ángulo forman dichas tangentes?

PUERTA GIRATORIA

Una puerta giratoria consta de tres hojas que giran dentro de un espacio circular de 2 m de diámetro y dividen dicho espacio en tres sectores iguales.

El siguiente plano muestra las hojas de la puerta en tres posiciones diferentes vistas desde arriba.

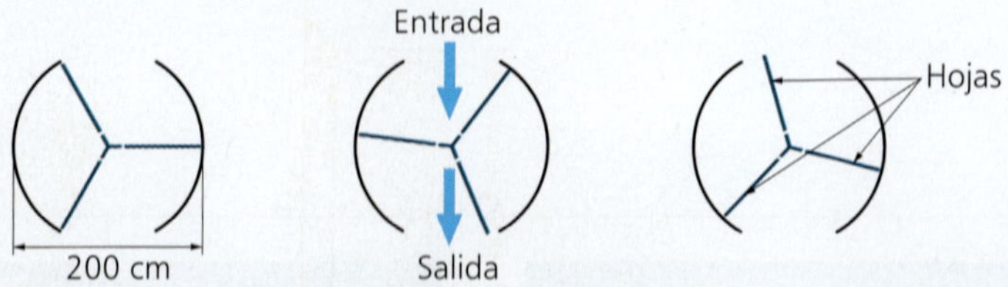

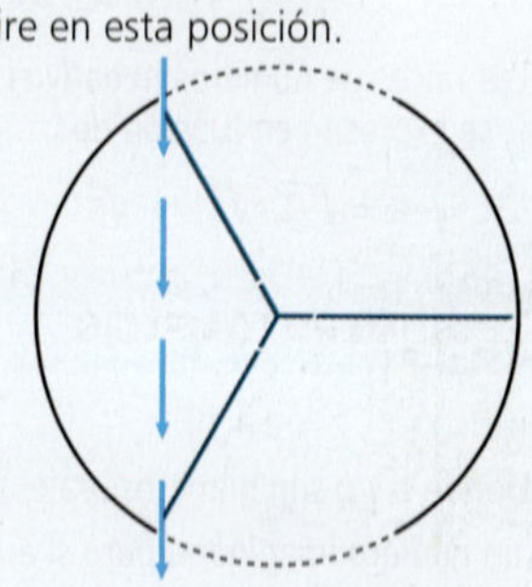

1. ¿Cuál es la amplitud, expresada en grados, del ángulo, que forman dos hojas de la puerta?
2. Las dos aberturas de la puerta son del mismo tamaño. Si estas aberturas fueran demasiado anchas, las hojas giratorias no podrían proporcionar un espacio cerrado y el aire circularía libremente entre la entrada y la salida, originándose pérdidas o ganancias de calor no deseadas. ¿Cuál es la longitud máxima del arco que puede tener cada abertura de la puerta para que el aire no circule nunca libremente entre la entrada y la salida?
3. La puerta da cuatro vueltas completas en un minuto. ¿Cuál es la velocidad angular (ángulo girado por unidad de tiempo), expresada en rad/s, de la puerta?
4. Se sabe que la velocidad lineal, expresada en m/s, está relacionada con la velocidad angular de manera que ambas magnitudes son proporcionales según la expresión:

   $$v_{lineal} = \omega_{angular} \cdot r$$

   En la expresión anterior, *r* es el radio de la circunferencia que describe el movimiento. Calcula la velocidad lineal del extremo de la puerta giratoria.
5. Una mosca se coloca en la zona alta de una de las hojas, justo en el extremo de mayor radio, y permanece allí durante ocho minutos. ¿Cuántos metros habrá recorrido en ese período de tiempo por efecto del giro?
6. En cada uno de los tres sectores hay espacio para dos personas. ¿Cuál es el número máximo de personas que pueden entrar en el edificio por esa puerta durante un período de 30 min? Recuerda que la puerta da cuatro vueltas completas en un minuto.

   1. 60 **2.** 180 **3.** 240 **4.** 720
7. ¿Cuál es el ángulo girado, en radianes, en esos 30 min?

TRIÁNGULOS

Observa las siguientes figuras e indica cuál se ajusta a la descripción:

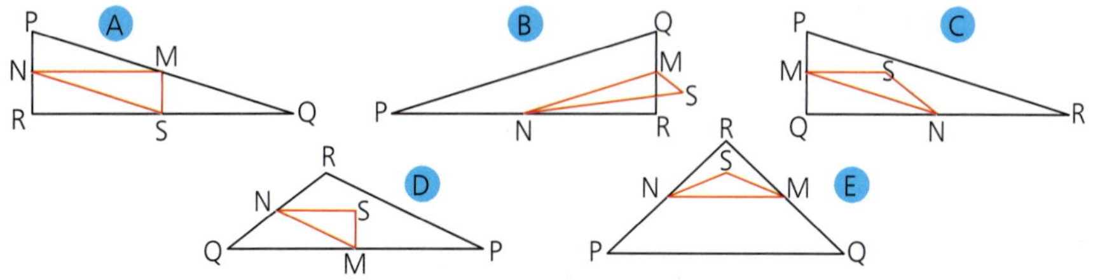

El triángulo PQR es un triángulo rectángulo con el ángulo recto en R, tal que el lado RQ es menor que el lado PR. El punto medio del lado PQ es M, y el punto medio del lado QR, N. El segmento MN es mayor que el segmento MS, y S es punto interior del triángulo.

DIARIO DE APRENDIZAJE

¿Cuáles de las dificultades que preveía al principio de la unidad he encontrado realmente?

06 NÚMEROS COMPLEJOS

NÚMEROS COMPLEJOS

DEFINICIONES

UNIDAD IMAGINARIA

$i = \sqrt{-1}$

Las raíces de números negativos se expresan en función de i:

$\sqrt{-a} = \sqrt{-1} \cdot \sqrt{a} = i \cdot \sqrt{a}$

NÚMERO COMPLEJO

$z = a + bi$

Donde *a* y *b* son números reales.

z es un número imaginario puro si $a = 0$.

z es un número real si $b = 0$.

Afijo de *z:* (a , b)

Opuesto de *z:* $-z = -a - bi$

Conjugado de *z:* $\bar{z} = a - bi$

TEOREMA FUNDAMENTAL DEL ÁLGEBRA

Toda ecuación polinómica de grado *n* tiene *n* soluciones complejas.

Si *z* es una solución de la ecuación, $\bar{z}$ también lo es.

Por tanto, las soluciones complejas (no reales) de una ecuación aparecen siempre por pares.

FORMAS DE EXPRESAR UN NÚMERO COMPLEJO

FORMA BINÓMICA

$z = a + bi$

a: parte real de *z*

b: parte imaginaria de *z*

FORMA GRÁFICA

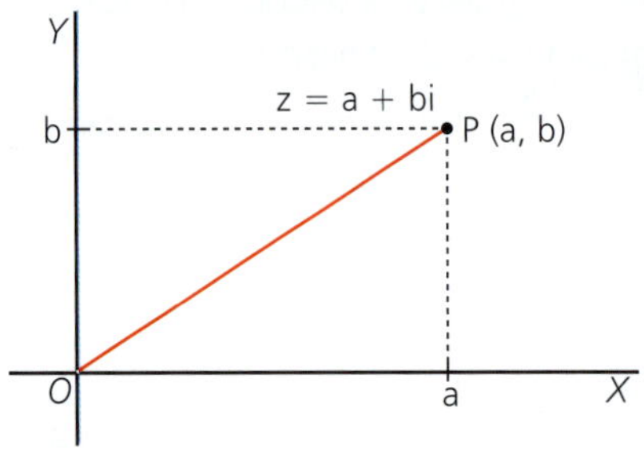

$z = \overrightarrow{OP}$

Donde P (a , b) es el afijo de *z*.

FORMA POLAR

$z = r_\alpha$

r : módulo del vector $\overrightarrow{OP}$

α: argumento (ángulo que forma $\overrightarrow{OP}$ con el eje *X*)

FORMA TRIGONOMÉTRICA

$z = r\,(\cos \alpha + i \operatorname{sen} \alpha)$

r : módulo de *z*

α: argumento (ángulo que forma *z* con el eje *X*)

RELACIONES ENTRE LAS FORMAS DE EXPRESAR UN NÚMERO COMPLEJO

DE BINÓMICA A POLAR

$z = a + bi \Rightarrow z = r_\alpha$

En esta expresión:

r : $\sqrt{a^2 + b^2}$

$\alpha = \operatorname{arctg} \dfrac{b}{a}$ (*)

*Conviene observar la gráfica para tomar el ángulo correcto.

DE POLAR A BINÓMICA

$z = r_\alpha \Rightarrow z = a + bi$

En esta expresión:

$a = r \cos \alpha$

$b = r \operatorname{sen} \alpha$

DE BINÓMICA O POLAR A TRIGONOMÉTRICA

$z = a + bi \Rightarrow z = r_\alpha$

$z = r_\alpha \Rightarrow z = r\,(\cos \alpha + i \operatorname{sen} \alpha)$

DE TRIGONOMÉTRICA A POLAR O BINÓMICA

$z = r\,(\cos \alpha + i \operatorname{sen} \alpha) \Rightarrow z = r_\alpha$

$z = r_\alpha \Rightarrow z = a + b\,i$

OPERACIONES

SUMA EN FORMA BINÓMICA

$z_1 = a + bi \qquad z_2 = c + di$

$z_1 + z_2 = (a + c) + (b + d)\,i$

MULTIPLICACIÓN EN FORMA POLAR

$z_1 = r_\alpha \qquad z_2 = s_\beta$

$z_1 \cdot z_2 = r_\alpha \cdot s_\beta = (r \cdot s)_{\alpha + \beta}$

MULTIPLICACIÓN EN FORMA BINÓMICA

$z_1 = a + bi \qquad z_2 = c + di$

$z_1 \cdot z_2 = (ac - bd) + (ad + bc)\,i$

(Cabe recordar que $i^2 = -1$).

POTENCIA EN FORMA POLAR

$z = r_\alpha$

$z^n = (r_\alpha)^n = (r^n)_{\alpha \cdot n}$

POTENCIA EN FORMA BINÓMICA

$$z^n = (a + bi)^n = \binom{n}{0} a^n \cdot (bi)^0 + \binom{n}{1} a^{n-1} \cdot (bi)^1 + \ldots + \binom{n}{n} a^0 \cdot (bi)^n$$

RESTA EN FORMA BINÓMICA

$z_1 = a + bi \qquad z_2 = c + di$

$z_1 - z_2 = (a - c) + (b - d)i$

DIVISIÓN EN FORMA POLAR

$z_1 = r_\alpha \qquad z_2 = s_\beta$

$$\frac{z_1}{z_2} = \frac{r_\alpha}{s_\beta} = \left(\frac{r}{s}\right)_{\alpha - \beta}$$

DIVISIÓN EN FORMA BINÓMICA

$$\frac{z_1}{z_2} = \frac{a + bi}{c + di} = \frac{(ac + bd) + (bc - ad)\,i}{c^2 + d^2}$$

(Cabe recordar que $(c + di)(c - di) = c^2 + d^2$).

RAÍZ DE ÍNDICE N EN FORMA POLAR

$z = r_\alpha$

$$\sqrt[n]{z} = \sqrt[n]{r_\alpha} = \left(\sqrt[n]{r}\right)_{\frac{\alpha + 360k}{n}}$$

Hay *n* soluciones, todas con el mismo módulo y con ángulos distintos según los valores que tome *k*: k = 0, 1, 2, …, n − 1

Las *n* soluciones de una raíz de índice *n* se representan por un polígono regular de *n* lados inscrito en una circunferencia.

El módulo de las soluciones coincide con el radio de la circunferencia, y los argumentos, con los vértices del polígono.

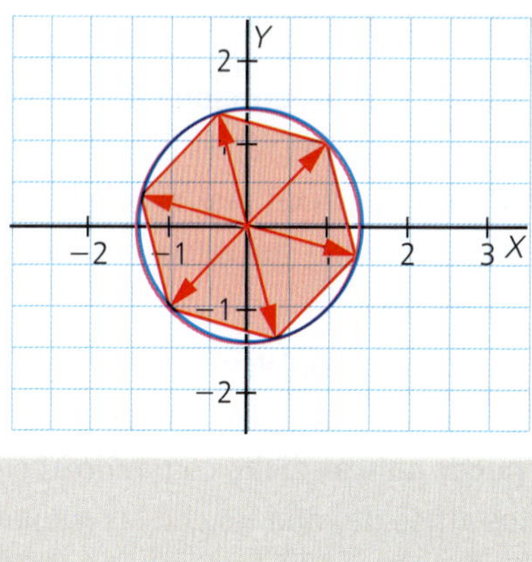

NÚMEROS COMPLEJOS CON GEOGEBRA

Forma binómica y forma polar

En GeoGebra, se pueden introducir números complejos tanto en forma binómica como en forma polar, para obtener sus representaciones gráficas de forma inmediata. A modo de ejemplo se pueden editar dos números complejos: $3 + 4i$ y 3_{120°

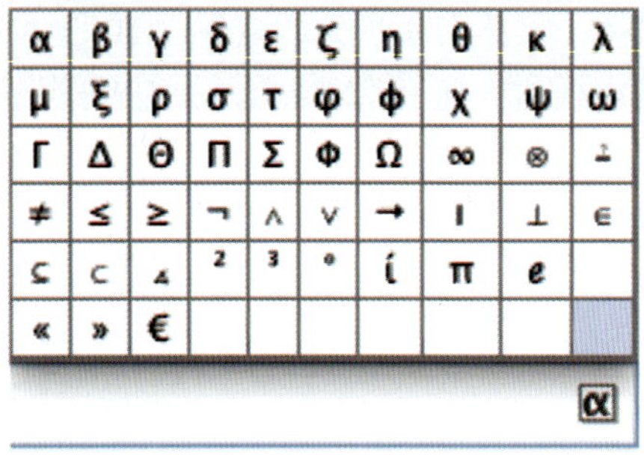

Forma	Sintaxis	Observaciones
Binómica	3+4í	El símbolo de í y el símbolo °, deben introducirse desde el menú «α» localizado en el campo **Entrada**.
Polar	(3; 120°)	

Una vez introducidos, los números aparecen representados en la **Vista Gráfica.** En la **Vista Algebraica,** se observa la forma binómica y la forma polar de dichos números.

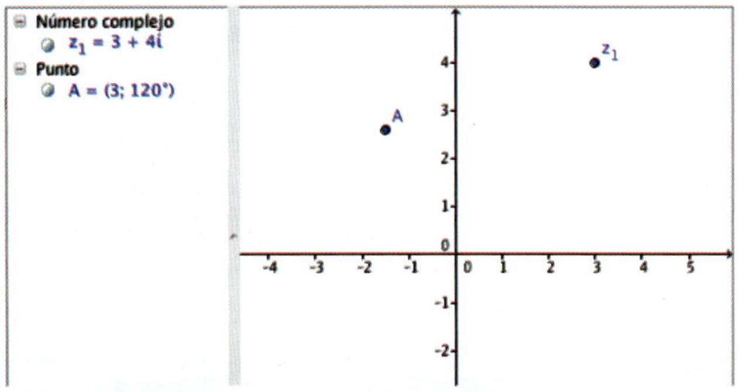

Si se pulsa el botón derecho del ratón sobre cualquiera de los puntos, se puede acceder a sus propiedades. En la pestaña **Álgebra,** se puede transformar cualquier número a coordenadas cartesianas, polares o binómicas (indicadas como «número complejo»).

También es posible definir un número complejo mediante la herramienta 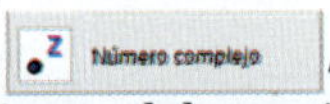, que se encuentra en el segundo grupo de opciones del menú de herramientas. Una vez seleccionada esta herramienta, se hace clic directamente sobre el punto del plano que se desee y en la **Vista Algebraica** aparece la expresión binómica del número complejo correspondiente.

Existe una serie de comandos que permiten obtener elementos específicos de los números complejos:

- El comando **abs(z)** devuelve el módulo del número complejo z, que debe haberse definido previamente.
- El comando **arg(z)** devuelve el argumento de z.
- El comando **conjugate(z)** devuelve el conjugado de z.

Para obtener la parte real o la imaginaria de un número complejo, se teclea, respectivamente, **x(z)** e **y(z)**.

Cálculo de raíces complejas

El comando **Raíz[P(x)]** proporciona las raíces reales del polinomio P (x). Si lo que se desea es conocer las raíces complejas, entonces hay que utilizar el comando **RaízCompleja[P(x)].** Así, si se edita, por ejemplo, el polinomio $P(x) = x^3 - x^2 - 4x - 6$ y se buscan sus raíces complejas, se obtienen las que se observa en la figura del margen.

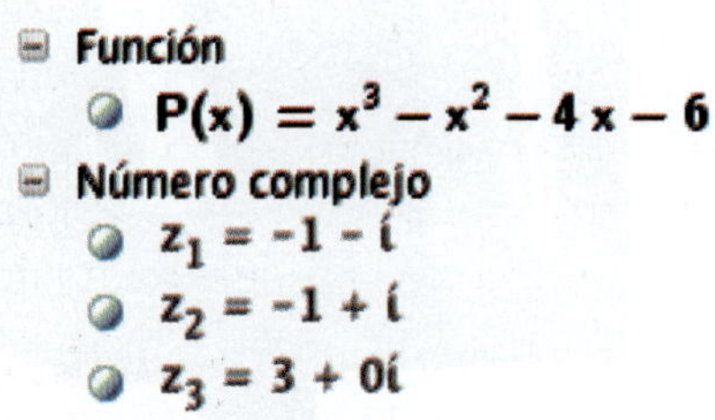

El comando **RaízCompleja[P(x)]** también se puede usar para hallar las raíces enésimas de un número negativo, ya que, para calcular, por ejemplo, una raíz del tipo $\sqrt[n]{-a}$, se puede aplicar dicho comando al polinomio $P(x) = x^n + a$, con lo que se obtienen los afijos de cada una de las n soluciones. A modo de ejemplo, pueden calcularse las raíces $\sqrt[4]{-1}$ o $\sqrt[6]{-64}$ a partir de las raíces complejas de los polinomios $x^4 + 1$ y $x^6 + 64$.

NÚMEROS COMPLEJOS CON WIRIS

Forma binómica y forma polar

Para expresar en forma binómica números complejos dados en forma polar, se utiliza la función **polar**. Los argumentos de esta función son el módulo y el ángulo, separados por una coma. El ángulo puede expresarse tanto en radianes como en grados sexagesimales. (Cabe recordar que si no se especifica que se trabaja en grados sexagesimales añadiendo el símbolo °, Wiris interpreta el ángulo como expresado en radianes).

$$\textbf{polar}(1,90°) \rightarrow i$$
$$\textbf{polar}\left(3,\frac{7\pi}{6}\right) \rightarrow -\frac{3\cdot\sqrt{3}}{2}-\frac{3\cdot i}{2}$$
$$\textbf{polar}(\sqrt{3},176°) \rightarrow -1.7278+0.12082\cdot i$$

Wiris no puede realizar la conversión de forma binómica a polar de manera directa. Sin embargo, las funciones **argumento** y **norma** permiten obtener el argumento y el módulo, respectivamente, del complejo en forma binómica. Es importante señalar que, para escribir un número complejo, es necesario hacer uso de la letra *i*, que identifica la unidad imaginaria, del menú o pestaña **Símbolos.** Si se escribe la letra **i** desde el teclado, la aplicación devuelve un texto con dicha letra en color negro, que el programa no reconoce como expresión matemática, sino como texto. Si la letra se incorpora desde el menú **Símbolos**, el color de la grafía será azul y las operaciones serán coherentes dentro del conjunto de los números complejos. Hay que recordar que en Wiris mayúsculas y minúsculas no son intercambiables.

$$\textbf{argumento}(i+1) \rightarrow \frac{\pi}{4}$$
$$\textbf{norma}(1+i) \rightarrow \sqrt{2}$$

Operaciones con números complejos

Wiris realiza sumas, restas, multiplicaciones y divisiones de números complejos a partir de las expresiones binómicas de dichos números. Estas operaciones se editan en los formatos básicos $\left(z_1 + z_2,\ z_1 - z_2,\ z_1 \cdot z_2,\ \frac{z_1}{z_2}\right)$.

$$(1+3i)-2\cdot(5-\sqrt{3}i)+7\cdot\left(3-\frac{1}{2}\right) \rightarrow \frac{17}{2}+(3+2\cdot\sqrt{3})\cdot i$$
$$(1+i)\cdot(2-i) \rightarrow 3+i$$
$$\frac{1+i}{3-2i} \rightarrow \frac{1}{13}+\frac{5\cdot i}{13}$$

El sistema no evalúa potencias de la unidad imaginaria, y devuelve expresiones intermedias a los resultados esperados, pero sí realiza raíces de números complejos, si bien no se editan en el formato básico, $\sqrt[n]{z}$, sino mediante la función **raíces**, a la que se pasa como argumentos el número complejo, el radicando y el índice de la raíz. Esta función puede usarse igualmente para obtener las raíces complejas de un polinomio. Con este fin, se incluyen también dos argumentos, que esta vez son el polinomio y la letra **C** del menú **símbolos**, para obligar al sistema a ampliar el ámbito real, por defecto, al complejo.

$$(2-\sqrt{5}i)^6 \rightarrow 125\cdot i^6-300\cdot\sqrt{5}\cdot i^5+1500\cdot i^4-800\cdot\sqrt{5}\cdot i^3+1200\cdot i^2-192\cdot\sqrt{5}\cdot i+64$$
$$\sqrt[4]{-16}$$
$$\textbf{raíces}(-16,4) \rightarrow \{\sqrt{2}+\sqrt{2}\cdot i,-\sqrt{2}+\sqrt{2}\cdot i,-\sqrt{2}-\sqrt{2}\cdot i,\sqrt{2}-\sqrt{2}\cdot i\}$$
$$\textbf{raíces}(x^2+4,\mathbb{C}) \rightarrow \{-2\cdot i,2\cdot i\}$$

+ OBSERVA

No hay que confundir la doble acepción del término *argumento* que se ha usado a lo largo de esta explicación. Por una parte, se llama argumento a cada una de las especificaciones que exige la ejecución de una función. Una función puede tener tantos argumentos como sean necesarios o ninguno. Los argumentos pueden ser funciones, objetos, formatos de fuente, color, etc. Por ejemplo, la función polar, ya explicada, debe incluir entre los paréntesis dos argumentos: el primero será el módulo del número complejo, y el segundo, separado por una coma del anterior, el ángulo.

Por otro lado, también existe la función **argumento**, que devuelve el ángulo (o argumento) de un número complejo y que, como función que es, tiene como «argumento» el número complejo expresado en forma binómica.

1 Representa gráficamente el número complejo z = 3 + 2i, su opuesto y su conjugado.

Para representar un número complejo, se hace uso del plano cartesiano. En el eje horizontal se representa la parte real del número, y en el eje vertical, la parte imaginaria. De esta forma, el número complejo se representa como el vector de coordenadas (3 , 2):

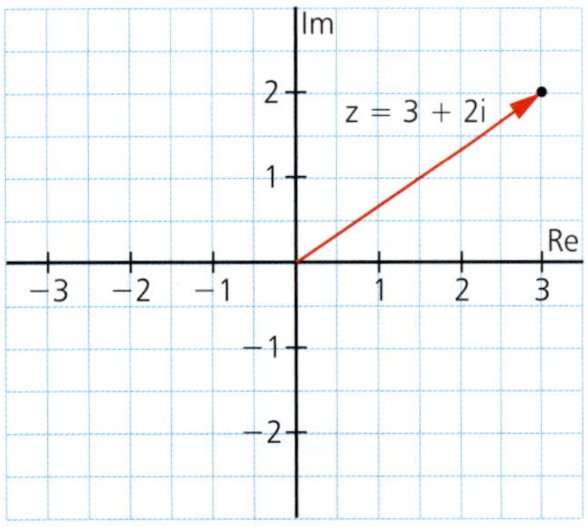

El opuesto de *z* es un número complejo con la parte imaginaria y la real opuestas a las del número dado: $-z = -3 - 2i$. Por tanto, un número complejo, *z*, y su opuesto, $-z$, se representan en la misma recta y con el mismo módulo, pero en cuadrantes opuestos:

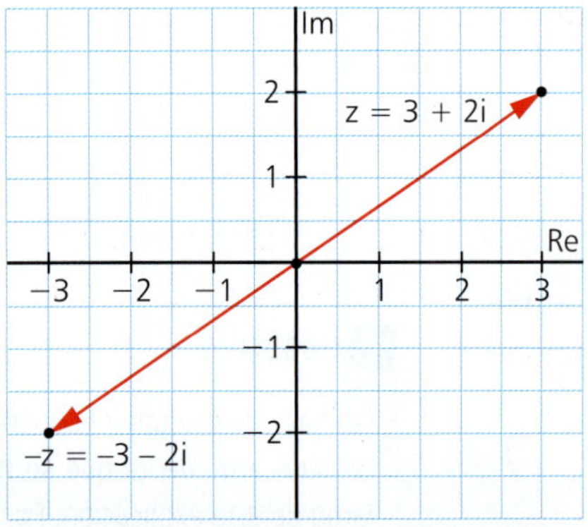

El conjugado de *z* resulta de modificar la parte imaginaria convirtiéndola en la opuesta de la parte imaginaria de *z*: $\bar{z} = 3 - 2i$. Por este motivo, las representaciones de un número complejo, *z*, y su conjugado, $\bar{z}$, son imágenes especulares con respecto al eje real:

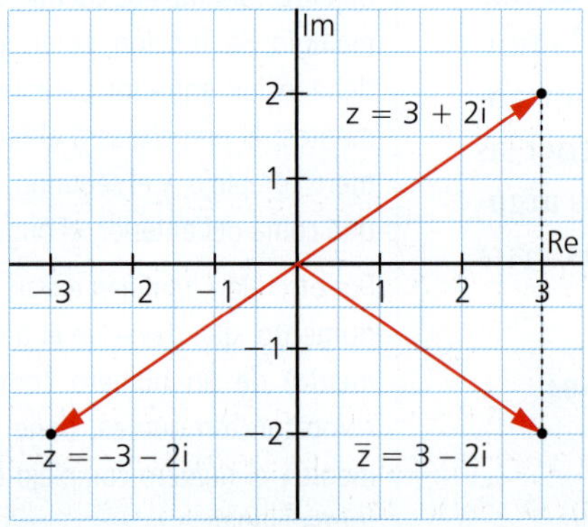

2 Representa gráficamente el número complejo $z = \sqrt{2}_{135°}$, su opuesto y su conjugado.

Representar este número complejo, expresado en forma polar, es tan sencillo como dibujar sobre el eje real un segmento de longitud igual a su módulo ($\sqrt{2}$) y abrirlo un ángulo igual a su argumento (135°):

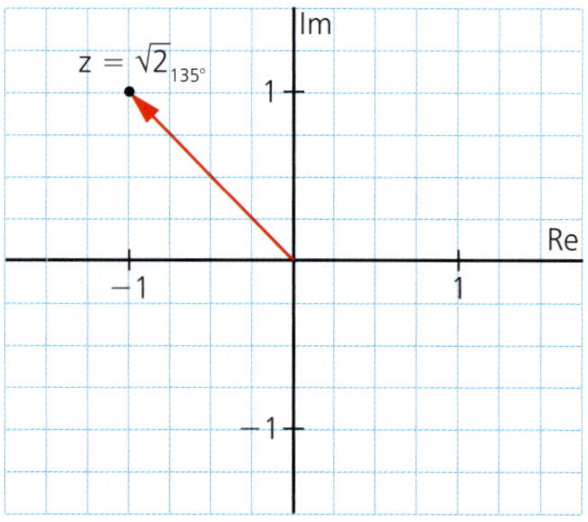

Como se vio en la actividad anterior, la representación gráfica de $-z$ es la prolongación de la representación de *z* en el cuadrante opuesto, con el mismo tamaño modular:

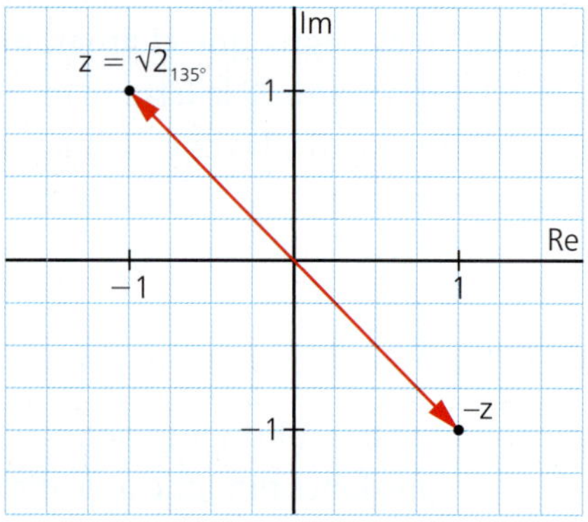

Como se observa, la expresión polar de $-z$ es:

$$-z = \sqrt{2}_{-135°} = \sqrt{2}_{225°}$$

En cuanto al conjugado, $\bar{z}$, su representación gráfica es, como ya se ha dicho, la imagen especular de *z* con respecto al eje real:

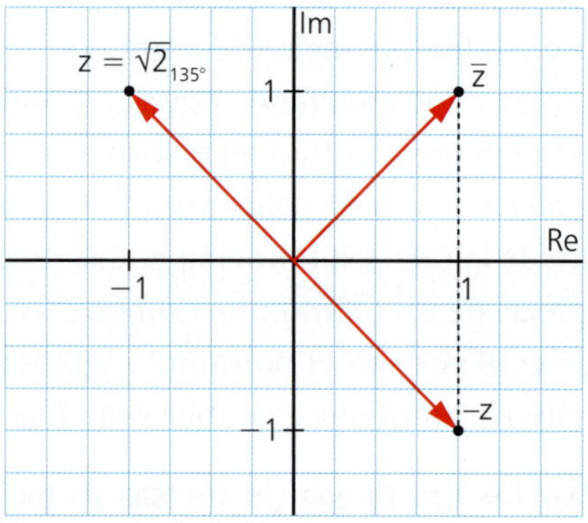

Como se observa, la forma polar de $\bar{z}$ es:

$$\bar{z} = \sqrt{2}_{315°}$$

3 **Escribe en forma cartesiana, trigonométrica y polar los siguientes números complejos:**

a. $z_1 = 4 + 3i$ **d.** $z_4 = -6i$

b. $z_2 = -4 + 3i$ **e.** $z_5 = 4_{120°}$

c. $z_3 = 4 - 3i$ **f.** $z_6 = 3\left(\cos\dfrac{7\pi}{6} + i\,\text{sen}\,\dfrac{7\pi}{6}\right)$

Los tres primeros números complejos propuestos tienen el mismo módulo ($|z| = \sqrt{4^2 + 3^2} = 5$). La diferencia entre ellos estriba en el cuadrante en el que se representan y, por tanto, se distinguen en el argumento.

a. El complejo z_1 se representa en el primer cuadrante. Su argumento se obtiene mediante la resolución de la ecuación:

$$\text{tg}\,\alpha = \frac{3}{4} \Rightarrow \alpha = \text{arctg}\left(\frac{3}{4}\right) = 36{,}87°$$

Por tanto:

$$z_1 = 4 + 3i = 5_{36,87°} = 5 \cdot (\cos 36{,}87° + i\,\text{sen}\,36{,}87°)$$

b. El complejo z_2 es imagen especular de z_1 y se representa en el segundo cuadrante. Su argumento es, según lo estudiado en la unidad anterior, $\beta = 180° - 36{,}87° = 143{,}13°$.
En consecuencia:

$$z_2 = -4 - 3i = 5_{143,13°} = 5 \cdot (\cos 143{,}13° + i\,\text{sen}\,143{,}13°)$$

c. Realizando una deducción análoga para z_3, y puesto que es un número complejo del cuarto cuadrante, se tiene que su argumento es:

$$\delta = 360° - 36{,}87° = 323{,}13°$$

Por tanto:

$$z_3 = 4 - 3i = 5_{323,13°} = 5 \cdot (\cos 323{,}13° + i\,\text{sen}\,323{,}13°)$$

d. Este número complejo está ubicado sobre uno de los ejes. No tiene parte real, y su parte imaginaria es negativa. Su representación permite deducir que el módulo es 6, y el argumento, 270°.

$$z_4 = -6i = 6_{270°} = 6 \cdot (\cos 270° + i\,\text{sen}\,270°)$$

Los números complejos ubicados sobre los ejes son o reales o imaginarios puros. Así, 3 y −3 se corresponden con los complejos $3_{0°}$ y $3_{180°}$, respectivamente. Por su parte, 3i y −3i se corresponden con $3_{90°}$ y $3_{270°}$.

e. En este caso, las formas cartesiana y trigonométrica se obtienen trivialmente, pues la primera proviene de operar con la segunda:

$$z_2 = 4_{120°} = 4 \cdot (\cos 120° + i\,\text{sen}\,120°) = 4 \cdot \left(\frac{-1}{2} + \frac{\sqrt{3}}{2}i\right) =$$
$$= -2 + 2\sqrt{3}\,i$$

f. Aquí, el número se expresa en forma trigonométrica:

$$z_6 = 3 \cdot \left(\cos\frac{7\pi}{6} + i\,\text{sen}\,\frac{7\pi}{6}\right) = 3_{\frac{7\pi}{6}} = 3_{210°} =$$
$$= 3 \cdot (\cos 210° + i\,\text{sen}\,210°) = 3\left(\frac{-\sqrt{3}}{2} + i\frac{-1}{2}\right) = -\frac{3\sqrt{3}}{2} - \frac{1}{2}i$$

4 **Representa todos los números complejos tales que $z + \bar{z} = 2$.**

Considerando que un número complejo toma la forma $z = x + yi$, la expresión $z + \bar{z} = 2$ queda del siguiente modo:

$$x + yi + x - yi = 2 \Rightarrow 2x = 2 \Rightarrow x = 1$$

Este resultado significa que todos los números complejos cuya parte real sea 1 verifican la exigencia planteada. Por tanto, todos los afijos con origen en el origen de coordenadas y cuyo extremo alcance la recta $x = 1$ validan la condición:

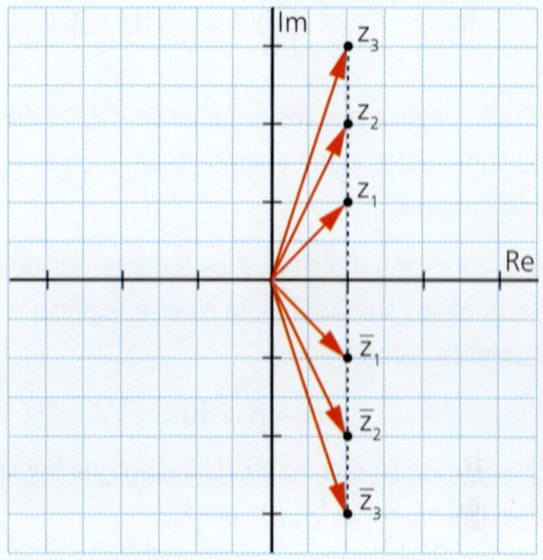

5 **Sean $z_1 = x + 2i$ y $z_2 = -3 - i$, calcula el valor de x para que:**

a. $z_1 \cdot z_2$ **sea un número real.**

b. $\dfrac{z_1}{z_2}$ **sea un número imaginario puro.**

c. $|z_1|$ **sea menor que 2.**

a. Se multiplican los dos números complejos y se obtiene:

$$z_1 \cdot z_2 = (x + 2i) \cdot (-3 - i) = -3x - 6i - xi - 2i^2 =$$
$$= -3x + 2 + (-6 - x)i$$

Para que $z_1 \cdot z$ sea un número real, su parte imaginaria ha de ser nula. De este modo:

$$-6 - x = 0 \Rightarrow x = -6$$

b. Se realiza la división y se obtiene:

$$\frac{z_1}{z_2} = \frac{x + 2i}{-3 - i} = \frac{x + 2i}{-3 - i} \cdot \frac{-3 + i}{-3 + i} = \frac{-3x + xi - 6i + 2i^2}{(-3)^2 - (i)^2} =$$
$$= \frac{-3x - 2 + (x - 6)i}{10}$$

Para que $\dfrac{z_1}{z_2}$ sea imaginario puro, su parte real ha de ser nula. Por tanto:

$$\frac{-3x - 2}{10} = 0 \Rightarrow x = -\frac{2}{3}$$

c. Se calcula el módulo y se resuelve la inecuación:

$$|z_1| < 2 \Rightarrow \sqrt{x^2 + 4} < 2 \Rightarrow x^2 + 4 < 4 \Rightarrow x^2 < 0$$

Esta inecuación no tiene solución, pues no hay ningún número real cuyo cuadrado sea negativo; por tanto, el complejo z_1 nunca podrá tener un módulo menor que 2.

6 **Calcula dos números complejos sabiendo que su cociente es 4, sus argumentos suman 40° y la suma de sus módulos es 15.**

Se consideran, inicialmente, las formas polares de dichos números:

$$z_1 = M_\alpha \qquad z_2 = N_\beta$$

La primera condición se expresa de la siguiente manera:

$$\frac{M_\alpha}{N_\beta} = 4_{0°} \Rightarrow \begin{cases} \alpha - \beta = 0° \Rightarrow \alpha = \beta \\ \dfrac{M}{N} = 4 \Rightarrow M = 4N \end{cases}$$

Este resultado implica que los argumentos de los dos números complejos son iguales y que el módulo de uno es el cuádruple del módulo del otro.

La segunda condición indica que los argumentos de ambos números complejos suman 40°, lo cual se expresa algebraicamente como:

$$\alpha + \beta = 40°$$

De la primera condición se había deducido que los argumentos son iguales; por tanto, se concluye que:

$$\begin{cases} \alpha + \beta = 40° \\ \alpha = \beta \end{cases} \Rightarrow \alpha = \beta = 20°$$

La tercera condición indica que la suma de los módulos de los dos números complejos es 15, lo que se expresa algebraicamente de la siguiente manera:

$$M + N = 15$$

Esta expresión, junto con la que se deriva de la primera condición, permite deducir el valor de los módulos respectivos:

$$\begin{cases} M + N = 15 \\ M = 4N \end{cases} \Rightarrow 4N + N = 15 \Rightarrow N = 3 \text{ y } M = 12$$

Cabe concluir, pues, que los números complejos buscados son:

$$z_1 = 12_{20°} \qquad z_2 = 3_{20°}$$

7 **Halla un polinomio de grado cuatro y coeficientes reales tal que dos de sus raíces sean 1 –i y 2i.**

Si un polinomio de coeficientes reales tiene una raíz imaginaria, también lo será la conjugada. Por tanto, las cuatro raíces complejas del polinomio son:

$$z_1 = 1 - i \qquad z_2 = 1 + i \qquad z_3 = 2i \qquad z_4 = -2i$$

En consecuencia, el polinomio buscado es:

$P(x) = (x - z_1) \cdot (x - z_2) \cdot (x - z_3) \cdot (x - z_4) =$

$= [(x - (1 - i)] \cdot [(x - (1 + i)] \cdot [(x - (2i)] \cdot [(x - (-2i)] =$

$= (x^2 - 2x + 1 - i^2) \cdot (x^2 - 4i^2) = (x^2 - 2x + 2) \cdot (x^2 + 4) =$

$= x^4 - 2x^3 + 6x^2 - 8x + 8$

8 **Dado el número complejo $z = 3 - \sqrt{3}\,i$, calcula su potencia cuarta operando tanto en forma binómica como en forma polar. Después, comprueba que en ambos casos se obtiene idéntico resultado.**

Se procede primero a realizar el cálculo en forma binómica. Para ello, se halla la cuarta potencia mediante el binomio de Newton:

$$z^4 = (3 - \sqrt{3}i)^4 = \binom{4}{0} \cdot 3^4 \cdot (-\sqrt{3}i)^0 + \binom{4}{1} \cdot 3^3 \cdot (-\sqrt{3}i)^1 +$$

$$+ \binom{4}{2} \cdot 3^2 \cdot (-\sqrt{3}i)^2 + \binom{4}{3} \cdot 3^1 \cdot (-\sqrt{3}i)^3 + \binom{4}{4} \cdot 3^0 \cdot (-\sqrt{3}i)^4$$

Se calculan las potencias:

$$z^4 = \binom{4}{0} \cdot 3^4 - \binom{4}{1} \cdot 3^3 \cdot (\sqrt{3})i + \binom{4}{2} \cdot 3^2 \cdot (\sqrt{3})^2 i^2 -$$

$$- \binom{4}{3} \cdot 3^1 \cdot (\sqrt{3})^3 i^3 + \binom{4}{4} \cdot (\sqrt{3})^4 i^4$$

Para seguir con este procedimiento, se determinan a continuación los coeficientes combinatorios. El triángulo de Tartaglia permite hallarlos fácilmente: 1, 4, 6, 4 y 1.

También se han de tener en cuenta las potencias de la unidad imaginaria: $i^0 = 1$; $i^1 = i$, $i^2 = -1$; $i^3 = -i$. Cualquier otra potencia se reducirá a una de las expresadas (por ejemplo, $i^4 = i^0 = 1$).

$$z^4 = 3^4 - 4 \cdot 3^3 \cdot (\sqrt{3})i + 6 \cdot 3^2 \cdot (\sqrt{3})^2 \cdot (-1) - 4 \cdot 3 \cdot (\sqrt{3})^3 \cdot (-i) +$$

$$+ (\sqrt{3})^4 = 81 - 108\sqrt{3}i - 162 + 36\sqrt{3}i + 9 = -72 - 72\sqrt{3}i$$

Ahora se realiza el cálculo en forma polar. Para ello, se procede, primero, a la conversión de la forma binómica:

$$z = 3 - \sqrt{3}i \Rightarrow \begin{cases} |z| = \sqrt{3^2 + (\sqrt{3})^2} = \sqrt{12} = 2\sqrt{3} \\ \operatorname{tg}\alpha = \dfrac{-\sqrt{3}}{3} \Rightarrow \alpha = -30° = 330° \end{cases} \Rightarrow$$

$$\Rightarrow z = (2\sqrt{3})_{330°}$$

Seguidamente se calcula la potencia cuarta:

$$z^4 = \left[(2\sqrt{3})_{330°}\right]^4 = \left(2\sqrt{3}\right)^4_{330° \cdot 4} = 2^4 \cdot \left(\sqrt{3}\right)^4_{1320°} = 144_{1320°}$$

El argumento de la potencia cuarta puede reducirse a la primera vuelta:

$$1\,320° = 3 \cdot 360° + 240°$$

De este modo, el resultado puede expresarse como:

$$z^4 = 144_{240°}$$

Para comprobar que se obtiene el mismo resultado por los dos métodos, se expresa este número en forma binómica:

$$z^4 = 144_{240°} = 144 \cdot (\cos 240° + i \operatorname{sen} 240°) =$$

$$= 144 \cdot \left(\frac{-1}{2} + \frac{\sqrt{3}}{2}i\right) = -72 - 72\sqrt{3}i$$

9 **Realiza la siguiente operación con números complejos:**

$$\sqrt[4]{\left(\frac{3}{2}+\frac{3\sqrt{3}}{2}i\right)\cdot\left(\frac{27}{2}+\frac{27\sqrt{3}}{2}i\right)}$$

Dado que hay que extraer una raíz, conviene expresar en forma polar los dos números complejos que se han de multiplicar:

$$z_1=\frac{3}{2}+\frac{3\sqrt{3}}{2}i \Rightarrow \begin{cases} |z|=\sqrt{\left(\frac{3}{2}\right)^2+\left(\frac{3\sqrt{3}}{2}\right)^2}=27 \\ \operatorname{tg}\alpha=\dfrac{\frac{3}{2}\sqrt{3}}{\frac{3}{2}} \Rightarrow \alpha=60° \end{cases} \Rightarrow z_1=3_{60°}$$

$$z_2=\frac{27}{2}+\frac{27\sqrt{3}}{2}i \Rightarrow \begin{cases} |z|=\sqrt{\left(\frac{27}{2}\right)^2+\left(\frac{27\sqrt{3}}{2}\right)^2}=27 \\ \operatorname{tg}\alpha=\dfrac{\frac{27}{2}\sqrt{3}}{\frac{27}{2}} \Rightarrow \alpha=60° \end{cases} \Rightarrow z_2=27_{60°}$$

Por tanto, la operación queda de la siguiente forma:

$$\sqrt[4]{3_{60°}\cdot 27_{60°}}=\sqrt[4]{3_{60°}\cdot 27_{60°}}=\sqrt[4]{81}_{120°}$$

La solución de esta raíz cuarta es:

$$x=\sqrt[4]{81}_{120°} \Rightarrow \begin{cases} x_1=\left(\sqrt[4]{81}\right)_{\frac{120°}{4}}=3_{30°}=\frac{3\sqrt{3}}{2}+\frac{3}{2}i \\ x_2=\left(\sqrt[4]{81}\right)_{\frac{120°+360°}{4}}=3_{120°}=-\frac{3}{2}+\frac{3\sqrt{3}}{2}i \\ x_3=\left(\sqrt[4]{81}\right)_{\frac{120°+2\cdot 360°}{4}}=3_{210°}=-\frac{3\sqrt{3}}{2}-\frac{3}{2}i \\ x_4=\left(\sqrt[4]{81}\right)_{\frac{120°+3\cdot 360°}{4}}=3_{300°}=\frac{3}{2}-\frac{3\sqrt{3}}{2}i \end{cases}$$

10 **Un hexágono centrado en el origen de coordenadas tiene un vértice en el punto (3 , 3). Expresa los otros vértices en forma trigonométrica.**

Las *n* soluciones de una raíz enésima son complejos cuyos afijos forman los vértices de polígonos regulares de *n* lados. Por tanto, los seis vértices del hexágono se corresponden con seis raíces sextas. El vértice (3 , 3) corresponde a la raíz $z = 3 + 3i$, que se expresa en forma polar como $z_1 = \left(3\sqrt{2}\right)_{45°}$. El resto de raíces, que corresponden a los otros vértices del hexágono, tienen el mismo módulo que la primera raíz y argumentos que difieren en $\frac{360°}{6}=60°$. Por tanto:

$$\text{Vértice}_2=\left(3\sqrt{2}\right)_{45°+60}=\left(3\sqrt{2}\right)_{105°}=\left(3\sqrt{2}\right)\cdot(\cos 105°+i\operatorname{sen}105°)$$

$$\text{Vértice}_3=\left(3\sqrt{2}\right)_{45°+2\cdot 60}=\left(3\sqrt{2}\right)_{165°}=\left(3\sqrt{2}\right)\cdot(\cos 165°+i\operatorname{sen}165°)$$

$$\text{Vértice}_4=\left(3\sqrt{2}\right)_{45°+3\cdot 60}=\left(3\sqrt{2}\right)_{225°}=\left(3\sqrt{2}\right)\cdot(\cos 225°+i\operatorname{sen}225°)$$

$$\text{Vértice}_5=\left(3\sqrt{2}\right)_{45°+4\cdot 60}=\left(3\sqrt{2}\right)_{285°}=\left(3\sqrt{2}\right)\cdot(\cos 285°+i\operatorname{sen}285°)$$

$$\text{Vértice}_6=\left(3\sqrt{2}\right)_{45°+5\cdot 60}=\left(3\sqrt{2}\right)_{345°}=\left(3\sqrt{2}\right)\cdot(\cos 345°+i\operatorname{sen}345°)$$

11 **Resuelve las siguientes ecuaciones:**

a. $x^2+8x+25=0$

b. $x^4+3x^2-10=0$

c. $x^4+16=0$

a. Se aplica la fórmula general para la resolución de ecuaciones de segundo grado y se obtiene:

$$x^2+8x+25=0 \Rightarrow x=\frac{-8\pm\sqrt{64-100}}{2}=\frac{-8\pm\sqrt{-36}}{2}=$$

$$=\begin{cases} x_1=\frac{-8+6i}{2}=-4+3i \\ x_2=\frac{-8-6i}{2}=-4-3i \end{cases}$$

Por tanto, las soluciones son $-4+3i$ y $-4-3i$, que, como puede comprobarse, son números complejos conjugados. Con este resultado se recuerda que, cuando una ecuación polinómica de coeficientes reales tiene una solución imaginaria, el complejo conjugado es también solución.

b. Estamos ante una ecuación bicuadrada, por lo que se realiza el cambio de variable $t = x^2$; se obtiene, así, la ecuación polinómica $t^2 + 3t^2 - 10 = 0$, cuyas soluciones son:

$$t^2+3t^2-10=0 \Rightarrow t=\frac{-3\pm\sqrt{9+40}}{2}=\frac{-3\pm\sqrt{49}}{2}=$$

$$=\frac{-3\pm 7}{2}=\begin{cases} t_1=2 \\ t_2=-5 \end{cases}$$

Se deshace el cambio de variable y resulta:

$$t_1=2 \Rightarrow x^2=2 \Rightarrow x=\pm\sqrt{2}$$

$$t_2=-5 \Rightarrow x^2=-5 \Rightarrow x=\pm\sqrt{-5}=\pm\sqrt{5}\,i$$

Las soluciones son, en este caso, dos reales y dos complejos (conjugados entre sí).

c. En este caso, $x^4+16=0 \Rightarrow x=\sqrt[4]{-16}$. La resolución de esta ecuación obliga a realizar la raíz cuarta de un número complejo $(-16 + 0i)$. Las cuatro soluciones de dicha raíz son, obviamente, las soluciones de la ecuación. Para realizar esta raíz, hay que expresa el número complejo en forma polar:

$$z=-16+0i \Rightarrow \begin{cases} |z|=\sqrt{16^2+0} \\ \operatorname{tg}\alpha=\frac{0}{-16} \Rightarrow \alpha=0° \text{ ó } 180° \end{cases} \Rightarrow z=16_{180°}$$

Una vez que se tiene el número expresado en forma polar, se realiza la raíz cuarta:

$$x=\sqrt[4]{16}_{180°} \rightarrow \begin{cases} x_1=\left(\sqrt[4]{16}\right)_{\frac{180°}{4}}=2_{45°}=\sqrt{2}+\sqrt{2}i \\ x_2=\left(\sqrt[4]{16}\right)_{\frac{180°+360°}{4}}=2_{135°}=-\sqrt{2}+\sqrt{2}i \\ x_3=\left(\sqrt[4]{16}\right)_{\frac{180°+2\cdot 360°}{4}}=2_{225°}=-\sqrt{2}-\sqrt{2}i \\ x_4=\left(\sqrt[4]{16}\right)_{\frac{180°+3\cdot 360°}{4}}=2_{315°}=\sqrt{2}-\sqrt{2}i \end{cases}$$

Se obtienen cuatro soluciones complejas cuyas representaciones difieren entre sí en ángulos de 90°.

1. Representa, en cada caso, todos los complejos que verifiquen la condición indicada.

   a. $|z| = 3$

   b. $|z| < 3$

   c. $z - \bar{z} = 3i$

   d. $1 < |z| < 3$

   e. $-2 <$ parte real < 3

   f. $z \cdot \bar{z} = 4$

2. Halla el opuesto y el conjugado de cada número complejo y represéntalo:

   a. $1 + i$

   b. $17_{130°}$

   c. $-i$

   d. 4

   e. $7 \cdot (\cos 210° + i \operatorname{sen} 210°)$

3. ¿Qué se precisa para que el número complejo m_α sea un número real? ¿Y para que sea imaginario puro?

4. Indica la relación existente entre el argumento de un número complejo, el de su opuesto y el de su conjugado.

5. Dado el número complejo $\sqrt{2} + \sqrt{2}i$:

   a. Exprésalo en su forma trigonométrica.

   b. Expresa en forma polar su conjugado.

   Comprueba los resultados que has obtenido utilizando Wiris o GeoGebra.

6. Escribe en forma polar y trigonométrica los siguientes números complejos. Después, comprueba los resultados que has obtenido con Wiris o GeoGebra.

   a. $1 + \sqrt{3}i$

   b. $-1 + \sqrt{3}\ i$

   c. $-1 - \sqrt{3}i$

7. Sean los números complejos $z_1 = 3 + 2i$, $z_2 = -2 - i$ y $z_3 = 5 - 3i$; realiza las siguientes operaciones. Después, comprueba los resultados que has obtenido con Wiris o GeoGebra.

   a. $z_1 + 3z_2 - \frac{3}{5}z_3$

   b. $z_1 \cdot z_3$

   c. $(z_3)^2$

   d. $(\bar{z}_2)^2 + z_3$

   e. $\frac{2}{z_1}$

   f. $\frac{z_2}{z_1}$

   g. $\frac{z_1 + 2z_2}{\bar{z}_3}$

   h. $z_1 \cdot \bar{z}_1 - z_2 \cdot \bar{z}_2$

8. Sean $z_1 = 3 \cdot (\cos 210° + i \operatorname{sen} 210°)$, $z_2 = -2 - i$ y $z_3 = \sqrt{2}_{\,135°}$; realiza los siguientes cálculos. Después, comprueba los resultados que has obtenido con Wiris o GeoGebra.

   a. $z_1 + 2z_2 + 4\bar{z}_1 - 3\bar{z}_3$

   b. $(z_3)^2$

   c. $\frac{2}{z_1}$

   d. $\frac{\frac{1}{3}z_1}{2\bar{z}_2}$

   e. $\frac{z_1 + 2z_2}{\bar{z}_3}$

   f. $\overline{z_1 \cdot z_1 - z_2 \cdot z_2 + z_2}$

9. ¿Qué particularidad presenta la suma de dos números complejos conjugados? ¿Y su producto? ¿Y la suma y el producto de los opuestos?

10. ¿Qué particularidad presenta el producto de un número complejo por i? ¿y por $-i$?

11. ¿Ofrece la raíz octava ocho soluciones si el número es real? ¿Y si es complejo? ¿Ofrece ocho soluciones la potencia octava?

12. ¿Puede ocurrir que el cubo de dos números complejos distintos ofrezca el mismo resultado?

13. Halla las raíces cuadrada, cúbica, cuarta y sexta de la unidad sin realizar cálculos.

14. Calcula la potencia octava de $1 + i$ sin efectuar cálculos.

15. Apoyándote en el ejercicio anterior, determina las raíces octavas del número complejo 16 sin efectuar cálculos.

16. Calcula:

   a. $\frac{i^5 - i^7}{i^8 - i^{17}}$

   b. $\frac{5i^3 - i^{-3}}{i^2 - 3i^{-2}}$

   c. $\frac{i^{235} - i^{236}}{-4i^{17}}$

17. Dados los números complejos $z_1 = 2 + 3i$ y $z_2 = 2_{-120°}$, halla para cada uno de ellos:

   a. Su cuadrado.

   b. Su potencia cuarta.

   c. Su producto con el número complejo $2_{30°}$.

   d. Su cociente cuando el divisor es $\sqrt{3} - i$.

18. Calcula la potencia quinta de $-\sqrt{3} - i$ en forma binómica y en forma polar, y comprueba que se obtienen resultados idénticos. Después, comprueba los resultados obtenidos con Wiris o GeoGebra.

19. Calcula $(-4 - 4i)^{100}$.

20 Resuelve la expresión $\frac{i^{43}-i^{-159}}{2i^{225}}$ y calcula sus raíces cúbicas.

21 Calcula cuánto deben valer *x* e *y*, en cada caso, para que se verifique la condición indicada.

a. El número $(2-xi)^2$ es imaginario puro.

b. Se verifica que $\frac{2x+yi}{1-i}=3+i$.

c. El producto $(-5+2i)\cdot(-2+xi)$ es un número real.

d. El afijo de $\frac{1+xi}{2+3i}$ se encuentra en la bisectriz del primer y tercer cuadrante.

e. Se verifica que $(2-i)^2\cdot x=1$.

f. Se cumple que $(1+i)^2+x\cdot(-i)=-(2+2i)^2$.

22 Calcula el valor de *x* para que el resultado de cada operación sea un número imaginario puro.

a. $(x+3i)^2$ **b.** $(x+3i)\cdot(2-i)$ **c.** $\frac{x+3i}{2-i}$

23 Calcula el valor de *a* y *b* para que $\frac{2b-ai}{3-2i}$ sea real y tenga por módulo la unidad.

24 Calcula el valor de *a* y *b* para que el resultado de $\frac{2b-ai}{3-2i}$ sea $\sqrt{2}_{315^\circ}$.

25 Calcula el módulo del número complejo $z=\frac{a+2i}{a-2i}$.

26 Determina la condición o condiciones que han de cumplirse para que:

a. El producto de un número complejo y su conjugado sea un número real.

b. El cociente entre un número complejo y su conjugado sea un número real.

27 Determina los números complejos que verifican que:

a. El número complejo es igual a su inverso.

b. El cuadrado del número complejo es real.

c. El cuadrado del número complejo es imaginario puro.

28 Calcula las siguientes raíces y representa las soluciones correspondientes. Después, comprueba los resultados que has obtenido con Wiris o GeoGebra.

a. $\sqrt{81}$ **c.** $\sqrt[3]{\frac{1-i}{1-\sqrt{3}i}}$

b. $\sqrt[4]{81}$ **d.** $\sqrt[3]{\frac{-27}{i}}$

29 Si 4i es raíz cuarta de un número, ¿cuáles son las otras raíces? ¿De qué número se trata?

30 ¿De qué número es $1+3i$ raíz cúbica?

31 Una de las raíces cuartas de $z=r\cdot(\cos\alpha+i\,\text{sen}\,\alpha)$ es 2_{-30°. Calcula *z*.

32 Un triángulo equilátero tiene su centro en el origen de coordenadas y uno de sus vértices en el punto (1 , 0); determina los otros dos vértices.

33 Un octógono regular tiene su centro en el origen de coordenadas y uno de sus vértices en el punto (1 , 0). Halla los otros vértices.

34 Expresa en forma trigonométrica los vértices de un octógono regular inscrito en una circunferencia de 2 cm de radio, sabiendo que uno de ellos corresponde al afijo de 2_{130°.

35 Un polinomio de tercer grado con coeficientes reales tiene como soluciones 3 y $(-1+2i)$. Halla dicho polinomio.

36 Si en una ecuación de segundo grado una de las raíces es real, ¿puede la otra ser compleja?

37 Encuentra un polinomio, con coeficientes reales, que tenga como raíz $-\sqrt{3}i$.

38 ¿En qué caso el número de soluciones de la raíz enésima de un número complejo es menor que *n*?

39 Resuelve las siguientes ecuaciones:

a. $x^2-36=0$ **e.** $x^4+x^2=2$

b. $x^2+36=0$ **f.** $x^3+4x=0$

c. $x^6=1$ **g.** $x^2-6x+13=0$

d. $x^6=-1$ **h.** $-1-i+\frac{(1-3i)}{x}=2$

40 Resuelve estas ecuaciones:

a. $(1-3i)x=4+6i$ **c.** $\frac{x}{1-i}+\frac{2y+i}{1+i}=3i$

b. $\frac{1-3i}{x}=2-4i$ **d.** $\frac{3+xi}{1-i}=y-2i$

41 Resuelve los siguientes sistemas:

a. $\begin{cases}(1+i)x-iy=3+5i\\(2-i)x+(2+4i)y=15+15i\end{cases}$ **b.** $\begin{cases}3ix+(-1-i)y=-5-i\\(1+i)x-iy=4+i\end{cases}$

42 Demuestra que $3 + i$ es solución de la ecuación $x^2 - 6x + 10 = 0$. Después, compruébalo con Wiris o GeoGebra.

43 El inverso de un número complejo es $\cos x + i \operatorname{sen} x$. Calcula dicho número complejo.

44 Demuestra que se verifican las siguientes igualdades:

a. $\overline{z_1 + z_2} = \overline{z}_1 + \overline{z}_2$

b. $\overline{z_1 \cdot z_2} = \overline{z}_1 \cdot \overline{z}_2$

c. $\overline{\left(\frac{z_1}{z_2}\right)} = \left(\frac{\overline{z}_1}{\overline{z}_2}\right)$

d. $|z_1 + z_2|^2 + |z_1 - z_2|^2 = 2 \cdot (|z_1|^2 + |z_2|^2)$

45 Busca información sobre la fórmula de Moivre.

46 Expresa $\cos 4x$ y $\operatorname{sen} 4x$ en función de $\cos x$ y $\operatorname{sen} x$. Haz uso de la fórmula de Moivre.

47 Sabiendo que $\operatorname{sen} x = \frac{1}{3}$, calcula $\operatorname{sen}^4 3x$.

48 Halla un número complejo tal que el cubo y el conjugado de dicho número sean iguales.

49 Halla dos números complejos conjugados tales que su suma sea 8, y la suma de sus módulos, 10.

50 Halla dos números complejos tales que su diferencia sea un número real, la parte real de su suma sea 4 y su producto sea $-1 + 8i$.

51 Halla dos números complejos sabiendo que su producto es -8 y que uno de ellos es el cuadrado del otro.

52 Los movimientos en el plano pueden calcularse utilizando números complejos. Explica cómo realizarías los siguientes movimientos:

a. Una traslación.

b. Una simetría con respecto al origen.

c. Una simetría con respecto al eje de abscisas.

d. Un giro con centro en el origen de coordenadas y ángulo x.

53 Un móvil se encuentra en la posición $(-1, \sqrt{3})$ m con respecto al origen y se desplaza 2 m en dirección este a velocidad constante; a continuación, desde esa posición, gira 45° a la derecha con respecto a la posición inicial. Representa y halla las coordenadas de la nueva posición, haciendo uso del campo numérico complejo.

54 Se aplica un giro de 90° sobre el punto $(-1, 2)$; determina las coordenadas del punto que se obtiene.

55 Se multiplica un número complejo por $\frac{\sqrt{3}}{2} - \frac{1}{2}i$. ¿Qué tipo de movimiento se produce sobre el número complejo?

56 Indica las modificaciones que tienen lugar en el módulo y el argumento de un número complejo si se multiplica por un número real positivo. ¿Y si el número real es negativo?

57 Suponiendo que las expresiones que se ofrecen a continuación representan movimientos en el plano, indica, en cada caso, la posición final y describe las posibles transformaciones que se producen:

a. $z = 2_{0°} \cdot (3 - 5i)$

b. $z = 1_{90°} \cdot (3 - 5i)$

c. $z = -(3 - 5i)$

d. $z = (-i) \cdot (3 - 5i)$

e. $z = \frac{2 + 2i}{2}$

f. $z = \frac{2 + 2i}{2} + 3 - 5i$

g. $z = -(2 - 3i) + 2$

h. $z = (-1 + 5i) \cdot 1_{20°}$

58 Ordena los siguientes números complejos: $1 + i$, $7 + 3i$ y $10 - 2i$

59 Identifica, en cada caso, la condición que se exige a un número complejo a partir de la región coloreada en la figura.

a.

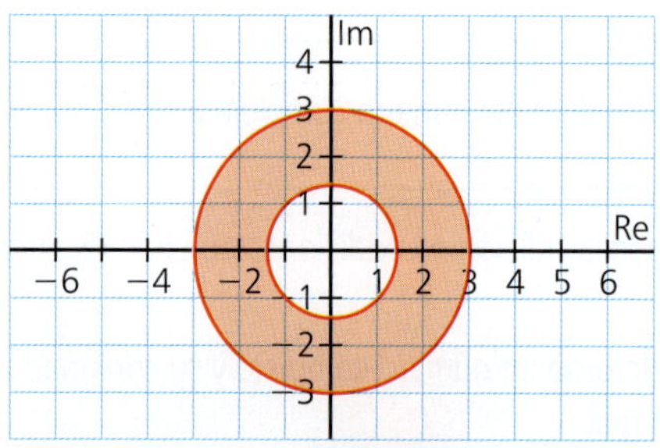

b.

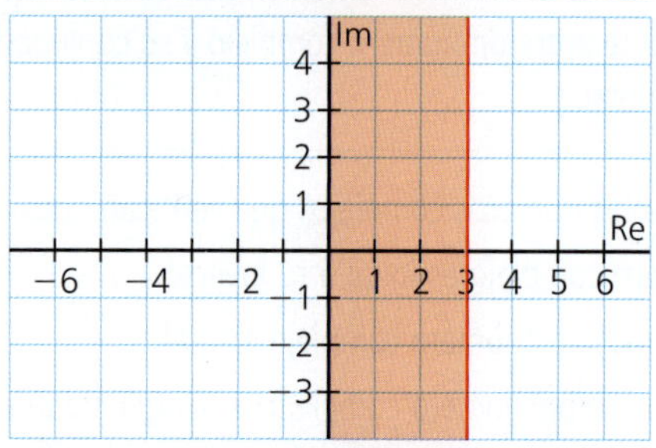

c.

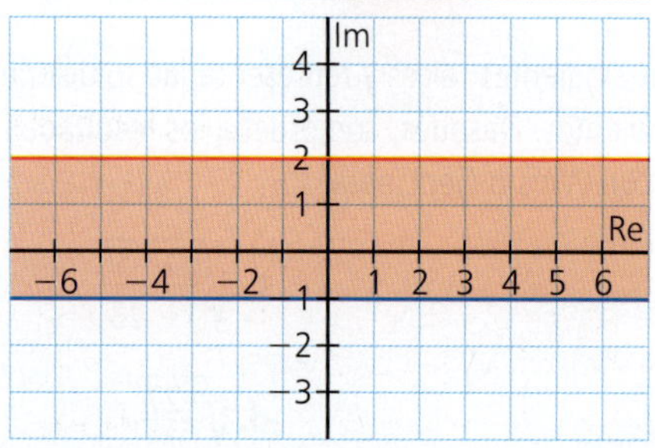

OPERACIONES CON NÚMEROS SECRETOS

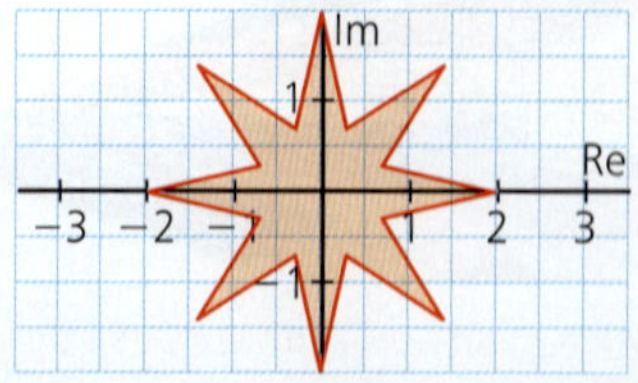

1. Se ha realizado una operación con números secretos de manera que ha sido posible construir la estrella de ocho puntas que se muestra en el margen. ¿Qué dos números complejos son y cuál es la operación que permite obtener los 16 vértices de la figura?

Nota: Los vértices más alejados distan dos unidades del centro, y los vértices internos, la cuarta parte.

2. La suma de dos números secretos da como resultado el número complejo $-2 + 3i$. ¿Cuáles son estos números?

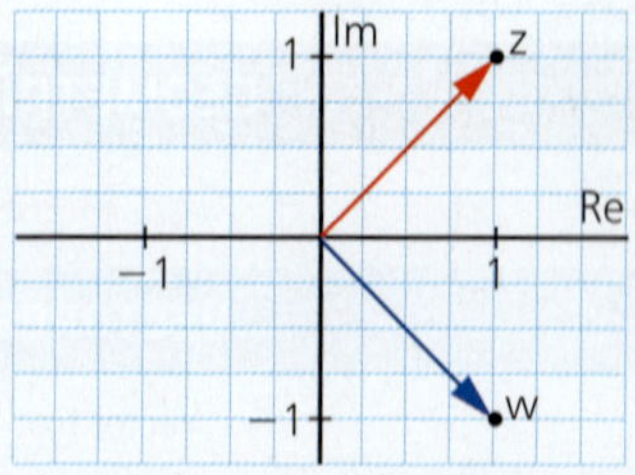

3. La suma de dos números complejos, z y z', da como resultado el número complejo w. Halla la expresión de z' a partir de la figura del margen.

4. ¿Cuáles son los números complejos que pertenecen a la corona circular de la imagen?

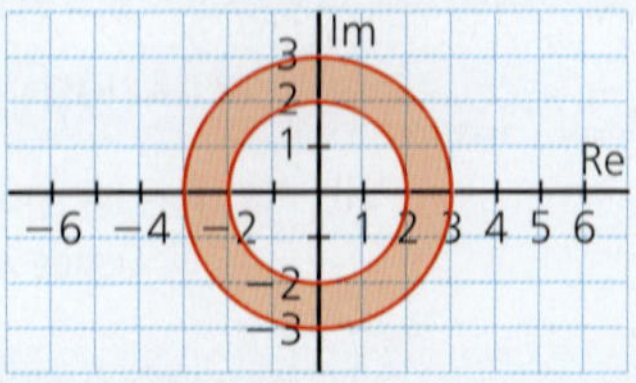

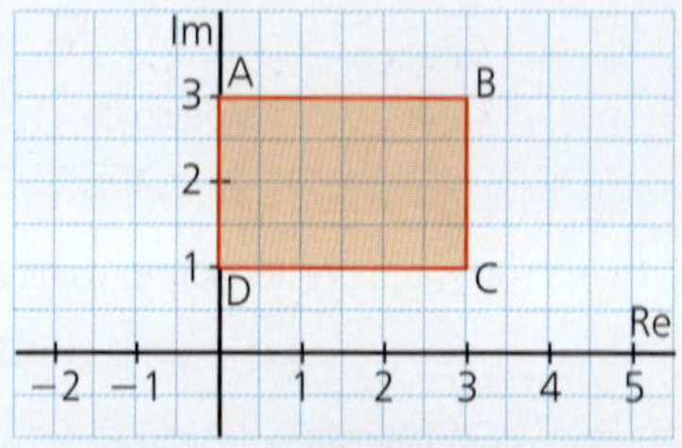

5. ¿Qué números complejos pertenecen al rectángulo de la figura del margen?

6. ¿Qué números complejos ocupan la recta $x = 5$?

7. Los números complejos p, m y r que se muestran en la figura están relacionados con una operación. ¿Cuál es?

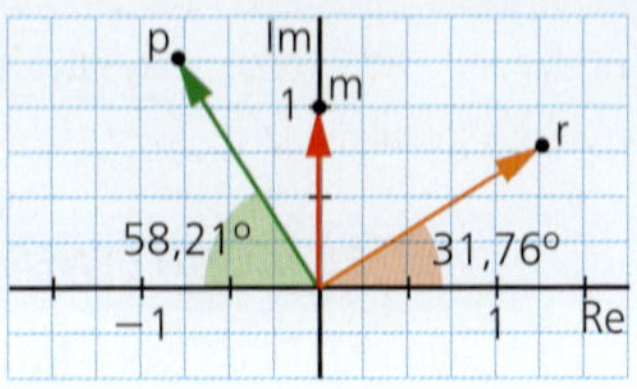

AUTO DE CARRERAS

La siguiente gráfica muestra la velocidad de un auto de carreras a lo largo de un trayecto plano de 3 km durante su segunda vuelta:

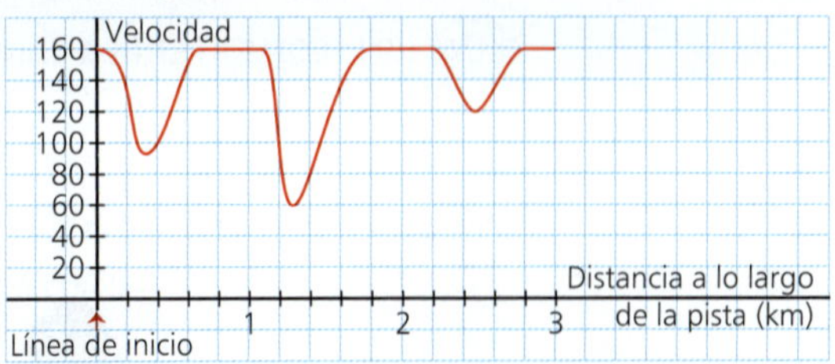

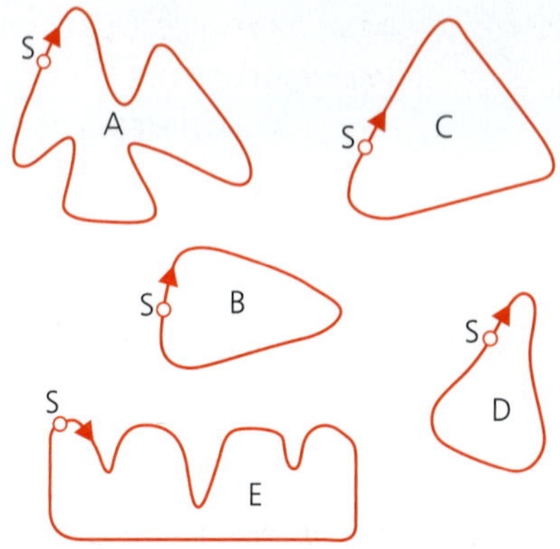

1. ¿Cuál es la distancia aproximada desde la línea de salida hasta el inicio de la recta más larga del trayecto?

2. ¿A qué se deben los cambios de velocidad? ¿Dónde se registró el mayor obstáculo en la carrera (el lugar en el que la maniobra obligó a una mayor frenada)?

3. ¿Qué puedes decir de la maniobra del piloto entre los kilómetros 2,6 y 2,8? ¿Este tramo corresponde a una curva o a una recta?

4. La figura del margen muestra la representación de cinco circuitos. ¿Cuál de ellos corresponde al de la gráfica anterior?

5. ¿Entre qué kilómetros se ubican las rectas del circuito?

DIARIO DE APRENDIZAJE

Una vez estudiada la unidad, ¿con qué imágenes ilustraría yo la presentación?

07 GEOMETRÍA

GEOMETRÍA

VECTORES

Vector fijo:

$$\overrightarrow{AB} = B\,(b_1\,,\,b_2) - A\,(a_1\,,\,a_2) = (b_1 - a_1\,,\,b_2 - a_2)$$

Vector libre:

$$\vec{v} = (v_1\,,\,v_2)$$

Módulo de $\vec{v}$:

$$|\vec{v}| = \sqrt{v_1^2 + v_2^2}$$

Vector normal o unitario:

$$|\vec{v}| = \sqrt{v_1^2 + v_2^2} = 1$$

VECTORES PARALELOS

$$\vec{u} \parallel \vec{v} \Rightarrow \frac{u_1}{v_1} = \frac{u_2}{v_2}$$

VECTORES PERPENDICULARES

$$\vec{u} \perp \vec{v} \Rightarrow u_1v_1 + u_2v_2 = 0$$

PENDIENTE DE UN VECTOR

$$m = \frac{v_2}{v_1}$$

PUNTO MEDIO DE AB

$$P_m = \left(\frac{a_1 + b_1}{2}\,,\,\frac{a_2 + b_2}{2}\right)$$

ÁNGULO ENTRE VECTORES

$$\cos\left(\widehat{\vec{u}\,,\,\vec{v}}\right) = \frac{u_1 \cdot v_1 + u_2 \cdot v_2}{|\vec{u}| \cdot |\vec{v}|}$$

ECUACIONES DE LA RECTA

ECUACIÓN VECTORIAL

$$(x\,,\,y) = (p_1\,,\,p_2) + \lambda \cdot (v_1\,,\,v_2)$$

Donde $\lambda \in \mathbb{R}$.

ECUACIÓN PARAMÉTRICA

$$\begin{cases} x = p_1 + \lambda \cdot v_1 \\ y = p_2 + \lambda \cdot v_2 \end{cases}$$

ECUACIÓN CONTINUA

$$\frac{x - p_1}{v_1} = \frac{y - p_2}{v_2}$$

ECUACIÓN GENERAL O IMPLÍCITA

$$Ax + By + C = 0$$

ECUACIÓN EXPLÍCITA

$$y = mx + n$$

Donde m es la pendiente.

ECUACIÓN SEGMENTARIA O CANÓNICA

$$\frac{x}{a} + \frac{y}{b} = 1$$

Puntos de corte con los ejes: (a , 0) y (0 , b)

POSICIONES RELATIVAS DE DOS RECTAS

Sean las rectas:

$r: Ax + By + C = 0$

$s: A'x + B'y + C' = 0$

RECTAS PARALELAS

$$\frac{A}{A'} = \frac{B}{B'}$$

$$\vec{v}_r \parallel \vec{v}_s$$

$$m_r = m_s$$

PARALELAS COINCIDENTES

$$\frac{A}{A'} = \frac{B}{B'} = \frac{C}{C'}$$

PARALELAS NO COINCIDENTES

$$\frac{A}{A'} = \frac{B}{B'} \neq \frac{C}{C'}$$

RECTAS SECANTES

$$\frac{A}{A'} \neq \frac{B}{B'}$$

$$\vec{v}_r \nparallel \vec{v}_s$$

$$m_r \neq m_s$$

SECANTES PERPENDICULARES

$$AA' + BB' = 0$$

$$\vec{v}_r \cdot \vec{v}_s = 0$$

$$m_r \cdot m_s = -1$$

SECANTES NO PERPENDICULARES

Si $AA' + BB' \neq 0$

$$\vec{v}_r \cdot \vec{v}_s \neq 0$$

$$m_r \cdot m_s \neq -1$$

DISTANCIAS Y ÁNGULOS

Sean los puntos y las rectas:

$P(p_1, p_2)$ $Q(q_1, q_2)$

$r: Ax + By + C = 0$

$s: A'x + B'y + C' = 0$

DISTANCIA ENTRE DOS PUNTOS

$$d(P, Q) = |\overrightarrow{PQ}| = \sqrt{(q_1 - p_1)^2 + (q_2 - p_2)^2}$$

DISTANCIA DE PUNTO A RECTA

$$d(P, r) = \frac{|Ap_1 + Bp_2 + C|}{\sqrt{A^2 + B^2}}$$

DISTANCIA DE RECTA A RECTA

Si r y s son secantes $\Rightarrow d(r, s) = 0$

Si $r \parallel s \Rightarrow d(r, s) = d(P, s) = d(Q, r)$

Donde $P \in r$ y $Q \in s$

ÁNGULO ENTRE DOS RECTAS

$$(\widehat{r, s}) = \arccos \frac{|u_1 \cdot v_1 + u_2 \cdot v_2|}{|\vec{u}| \cdot |\vec{v}|}$$

$$(\widehat{r, s}) = \operatorname{arctg} \left| \frac{m_r - m_s}{1 + m_r \cdot m_s} \right|$$

$$(\widehat{r, s}) = \arccos \frac{|A \cdot A' + B \cdot B'|}{\sqrt{A^2 + B^2} \cdot \sqrt{A'^2 + B'^2}}$$

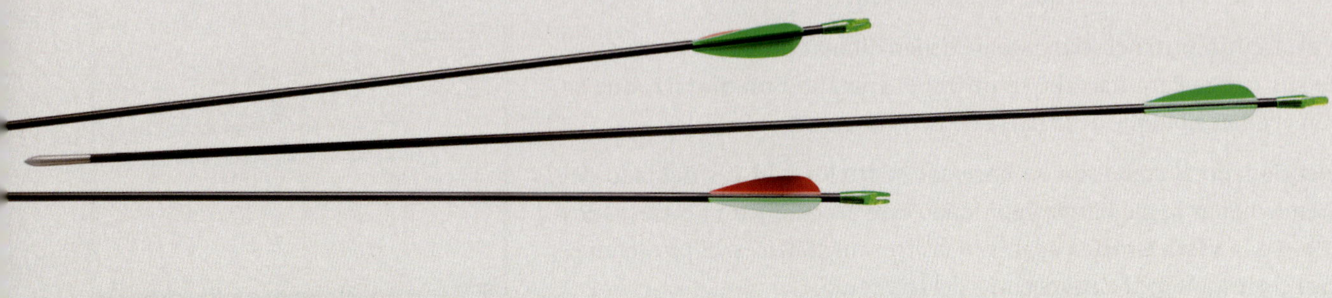

GEOMETRÍA CON GEOGEBRA

Representación de rectas

GeoGebra permite representar una recta a partir de dos puntos, un punto y un vector o un punto y una recta paralela a la recta que se desea representar. Para hacerlo, se pueden editar los siguientes comandos en el campo **Entrada:**

Recta[Punto A, Punto B]

Recta[Punto, Recta]

Recta[Punto, Vector v]

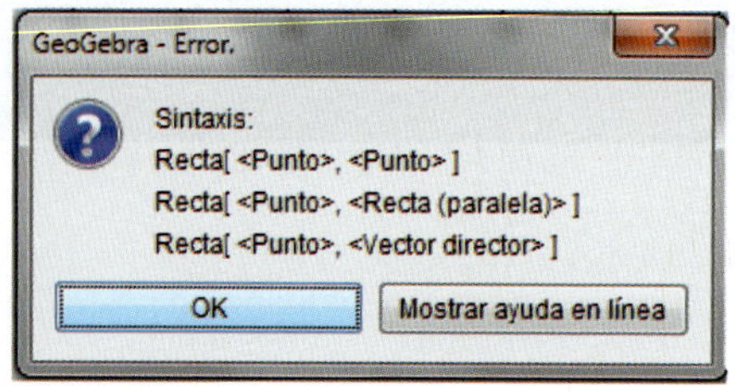

GeoGebra facilita la sintaxis correcta de los comandos.

Al empezar a escribir el comando, el sistema lo reconoce y ofrece su sintaxis y, según el caso, los argumentos que hay que pasarle para su correcta ejecución. En caso de desconocer la sintaxis de un comando, puede pulsarse F1 para consultar la ayuda que ofrece el sistema.

Suma de vectores

Para representar un vector, se puede usar el comando **Vector,** alojado en la barra de herramientas, o editar directamente el comando en el campo de entrada con la siguiente sintaxis:

Vector[<Punto inicial>, <Punto final>]

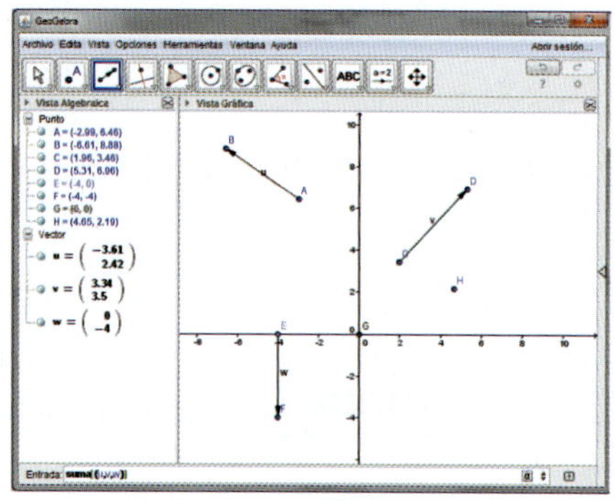

Una vez definidos los vectores, se pueden realizar multitud de operaciones con ellos; por ejemplo, es posible representar cuatro vectores y calcular su suma, editando en el campo de entrada el texto:

suma[{u,v,w,z}]

Hay que tener en cuenta que los comandos exigen que se introduzca el nombre correcto de los objetos implicados, distinguiendo entre mayúsculas y minúsculas. Los parámetros o argumentos de los comandos se introducen entre corchetes y separados por comas; en algunos casos, como en la lista de vectores que se ha propuesto, se exige, además, colocarlos entre llaves.

+ TEN EN CUENTA

La ayuda de GeoGebra aporta la sintaxis de todos los comandos, así como listados de herramientas para cada objeto.

Representación de un triángulo y de su circuncentro

Para representar un triángulo, se selecciona el comando **polígono** de la barra de herramientas y se hace clic con el ratón en tres puntos del plano contenido en la **Vista Gráfica.** Una vez seleccionado el tercer punto, hay que volver a seleccionar el primero para cerrar la figura.

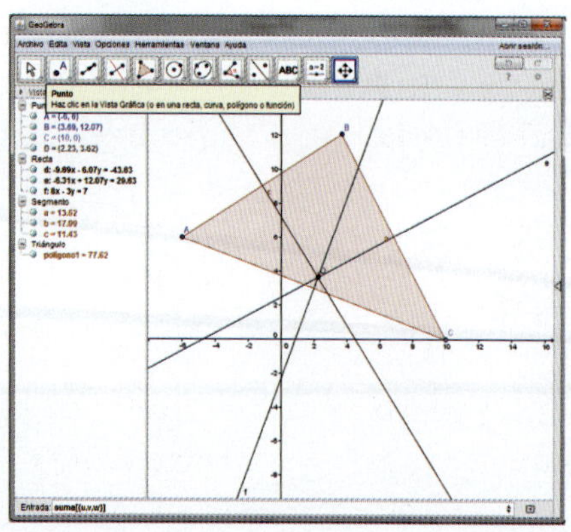

En la **Vista Gráfica** aparece el triángulo, y en la **Vista Algebraica,** la descripción matemática de los elementos que lo constituyen.

Para hallar el circuncentro del triángulo, se deben dibujar previamente las mediatrices de sus lados. Para hacerlo, se utiliza el comando **mediatriz,** que se encuentra en el cuarto bloque de la barra de herramientas.

Una vez seleccionado el comando, se hace clic sobre los vértices del lado del cual se pretende hallar la mediatriz; repitiendo este proceso para los tres lados del triángulo. En la **Vista Gráfica** aparecen las tres mediatrices; el punto en el que se cortan corresponde al circuncentro del triángulo.

GEOMETRÍA CON WIRIS

Elementos notables de la geometría plana

Wiris proporciona una gran variedad de elementos con los que se puede trabajar tanto la geometría plana como la geometría en tres dimensiones. Para hacer uso de estos elementos, se accede a la pestaña **Geometría:**

A la hora de definir los elementos básicos con los que se ha trabajado en esta unidad, se procede de la siguiente manera:

- Punto: se selecciona el icono **punto** y se introducen las coordenadas correspondientes.
- Vector: se introducen sus componentes entre corchetes.
- Recta: se selecciona el icono **recta** y se indican dos de sus puntos.

Existen, sin embargo, otras formas de definir una recta con Wiris:

- A partir de un punto, P, y vector director, $\vec{v}$: **recta(P,v)**
- A partir de un punto, P, y la pendiente, *m*: **recta(P,m)**
- A partir de la ecuación de la recta.

Para extraer información relevante de una recta dada, *r*, se utilizan los comandos **pendiente(r), punto(r)** y **vector(r).** En la figura del margen se ha obtenido la pendiente, el vector director y un punto de la recta $r: 2x + y - 5 = 0$.

Resolución de problemas geométricos

En la pestaña **Geometría** se dispone de varias herramientas que permiten resolver problemas básicos de geometría plana:

En la figura del margen se observa cómo obtener una recta, *s*, que pasa por el punto (3 , 3) y es paralela a una recta, *r*, dada. También se muestra la manera de obtener una recta, *t*, que pasa por el punto (3 , 3) y es perpendicular a *r*.

Los comandos **distancia** y **ángulo** permiten realizar mediciones a partir de elementos geométricos que se hayan definido previamente. Por ejemplo, se puede calcular la distancia entre la recta *r* y el origen de coordenadas, o el ángulo entre las rectas *r* y *t*, comprobándose que es de 90°.

distancia(r,punto(0,0)) → $\sqrt{5}$
ángulo(r,t) → $\frac{\pi}{2}$
dibujar({r,s,t}) → **tablero1**

Cualquier elemento u operación que se realice puede visualizarse gráficamente con solo añadir el comando **dibujar.** Si se desea representar varios elementos simultáneamente, deben incluirse dentro de la misma sentencia y entre llaves:

TEN EN CUENTA

Es muy recomendable etiquetar cada elemento geométrico que se edite con una letra (P, Q, r, v…), a fin de poderlo identificar posteriormente.

P=punto(−1,−1) → (−1,−1)
Q=punto(2,5) → (2,5)
r=recta(P,Q) → y=2 · x+1
v=[−3,5] → [−3,5]

recta(punto(2,3),[1,−2]) → y=−2 · x+7
recta(punto(1,5),3) → y=3 · x+2
recta(2x+y−5=0) → y=−2 · x+5

r=recta(2x+y−5=0) → y=−2 · x+5
pendiente(r) → −2
punto(r) → (2,1)
vector(r) → [1,−2]

r=recta(2x+y−5=0) → y=−2 · x+5
s=paralelas(r,punto(3,3)) → y=−2 · x+9
t=perpendiculares(r,punto(3,3)) → $y=\frac{1}{2} \cdot x+\frac{3}{2}$

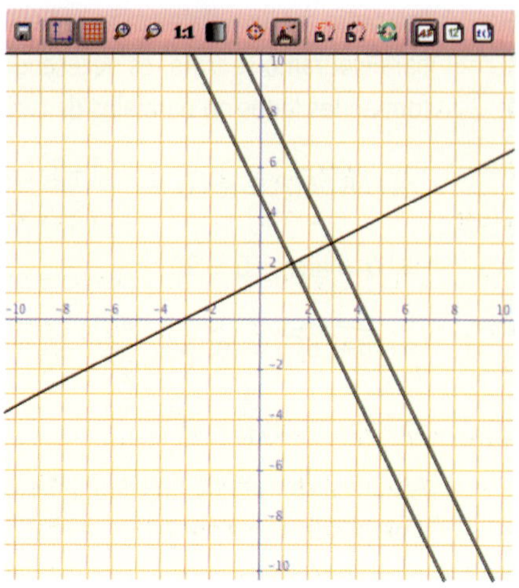

1 Dados los puntos A (0 , 2), B (2 , 3), C (3 , 1), D (1 , 0), E (4 , 4) y F (5 , 2), indica a qué figura corresponde cada uno de estos cuadriláteros:

a. ABCD **b.** AEFD **c.** ABFC

Para determinar la figura a la que corresponde cada cuadrilátero, se pueden representar los vértices en los ejes de coordenadas. Ello permitirá visualizar las figuras y facilitará la asignación y el cálculo de las componentes de los vectores fijos asociados a los lados de dichas figuras.

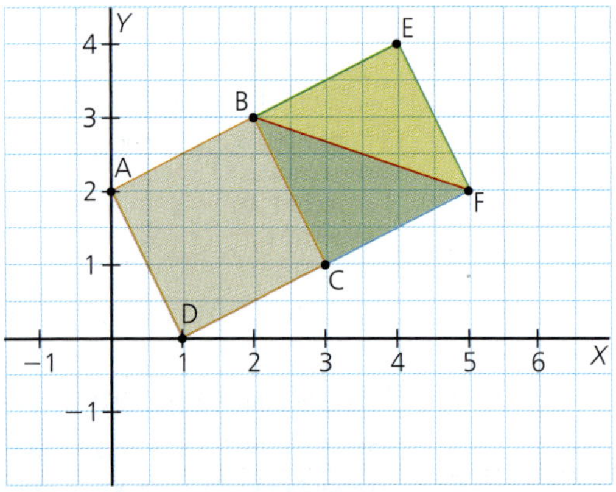

a. En primer lugar, se calculan las longitudes de los lados del cuadrilátero:

$\overrightarrow{AB} = B - A = (2\ ,\ 1) \Rightarrow \overline{AB} = |\overrightarrow{AB}| = \sqrt{2^2 + 1^2} = \sqrt{5}$

$\overrightarrow{BC} = C - B = (1\ ,\ -2) \Rightarrow \overline{BC} = |\overrightarrow{BC}| = \sqrt{1^2 + (-2)^2} = \sqrt{5}$

$\overrightarrow{CD} = D - C = (-2\ ,\ -1) \Rightarrow \overline{CD} = |\overrightarrow{CD}| = \sqrt{(-2)^2 + (-1)^2} = \sqrt{5}$

$\overrightarrow{DA} = A - D = (-1\ ,\ 2) \Rightarrow \overline{DA} = |\overrightarrow{DA}| = \sqrt{(-1)^2 + 2^2} = \sqrt{5}$

Se constata que los cuatro lados tienen la misma longitud; conviene ahora averiguar si son paralelos:

$\overline{AB}$ y $\overline{CD}$ son paralelos, ya que: $\frac{2}{-2} = \frac{1}{-1}$

$\overline{BC}$ y $\overline{DA}$ son también paralelos, ya que: $\frac{1}{-1} = \frac{-2}{2}$

Por tanto, es un paralelogramo. Para concretar de qué paralelogramo se trata, es necesario calcular los ángulos que forman los lados no paralelos de la figura:

$$\cos(\widehat{AB\ ,AD}) = \cos\alpha = \frac{2\cdot 1 + 1\cdot(-2)}{\sqrt{5}\cdot\sqrt{5}} = 0 \Rightarrow$$

$$\Rightarrow \alpha = \text{arccos } 0 = 90^\circ$$

$$\cos(\widehat{BA\ ,BC}) = \cos\beta = \frac{(-2)\cdot 1 + (-1)\cdot(-2)}{\sqrt{5}\cdot\sqrt{5}} = 0 \Rightarrow$$

$$\Rightarrow \beta = \text{arccos } 0 = 90^\circ$$

Así pues, se trata de un cuadrilátero con cuatro lados iguales y perpendiculares dos a dos, es decir, de un cuadrado.

b. Se calculan nuevamente las longitudes de los lados del cuadrilátero:

$\overrightarrow{AE} = (4\ ,\ 2) \Rightarrow |\overrightarrow{AE}| = \sqrt{4^2 + 2^2} = \sqrt{20} = 2\cdot\sqrt{5}$

$\overrightarrow{EF} = (1\ ,\ -2) \Rightarrow |\overrightarrow{EF}| = \sqrt{(-1)^2 + (-2)^2} = \sqrt{5}$

$\overrightarrow{FD} = (-4\ ,\ -2) \Rightarrow |\overrightarrow{FD}| = \sqrt{(-4)^2 + (-2)^2} = 2\cdot\sqrt{5}$

$\overrightarrow{DA} = (-1\ ,\ 2) \Rightarrow |\overrightarrow{DA}| = \sqrt{(-1)^2 + 2^2} = \sqrt{5}$

La figura tiene los lados iguales dos a dos; procede, ahora, averiguar si dichos lados iguales son paralelos:

$\overline{AE}$ y $\overline{FD}$ son parelelos, ya que: $\frac{4}{-4} = \frac{2}{-2}$

$\overline{EF}$ y $\overline{AD}$ son paralelos, ya que: $\frac{1}{-1} = \frac{-2}{2}$

Por tanto, es un paralelogramo.

Para concretar de qué paralelogramo se trata, es necesario calcular los ángulos que forman los lados desiguales:

$$\cos(\widehat{AE\ ,AD}) = \cos\alpha = \frac{4\cdot 1 + 2\cdot(-2)}{2\cdot\sqrt{5}\cdot\sqrt{5}} = 0 \Rightarrow$$

$$\Rightarrow \alpha = \text{arccos } 0 = 90^\circ$$

$$\cos(\widehat{AE\ ,EF}) = \cos\beta = \frac{4\cdot 1 + 2\cdot(-2)}{\sqrt{5}\cdot 2\cdot\sqrt{5}} = 0 \Rightarrow$$

$$\Rightarrow \beta = \text{arccos } 0 = 90^\circ$$

El cuadrilátero es, por tanto, una figura con los lados iguales y perpendiculares dos a dos. En consecuencia, se trata de un rectángulo.

c. Se calculan las longitudes de los lados, como en los casos anteriores, y se obtiene:

$\overline{AB} = \sqrt{5}$ $\overline{FC} = \sqrt{5}$

$\overline{AC} = \sqrt{10}$ $\overline{BF} = \sqrt{10}$

Como se observa, la figura tiene los lados iguales dos a dos; procede, ahora, averiguar si los lados iguales son paralelos:

$\overline{AB}$ y $\overline{FC}$ son paralelos, ya que: $\frac{2}{-2} = \frac{1}{-1}$

$\overline{BF}$ y $\overline{CA}$ son paralelos, ya que: $\frac{3}{-3} = \frac{-1}{1}$

La figura es, por tanto, un paralelogramo. Para precisar de qué paralelogramo se trata, es necesario calcular los ángulos que forman los lados desiguales:

$$\cos(\widehat{AB\ ,AC}) = \cos\alpha = \frac{\sqrt{2}}{2} = 0 \Rightarrow \alpha = \text{arccos } \frac{\sqrt{2}}{2} = 45^\circ$$

Como se observa, los lados no son perpendiculares. Por tanto, el cuadrilátero es un romboide (los lados desiguales son paralelos dos a dos y no tiene lados perpendiculares).

8 Sean los puntos A $(x , 1)$, B $(3 , 2)$, C $(1 , 4)$, D $(3 , 5)$ y E $(1 , 3)$. Halla x para que se cumpla que:

a. $\overrightarrow{AB}$ sea equipolente a $\overrightarrow{CD}$.

b. $\overrightarrow{AC}$ sea paralelo a $\overrightarrow{BE}$.

c. $\overrightarrow{AD}$ sea perpendicular a $\overrightarrow{BC}$.

d. $\overrightarrow{AE}$ sea dependiente con $\overrightarrow{BD}$.

e. $\overrightarrow{EA}$ sea independiente con $\overrightarrow{ED}$.

f. $\overrightarrow{CA}$ tenga módulo 5.

g. $\overrightarrow{DA}$ sea ortogonal con $\overrightarrow{DC}$.

h. $\overrightarrow{BA}$ forme un ángulo de 60° con $\overrightarrow{CE}$.

i. A, B y C estén alineados.

j. A, C y D no estén alineados.

a. En primer lugar, se calculan las componentes de los vectores:

$$\overrightarrow{AB} = B - A = (3 - x , 1) \qquad \overrightarrow{CD} = D - C = (2 , 1)$$

Para que sean equipolentes, sus coordenadas deben coincidir:

$$\begin{cases} 3 - x = 2 \\ 1 = 1 \end{cases} \Rightarrow x = 3 - 2 \Rightarrow x = 1$$

b. Se calculan las componentes de los dos vectores:

$$\overrightarrow{AC} = C - A = (1 - x , 3) \qquad \overrightarrow{BE} = E - B = (-2 , 1)$$

Para que sean paralelos, sus coordenadas deben ser proporcionales. Por consiguiente:

$$\frac{1-x}{-2} = \frac{3}{1} \Rightarrow 1 - x = -6 \Rightarrow x = 7$$

c. Se calculan las componentes de los vectores:

$$\overrightarrow{AD} = D - A = (3 - x , 4) \qquad \overrightarrow{BC} = C - B = (-2 , 2)$$

Para que sean perpendiculares, el producto escalar debe ser cero:

$$\overrightarrow{AD} \cdot \overrightarrow{BC} = (3 - x) \cdot (-2) + 4 \cdot 2 = 0 \Rightarrow$$

$$\Rightarrow -6 + 2x + 8 = 0 \Rightarrow 2x + 2 = 0 \Rightarrow x = -1$$

d. Se procede como en los casos anteriores y se calculan las componentes de los vectores:

$$\overrightarrow{AE} = E - A = (1 - x , 2) \qquad \overrightarrow{BD} = D - B = (0 , 3)$$

Para que sean dependientes, deben ser proporcionales (es decir, paralelos). En consecuencia:

$$\frac{1-x}{0} = \frac{2}{3} \Rightarrow 3 - 3x = 0 \Rightarrow x = 1$$

e. Las componentes de los vectores son:

$$\overrightarrow{EA} = A - E = (x - 1 , -2) \qquad \overrightarrow{ED} = D - E = (2 , 2)$$

Para que sean independientes, no deben ser proporcionales:

$$\frac{x-1}{-2} \neq \frac{2}{2} \Rightarrow 2x - 2 \neq -4 \Rightarrow 2x \neq -2 \Rightarrow x \neq -1$$

f. El vector tiene por componentes:

$$\overrightarrow{CA} = A - C = (x - 1 , -3)$$

Para que su módulo sea 5, debe cumplirse:

$$\sqrt{(x-1)^2 + (-3)^2} = 5 \Rightarrow \left(\sqrt{(x-1)^2 + (-3)^2}\right)^2 = 5^2 \Rightarrow$$

$$\Rightarrow (x-1)^2 + 9 = 25 \Rightarrow x^2 - 2x + 1 + 9 - 25 = 0 \Rightarrow$$

$$\Rightarrow x^2 - 2x - 15 = 0 \Rightarrow x = \frac{2 \pm \sqrt{4 + 60}}{2} = \frac{2 \pm 8}{2} = \begin{cases} x_1 = 5 \\ x_2 = -3 \end{cases}$$

g. Las componentes de los vectores son:

$$\overrightarrow{DA} = A - D = (x - 3 , -4) \qquad \overrightarrow{DC} = C - D = (-2 , -1)$$

El concepto ortogonal es sinónimo de perpendicular. Por tanto, el producto escalar de los vectores debe ser cero:

$$\overrightarrow{DA} \cdot \overrightarrow{DC} = (x - 3) \cdot (-2) + (-4) \cdot (-1) = 0 \Rightarrow$$

$$\Rightarrow -2x + 6 + 4 = 0 \Rightarrow 2x - 10 = 0 \Rightarrow x = 5$$

h. Para que formen un ángulo de 60°, debe cumplirse que:

$$(\widehat{\vec{u} , \vec{v}}) = 60° = \arccos \frac{u_1 \cdot v_1 + u_2 \cdot v_2}{|\vec{u}| \cdot |\vec{v}|}$$

Las componentes de los vectores son:

$$\overrightarrow{BA} = A - B = (x - 3 , -1) \qquad \overrightarrow{CE} = E - C = (0 , -1)$$

Si forman un ángulo de 60°, se cumple que:

$$\cos 60° = \frac{(x-3) \cdot 0 + (-1) \cdot (-1)}{\sqrt{(x-3)^2 + 1} \cdot \sqrt{0 + 1}} \Rightarrow$$

$$\Rightarrow \frac{1}{2} = \frac{1}{\sqrt{x^2 - 6x + 10} \cdot \sqrt{1}} \Rightarrow \sqrt{x^2 - 6x + 10} = 2 \Rightarrow$$

$$\Rightarrow x^2 - 6x + 10 = 4 \Rightarrow x^2 - 6x + 10 \Rightarrow$$

$$\Rightarrow x = \frac{6 \pm \sqrt{36 - 24}}{2} = \frac{6 \pm \sqrt{12}}{2} = \frac{6 \pm 2 \cdot \sqrt{3}}{2} =$$

$$= 3 \pm \sqrt{3} = \begin{cases} x_1 = 3 + \sqrt{3} \\ x_2 = 3 - \sqrt{3} \end{cases}$$

i. Para que A, B y C estén alineados, es necesario que todos los vectores que se formen con extremos en esos puntos sean paralelos; es decir, que $\overrightarrow{AB}$ sea paralelo a $\overrightarrow{BC}$. Dado que $\overrightarrow{AB} = (3 - x , 1)$ y $\overrightarrow{BC} = (-2 , 2)$, entonces A, B y C estarán alineados si se cumple que:

$$\frac{3-x}{-2} = \frac{1}{2} \Rightarrow 6 - 2x = -2 \Rightarrow 2x = 8 \Rightarrow x = 4$$

j. Para que A, C y D no estén alineados, es necesario que todos los vectores que se formen con extremos en esos puntos no sean paralelos; es decir, que $\overrightarrow{AC}$ no sea paralelo a $\overrightarrow{CD}$. Dado que $\overrightarrow{AC} = (1 - x , 3)$ y $\overrightarrow{CD} = (2 , 1)$, entonces A, C y D no estarán alineados si se cumple que:

$$\frac{1-x}{2} \neq \frac{3}{1} \Rightarrow 1 - x \neq 6 \Rightarrow x \neq -5$$

3 **Dado el triángulo de vértices A $(x, 2)$, B $(1, 3)$ y C $(2, -1)$:**

a. **Halla el valor de x para que el triángulo ABC sea rectángulo y tenga el ángulo recto en el vértice C.**

b. **Halla el valor de x para que el triángulo ABC sea isósceles y su lado desigual sea $\overline{AC}$.**

a. Para que se produzca esa situación, los vectores $\overrightarrow{CA}$ y $\overrightarrow{CB}$ deben ser perpendiculares. En primer lugar, se hallan las componentes de los vectores:

$$\overrightarrow{CA} = (x-2\,,\,3) \qquad \overrightarrow{CB} = (-1\,,\,4)$$

Para que los vectores hallados sean perpendiculares, su producto escalar tiene que ser cero. Es decir:

$$\overrightarrow{CA} \cdot \overrightarrow{CB} = 0 \Rightarrow (x-2)\cdot(-1) + 3\cdot 4 = 0 \Rightarrow$$

$$\Rightarrow -x + 2 + 12 = 0 \Rightarrow x = 14$$

b. Para que se dé esta situación, los lados $\overline{AB}$ y $\overline{BC}$ deben ser iguales, que es lo mismo que decir que los vectores $\overrightarrow{AB} = (1-x\,,\,1)$ y $\overrightarrow{BC} = (1\,,\,-4)$ deben tener el mismo módulo:

$$|\overrightarrow{AB}| = |\overrightarrow{AB}| \Rightarrow \sqrt{(1-x)^2 + 1^2} = \sqrt{1^2 + (-4)^2} \Rightarrow$$

$$\Rightarrow 1 - 2x + x^2 + 1 = 17 \Rightarrow x^2 - 2x - 15 = 0 \Rightarrow$$

$$\Rightarrow x = \frac{2 \pm \sqrt{4+60}}{2} = \begin{cases} x_1 = 5 \\ x_2 = -3 \end{cases}$$

4 **Dados los vértices A $(-2, -1)$, B $(6, 3)$ y C $(2, 7)$ de un triángulo, ABC:**

a. **Calcula el baricentro.**

b. **Calcula el circuncentro.**

c. **Calcula el ortocentro.**

d. **Comprueba que el baricentro, el ortocentro y el circuncentro están alineados.**

a. Para hallar el baricentro, es preciso determinar las ecuaciones de las rectas correspondientes a las medianas y resolver el sistema que forman dichas ecuaciones.

Primero se determina la ecuación de la mediana que va desde el punto medio de $\overline{AB}$ (que se designa con M) al vértice C:

$$M\left(\frac{-2+6}{2}, \frac{-1+3}{2}\right) = (2\,,\,1) \qquad \text{Vector } \overrightarrow{MC} = (0\,,\,6)$$

La ecuación buscada es, por tanto:

$$\frac{x-2}{0} = \frac{y-7}{6} \Rightarrow 6x - 12 = 0 \Rightarrow x - 2 = 0$$

Seguidamente se determina la ecuación de la mediana que va desde el punto medio de $\overline{AC}$ (que se designa con N) al vértice B:

$$N\left(\frac{-2+2}{2}, \frac{-1+7}{2}\right) = (0\,,\,3) \qquad \text{Vector } \overrightarrow{NB} = (6\,,\,0)$$

La ecuación buscada es, por tanto:

$$\frac{x-6}{6} = \frac{y-3}{0} \Rightarrow 6y - 18 = 0 \Rightarrow y - 3 = 0$$

El baricentro es la solución del sistema formado por las ecuaciones de las dos medianas:

$$\begin{cases} x - 2 = 0 \\ y - 3 = 0 \end{cases} \Rightarrow x = 2;\ y = 3$$

Por tanto, el baricentro corresponde al punto de coordenadas $(2\,,\,3)$.

Observa que la media aritmética de los vértices coincide con las coordenadas del baricentro:

$$\left(\frac{-2+6+2}{3}, \frac{-1+3+7}{3}\right) = (2\,,\,3)$$

b. Para hallar el circuncentro, es preciso calcular las ecuaciones de las rectas correspondientes a dos mediatrices y resolver el sistema que forman dichas ecuaciones.

En primer lugar, se determina la ecuación de la mediatriz de $\overline{AB}$, que pasa por M y es perpendicular a $\overline{AB}$. La pendiente de $\overrightarrow{AB} = (8\,,\,4)$ es $\frac{4}{8} = \frac{1}{2}$, por lo que la pendiente de su mediatriz ha de ser $m = -2$ (la inversa y opuesta de la pendiente de $\overrightarrow{AB}$). Por tanto, la ecuación de dicha mediatriz es:

$$y - 1 = -2\cdot(x-2) \Rightarrow 2x + y - 5 = 0$$

Seguidamente se determina la ecuación de la mediatriz de $\overline{AC}$, que pasa por N y es perpendicular a $\overline{AC}$.

La pendiente de $\overrightarrow{AC} = (4\,,\,8)$ es $\frac{8}{4} = 2$, por lo que la pendiente de su mediatriz es $m = -\frac{1}{2}$. Por tanto, la ecuación de dicha mediatriz es:

$$y - 3 = -\frac{1}{2}\cdot(x-0) \Rightarrow 2y - 6 = -x \Rightarrow x + 2y - 6 = 0$$

Para hallar el circuncentro, se resuelve el sistema que forman las ecuaciones de las dos mediatrices:

$$\begin{cases} 2x + y - 5 = 0 \ \ (2E_1 - E_2) \\ x + 2y - 6 = 0 \end{cases} \Rightarrow \begin{cases} 4x + 2y - 10 = 0 \\ -x - 2y + 6 = 0 \end{cases} \Rightarrow$$

$$3x \qquad -4 = 0$$

$$\Rightarrow x = \frac{4}{3},\ y = \frac{7}{3}$$

Por tanto, el circuncentro es el punto de coordenadas $\left(\frac{4}{3}, \frac{7}{3}\right)$.

c. Para hallar el ortocentro, se deben determinar las ecuaciones de las rectas que corresponden a las dos alturas y resolver el sistema que forman dichas ecuaciones.

La altura de $\overline{AB}$ pasa por C y es perpendicular a $\overline{AB}$, y su pendiente es la misma que la de la mediatriz de $\overline{AB}$, es decir, $m = -2$. La ecuación de la altura de $\overline{AB}$ es, por tanto:

$$y - 7 = -2\cdot(x-2) \Rightarrow 2x + y - 11 = 0$$

La altura de $\overline{AC}$ pasa por B y es perpendicular a $\overline{AC}$.

Su pendiente coincide con la de la mediatriz de $\overline{AC}$: $m = -\frac{1}{2}$

En consecuencia, la ecuación de la altura de $\overline{AC}$ es:

$$y - 3 = -\frac{1}{2} \cdot (x - 6) \Rightarrow 2y - 6 = -x + 6 \Rightarrow x + 2y - 12 = 0$$

El ortocentro es la solución del sistema que forman las dos ecuaciones:

$$\begin{cases} 2x + y - 11 = 0 \\ x + 2y - 12 = 0 \end{cases} (2E_1 - E_2) \Rightarrow \begin{cases} 4x + 2y - 22 = 0 \\ -x - 2y + 12 = 0 \end{cases} \Rightarrow \quad 3x \quad - 10 = 0$$

$$\Rightarrow x = \frac{10}{3},\ y = \frac{13}{3}$$

Por tanto, el ortocentro es el punto de coordenadas $\left(\frac{10}{3}, \frac{13}{3}\right)$.

d. Para comprobar que estos tres puntos están alineados, se forma con ellos dos vectores diferentes y se verifica que son paralelos. Para ello, se designa con P el baricentro, con Q el circuncentro y con R el ortocentro:

$$\overrightarrow{PQ} = \left(\frac{4}{3}, \frac{7}{3}\right) - (2, 3) = \left(-\frac{2}{3}, -\frac{2}{3}\right)$$

$$\overrightarrow{PR} = \left(\frac{10}{3}, \frac{13}{3}\right) - (2, 3) = \left(\frac{4}{3}, \frac{4}{3}\right)$$

Como se observa, los vectores son paralelos y, por consiguiente, los tres puntos están alineados. La recta que contiene los tres puntos recibe el nombre de recta de Euler:

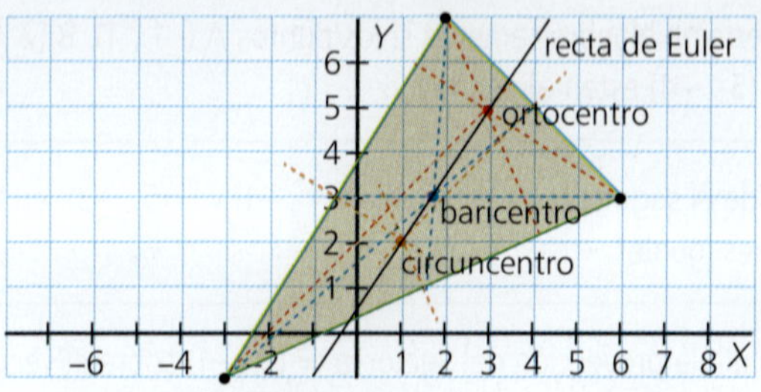

5 Halla el área del triángulo que forma la recta r: $2x - 3y + 12 = 0$ con los ejes cartesianos.

Como se puede comprobar, se trata de un triángulo rectángulo cuya base y cuya altura están delimitadas por los puntos de corte de la recta con los ejes de coordenadas.

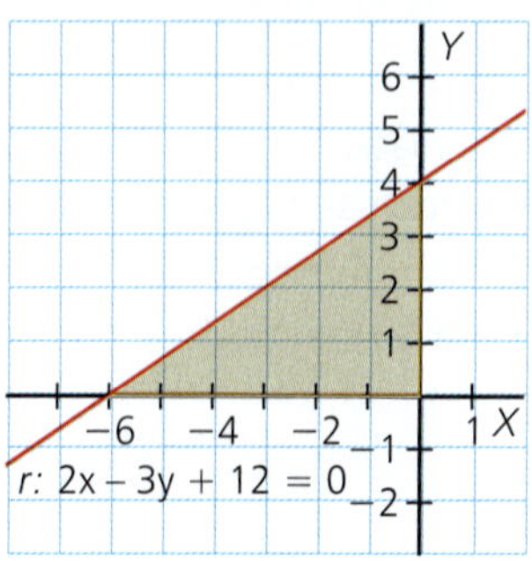

Al hallar los puntos de corte, se obtienen también las longitudes de la base y de la altura.

Si $x = 0 \Rightarrow -3y + 12 = 0 \Rightarrow y = 4$; luego, $(0, 4)$ es un punto de corte, por lo que la altura del triángulo es de 4 unidades.

Si $y = 0 \Rightarrow 2x + 12 = 0 \Rightarrow x = -6$; luego, el otro punto de corte es $(-6, 0)$, por lo que la base del triángulo es de 6 unidades.

$$\text{Área} = \frac{\text{base} \cdot \text{altura}}{2} = \frac{4 \cdot 6}{2} = 12 \text{ u}^2$$

6 Halla el punto simétrico de P (3 , 5) respecto de la recta r: $x + 2y - 3 = 0$.

Para hallar el simétrico, es necesario calcular primero la proyección del punto P sobre la recta r. Para ello, se requiere conocer la recta perpendicular a r que pasa por P.

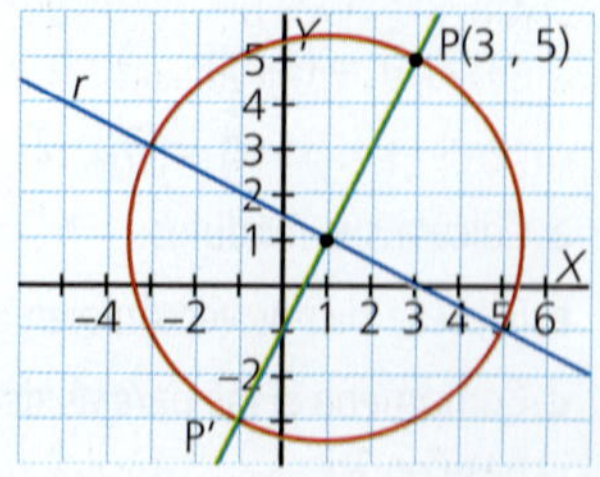

Como la ecuación explícita de r es $y = -\frac{1}{2}x + \frac{3}{2}$, se deduce que la pendiente es $m = -\frac{1}{2}$. Por tanto, la pendiente de la recta perpendicular a r es 2.

La recta perpendicular a r tendrá de ecuación:

$$y - 5 = 2 \cdot (x - 3) \Rightarrow 2x - y - 1 = 0$$

La proyección, Q, es la solución del siguiente sistema:

$$\begin{cases} x + 2y - 3 = 0 \\ 2x - y - 1 = 0 \end{cases} (E_1 + 2E_2) \Rightarrow 5x - 5 = 0 \Rightarrow x = 1, y = 1$$

Por tanto, se obtiene Q (1 , 1).

La proyección, Q, es el punto medio del segmento cuyos extremos son P y cuyo simétrico es P'. Es decir:

$$Q = \frac{P + P'}{2} \Rightarrow P' = 2Q - P = 2 \cdot (1, 1) - (3, 5) = (-1, -3)$$

El punto simétrico obtenido es P' (–1 , –3).

7 Halla la distancia entre las rectas r: $3x - 4y + 2 = 0$ y s: $-6x + 8y + 1 = 0$.

Se trata de dos rectas paralelas no coincidentes, ya que:

$$\frac{3}{-6} = \frac{-4}{8} \neq \frac{2}{1}$$

Para calcular la distancia entre las rectas, se toma un punto de una de ellas, por ejemplo de r, y se calcula la distancia desde ese punto hasta la otra recta:

$$x = 2 \Rightarrow 3 \cdot 2 - 4y + 2 = 0 \Rightarrow 4y = 8 \Rightarrow y = 2 \Rightarrow P(2, 2)$$

Seguidamente, se halla la distancia de P a s:

$$d(r, s) = d(P, s) = \frac{|-6 \cdot 2 + 8 \cdot 2 + 1|}{\sqrt{(-6)^2 + 8^2}} = \frac{5}{10} = \frac{1}{2}$$

Nota: En el caso de dos rectas paralelas cuyas ecuaciones son r: $Ax + By + C = 0$ y s: $Ax + By + D = 0$, se cumple que $d(r, s) = \frac{|C - D|}{\sqrt{A^2 + B^2}}$. De manera que, si se cambia la expresión de la recta s: $-6x + 8y + 1 = 0$ por s: $3x - 4y - \frac{1}{2} = 0$ y se aplica la fórmula que se acaba de presentar, se obtiene un resultado idéntico al que se obtuvo por el procedimiento anterior:

$$d(r, s) = \frac{\left[2 - \left(-\frac{1}{2}\right)\right]}{\sqrt{3^2 + (-4)^2}} = \frac{\frac{5}{2}}{5} = \frac{1}{2}$$

1 Considera los siguientes vectores y responde a las cuestiones que se plantean:

$\vec{a} = (3 , 3)$ $\vec{b} = (-4 , -3)$ $\vec{c} = (0 , 5)$ $\vec{d} = (3 , -2)$ $\vec{e} = (-1 , -1)$

a. Calcula sus módulos.

b. Expresa dichos vectores en coordenadas polares.

c. Comprueba si las parejas de vectores $\vec{a}$, $\vec{b}$ y $\vec{a}$, $\vec{e}$ forman una base en $\mathbb{R}^2$.

d. Encuentra un vector unitario con la dirección y sentido de $\vec{b}$.

e. Halla el ángulo que forman $\vec{a}$ y $\vec{b}$.

2 Considera los siguientes vectores y realiza los cálculos que se indican. Después, comprueba los resultados que has obtenido con Wiris o GeoGebra.

$\vec{a} = (3 , 3)$ $\vec{b} = (-4 , -3)$ $\vec{c} = (0 , 5)$ $\vec{d} = (3 , -2)$ $\vec{e} = (-1 , -1)$

a. $\vec{a} + \vec{b} + \vec{c} + \vec{d} + \vec{e}$

b. $5\vec{a} - 2\vec{b} + 3\vec{c}$

c. $\vec{a} + 3\vec{e}$

d. $\vec{a} \cdot \vec{b}$

3 Calcula, en cada caso, el valor que debe tomar *x* para que los vectores (−1 , 4) y (2 , *x*) cumplan la condición indicada.

a. Los dos vectores forman una base en $\mathbb{R}^2$.

b. Los dos vectores forman una base ortogonal en $\mathbb{R}^2$.

c. Los dos vectores forman una base ortonormal en $\mathbb{R}^2$.

4 Halla los valores que deben tomar *x* e *y* para que se verifique $(x + 1 , y) = -3 \cdot (2 , x)$.

5 Sea ABCD un cuadrado tal que E sea el punto medio del lado $\overline{AB}$, y F, el centro de dicho cuadrado. Considera los vectores $\overrightarrow{AB}$, $\overrightarrow{AE}$, $\overrightarrow{EC}$, $\overrightarrow{BC}$, $\overrightarrow{AD}$, $\overrightarrow{CD}$ y $\overrightarrow{DC}$ e indica:

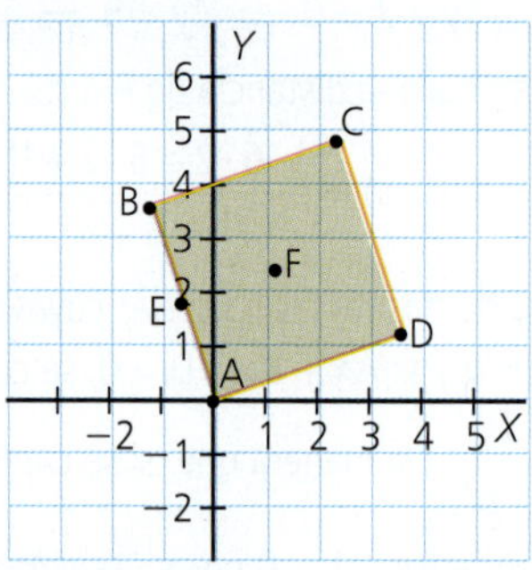

a. Los que tienen el mismo módulo.

b. Los que tienen la misma dirección y sentido.

c. Los que tienen la misma dirección.

6 Si el vector (2 , −4) tiene como extremo el punto (−1 , −1), ¿cuál es su origen?

7 Considera los puntos A = (*x* , *y*), B = (1 , −1), C = (2 , 3) y D = (7 , 5) y halla los valores de *x* e *y* para que dichos puntos constituyan los vértices del paralelogramo ABCD.

8 Halla los valores de *x* e *y* para que los vectores $\overrightarrow{AB}$ y $\overrightarrow{CD}$ sean equipolentes, siendo A (1 , − 1), B (2 , 3), C (7 , 5) y D (*x* , *y*).

9 Encuentra un vector ortogonal a $\vec{p} = (-2 , -1)$ que sea unitario.

10 Dados los vectores $\vec{a} = (-3 , -1)$ y $\vec{b} = (x , 2)$ calcula *x* para que:

a. Sean paralelos.

b. Sean perpendiculares.

11 Señala la dependencia o la independencia lineal de los siguientes conjuntos de vectores:

a. $\vec{a} = (-3 , 3)$; $\vec{b} = (1 , -2)$

b. $\vec{a} = (-3 , 3)$; $\vec{b} = (1 , -2)$; $\vec{c} = (-6 , 4)$

c. $\vec{a} = (0 , 3)$; $\vec{b} = (0 , -3)$

12 Expresa el vector (5 , 1) como combinación lineal de los vectores $\vec{a} = (-1 , 2)$ y $\vec{b} = \left(2 , \frac{1}{3}\right)$.

13 Determina algebraicamente si los puntos A (−1 , 1), B (2 , −1) y C (5 , −4) están alineados.

14 Divide el segmento $\overline{AB}$, siendo A (1 , −1) y C (5 , −3), en tres partes iguales.

15 Calcula la proyección del vector $\vec{a} = (5 , -1)$ sobre el vector $\vec{b} = (-2 , 3)$.

16 Calcula el valor de *x* para que el ángulo que forman los vectores $\vec{a} = (5\sqrt{3} , 5)$ y $\vec{b} = (x , 4)$ sea de 60°.

17 La ecuación implícita de una recta es $x - 2y + 3 = 0$. Escribe la ecuación de esta recta en todas las formas que conozcas.

18 Halla la ecuación de la recta que pasa por A (5 , 4) y B (−3 , −2).

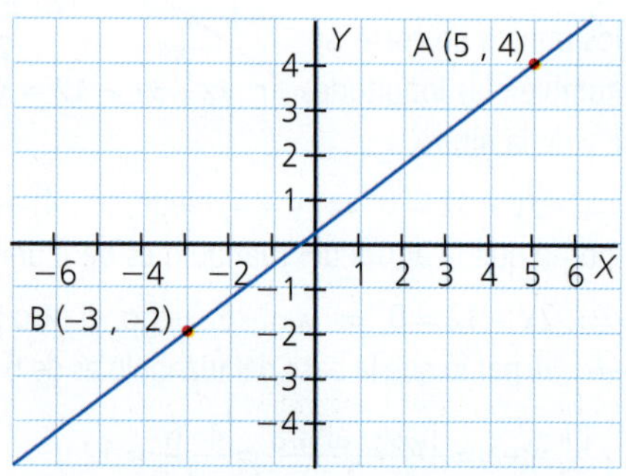

19 Se sabe que una recta, r, pasa por el punto A (2 , 1) y que un vector director de dicha recta es $\vec{b} = (-2, 3)$. Determina su ecuación en todas las formas que conozcas.

20 Considera la recta cuya ecuación es:

$$r: (x, y) = (5, 4) + k \cdot (4, 3)$$

a. Halla dos puntos de dicha recta.

b. Calcula las coordenadas del punto de la recta cuya abscisa es $x = 2$.

c. Determina los puntos de corte de la recta con los ejes de coordenadas.

21 Calcula el valor de x para que la recta que pasa por A $(x, -1)$ y B $\left(\frac{2}{3}, 4\right)$ tenga pendiente 3.

22 Calcula el ángulo que forman las siguientes rectas:

$$r: 2x + y = 0 \qquad s: 3x - 2y + 3 = 0$$

23 Determina el ángulo que forma la recta $r: 2x + y = 0$ con el eje de abscisas.

24 Halla las ecuaciones de las rectas bisectrices del primer y segundo cuadrante.

25 Escribe la ecuación de la recta que pasa por el punto (3 , –2) y es paralela al eje de abscisas.

26 Halla la recta que pasa por A $(\sqrt{2}, 2)$ y es paralela a la recta $r: 2x + 1 = 0$. Después, comprueba con Wiris o GeoGebra los resultados que has obtenido.

27 Encuentra la recta que pasa por A $\left(\frac{2}{3}, 4\right)$ y es perpendicular a la recta $r: 2x - 5y + 2 = 0$. Después, comprueba con Wiris o GeoGebra los resultados que has obtenido.

28 Halla la ecuación de la mediatriz del segmento determinado por los puntos A (5 , 4) y B (–3 , –2).

29 Encuentra las coordenadas de un punto M, tal que la mediatriz del segmento $\overline{MN}$, con N (–1 , 2), sea la recta $r: 3x + 2y - 14 = 0$.

30 Calcula los vértices del triángulo que determinan las siguientes rectas:

$$s: 2x + y - 1 = 0;\ r: -x = \frac{y}{7};\ t: (x, y) = (1, 3) + \alpha(-1, 1)$$

31 Halla la recta que pasa por el punto A (–1 , –3) y forma un ángulo de 45° con el eje de abscisas.

32 Halla la recta que pasa por el punto A (–1 , –3) y forma un ángulo de 45° con la siguiente recta:

$$r: \begin{cases} x = 2 + 2k \\ y = 1 - k \end{cases}$$

33 Determina el valor de m para que las rectas $x + my - 2 = 0$ y $3mx + y + 4 = 0$ sean:

a. Paralelas. **b.** Perpendiculares.

34 Considera las siguientes rectas:

$$r: (x, y) = (2, 3) + \alpha(a, 5)$$

$$s: \begin{cases} x = 1 - k \\ y = 2 + k \end{cases}$$

a. ¿Cuál debe ser el valor de a para que las rectas sean perpendiculares?

b. ¿Cuál debe ser el valor de a para que las rectas sean paralelas?

c. Calcula la distancia entre las rectas del apartado anterior.

35 Halla un punto de la bisectriz del segundo cuadrante que equidiste de los puntos A (–5 , 3) y B (0 , –2).

36 Dados los puntos A (–1 , 1) y B (2 , 5), halla las coordenadas de todos los puntos, P, situados sobre la recta $r: x + y = 4$ tales que las rectas PA y PB sean perpendiculares.

37 Determina el valor de m para que las rectas $r: x - my = 2$ y $s: 3x + 5y = m$ sean paralelas. Después, halla la distancia entre dichas rectas.

38 Dadas las rectas $r: x - 5y = 0$ y $s: x - 5y + k = 0$, calcula el valor de k para que la distancia entre ellas sea 2.

39 Halla el valor de m para que la distancia entre el punto A (3 , 1) y la recta $3x + my - 1 = 0$ sea $\frac{12}{5}$.

40 Las rectas $s: x - 2y + 7 = 0$ y $t: (x, y) = (1, 1) + \alpha(3, 1)$ se cortan en un punto P. Determina el haz de rectas que pasa por P y la ecuación de la recta del haz que pasa por el punto Q (5 , 3).

41 Calcula el haz de rectas paralelas a la siguiente recta:

$$t: (x, y) = (3, 2) + m(-1, 4)$$

42 La ecuación de un haz de rectas que pasa por un punto A es $(a + 1) \cdot x + (a + 2) \cdot y + (a + 3) = 0$. Calcula:

a. La ecuación de la recta del haz que tiene de pendiente 3.

b. La ecuación de la recta del haz que es paralela a la recta $r: x + 3y - 4 = 0$.

43 Halla las ecuaciones de las bisectrices de los ángulos que forma la recta r: $x - y - 6 = 0$ con el eje de ordenadas y comprueba que dichas bisectrices son perpendiculares.

44 Halla las coordenadas del punto simétrico a A (–2 , 4) respecto de la recta r: $x - y + 2 = 0$.

45 Determina el haz de rectas que pasan por el punto M (2 , –5).

46 Calcula la posición relativa de los siguientes pares de rectas:

a. r: $(x , y) = (-1 , 4) + k\,(2 , 0)$; s: $\begin{cases} x = 5 + 4k \\ x = 4 + 3k \end{cases}$

b. r: $(x , y) = (5 , 4) + k\,(4 , 3)$; s: $y = \dfrac{3x + 1}{4}$

c. r: $(x , y) = (5 , 1) + k\,(4 , 3)$; s: $y - 4 = \dfrac{3}{4}(x - 5)$

47 Calcula la distancia entre los siguientes pares de rectas:

a. r: $y = x - 2$; s: $\begin{cases} x = -1 + 4k \\ x = 3k \end{cases}$

b. r: $\dfrac{x}{2} + y = 1$; s: $y = \dfrac{-x + 2}{2}$

c. r: $2x + y - 1 = 0$; s: $2x + y - 4 = 0$

48 Halla los puntos de la recta r: $x - 2y - 3 = 0$ que distan 5 unidades de longitud de la recta s: $3x - 4y + 2 = 0$.

49 Halla las ecuaciones de las rectas paralelas a la recta r: $3x + 4y + 2 = 0$ que distan 1 unidad de longitud de ella.

50 Halla las coordenadas de un punto, P, situado sobre la recta de ecuación r: $x - y - 1 = 0$ que equidiste de las siguientes rectas:

s: $y = 2$

t: $3x - 4y - 10 = 0$

51 Halla la ecuación de una recta que pase por el punto (0 , 7) y determine con los ejes de coordenadas un triángulo cuya área sea de 14 unidades cuadradas.

52 Determina la ecuación de una recta que pase por el punto (2 , 3) y diste dos unidades de (0 , 1).

53 Las rectas r: $x - 2y + 3 = 0$ y s: $4x - 8y + a = 0$ coinciden con dos de los lados de un cuadrado. Calcula el valor de a para que el área del mismo sea de 5 unidades cuadradas.

54 Calcula la proyección ortogonal del punto (0 , 3) sobre la recta r: $x + 3y - 2 = 0$.

55 Halla el punto simétrico a (0 , 3) respecto a la recta r: $x + 3y - 2 = 0$.

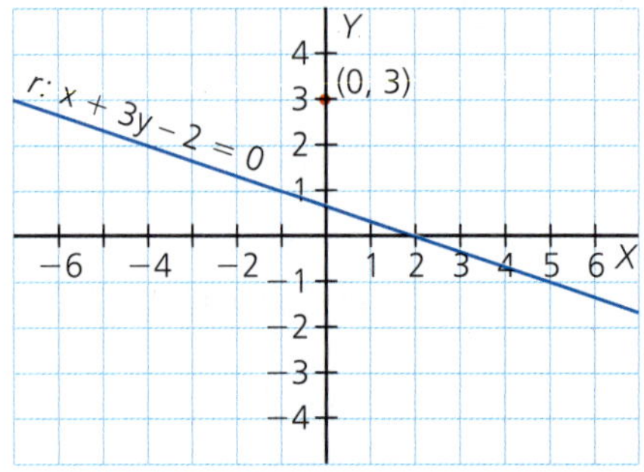

56 Considera el triángulo ABC de vértices A (2 , 3), B (–3 , 4) y C (0 , –1) y halla los elementos que se indican:

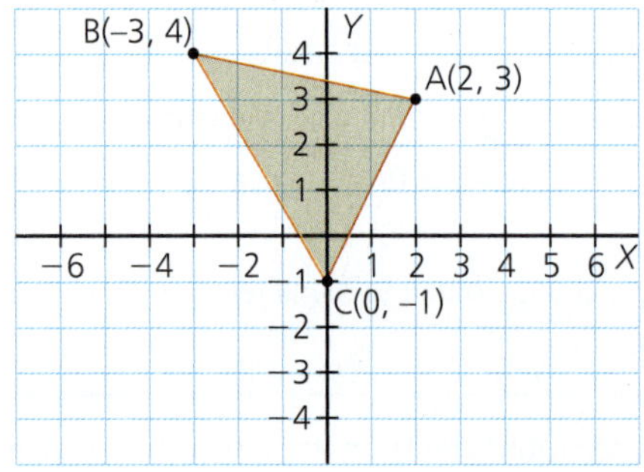

a. La mediana de A.

b. La altura de B.

c. La mediatriz del lado $\overline{AC}$.

d. El área del triángulo ABC.

57 Dado el triángulo ABC de vértices A (1 , 0), B (3 , 4) y C (0 , –2), calcula los elementos que se indican:

a. Su área.

b. El baricentro.

c. El ortocentro.

d. El circuncentro.

58 Dados los puntos A (3 , 4), B (–3 , 6) y C (–2 , m), calcula el valor de m para que el triángulo ABC tenga 6 u^2 de área.

59 Las coordenadas de dos vértices consecutivos de un cuadrado son (1 , –1) y (3 , 8). Determina las coordenadas de los vértices restantes.

60 Averigua si el triángulo de vértices A (–4 , 0), B (4 , 1) y C (2 , 6) es isósceles.

61 Los puntos A (0 , 3) y C (–2 , –1) son vértices opuestos de un rectángulo, ABCD. Sabiendo que B está en el eje de abscisas, calcula las coordenadas de B y D y el área de la figura.

62 Un hexágono regular tiene su centro en el origen de coordenadas y uno de sus vértices en A (6 , 0). Halla las coordenadas de los demás vértices y el área del hexágono.

UN ROMBO Y DOS TRIÁNGULOS

En el interior de un cuadrado de 4 cm de lado se dibujan dos triángulos equiláteros como muestra la figura del margen. ¿Cuál es el área del rombo que resulta de la intersección de los dos triángulos?

DESCUBRE

¿Qué instrumento musical tiene forma y nombre de figura geométrica?

DEPÓSITO DE AGUA

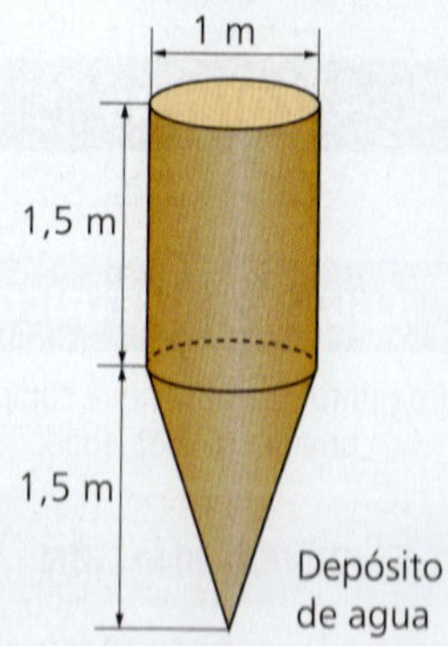

Un depósito de agua tiene la forma y dimensiones que se muestran en la figura del margen. Inicialmente el depósito está vacío, después se llena con agua a razón de un litro por segundo.

¿Cuál de estos gráficos altura-tiempo representa la variación de la altura del agua en la cisterna en función del tiempo?

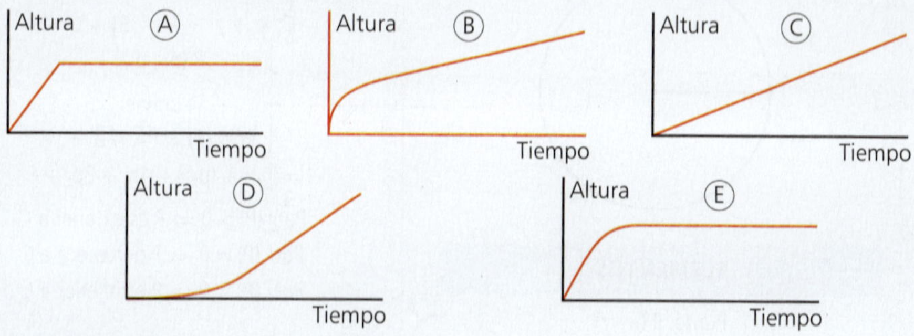

COLUMPIO

Mohammed se balancea en un columpio e intenta llegar tan alto como sea posible. ¿Cuál de estos gráficos representa mejor la altura con respecto al suelo a la que se encuentran sus pies mientras se columpia?

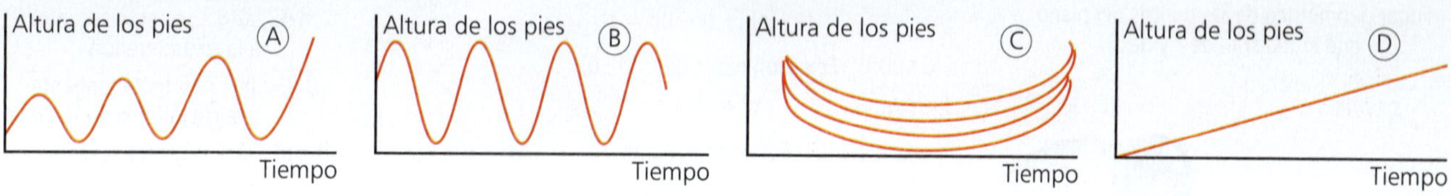

GRANJAS

El techo de una granja tiene forma de pirámide. A continuación, se muestra un modelo matemático que hizo un estudiante del techo de la casa, al cual agregó las medidas correspondientes.

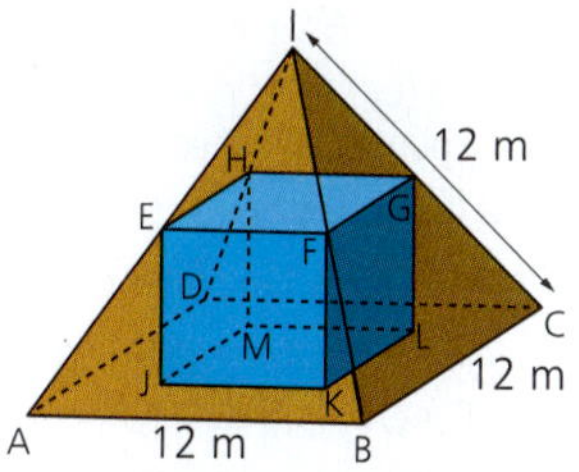

El piso del ático, ABCD en el modelo, es un cuadrado. Las vigas que sostienen el techo son los límites del bloque EFGHKLMJ (prisma rectangular). El punto E está a la mitad de AI, F se encuentra a la mitad de BI, G está localizado a la mitad de CI, y H está emplazado a la mitad de DI. Cada arista de la pirámide del modelo mide 12 m.

1. Calcula el área del piso del ático, ABCD.

2. Calcula la longitud EF, uno de los límites horizontales del bloque.

DIARIO DE APRENDIZAJE

Una vez estudiada la unidad, ¿con qué imágenes ilustraría yo la presentación?

08 CÓNICAS

CÓNICAS

LUGAR GEOMÉTRICO

Conjunto de puntos que cumplen una cierta propiedad.

DETERMINACIÓN

1. Se expresa la condición en forma de ecuación, tomando como incógnitas las coordenadas de los puntos buscados:
   $P = (x , y)$
2. Se simplica la ecuación hasta que quede en su forma más sencilla.
3. Si las ecuaciones contienen valores absolutos, la respuesta puede tener varias soluciones.

LUGARES GEOMÉTRICOS CONOCIDOS

Mediatriz del segmento AB:

Lugar geométrico de los puntos del plano que equidistan de los puntos A y B.

Bisectriz de dos rectas secantes, *r* y *s*:

Lugar geométrico de los puntos del plano que equidistan de *r* y de *s*.

CIRCUNFERENCIA

Lugar geométrico de los puntos del plano que equidistan de un punto fijo llamado centro.

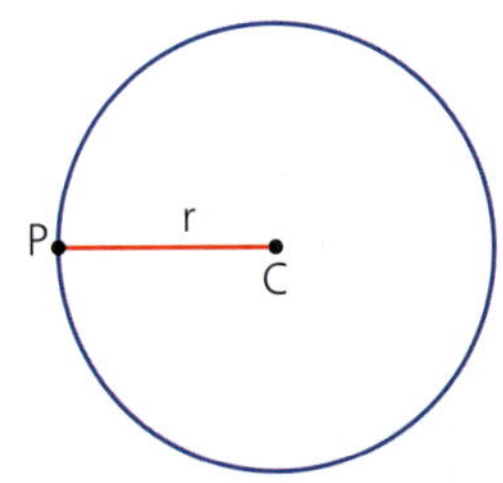

ELEMENTOS

Punto: $P (x , y)$

Radio: r

Centro: $C (a , b)$

ECUACIONES

Ecuación centro-radio:

$$(x - a)^2 + (y - b)^2 = r^2$$

Ecuación reducida C (0 , 0):

$$x^2 + y^2 = r^2$$

Ecuación general:

$$x^2 + y^2 + Ax + By + C = 0$$

POSICIÓN RELATIVA DE UN PUNTO RESPECTO DE UNA CIRCUNFERENCIA

Dada una circunferencia y un punto:

$C: x^2 + y^2 + Ax + By + C = 0$

$P (p_1 , p_2)$

Se define:

$Pot_C (P) = \overline{PA} \cdot \overline{PB} =$

$= (p_1)^2 + (p_2)^2 + Ap_1 + Bp_2 + C$

$Pot_C (P) > 0 \Rightarrow$ P es exterior a C

$Pot_C (P) = 0 \Rightarrow$ P pertenece a C

$Pot_C (P) < 0 \Rightarrow$ P es interior a C

POSICIÓN RELATIVA DE UNA RECTA RESPECTO DE UNA CIRCUNFERENCIA

Dada una circunferencia y una recta:

$C: x^2 + y^2 + Ax + By + C = 0$

$s: A'x + B'y + C' = 0$

$d (C , s) < r \Rightarrow$ recta secante a la circunferencia

$d (C , s) = r \Rightarrow$ recta tangente a la circunferencia

$d (C , s) > r \Rightarrow$ recta exterior a la circunferencia

POSICIÓN RELATIVA DE DOS CIRCUNFERENCIAS

Dadas dos circunferencias:

$C_1: x^2 + y^2 + Ax + By + C = 0$

$C_2: x^2 + y^2 + A'x + B'y + C' = 0$

$|r_1 - r_2| < d (C_1 , C_2) < r_1 + r_2 \Rightarrow$ dos puntos comunes

$d (C_1 , C_2) = |r_1 - r_2| \Rightarrow$ tangentes interiores

$d (C_1 , C_2) = r_1 + r_2 \Rightarrow$ tangentes exteriores

$d (C_1 , C_2) > r_1 + r_2 \Rightarrow$ exteriores

$d (C_1 , C_2) < |r_1 - r_2| \Rightarrow$ interiores

ELIPSE

Lugar geométrico de los puntos del plano cuya suma de distancias a dos puntos fijos, F y F', llamados focos, es constante.

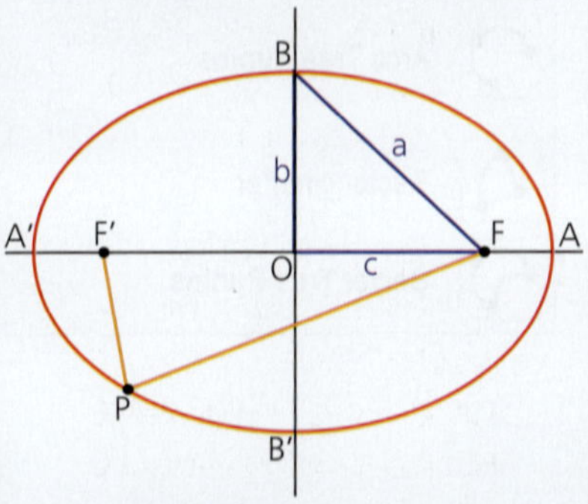

ELEMENTOS

Focos: F y F'

Distancia focal: $\overline{FF'} = 2c$

Vértices: A, A', B y B'

Eje mayor: $\overline{AA'} = 2a$

Eje menor: $\overline{BB'} = 2b$

Centro: punto donde se cortan los dos ejes.

Radios vectores: $\overline{PF}$ y $\overline{PF'}$

$\overline{PF} + \overline{PF'} = 2a$

Excentricidad: $e = \frac{c}{a}$ $(0 < e < 1)$

ECUACIONES REDUCIDAS

Eje mayor horizontal:

$$\frac{x^2}{a^2} + \frac{y^2}{b^2} = 1$$

Eje mayor vertical:

$$\frac{x^2}{b^2} + \frac{y^2}{a^2} = 1$$

RELACIÓN FUNDAMENTAL

$a^2 = b^2 + c^2$

HIPÉRBOLA

Lugar geométrico de los puntos del plano cuya diferencia de distancias a dos puntos fijos, F y F', llamados focos, es constante.

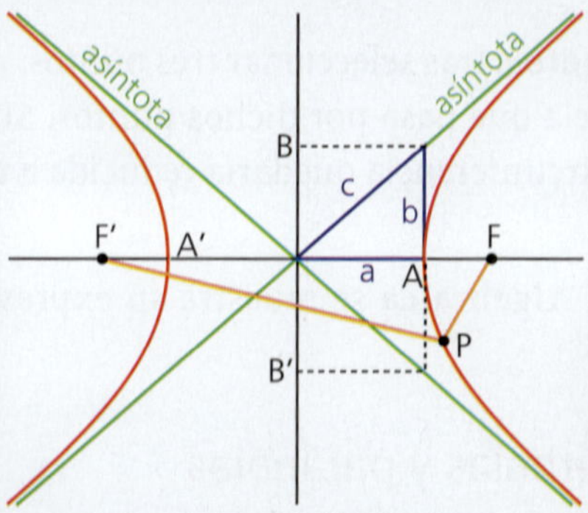

ELEMENTOS

Focos: F y F'

Distancia focal: $\overline{FF'} = 2c$

Vértices: A y A'

Eje real: $\overline{AA'} = 2a$

Eje imaginario: $\overline{BB'} = 2b$

Centro: punto medio, del segmento FF'.

Radios vectores: $\overline{PF}$ y $\overline{PF'}$

$\overline{PF} + \overline{PF'} = 2a$

Excentricidad: $e = \frac{c}{a}$ $(e > 1)$

Asíntotas: $y = \pm\frac{b}{a}x$

ECUACIONES REDUCIDAS

Eje real horizontal:

$$\frac{x^2}{a^2} - \frac{y^2}{b^2} = 1$$

Eje mayor vertical:

$$\frac{x^2}{b^2} - \frac{y^2}{a^2} = 1$$

RELACIÓN FUNDAMENTAL

$c^2 = a^2 + b^2$

PARÁBOLA

Lugar geométrico de los puntos del plano que equidistan de un punto fijo, F, llamado foco, y de una recta fija, *d*, llamada directriz.

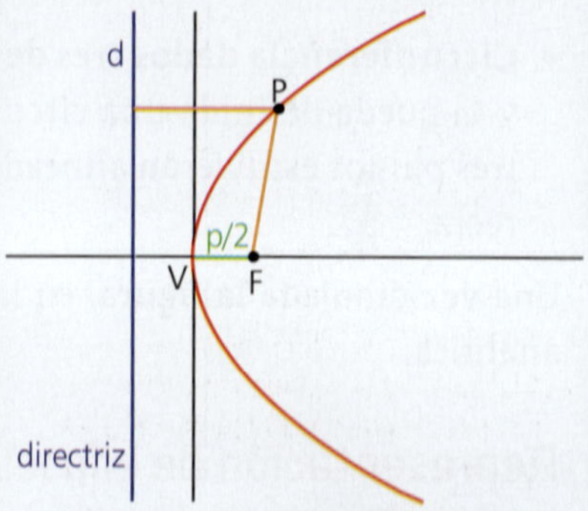

ELEMENTOS

Foco: F

Directriz: *d*

Vértice: punto, V, de intersección de la parábola con el eje.

Eje: recta que pasa por el foco, F, y es perpendicular a la directriz, *d*.

Radio vector: $\overline{PF}$

Parámetro: distancia del foco a la directriz, p = d (F , d)

Excentricidad: e = 1

ECUACIONES REDUCIDAS

Foco a la derecha de V:

$y^2 = 2px$

Foco a la izquierda de V:

$y^2 = -2px$

Foco encima de V:

$x^2 = 2py$

Foco debajo de V:

$x^2 = -2py$

RELACIÓN FUNDAMENTAL

$d(F, V) = d(V, d) = \frac{p}{2}$

CÓNICAS CON GEOGEBRA

Representación de circunferencias

Para representar circunferencias, se accede al menú **Circunferencias y sectores circulares** de la barra de herramientas, que permite representar una gran variedad de figuras circulares. En cada una de las opciones de este menú, se facilita la sintaxis adecuada para dibujar el elemento correspondiente.

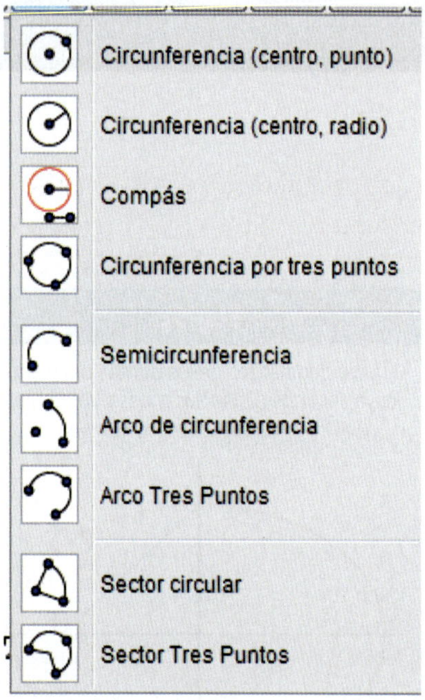

Existen tres formas básicas de dibujar una circunferencia:

- **Circunferencia dados su centro y radio:** tras seleccionar un punto, M, como centro de la circunferencia, aparece una ventana emergente en la que se introduce el valor del radio.
- **Circunferencia dados su centro y uno de sus puntos:** tras seleccionar dos puntos, M y P, queda definida una circunferencia con centro en M que pasa por P.
- **Circunferencia dados tres de sus puntos:** tras seleccionar tres puntos, A, B y C, queda definida una circunferencia que pasa por dichos puntos. Si los tres puntos estuvieran alineados, la circunferencia quedaría reducida a una recta.

Una vez dibujada la figura, en la **Vista Algebraica** se muestra su expresión analítica.

Representación de elipses, hipérbolas y parábolas

Para representar estas cónicas, se accede al menú **Cónicas** de la barra de herramientas y se procede del siguiente modo, según la cónica que se desee dibujar:

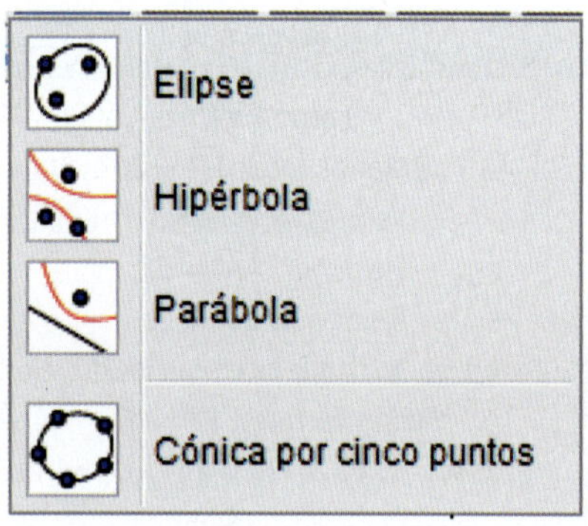

- **Elipse:** se seleccionan, primero, sus dos focos y posteriormente uno de sus puntos.
- **Hipérbola:** se seleccionan, primero, sus dos focos y luego uno de sus puntos.
- **Parábola:** se selecciona un punto, que será su foco, y su directriz (recta, semirrecta o segmento).

Una vez dibujada una cónica, en la **Vista Algebraica** se muestra su expresión analítica.

En el caso de que se conozca la expresión analítica y se desee dibujar la cónica, hay que introducir la ecuación cuadrática en *x* e *y* correspondiente en el campo **Entrada.** Si se desea darle un nombre concreto a la cónica, debe introducirse dicho nombre, seguido por «:», antes de la ecuación. Por ejemplo:

Elipse	**eli: 3x^2 + 16y^2 = 48**
Hipérbola	**hip: 9x^2 - 16y^2 = 144**
Parábola	**par: y^2 = 4x**
Circunferencia	**k1: x^2 + y^2 = 1**
Circunferencia	**k2: (x+2)^2 + (y+2)^2 = 9**

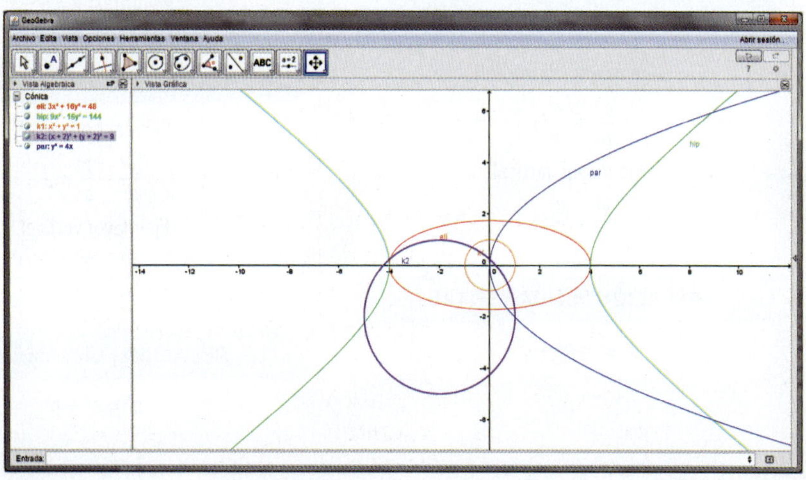

CÓNICAS CON WIRIS

Representación de cónicas

Para introducir cónicas en Wiris, se utiliza el comando **cónica**, seguido de la ecuación de la cónica que se quiera representar. Por ejemplo, para representar la elipse de ecuación $\frac{x^2}{25}+\frac{y^2}{9}=1$, se escribe: **c=cónica**$\left(\frac{x^2}{25}+\frac{y^2}{9}=1\right)$

Es muy recomendable etiquetar la cónica con una letra, ya que, así, se puede representar la cónica o determinar sus elementos principales a partir de la letra, sin necesidad de escribir la ecuación de la cónica.

$$\mathbf{c=cónica}\left(\frac{x^2}{25}+\frac{y^2}{9}=1\right) \rightarrow -\frac{1}{25}\cdot x^2-\frac{1}{9}\cdot y^2+1=0$$

dibujar(c) → **tablero1**
centro(c) → **(0,0)**
semieje_menor(c) → **3**
semieje_mayor(c) → **5**
focos(c) → **{(4,0),(−4,0)}**
semidistancia_focal(c) → **4**
excentricidad(c) → $\frac{4}{5}$

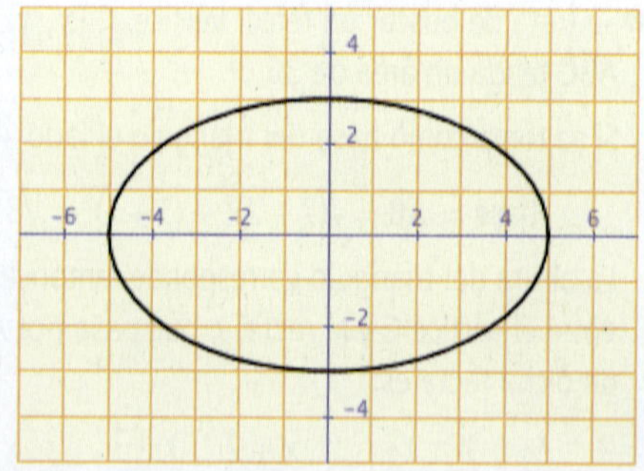

Representación gráfica de la elipse de ecuación:
$$\frac{x^2}{25}+\frac{y^2}{9}=1$$

Para trabajar con cualquier otra cónica y determinar sus elementos notables, se procede de modo análogo. Para determinar el vértice de una parábola, se utiliza el comando **vértice**; para obtener la directriz, el comando **directriz**, etc.

Representación de circunferencias

La circunferencia dispone de un espacio propio en Wiris, dada la relevancia de esta cónica. Desde la pestaña **Geometría**, se puede acceder a tres iconos que permiten obtener la ecuación de una circunferencia en función de sus elementos conocidos. El cuarto icono proporciona la ecuación de una cónica a partir de cinco de sus puntos:

Circunferencia conocidos su centro y su radio

Circunferencia conocidos tres puntos

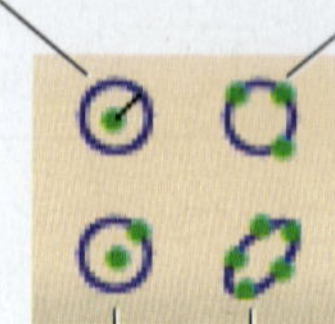

Circunferencia conocidos su centro y un punto

Cónica conocidos cuatro puntos

cfr(punto(1,2),3) → $(x-1)^2+(y-2)^2=9$
cfr(punto(0,−1),punto(1,2)) → $x^2+(y+1)^2=10$
cfr(punto(−2,0),punto(−1,3),punto(1,1)) → $\left(x+\frac{3}{4}\right)^2+\left(y-\frac{5}{4}\right)^2=\frac{25}{8}$

Evidentemente, también es posible introducir la ecuación de una circunferencia, como una cónica más. Para hacerlo, se procede de la siguiente manera:

c=cónica(x²+y²=9) → $-x^2-y^2+9=0$
dibujar(c) → **tablero1**

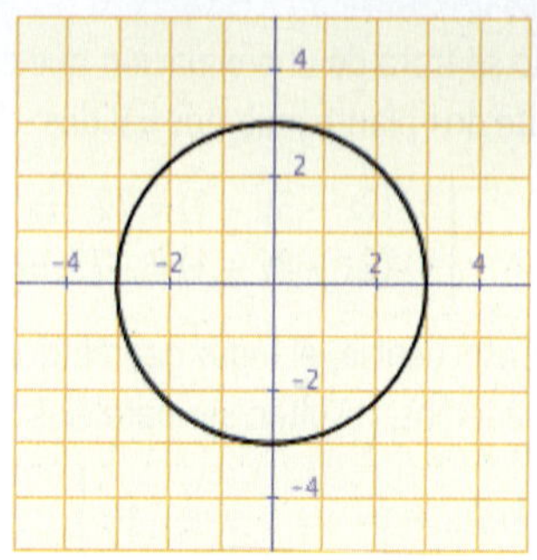

Una operación muy interesante que permite GeoGebra, consiste en hallar la recta tangente a una circunferencia en un punto dado de esta. A tal fin, se usa el comando **rectas_tangentes**, seguido de la circunferencia y el punto de tangencia. Para calcular, por ejemplo, la recta tangente a la circunferencia C: $x^2+y^2=5$ en el punto (2 , 1), se procede del modo siguiente:

c=cónica(x²+y²=5) → $-x^2-y^2+5=0$
r=rectas_tangentes(c,punto(2,1)) → $\{y=-2\cdot x+5\}$
dibujar({c,r}) → **tablero1**

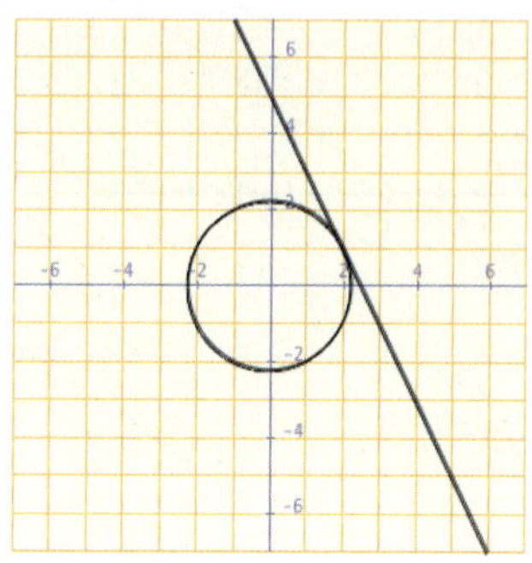

1 **Considera los puntos A (–2 , –1) y B (7 , 5) y halla el lugar geométrico de los puntos del plano que forman con A y B un triángulo de 36 unidades cuadradas de área.**

Se trata de buscar un tercer vértice, C (x , y), tal que el triángulo ABC tenga un área de 36 u².

Si se toma como base del triángulo el lado $\overline{AB}$, se tiene que:

$$\text{base} = \overline{AB} = \sqrt{(7+2)^2 + (5+1)^2} = \sqrt{81+36} = \sqrt{117}$$

La altura del triángulo corresponde, entonces, a la distancia entre el vértice C y la recta, r, que pasa por A y B. La ecuación de dicha recta es:

$$\frac{x - x_0}{v_x} = \frac{y - y_0}{v_y} \Rightarrow \frac{x+2}{9} = \frac{y+1}{6} \Rightarrow \frac{x+2}{3} = \frac{y+1}{2} \Rightarrow$$

$$\Rightarrow 2x + 4 = 3y + 3 \Rightarrow 2x - 3y + 1 = 0$$

Por tanto, la altura del triángulo es:

$$\text{altura} = d(C, r) = \frac{|2x-3y+1|}{\sqrt{2^2+(-3)^2}} = \frac{|2x-3y+1|}{\sqrt{13}}$$

El área del triángulo se expresa como el semiproducto de la base por la altura:

$$A_{\text{triángulo}} = \frac{\text{base} \cdot \text{altura}}{2} = \frac{\sqrt{117} \cdot \dfrac{|2x-3y+1|}{\sqrt{13}}}{2} \Rightarrow$$

$$\Rightarrow A_{\text{triángulo}} = \frac{\sqrt{\dfrac{117}{13}} \cdot |2x-3y+1|}{2} = \frac{\sqrt{9} \cdot |2x-3y+1|}{2} \Rightarrow$$

$$\Rightarrow A_{\text{triángulo}} = \frac{3}{2} \cdot |2x-3y+1|$$

Por tanto, la ecuación del lugar geométrico de los puntos del plano que forman con A y B un triángulo 36 u² de área es:

$$\frac{3}{2} \cdot |2x-3y+1| = 36$$

Como se trata de una ecuación que contiene un valor absoluto, admite dos planteamientos válidos:

$$\begin{cases} 3 \cdot (2x-3y+1) = 72 \Rightarrow 2x - 3y - 23 = 0 \\ 3 \cdot (2x-3y+1) = -72 \Rightarrow 2x - 3y + 25 = 0 \end{cases}$$

En consecuencia, el lugar geométrico corresponde a dos rectas que, además, resultan ser paralelas:

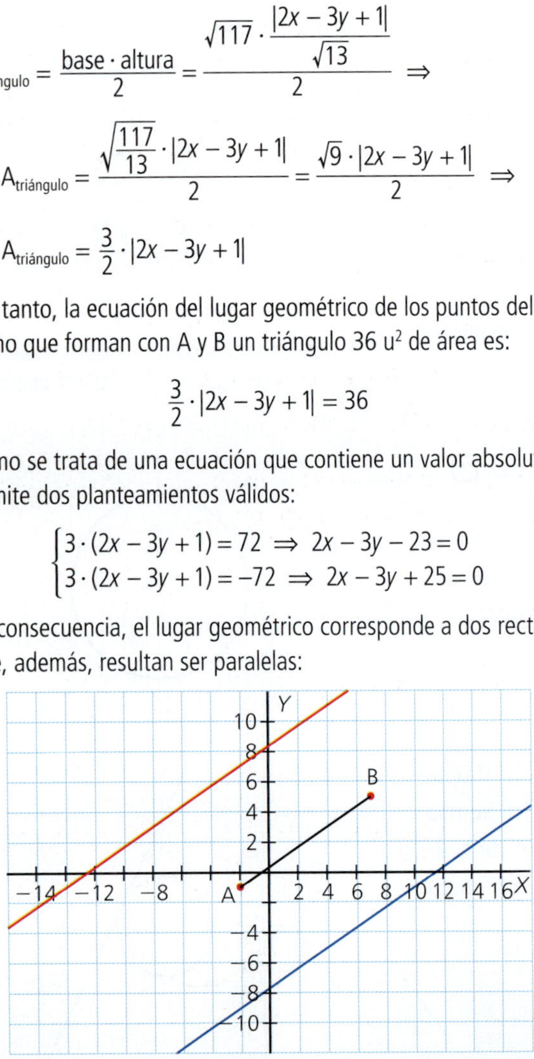

2 **Halla el lugar geométrico de los puntos del plano que equidistan de los puntos A (1 , 4) y B (3 , –2).**

Este ejercicio puede resolverse de dos maneras: **a.** mediante la definición de lugar geométrico o **b.** mediante la identificación de este lugar geométrico con la mediatriz del segmento $\overline{AB}$.

a. El lugar geométrico buscado son los puntos P (x , y) del plano que cumplen que d (P , A) = d (P , B). Por tanto, debe verificarse que:

$$d(P, A) = d(P, B) \Rightarrow$$

$$\Rightarrow \sqrt{(1-x)^2 + (4-y)^2} = \sqrt{(3-x)^2 + (-2-y)^2}$$

Para expresar el lugar geométrico, conviene simplificar esta expresión:

$$\left(\sqrt{1 - 2x + x^2 + 16 - 8y + y^2}\right)^2 =$$

$$= \left(\sqrt{9 - 6x + x^2 + 4 + 4y + y^2}\right)^2 \Rightarrow$$

$$\Rightarrow x^2 + y^2 - 2x - 8y + 17 = x^2 + y^2 - 6x + 4y + 13 \Rightarrow$$

$$\Rightarrow 4x - 12y + 4 = 0 \Rightarrow x - 3y + 1 = 0$$

b. El lugar geométrico de los puntos del plano que equidistan de dos puntos dados es, como es sabido, la mediatriz del segmento que forman dichos puntos. Atendiendo a este hecho, hallar el lugar geométrico consiste en hallar la ecuación de la mediatriz. Para hacerlo, se determina, en primer lugar, el punto medio, M, del segmento $\overline{AB}$:

$$M\left(\frac{1+3}{2}, \frac{4-2}{2}\right) = M(2, 1)$$

Para hallar la ecuación de la mediatriz, es necesario determinar el vector director de esta, que es, en cualquier caso, perpendicular al segmento $\overline{AB}$, es decir, al vector $\overrightarrow{AB} = (2, -6)$. Un posible vector director de la mediatriz es, por consiguiente, $\vec{v} = (6, 2)$. Se puede tomar este mismo vector o cualquier otro que sea paralelo, como por ejemplo, el vector $\vec{w} = (3, 1)$, con lo que la ecuación continua de la mediatriz queda de la forma:

$$\frac{x-2}{3} = \frac{y-1}{1}$$

Simplificando la expresión se obtiene el lugar geométrico, que, como se observa, coincide con el hallado por el primer método:

$$x - 3y + 1 = 0$$

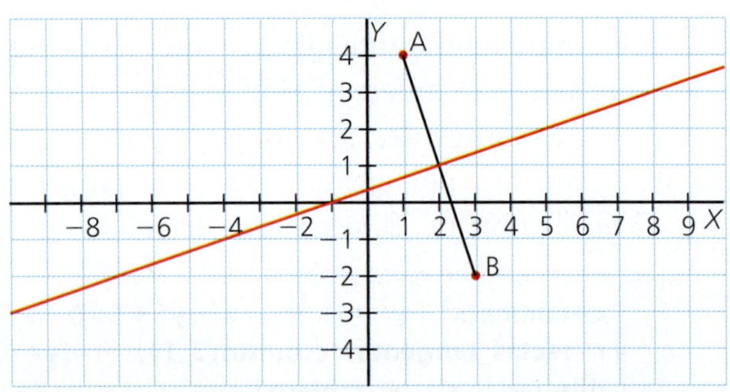

3 **Halla la ecuación de una circunferencia tal que que los puntos A (2 , –1) y B (4 , 5) formen uno de sus diámetros.**

El centro de la circunferencia que cumple la condición indicada en el enunciado es el punto medio del segmento $\overline{AB}$; por tanto:

$$C\left(\frac{2+4}{2}, \frac{-1+5}{2}\right) = C\,(3\,,\,2)$$

En cuanto al radio de la circunferencia, ha de ser la mitad de la distancia $\overline{AB}$.

$$r = \frac{1}{2}\cdot\sqrt{(4-2)^2+(5+1)^2} = \frac{1}{2}\cdot\sqrt{40} = \frac{1}{2}\cdot 2\cdot\sqrt{10} = \sqrt{10}$$

Por tanto, la ecuación de la circunferencia es:

$$(x-3)^2 + (y-2)^2 = 10$$

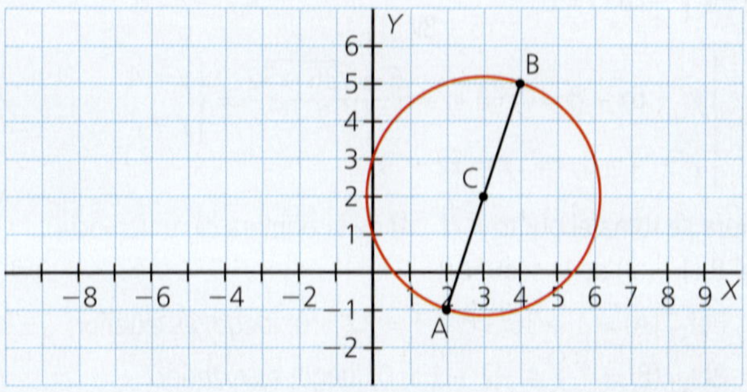

4 **Halla la ecuación de la circunferencia que pasa por los puntos A (0 , 0), B (0 , 2) y C (2 , 4).**

Las circunferencias que pasan por tres puntos fijos están circunscritas al triángulo que forman dichos puntos. Eso da lugar a que el circuncentro del triángulo sea el centro de la circunferencia. Por tanto, si se halla la intersección de dos mediatrices de los lados del triángulo ABC, se tendrá el centro de la circunferencia. Para calcular el radio, basta con calcular la distancia del centro de la circunferencia a cualquiera de los vértices del triángulo.

La mediatriz de $\overline{AB}$ pasa por su punto medio, $M\left(\frac{0+0}{2}, \frac{0+2}{2}\right) = M\,(0\,,\,1)$, y es perpendicular a $\overline{AB}$.

Como $\overrightarrow{AB} = (0\,,\,2)$ es un vector vertical, la mediatriz será horizontal y, por tanto, tendrá como pendiente m = 0.

La ecuación punto-pendiente de esta mediatriz es:

$$y-1 = 0\cdot(x-0) \Rightarrow y-1=0$$

La mediatriz de $\overline{AC}$ pasa por su punto medio, $N\left(\frac{0+2}{2}, \frac{0+4}{2}\right) = N\,(1\,,\,2)$, y es perpendicular a $\overline{AC}$.

El vector $\overrightarrow{AC} = (2\,,\,4)$ tiene pendiente 2, por lo que la pendiente de la mediatriz es $m = -\frac{1}{2}$.

La ecuación punto-pendiente de esta mediatriz es:

$$y-2 = -\frac{1}{2}\cdot(x-1) \Rightarrow 2y-4 = -x+1 \Rightarrow x+2y-5=0$$

El circuncentro del triángulo es el punto de intersección de las dos mediatrices, es decir, la solución del sistema que forman las ecuaciones de dichas mediatrices:

$$\begin{cases} y-1=0 \\ x+2y-5=0 \end{cases} \Rightarrow \begin{cases} y=1 \\ x=3 \end{cases} \Rightarrow \text{circuncentro } D\,(3\,,\,1)$$

Para hallar el radio de la circunferencia, basta con calcular la distancia entre el circuncentro, D, y cualquiera de los vértices del triángulo: $|\overrightarrow{AD}| = \sqrt{3^2+1^2} = \sqrt{10}$

Por tanto, la ecuación de la circunferencia resulta:

$$(x-3)^2 + (y-1)^2 = 10$$

O también: $x^2 + y^2 - 6x - 2y = 0$

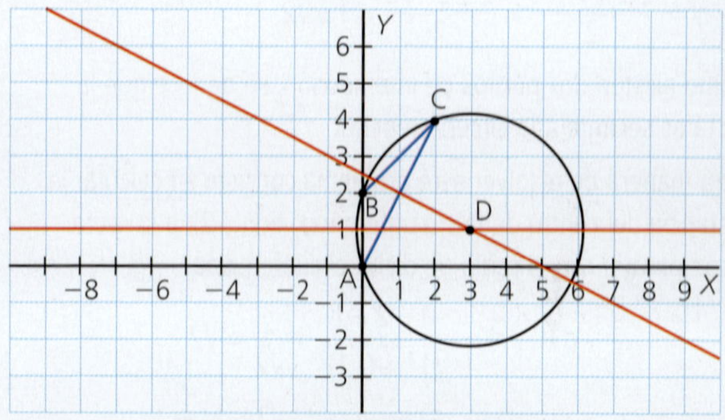

5 **Halla la ecuación de una circunferencia que sea concéntrica con la circunferencia C: $2x^2 + 2y^2 - 6x + 8y - 5 = 0$ y tangente con la recta *r*: $4x - 3y + 8 = 0$.**

En primer lugar, se «simplifica» la ecuación de la circunferencia, ya que sus coeficientes de grado dos no son 1:

$$C\colon x^2 + y^2 - 3x + 4y - \frac{5}{2} = 0$$

Seguidamente, se calcula el centro de la circunferencia C aplicando $\left(-\frac{A}{2}, -\frac{B}{2}\right)$, con lo que se obtiene: $C\left(\frac{3}{2}, -2\right)$

Como la circunferencia es tangente a *r*, la distancia entre el centro y la recta coincide con el radio:

$$d\,(C, r) = \frac{|A\cdot p_1 + B\cdot p_2 + C|}{\sqrt{A^2+B^2}} = \frac{\left|4\cdot\frac{3}{2} - 3\cdot(-2) + 8\right|}{\sqrt{16+9}} = \frac{20}{5} = 4$$

La ecuación pedida es, por tanto: $\left(x-\frac{3}{2}\right)^2 + (y+2)^2 = 16$

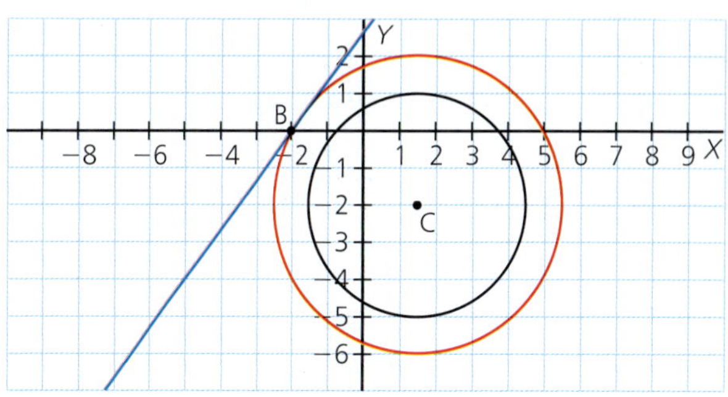

6 **Determina la posición relativa de la circunferencia C: $x^2 + y^2 - 2x - 4y - 1 = 0$ y la recta r: $x - y - 1 = 0$.**

Para determinar la posición relativa, hay que resolver el sistema formado por ambas ecuaciones. Al tratarse de un sistema no lineal, se resuelve por sustitución:

$$\begin{cases} x^2 + y^2 - 2x - 4y - 1 = 0 \\ x - y - 1 = 0 \Rightarrow x = y + 1 \end{cases} \Rightarrow$$

$$\Rightarrow (y+1)^2 + y^2 - 2\cdot(y+1) - 4y - 1 = 0 \Rightarrow$$

$$\Rightarrow y^2 + 2y + 1 + y^2 - 2y - 2 - 4y - 1 = 0 \Rightarrow$$

$$\Rightarrow 2y^2 - 4y - 2 = 0 \Rightarrow y^2 - 2y - 1 = 0 \Rightarrow$$

$$\Rightarrow y = \frac{2 \pm \sqrt{4+4}}{2} = \frac{2 \pm 2\cdot\sqrt{2}}{2} = 1 \pm \sqrt{2}$$

Como existen dos puntos de intersección, se deduce que la recta es secante a la circunferencia.

Otra manera de resolver este problema consiste en calcular la distancia del centro de la circunferencia, C (1 , 2), a la recta y compararla con el radio de dicha circunferencia:

$$d(C, r) = \frac{|1-2-1|}{\sqrt{1^2 + (-1)^2}} = \frac{2}{\sqrt{2}} = \sqrt{2}$$

$$\text{radio} = \frac{1}{2}\cdot\sqrt{4+16+4} = \frac{\sqrt{24}}{2} = \sqrt{6}$$

Como el radio es mayor que la distancia entre el centro de la circunferencia y la recta, se deduce que la recta es secante a la circunferencia:

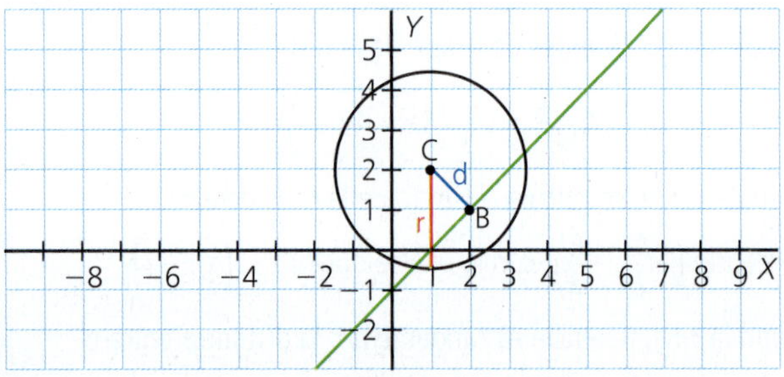

7 **Determina la posición relativa de las siguientes circunferencias:**

C_1: $x^2 + y^2 - 6y + 7 = 0$ $\quad$ C_2: $x^2 + y^2 - 6x + 1 = 0$

Para determinar la posición relativa de las dos circunferencias, se precisa hallar los puntos que tienen en común dichas circunferencias. Con este fin, se resuelve el sistema que forman las dos ecuaciones:

$$\begin{cases} x^2 + y^2 - 6y + 7 = 0 \\ x^2 + y^2 - 6x + 1 = 0 \end{cases}$$

Se trata de ecuaciones no lineales, pero restándolas se obtiene:

$$6x - 6y + 6 = 0$$

Al simplificar esta expresión, resulta:

$$x - y + 1 = 0 \Rightarrow x = y - 1$$

Se sustituye este resultado en cualquiera de las dos ecuaciones, en este caso en la primera, y se obtiene:

$$(y-1)^2 + y^2 - 6y + 7 = 0 \Rightarrow y^2 - 2y + 1 + y^2 - 6y + 7 = 0 \Rightarrow$$

$$\Rightarrow 2y^2 - 8y + 8 = 0 \Rightarrow y^2 - 4y + 4 = 0 \Rightarrow y = 2$$

$$y = 2 \Rightarrow x = y - 1 \Rightarrow x = 2 - 1 \Rightarrow x = 1$$

Como solo hay un punto en común, (1 , 2), se deduce que ambas circunferencias son tangentes en dicho punto.

Para determinar si son tangentes interiores o exteriores, se puede tomar un punto de cada una de las circunferencias y hallar su potencia con respecto a la otra. Por ejemplo, si se toma en ambas circunferencias $x = 1$, se obtiene:

$$\begin{cases} 1^2 + y^2 - 6y + 7 = 0 \\ 1^2 + y^2 - 6\cdot 1 = 0 \end{cases} \Rightarrow$$

$$\Rightarrow \begin{cases} y^2 - 6y + 8 = 0 \Rightarrow y = \dfrac{6 \pm \sqrt{36-32}}{2} = \begin{cases} y = 4 \\ y = 2 \end{cases} \\ y^2 - 4 = 0 \Rightarrow y = \pm 2 \end{cases}$$

Ahora se toma el punto A (1 , 4) de la primera circunferencia y el B (1 , −2) de la segunda:

$\text{Pot}_{C2}(A) = 1 + 16 - 6 + 1 = 12 > 0$; luego, es exterior.

$\text{Pot}_{C1}(B) = 1 + 4 - 2 + 1 > 0$; luego, es exterior.

Como en los dos casos el punto de una circunferencia es exterior a la otra, se deduce que las circunferencias son tangentes exteriores:

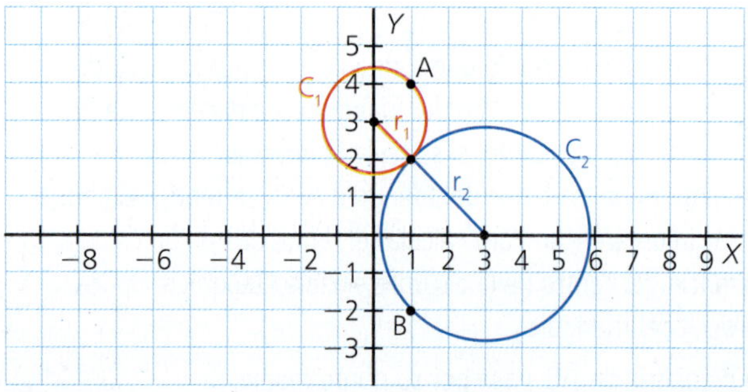

Este ejercicio también puede resolverse a partir del estudio de los centros y los radios de las circunferencias.

Primera circunferencia:

$$\text{Centro: } P(0, 3) \quad \text{Radio: } \frac{1}{2}\cdot\sqrt{36-28} = \frac{\sqrt{8}}{2} = \frac{2\cdot\sqrt{2}}{2} = \sqrt{2}$$

Segunda circunferencia:

$$\text{Centro: } Q(3, 0) \quad \text{Radio: } \frac{1}{2}\cdot\sqrt{36-4} = \frac{\sqrt{32}}{2} = \frac{2^2\cdot\sqrt{2}}{2} = 2\cdot\sqrt{2}$$

Así, la distancia entre los centros es:

$$|\overrightarrow{PQ}| = |(3, -3)| = \sqrt{9+9} = \sqrt{18} = 3\cdot\sqrt{2}$$

Y la suma de los radios es:

$$\sqrt{2} + 2\cdot\sqrt{2} = 3\cdot\sqrt{2}$$

Como la distancia entre los centros es igual a la suma de los radios, las circunferencias solo pueden ser tangentes exteriores.

8 **El semieje mayor de una elipse mide 5 unidades, y la distancia focal, 6 unidades. Halla la ecuación reducida de la elipse, encuentra un punto de la misma (que no sea el vértice) y demuestra que se cumple la definición de la elipse.**

Como el semieje mayor mide 5 unidades, entonces a = 5. Por otra parte, el hecho de que la distancia focal sea de 6 unidades, implica que c = 3. A partir de estos datos se calcula la longitud del semieje menor mediante el teorema de Pitágoras:

$$a^2 = b^2 + c^2 \Rightarrow b = \sqrt{25-9} = \sqrt{16} = 4 \text{ u}$$

Por tanto, la ecuación reducida de la elipse es: $\frac{x^2}{25} + \frac{y^2}{16} = 1$

Para encontrar un punto de la elipse, se toma un valor de x comprendido entre (–5 , 5), por ejemplo $x = 3$, y se calcula el valor de y correspondiente:

$$\frac{9}{25} + \frac{y^2}{16} = 1 \Rightarrow y = \sqrt{16 \cdot \left(1 - \frac{9}{25}\right)} = \sqrt{\frac{16^2}{25}} = \frac{16}{5} \Rightarrow P\left(3, \frac{16}{5}\right)$$

Según la definición de elipse, la suma de distancias de P a los focos, F (3 , 0) y F' (–3 , 0), ha de ser 2a = 10:

$$\overline{PF} + \overline{PF'} = \left|\left(0, \frac{16}{5}\right)\right| + \left|\left(-6, -\frac{16}{5}\right)\right| =$$

$$= \sqrt{\left(\frac{16}{5}\right)^2} + \sqrt{36 + \left(\frac{16}{5}\right)^2} = \frac{16}{5} + \frac{34}{5} = \frac{50}{5} = 10$$

Con lo que se comprueba que se cumple con la definición.

9 **Identifica la cónica que tiene por expresión $8x^2 - y^2 - 8 = 0$. Después halla su ecuación reducida, encuentra un punto de la misma (que no sea el vértice) y demuestra que se cumple su definición.**

La expresión se corresponde con la ecuación de una hipérbola, ya que los coeficientes de x^2 e y^2 son de distinto signo.

Para llegar a su ecuación reducida, se divide toda la ecuación entre 8:

$$8x^2 - y^2 = 8 \Rightarrow$$

$$\Rightarrow \frac{8x^2}{8} - \frac{y^2}{8} = \frac{8}{8} \Rightarrow \frac{x^2}{1} - \frac{y^2}{8} = 1 \Rightarrow \begin{cases} a^2 = 1 \Rightarrow a = 1 \\ b^2 = 8 \Rightarrow b = \sqrt{8} \end{cases}$$

Los focos se obtienen a partir de la relación $c^2 = a^2 + b^2$:

$$c^2 = a^2 + b^2 \Rightarrow c = \sqrt{1+8} = \sqrt{9} = 3$$

Por tanto, los focos son F (3 , 0) y F' (–3 , 0).

Para hallar un punto de la hipérbola, se toma un valor de $x > 1$, por ejemplo $x = 3$, y se sustituye en la ecuación inicial de la hipérbola:

$$8 \cdot 3^2 - y^2 = 8 \Rightarrow y = \sqrt{72-8} = \sqrt{64} = 8 \Rightarrow P(3, 8)$$

Según la definición de la hipérbola, la diferencia de distancias de P a los focos ha de ser 2a = 2, como se comprueba seguidamente:

$$|\overline{PF} + \overline{PF'}| = ||(0, -8)| - |(-6, -8)|| = |\sqrt{64} - \sqrt{36+64}| =$$

$$= |8 - 10| = 2$$

10 **Identifica la cónica cuya ecuación es $y^2 - 16x = 0$, halla su ecuación reducida, determina las coordenadas de uno de sus puntos (que no sea el vértice) y demuestra que se cumple la definición de esta cónica.**

Se trata de una parábola, ya que una variable es de grado 2, y la otra, de grado 1.

Su ecuación reducida es del tipo $y^2 = 2px$; luego, se correspondería con $y^2 = 16x$, donde 2p = 16 y, por tanto, p = 8. Con estos datos, se deduce que el foco es F (4 , 0), y la directriz, la recta $x = -4$.

Para hallar un punto de la parábola, se toma un punto $x > 0$, por ejemplo $x = 1$, y se obtiene el valor de y correspondiente:

$$y^2 = 16 \Rightarrow y = 4 \Rightarrow P(1, 4)$$

Según la definición de parábola, P debe equidistar del foco y de la directriz, como se demuestra a continuación:

$$d(P, F) = \overline{PF} = |(3, -4)| = \sqrt{9+16} = 5$$

Al ser la directriz una recta vertical, la distancia entre el punto P y esa recta vertical es: d (P, directriz) = 4 + 1 = 5

11 **Sea la cónica $x^2 + y^2 - 2x - 4y = 0$; halla las ecuaciones de las recta tangente y de la recta normal a dicha cónica en el punto de abscisa $x = 2$ y ordenada positiva.**

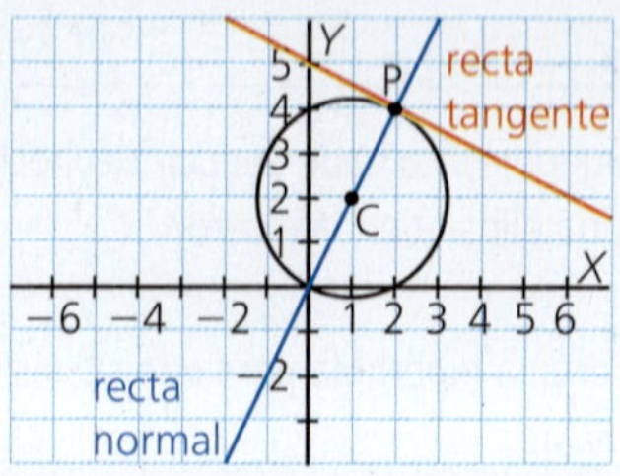

Primero se determina la ordenada del punto indicado:

$$4 + y^2 - 4 - 4y = 0 \Rightarrow y^2 - 4y = 0 \Rightarrow y(y-4) = 0 \Rightarrow \begin{cases} y = 0 \\ y = 4 \end{cases}$$

Como se observa, existen dos posibles puntos de tangencia; ahora bien, como el enunciado especifica que el punto demandado es el de ordenada positiva, se toma el punto P (2 , 4).

El centro de la circunferencia es:

$$C\left(-\frac{A}{2}, -\frac{B}{2}\right) = C(1, 2)$$

El vector $\overrightarrow{CP} = (1, 2)$ es el vector director de la recta normal, por lo que un vector perpendicular a $\overrightarrow{CP}$ es el vector (2 , –1). Por tanto, las ecuaciones pedidas son:

Recta tangente:

$$\frac{x-2}{2} = \frac{y-4}{-1} \Rightarrow x + 2y - 10 = 0$$

Recta normal:

$$\frac{x-2}{1} = \frac{y-4}{2} \Rightarrow 2x - y = 0$$

1 Indica las relaciones matemáticas existentes entre los semiejes, la distancia focal y la excentricidad de una hipérbola.

2 Indica las relaciones matemáticas existentes entre los semiejes, la distancia focal y la excentricidad de una elipse.

3 ¿Qué cónica se representa atendiendo a un eje imaginario?

4 Clasifica las cónicas en abiertas y cerradas.

5 Escribe, en cada caso, la expresión matemática de las circunferencias que cumplen la condición indicada.

a. Tiene como centro el origen de coordenadas.

b. Pasa por el origen de coordenadas.

6 Conocida una recta tangente a una cónica, indica si existe una segunda recta paralela a la primera y también tangente a la cónica en los siguientes supuestos:

a. La cónica es una elipse.

b. La cónica es una parábola.

7 Indica la posición relativa entre el eje de una parábola y su directriz.

8 ¿Qué interpretación geométrica cabe deducir del hecho de que la excentricidad de una elipse tienda a cero?

9 Indica cómo ha de ser una hipérbola para que sus asíntotas sean perpendiculares entre sí.

10 Halla, en cada caso, la expresión de la hipérbola equilátera que cumple la condición indicada.

a. Sus asíntotas son las bisectrices del primer y el segundo cuadrante.

b. Sus asíntotas son los ejes de coordenadas.

11 Indica a qué lugar geométrico corresponden los siguientes enunciados:

a. Puntos del plano que equidistan de uno dado.

b. Puntos que equidistan de dos puntos dados.

c. Puntos que equidistan de una recta.

d. Puntos del plano tales que la suma de las distancias a dos puntos dados es fija.

e. Puntos del plano que equidistan de las semirrectas que forman un ángulo.

12 Determina el lugar geométrico de los puntos del plano que equidistan de las rectas r: $x + 3y - 1 = 0$ y s: $3x - y + 4 = 0$.

13 Halla el lugar geométrico de los puntos del plano que equidistan de los puntos A (3 , 1) y B (–5 , –2).

14 Indica a qué cónica corresponde cada una de las siguientes ecuaciones. Después, comprueba los resultados que has obtenido con Wiris o GeoGebra.

a. $x^2 + y^2 - 3x + 1 = 0$

b. $x^2 - y - 5x + 6 = 0$

c. $y^2 - x - 4y + 3 = 0$

d. $2x^2 + 2y^2 - 2 = 0$

e. $2x^2 - 2y^2 - 7 = 0$

f. $2x^2 + 2y^2 - 7 = 0$

15 Determina el lugar geométrico de los puntos del plano que distan dos unidades del punto A (3 , –5).

16 Halla la ecuación de la circunferencia con centro C (0 , 0) y radio 4. Después, comprueba los resultados que has obtenido con Wiris o GeoGebra.

17 Halla la ecuación de la circunferencia con centro C (–1 , 7) y radio 4. Después, comprueba los resultados que has obtenido con Wiris o GeoGebra.

18 Pon un ejemplo de dos circunferencias concéntricas.

19 Determina la ecuación de la circunferencia con centro C (2 , 3) que pasa por el punto B (1 , 1). Después, comprueba los resultados que has obtenido con Wiris o GeoGebra.

20 Halla la ecuación de la circunferencia con centro C (2 , 3) que es tangente al eje de abscisas.

21 Encuentra la ecuación de la circunferencia con centro C (3 , 1) que es tangente a la recta r: $3x - 4y = 0$.

22 Determina la ecuación de la circunferencia que tiene como puntos diametralmente opuestos A (6 , –4) y B (–8 , –2).

23 Halla la ecuación de la circunferencia que pasa por los puntos A (–2 , 0), B (0 , 2) y C (0 , –4). Después, comprueba los resultados que has obtenido con Wiris o GeoGebra.

24 Determina la ecuación de la circunferencia que pasa por los puntos A (–1 , 8), B (–3 , 6) y C (–1 , 4). Después, comprueba los resultados que has obtenido con Wiris o GeoGebra.

25 Halla el centro y el radio de las circunferencias que tienen las siguientes ecuaciones:

a. $x^2 + y^2 - 4x - 2y + 2 = 0$

b. $x^2 + y^2 + 2x + 8y + 1 = 0$

c. $4x^2 + 4y^2 - 4x + 8y - 31 = 0$

26 Comprueba que las siguientes parejas de circunferencias son concéntricas:

a. C_1: $x^2 + y^2 - 6x - 2y + 9 = 0$; C_2: $x^2 + y^2 - 6x - 2y + 1 = 0$

b. C_1: $x^2 + y^2 + 4x - 2y + 4 = 0$; C_2: $2x^2 + 2y^2 + 8x - 4y = 0$

c. C_1: $4x^2 + 4y^2 - 4x + 8y - 31 = 0$; C_2: $x^2 + y^2 + 4x - 1 = 0$

27 Calcula la distancia entre los centros de las siguientes circunferencias:

C_1: $x^2 + y^2 + 8x - 2y + 12 = 0$; C_2: $x^2 + y^2 - 6y = 0$

28 Halla una circunferencia concéntrica a C: $x^2 + y^2 + 4x - 4y - 1 = 0$ y que sea tangente al eje de ordenadas.

29 Calcula la potencia de los puntos A (0 , 0), B (5 , 1) y C (4 , 0) respecto de la circunferencia C: $x^2 + y^2 = 16$ e indica las posiciones relativas respectivas.

30 Determina los puntos de intersección de la recta r: $x - y + 1 = 0$ y la circunferencia C: $x^2 + y^2 + 4x - 4y - 1 = 0$. Después, comprueba los resultados que has obtenido con Wiris o GeoGebra.

31 Halla la longitud de la cuerda (distancia entre dos puntos) que generan la recta $x = -2$ y la circunferencia C: $x^2 + y^2 + 4x - 4y - 1 = 0$.

32 Determina la recta tangente a la circunferencia C: $x^2 + y^2 + 4x - 1 = 0$ en el punto A (3 , 2).

33 ¿Para qué valor de m la recta r: $x - y + m = 0$ es tangente a la circunferencia C: $x^2 + y^2 = 9$?

34 Calcula el valor de m para que la recta r: $3x + my + 6 = 0$ sea tangente a la circunferencia C: $x^2 + y^2 - 2x + 2y - 8 = 0$.

35 Determina la posición relativa de los siguientes pares de circunferencias:

a. C_1: $x^2 + y^2 + 2x - 2y - 3 = 0$; C_2: $x^2 + y^2 + 10x + 16 = 0$

b. C_1: $x^2 + y^2 + 10x + 16 = 0$; C_2: $2x^2 + 2y^2 - 24x + 64 = 0$

c. C_1: $x^2 + y^2 + 8x + 7 = 0$; C_2: $x^2 + y^2 - 4x - 5 = 0$

36 Estudia la posición relativa de la recta r: $2x + y - 1 = 0$ y la circunferencia C: $x^2 + y^2 - 4x - 2y - 4 = 0$. Después, comprueba los resultados que has obtenido con Wiris o GeoGebra.

37 Determina las ecuaciones de las rectas tangentes a la circunferencia C: $x^2 + y^2 = 25$ que son paralelas a la bisectriz del primer cuadrante.

38 Obtén la ecuación de una circunferencia que pase por el punto A (6 , 3) y sea tangente tanto al eje de abscisas como al de ordenadas.

39 La ecuación de una elipse es $\frac{x^2}{25} + \frac{y^2}{9} = 1$. Determina sus parámetros más importantes y represéntala. Después, comprueba los resultados que has obtenido con Wiris o GeoGebra.

40 Determina la ecuación de la elipse tal que la suma de las distancias de cualquiera de sus puntos a los focos F (2 , 0) y F' (– 2 , 0) sea 6.

41 Determina los puntos de la elipse del ejercicio anterior que tienen 2 como abscisa.

42 Halla la elipse tal que la suma de las distancias de cualquiera de sus puntos a los focos F (3 , 1) y F' (5 , 1) sea 12, sabiendo que los ejes de la elipse son paralelos a los ejes coordenados.

43 Encuentra la ecuación de la elipse tal que la suma de las distancias de cada uno de sus puntos a los focos F (0 , 6) y F' (0 , 2) sea 8.

44 Determina la ecuación, la excentricidad y los focos de las elipses cuyos vértices son:

a. (6 , 0), (–6 , 0), (0 , 3) y (0 , –3)

b. (7 , 0), (–7 , 0), $(0 , \sqrt{3})$ y $(0 , -\sqrt{3})$

c. (2 , 2), (2 , –2), (–1 , 0) y (5 , 0)

45 Se sabe que el foco de una elipse es F (0 , –2) y que su excentricidad es $e = \frac{2}{5}$. Obtén la ecuación de dicha elipse, suponiendo que está centrada en el origen de coordenadas.

46 Determina la posición relativa de la recta de ecuación $x = 2$ y la elipse de ecuación $\frac{x^2}{5} + \frac{y^2}{3} = 1$. Después, comprueba los resultados que has obtenido con Wiris o GeoGebra.

47 Halla la ecuación reducida y la excentricidad de la elipse de ecuación $x^2 + 2y^2 + 2x + 4y + 1 = 0$ y ejes paralelos a los coordenados.

48 Representa la recta tangente en el punto A (3 , 0) a la elipse de ecuación $\frac{x^2}{9} + y^2 = 1$ e identifica dicha recta.

49 Determina y representa los parámetros más importantes de la hipérbola de ecuación $\frac{x^2}{25} - \frac{y^2}{9} = 1$. Después, comprueba los resultados que has obtenido con Wiris o GeoGebra.

50 Determina y representa los parámetros más importantes de la hipérbola de ecuación $4y^2 - x^2 = 4$. Después, comprueba los resultados que has obtenido con Wiris o GeoGebra.

51 Determina la ecuación de una hipérbola centrada en el origen de coordenadas, sabiendo que el semieje imaginario es 5 y que sus focos son F (10 , 0) y F' (–10 , 0).

52 Escribe la ecuación reducida de una hipérbola uno de cuyos focos es F (17 , 0) y uno de cuyos vértices es V (15 , 0).

53 Halla la ecuación de la hipérbola que pasa por el punto P (4 , 0) y tiene como focos F (7 , 0) y F' (–7 , 0).

54 Se sabe que la asíntota de una hipérbola es la recta de ecuación $y = \frac{x}{2}$ y que uno de sus vértices se encuentra en el punto A (2 , 0). Halla la ecuación de dicha hipérbola.

55 Halla la ecuación de una hipérbola equilátera cuyo semieje real mide 4 unidades.

56 Halla las asíntotas de la hipérbola de ecuación $\frac{x^2}{4} - y^2 = 1$.

57 Identifica las asíntotas de la hipérbola $\frac{(x-1)^2}{4} - (y-1)^2 = 1$.

58 Represента las siguientes hipérbolas a partir de sus ecuaciones e indica las diferencias entre ellas:

a. $x^2 - y^2 = 1$ **b.** $y^2 - x^2 = 1$ **c.** $y = \frac{1}{x}$

59 Halla la ecuación de la recta tangente a la hipérbola $y^2 - x^2 = 3$ en $x = 0$ y $x = -1$.

60 Determina el lugar geométrico de los puntos del plano que equidistan del punto A (3 , 0) y de la recta $x = -4$.

61 Una parábola tiene como vértice el punto A (0 , 0) y como directriz la recta $y = 2$. Calcula la ecuación de dicha parábola.

62 Una parábola tiene como vértice el punto A (1 , 1) y como directriz la recta $y = -3$. Calcula la ecuación de dicha parábola.

63 Una parábola tiene como vértice el punto A (1 , 2) y como foco el punto F (6 , 2). Calcula la ecuación de dicha parábola y su directriz.

64 Halla los parámetros fundamentales de la parábola de ecuación $y^2 = 4x$. Después, comprueba los resultados que has obtenido con Wiris o GeoGebra.

65 Halla la ecuación de una parábola sabiendo que su foco es F (0 , 4), y su directriz, la recta $y = -2$.

66 Determina todos los parámetros de la cónica cuya ecuación es $(x + 2)^2 = 2 \cdot (y - 3)$. Después, comprueba los resultados que has obtenido con Wiris o GeoGebra.

67 Halla un punto de la bisectriz del primer cuadrante que verifique que la potencia respecto de la circunferencia de ecuación C_1: $x^2 + y^2 - 6x - 2y + 9 = 0$ sea igual que la potencia respecto de la circunferencia C_2: $x^2 + y^2 - 2x + 3 = 0$.

68 Indica a qué cónica corresponde la ecuación $9x^2 + 25y^2 - 36x + 150y + 36 = 0$ y halla la ecuación reducida correspondiente.

69 Identifica cada cónica a partir de su gráfica y halla su ecuación reducida.

a.

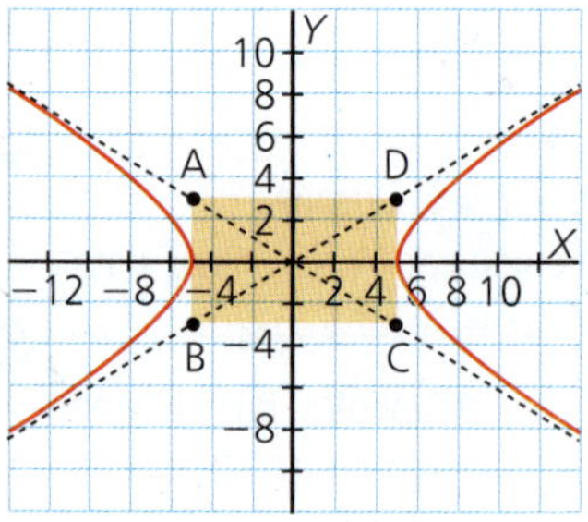

b.

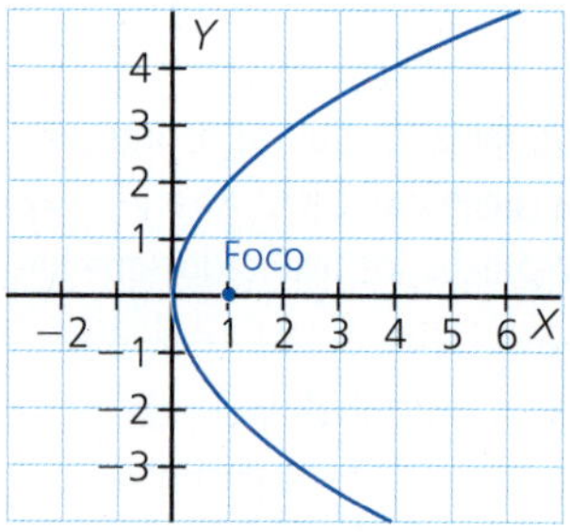

70 En la siguiente figura se representan dos parábolas. Halla la ecuación de cada una de ellas.

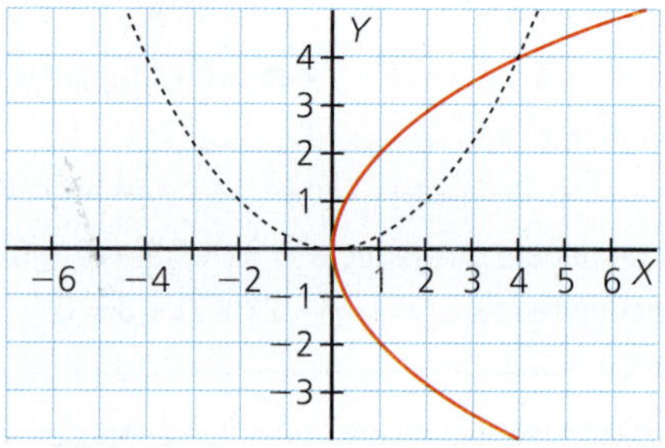

71 Encuentra, en cada caso, la recta tangente a la parábola con foco F (0 , 1) y directriz el eje de abscisas, que pasa por el punto indicado.

a. A (3 , 5)

b. Punto de la parábola de abscisa $x = 1$.

72 Determina las circunferencias inscrita y circunscrita al cuadrado cuyos vértices son los puntos A (3 , 2), B (7 , 2), C (3 , 6) y D (7 , 6).

73 ¿En qué ejes se encuentran los focos de la elipse de ecuación $\frac{x^2}{9} + \frac{y^2}{16} = 1$? Represéntala e identifica los focos.

UN POCO DE ASTRONOMÍA

Aunque no se ha conservado ninguna de las obras que escribió la matemática y astrónoma Hypatia de Alejandría (355-370, 415-416 d. C.), se tiene una ligera idea de la naturaleza de sus investigaciones a partir del testimonio de sus discípulos. De estos testimonios se deduce que probablemente fue Hypatia la primera persona que asoció las órbitas celestes con trayectorias no circulares. Con la trágica muerte de Hypatia, el estudio de las cónicas cayó en el olvido y no se retomó hasta los inicios del siglo XVII, cuando Johannes Kepler, en 1619, consiguió describir la cinemática de los astros con tres leyes revolucionarias. En la primera de estas leyes, Kepler describió la trayectoria de la Tierra en su movimiento de traslación alrededor del Sol como una elipse, estando el Sol situado en uno de sus focos.

1. Se llama afelio a la máxima distancia que separa el Sol de la Tierra (152,10 millones de kilómetros) y perihelio a la distancia mínima (147,09 millones de kilómetros). Obtén, a partir de estos datos, el valor de los semiejes de la elipse.

2. Determina la excentricidad de la elipse e interpreta el resultado.

UN SALTO A LAS TRES DIMENSIONES DE LA MANO DEL ARTE

En arquitectura, se utilizan desde antiguo formas cóncavas y convexas para generar una sensación de mayor espacio y profundidad. A continuación se muestran tres cúpulas. La primera de ellas, la cúpula de San Carlo alle Quattre Fontane, es una estructura representativa del Barroco de 15 m × 10 m. La segunda estructura es la cúpula de la Catedral Vieja de Salamanca: una cúpula de planta circular de unos diez metros (9,20 m para ser más exactos), que levanta sobre pechinas dos hileras de ventanas superpuestas. La tercera cúpula lleva la firma de Gaudí y se ubica en la nave central de la Sagrada Familia. Como puedes observar, estas estructuras son la generalización a tres dimensiones de las curvas planas que se han estudiado en esta unidad. Trata de caracterizar matemáticamente estas nuevas geometrías.

PELOTAS DE *PING-PONG*

Dos pelotas de *ping-pong*, de 4 cm y 5 cm de radio, respectivamente, están en el suelo con sus superficies en contacto. ¿Cuál es la distancia entre el punto de contacto de las dos pelotas y el suelo? Si ahora se une una tercera pelota de *ping-pong* con un radio de 3 cm en contacto con las otras dos, ¿cuál es el perímetro del triángulo que forman los tres puntos de contacto?

LA SECRETA POSICIÓN RELATIVA

Al determinar la posición relativa de una hipérbola y una recta, se ha resuelto el sistema formado por las ecuaciones respectivas. Indica cuál es la posición relativa de la recta y la hipérbola en los siguientes casos:

1. El sistema no tiene solución.

2. Existe una única solución.

3. El sistema tiene dos soluciones posibles.

DIARIO DE APRENDIZAJE

¿Cómo he solventado o me he enfrentado a las dificultades de esta unidad?

ACTIVIDADES U05, U06, U07 Y U08

1 De la observación del siguiente gráfico, es posible afirmar que corresponde a la representación del sistema de ecuaciones:

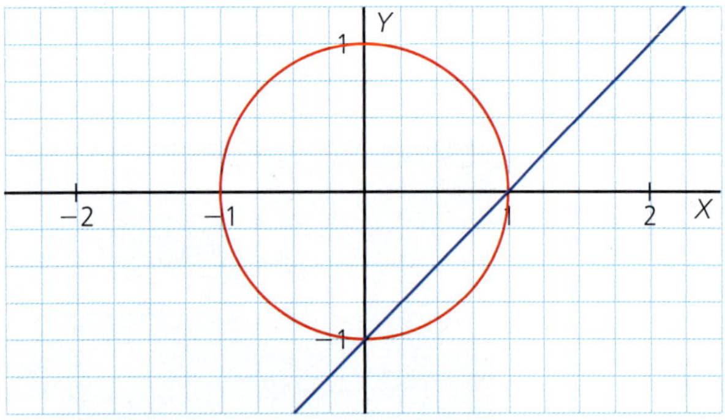

a. $\begin{cases} x + y = 1 \\ x^2 + y^2 = 1 \end{cases}$

b. $\begin{cases} x - y = 1 \\ x^2 + y^2 = 1 \end{cases}$

c. $\begin{cases} x - y = 1 \\ x^2 - y^2 = 1 \end{cases}$

2 Según el gráfico anterior, las soluciones del sistema de ecuaciones representado son:

a. $x = 1$ y $x = -1$

b. $(x_1 , y_1) = (1 , 0)$ y $(x_2 , y_2) = (0 , -1)$

c. $(x_1 , y_1) = (1 , 0)$ y $(x_2 , y_2) = (0 , 1)$

3 El gráfico adjunto resulta de realizar, sobre el sistema representado en la actividad 1, la transformación:

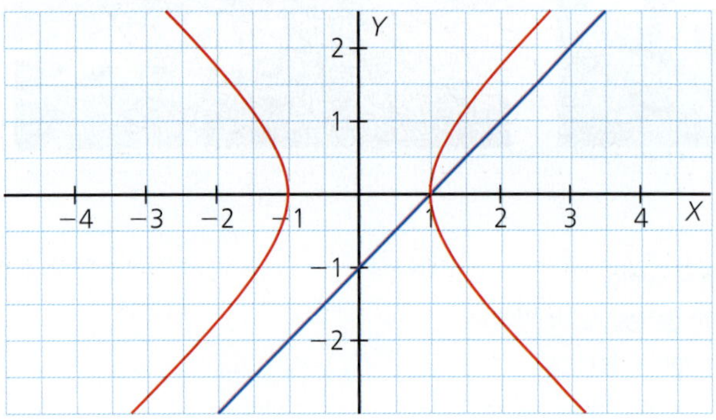

a. $x^2 + y^2 = 1 \rightarrow x^2 - y^2 = 1$

b. $x + y = 1 \rightarrow x + y = -1$

c. $x^2 + y^2 = 1 \rightarrow x^2 - y^2 = -1$

4 El lugar geométrico de todos los puntos del plano *XY* que distan 2 unidades del origen de coordenadas es:

a. $x - y = 2$

b. $x^2 + y^2 = 2$

c. $x^2 + y^2 = 4$

5 El gráfico adjunto resulta de realizar, sobre el sistema representado en la actividad 1, la transformación:

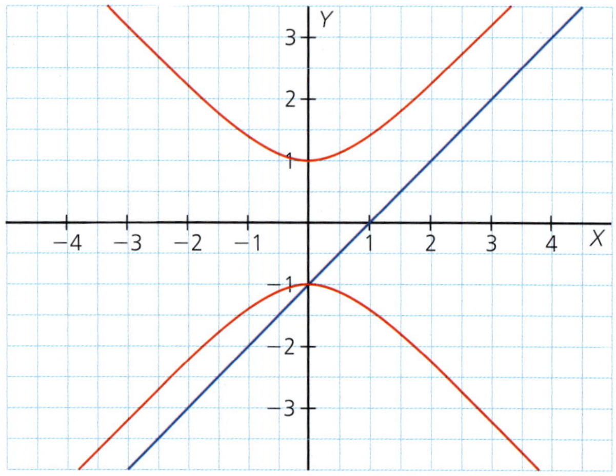

a. $x^2 + y^2 = 1 \rightarrow x^2 - y^2 = 1$

b. $x + y = 1 \rightarrow x + y = -1$

c. $x^2 + y^2 = 1 \rightarrow x^2 - y^2 = -1$

6 A la circunferencia, la elipse, la hipérbola y la parábola se las denomina cónicas porque:

a. Surgen de la intersección de una superficie cónica y un plano.

b. Son figuras bidimensionales cerradas.

c. Son figuras bidimensionales curvas.

7 Los ejes cartesianos, es decir, el eje de abscisas y el eje de ordenadas, tienen como ecuaciones:

a. Eje de abscisas: $x = 0$; eje de ordenadas: $y = 0$

b. Eje de abscisas: $y = 0$; eje de ordenadas: $x = 0$

c. Eje de abscisas: $x + y = 0$; eje de ordenadas: $x - y = 0$

8 Un vector paralelo a la bisectriz del segundo cuadrante y de módulo 7 es:

a. $(7 , -7)$

b. $\left(-\frac{1}{7} , \frac{1}{7}\right)$

c. $\left(-\frac{7\sqrt{2}}{2} , \frac{7\sqrt{2}}{2}\right)$

9 El sistema de ecuaciones $\begin{cases} x^2 + y^2 = 1 \\ 2x^2 - 2y^2 = 3 \end{cases}$:

a. Tiene por solución el corte de una parábola y una hipérbola.

b. Tiene por solución el corte de una circunferencia y una elipse.

c. Representa una circunferencia y una hipérbola.

10 Las rectas paralelas a la recta de ecuación $2x + y - 5 = 0$ tienen como pendiente:

a. $m = \frac{5}{2}$

b. $m = -\frac{1}{2}$

c. $m = -2$

11 La recta $y = 2x + 1$ forma con la horizontal un ángulo de:

a. 60° 0' 0"

b. 63° 26' 5"

c. 70° 28' 59"

12 Las rectas $r: \begin{cases} x = 0 \\ y = \lambda \end{cases}$ y $s: \begin{cases} x = -\lambda \\ y = 2 \end{cases}$ son secantes y forman un ángulo de:

a. 180°

b. 45°

c. 90°

13 Si se gira 30° en el sentido antihorario el número complejo $z = -2i$, el número complejo que resulta es:

a. $2_{300°}$

b. $2_{210°}$

c. $2_{240°}$

14 Sean los números complejos representados en la imagen:

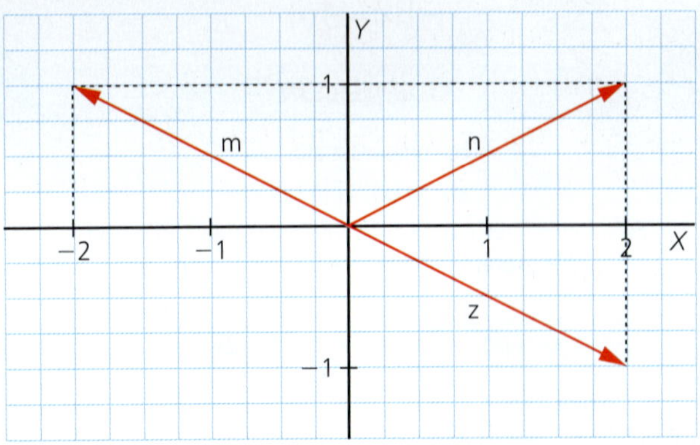

a. El número complejo *m* tiene como opuesto *z*, y como conjugado, *n*.

b. El número complejo *z* tiene como opuesto *m*, y como conjugado, *n*.

c. El número complejo *n* tiene como opuesto *m*, y como conjugado, *z*.

15 Los afijos que son solución de la raíz quinta de un número complejo:

a. Constituyen los vértices de un hexágono.

b. Forman entre sí 72°.

c. Tienen el mismo argumento y distinto módulo.

16 La expresión sen $2x = \cos x$:

a. Es una ecuación trigonométrica.

b. Es una identidad trigonométrica.

c. Es una ecuación trigonométrica sin solución.

17 La tangente de arcsen 2 es:

a. $\frac{\sqrt{3}}{3}$

b. 1

c. No existe.

18 Sabiendo que sen $\left(\frac{2\pi}{3}\right) = \frac{\sqrt{3}}{2}$, se deduce que cos $\left(\frac{2\pi}{3}\right)$ es:

a. $-\frac{1}{2}$

b. $-\frac{3}{2}$

c. $\sqrt{3}$

19 En un parking público, la zona de aparcamiento se ha trazado como se indica en la figura:

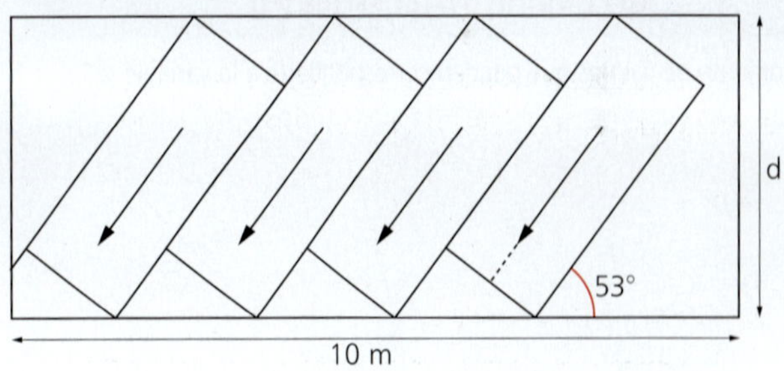

Sabiendo que las dimensiones de los rectángulos representados son de 2 m × 5 m, se deduce que la distancia *d* mide:

a. 5 sen 53° + 2 cos 53°

b. 7 sen 53°

c. 5 cos 53° + 2 sen 37°

20 El teorema del coseno aplicado a triángulos rectángulos:

a. Ofrece el teorema de Pitágoras cuando se desarrolla para la hipotenusa.

b. No puede aplicarse.

c. Deriva en una identidad.

09 FUNCIONES REALES DE VARIABLE REAL

FUNCIONES REALES

DEFINICIONES

FUNCIÓN

Aplicación matemática que hace corresponder a cada valor de la variable *x* un único valor de la variable *y*. Se designa por:

$$f: \mathbb{R} \rightarrow \mathbb{R}$$
$$x \rightarrow y$$

IMAGEN [f (a)]

La imagen de $x = a$, f (a), se calcula sustituyendo la variable *x* por el valor *a* y realizando las operaciones que corresponda.

DOMINIO [Dom (f)]

Conjunto de valores que puede tomar la variable x.

RECORRIDO O IMAGEN [Im (f)]

Conjunto de valores que pueden corresponderle a la variable *y*.

OPERACIONES

SUMA

$(f + g)(x) = f(x) + g(x)$

RESTA

$(f - g)(x) = f(x) - g(x)$

MULTIPLICACIÓN

$(f \cdot g)(x) = f(x) \cdot g(x)$

DIVISIÓN

$$\left(\frac{f}{g}\right)(x) = \frac{f(x)}{g(x)}$$

FUNCIÓN OPUESTA

$(-f)(x) = -f(x)$

COMPOSICIÓN

«g compuesta con f»

$(f \circ g)(x) = f[g(x)]$

Es la función resultante de sustituir la variable *x* de f (*x*) por la expresión algebraica de la función g (*x*).

FUNCIÓN INVERSA [$f^{-1}(x)$]

Es la función que a cada valor de la variable *y* de la función f (*x*) le hace corresponder el valor de *x* del cual es imagen. Para calcular la función inversa de f, se intercambian las variables *x* e *y* y se despeja la variable *y*.

FUNCIÓN IDENTIDAD [Id (x)]

Es la función que cumple que:

$Id(x) = (f \circ f^{-1})(x) = (f^{-1} \circ f)(x)$

FUNCIONES POLINÓMICAS

Son aquellas funciones que se pueden expresar de la forma: $f(x) = a_n x^n + a_{n-1} x^{n-1} + \ldots + a_1 x + a_0$, donde a_n, a_{n-1}, …, a_1 y a_0 son los coeficientes del polinomio, y *n* es el grado del polinomio, y, por tanto, de la función.

FUNCIONES CONSTANTES

Son de la forma: $f(x) = k$

Sus gráficas son rectas horizontales que pasan por el valor *k* del eje *Y*.

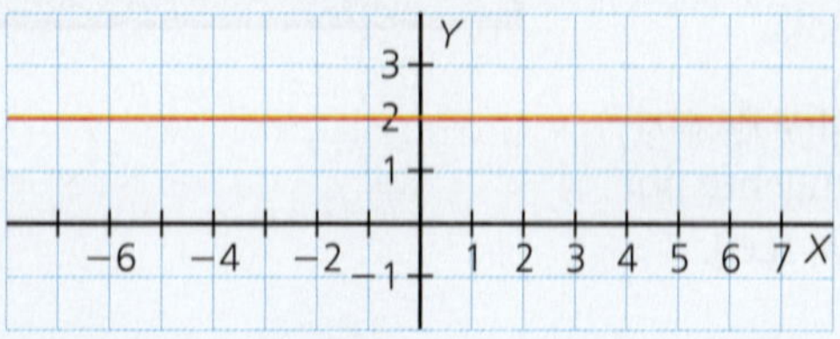

FUNCIONES LINEALES O AFINES

Son de la forma: $f(x) = ax + b$

Sus gráficas son rectas oblicuas con pendiente *a*.

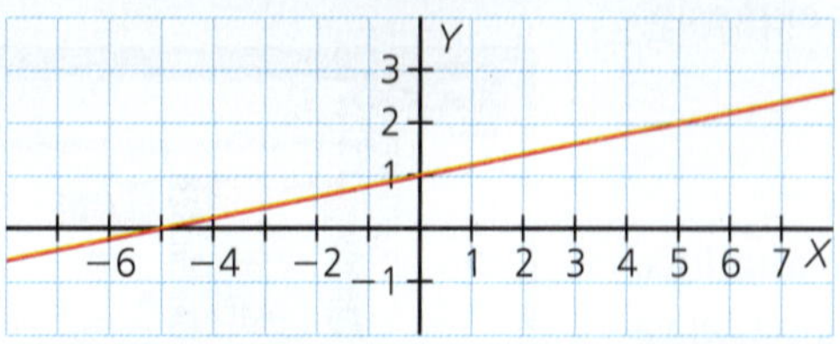

FUNCIONES CUADRÁTICAS

Son de la forma: $f(x) = ax^2 + bx + c$

Sus gráficas son parábolas cuyo vértice tiene por abscisa el valor:

$$x = -\frac{b}{2a}$$

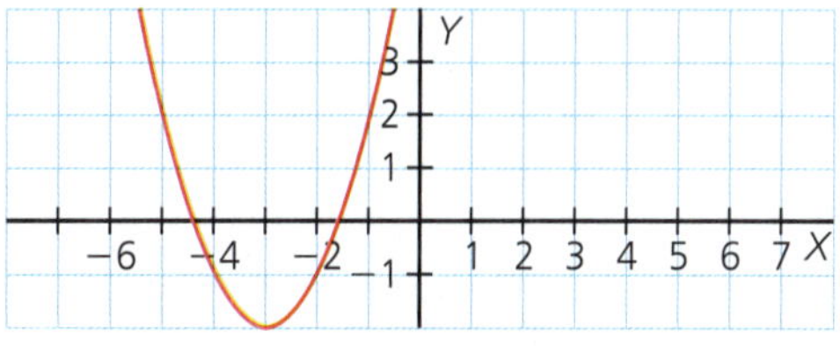

FUNCIONES DEFINIDAS A TROZOS

Son aquellas que están expresadas por varias «subfunciones» a la vez, de manera que cada una de ellas toma valores en distintos intervalos del dominio. Se expresan de la forma:

$$f(x) = \begin{cases} f_1(x) & \text{si } x \in I_1 \\ f_2(x) & \text{si } x \in I_2 \\ \ldots & \ldots \\ f_n(x) & \text{si } x \in I_n \end{cases}$$

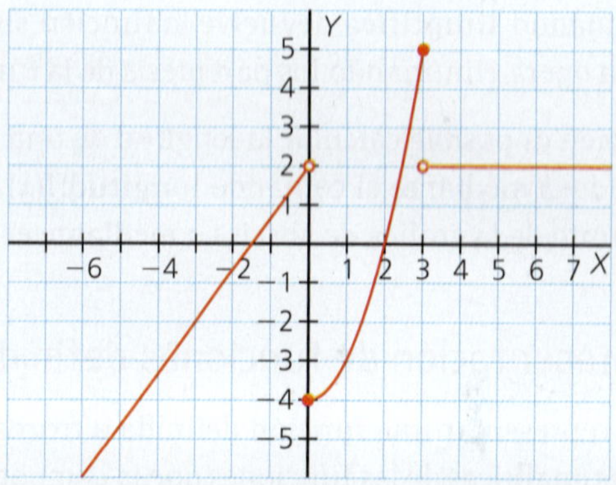

FUNCIONES CON GEOGEBRA

Representación de funciones polinómicas de grados 0, 1 y 2

Definir una función en GeoGebra resulta tan sencillo como introducir su expresión analítica en el campo de entrada. Si se escribe, por ejemplo, $f(x) = x^2 - 5x + 6$ y se pulsa *Intro*, aparece dibujada la gráfica de la función en la zona gráfica.

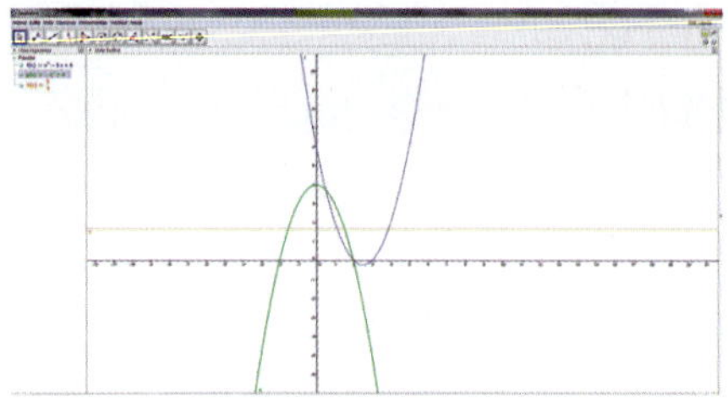

Para representar varias funciones en los mismos ejes de coordenadas, basta con añadir las expresiones analíticas correspondientes. Por ejemplo, se pueden introducir también las expresiones $g(x) = -x^2 + 4$ y $h(x) = \frac{5}{3}$, con lo que se obtiene la representación que se muestra en la figura del margen.

Para mejorar la visualización, se puede acceder a las **propiedades** de los objetos representados (botón derecho del ratón sobre el objeto ≫ **propiedades**) y cambiar el estilo, el color, etc. También pueden añadirse etiquetas que, en este caso, permiten visualizar las expresiones analíticas de las gráficas.

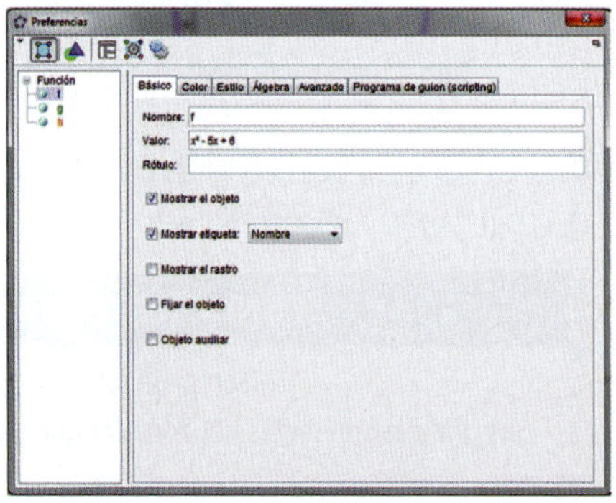

Para definir funciones en GeoGebra, pueden también aplicarse los comandos **simplifica** y **desarrolla.** Ambos reducen las expresiones analíticas que se introduzcan y las representan gráficamente.

El comando **simplifica** devuelve la función simplificada y el comando **desarrolla** opera eliminando los paréntesis de la función y representándola.

También es posible calcular la longitud de una gráfica entre los puntos de abscisas *a* y *b* mediante el comando **longitud[f(*x*), a, b]**, así como la tangente por un punto de la gráfica de abscisa *a* mediante el comando **tangente[a, f(*x*)].**

Representación de funciones definidas a trozos

Para representar una función definida a trozos, deben introducirse las expresiones analíticas de las funciones que la componen, pero variando los rangos de los dominios. Para hacerlo, se introducen en el campo de entrada las expresiones analíticas con la siguiente sintaxis:

$$\textbf{Función } [f(x), x_1, x_2]$$

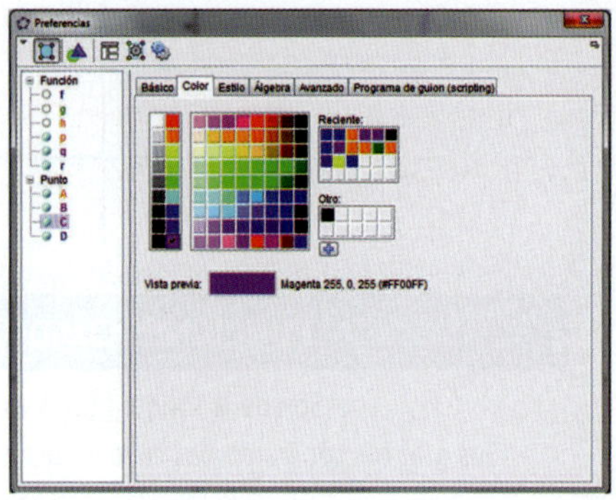

Este comando exige que se introduzcan tres parámetros: la expresión analítica de la función a representar y los dos extremos del dominio. Si la función $f(x)$ ya está definida previamente, no hay que volver a escribirla, basta con referenciarla con **f (*x*)** o con el nombre que se le haya asignado previamente. Una vez aplicado este comando, la gráfica de la función queda delimitada por los extremos impuestos.

Al seleccionar los extremos con el comando **punto**, se accede a las propiedades, y en la pestaña **estilo** se puede representar el extremo como abierto o cerrado, según corresponda.

La figura del margen muestra la gráfica de la función definida a trozos:

$$f(x) = \begin{cases} \frac{5}{3} & \text{si } x < -2 \\ -x^2 + 4 & \text{si } -2 \le x < 1 \\ x^2 + 5x + 6 & \text{si } x \ge 1 \end{cases}$$

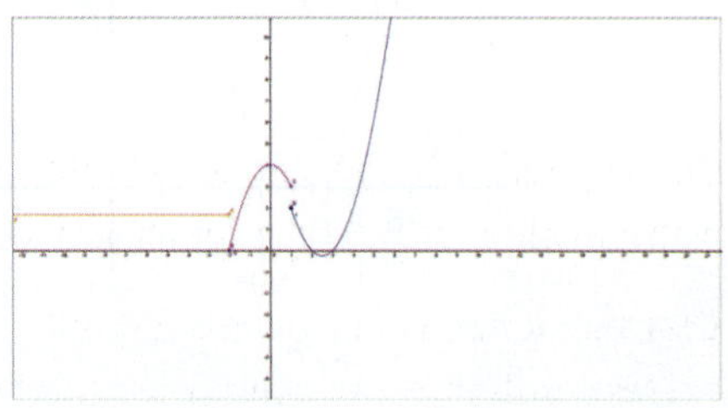

FUNCIONES CON WIRIS

Representación de funciones polinómicas de grados 0, 1 y 2

Para representar funciones con Wiris, lo primero que hay que hacer es introducir las expresiones analíticas correspondientes. Podemos introducir, por ejemplo, las expresiones analíticas de tres funciones polinómicas sencillas de grados 0, 1 y 2:

$$f(x) = \frac{2}{3} \qquad g(x) = 2x - 3 \qquad h(x) = x^2 - 3x + 2$$

Una vez definida una función, se puede calcular la imagen de cualquier punto de su dominio. Para determinar, por ejemplo, **f (0)**, **g (–2)** y **h (4)**, basta con introducir estas expresiones en el mismo bloque en el que se han definido las funciones respectivas, tal y como se muestra en la figura del margen.

$f(x)=\frac{2}{3} \rightarrow x \mapsto \frac{2}{3}$
$g(x)=2x-3 \rightarrow x \mapsto 2\cdot x-3$
$h(x)=x^2-3x+2 \rightarrow x \mapsto x^2-3\cdot x+2$
$f(0) \rightarrow \frac{2}{3}$
$g(-2) \rightarrow -7$
$h(4) \rightarrow 6$

Wiris permite realizar cualquier tipo de operación entre funciones que hayan sido definidas previamente. Una de ellas es la composición de funciones. Para hallar, por ejemplo, la expresión analítica de $(g \circ h)(x)$, basta con introducir **f (g (x))** en el mismo bloque en el que se han definido las funciones. Si lo que se desea es hallar $(g \circ h)(x)$, se escribirá **h (g (x)).**

$f(x)=\frac{2}{3} \rightarrow x \mapsto \frac{2}{3}$
$g(x)=2x-3 \rightarrow x \mapsto 2\cdot x-3$
$h(x)=x^2-3x+2 \rightarrow x \mapsto x^2-3\cdot x+2$
$g(h(x)) \rightarrow 2\cdot x^2-6\cdot x+1$
$h(g(x)) \rightarrow 4\cdot x^2-18\cdot x+20$

Una vez se ha introducido la expresión analítica de una función, su gráfica se obtiene mediante el comando **representar.** Así, para obtener, por ejemplo, la gráfica de la función $h(x) = x^2 - 3x + 2$, se escribe **representar (h).**

$h(x)=x^2-3x+2 \rightarrow x \mapsto x^2-3\cdot x+2$
representar(h) → **tablero1**

En el caso de que la función que se desea representar no hubiera sido definida previamente, podría representarse directamente escribiendo **representar($x^2 - 3x + 2$).** En uno u otro caso se obtendría la gráfica adjunta.

+ TEN EN CUENTA

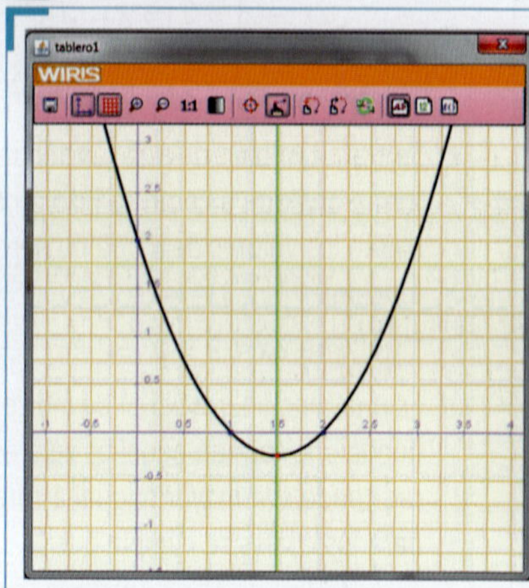

El comando **representar** proporciona los elementos notables más representativos de la función. En este caso, el mínimo, los puntos de corte y el eje de simetría de la función.

Representación de funciones definidas a trozos

Para introducir funciones definidas a trozos, se emplea el comando **comprobar.** Se puede, a modo de ejemplo, introducir la siguiente función:

$$f(x) = \begin{cases} x - 1 & \text{si } x < 0 \\ x^2 & \text{si } x \geq 0 \end{cases}$$

Para hacerlo, hay que escribir esta instrucción:

f(x) comprobar x<0 :=x−1 → **x comprobar x<0↦x−1**
f(x) comprobar x≥0 :=x² → **x comprobar x≥0↦x²**
f(−2) → **−3**
f(5) → **25**

Como puede observarse, los valores de la función en los puntos $x = -2$ y $x = 5$ están evaluados en los intervalos a los que pertenecen dichos puntos.

Una vez definida la función, el comando **representar(f)** proporciona la gráfica correspondiente, tal y como se muestra en la figura del margen.

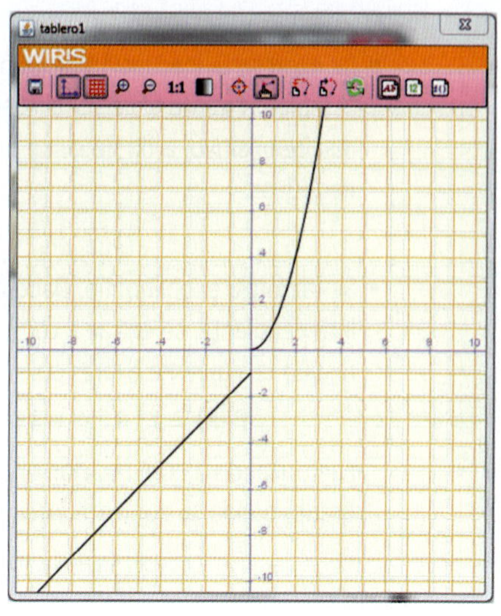

1 Calcula el dominio de las siguientes funciones:

a. $f(x) = x^5 + 3x + \frac{1}{5}$

b. $f(x) = \frac{1}{2x^2 + 3}$

c. $f(x) = \frac{x^2}{x^2 - 6x + 9}$

d. $f(x) = \sqrt{x^3 - 2x^2 - 3x}$

e. $f(x) = \frac{x + 1}{\sqrt[3]{x - 1}}$

f. $f(x) = \log(x^2 - 3)$

g. $f(x) = 2^{x^2 + 3}$

h. $f(x) = \text{sen}\, x^2$

a. Se trata de una función polinómica y, en consecuencia, no presenta puntos discontinuos; por tanto, sea cual sea la curva que dibuje, su dominio son todos los números reales.

b. Es una función racional y, por tanto, su dominio son todos los números reales a excepción de aquellos que anulen el denominador; es decir, aquellos que sean solución de la ecuación que se obtiene al igualar el denominador a cero:

$$2x^2 + 3 = 0 \Rightarrow x = \sqrt{\frac{-3}{2}} \Rightarrow \text{No tiene solución}$$

En consecuencia, Dom (f) = $\mathbb{R}$.

c. Se trata también de una función racional; procediendo de forma análoga a como se hizo en el apartado anterior, se hallan los valores de x que no pertenecen al dominio de la función:

$$x^2 - 6x + 9 = 0 \Rightarrow x = 3 \Rightarrow \text{Dom (f)} = \mathbb{R} - \{3\}$$

d. Es una función irracional de índice par, lo que implica que su dominio lo forman aquellos valores de x para los cuales el radicando sea mayor o igual a cero; es decir, aquellos valores para los cuales se cumple que:

$$x^3 - 2x^2 - 3x \geq 0$$

Esta inecuación polinómica se resuelve factorizando el polinomio $P(x) = x^3 - 2x^2 - 3x$ y estudiando su signo en los distintos intervalos en los que queda divida la recta real por las raíces de dicho polinomio.

Para resolver inecuaciones de este tipo, cabe seguir estos pasos:

- Se expresa la inecuación de manera que la desigualdad se establezca frente al cero y el coeficiente de mayor grado resulte positivo, a fin de evitar arrastrar factores numéricos negativos:

$$x^3 - 2x^2 - 3x \geq 0$$

- Se factoriza el polinomio. Dado que no hay término independiente, se extrae x como factor común, de donde resulta la siguiente expresión:

$$P(x) = x^3 - 2x^2 - 3x = x \cdot (x^2 - 2x - 3)$$

Factorizando a continuación el polinomio de segundo grado, queda la siguiente inecuación para resolver:

$$x \cdot (x + 1) \cdot (x - 3) \geq 0$$

- Se estudia el signo de cada factor y el signo del producto de factores con ayuda de una tabla:

	x	$(x + 1)$	$(x - 3)$	$x \cdot (x + 1) \cdot (x - 3)$
$(-\infty, -1)$	−	−	−	−
$(-1, 0)$	−	+	−	+
$(0, 3)$	+	+	−	−
$(3, \infty)$	+	+	+	+

El dominio se restringe a los intervalos en los que el producto de factores es positivo. Por tanto:

$$\text{Dom (f)} = [-1, 0] \cup [3, \infty)$$

(Los intervalos son cerrados por corresponder los extremos a las raíces del polinomio y ser la desigualdad del tipo ≥ 0).

e. La función no está definida para aquellos valores de x que anulen el denominador; en consecuencia, se excluirán de su dominio los números reales que verifiquen que:

$$x - 1 = 0 \Rightarrow x = 1$$

Por consiguiente: Dom (f) = $\mathbb{R} - \{1\}$

(La función del denominador no presenta problemas en el signo del radicando por ser una función irracional de índice impar).

f. La exigencia para el dominio de las funciones logarítmicas es que la característica sea obligatoriamente mayor que cero, o dicho de otra forma, el dominio se halla resolviendo la inecuación $x^2 - 3 > 0$. Para ello, se siguen estos pasos:

- Se factoriza el polinomio:

$$x^2 - 3 > 0 \Rightarrow (x + \sqrt{3}) \cdot (x - \sqrt{3}) > 0$$

- Se estudia el signo de cada factor y el signo del producto de factores con ayuda de una tabla:

	$(x + \sqrt{3})$	$(x - \sqrt{3})$	$(x + \sqrt{3}) \cdot (x - \sqrt{3})$
$(-\infty, -\sqrt{3})$	−	−	+
$(-\sqrt{3}, \sqrt{3})$	+	−	−
$(\sqrt{3}, \infty)$	+	+	+

El dominio se restringe a los intervalos en los que el producto de factores es positivo. Cabe concluir, pues, que: Dom (f) = $(-\infty, -\sqrt{3}) \cup (\sqrt{3}, \infty)$

(Los intervalos son abiertos por corresponder los extremos a las raíces del polinomio y ser la desigualdad del tipo > 0).

g. Es una función exponencial y no presenta discontinuidades, por lo que el dominio lo constituyen todos los números reales.

h. La función seno también tiene como dominio $\mathbb{R}$, pues no presenta discontinuidades. En este caso, el ángulo está elevado al cuadrado, pero eso no restringe el dominio.

2 Dadas las funciones f $(x) = 2x + 3$ y g $(x) = \dfrac{-x-1}{3}$, resuelve:

a. $(f \circ g)(x) = x$ **b.** $(g \circ f)(x) = f(x)$

Se trata de resolver dos ecuaciones; para ello, se realizan las composiciones de funciones indicadas:

a. $(f \circ g)(x) = x \Rightarrow f[g(x)] = x \Rightarrow$

$$\Rightarrow 2 \cdot \left(\frac{-x-1}{3}\right) + 3 = x \Rightarrow -2x - 2 + 9 = 3x \Rightarrow x = \frac{7}{5}$$

b. $(g \circ f)(x) = x \Rightarrow g[f(x)] = x \Rightarrow$

$$\Rightarrow \frac{-(2x+3)-1}{3} + 3 = x \Rightarrow -2x - 2 + 9 = 3x \Rightarrow x = \frac{-13}{8}$$

3 Identifica las funciones elementales cuya composición da lugar a la función: $t(x) = \ln\left(\dfrac{1}{\sqrt{\text{sen}(2x-3)}}\right)$

Lo que se pide es jerarquizar esta función, estableciendo qué función actúa como variable de cuál otra. En este caso, la función polinómica $2x - 3$ es el argumento de la función sen x, que, a su vez, es el radicando de la función $\sqrt{x}$, que es el denominador de la función inversa, $\dfrac{1}{x}$, que constituye la característica de la función logaritmo neperiano, ln x.

Se concluye, así, que la función del enunciado resulta de la composición de las funciones f $(x) = \ln x$, g $(x) = \dfrac{1}{x}$, h $(x) = \sqrt{x}$, m $(x) = \text{sen}\, x$ y n $(x) = 2x - 3$, en este mismo orden:

$$t(x) = (f \circ g \circ h \circ m \circ n)(x) =$$

$$= f\left(g\left[h\left(m\left[n(x)\right]\right)\right]\right) = \ln\left(\frac{1}{\sqrt{\text{sen}(2x-3)}}\right)$$

La conceptualización que se acaba de desarrollar en esta actividad será de gran utilidad cuando se estudien las derivadas en la unidad 11 y se aplique la llamada «regla de la cadena».

4 Calcula el dominio y el recorrido de las siguientes funciones:

a.

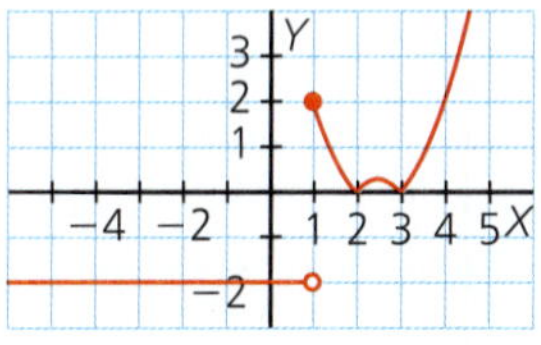

b.

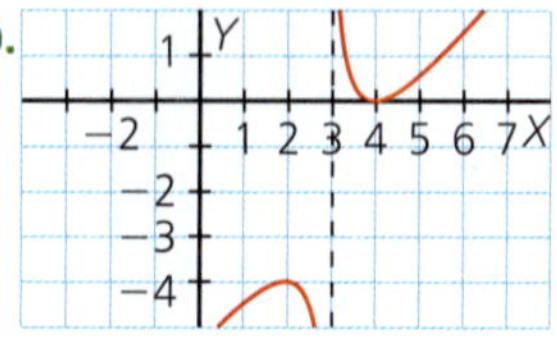

a. La gráfica corresponde a una función definida a trozos y muestra una discontinuidad de salto en $x = 1$. El hecho de que la función solo presente discontinuidad en $x = 1$ y que este valor tenga imagen permite asegurar que el dominio lo constituyen todos los números reales. El recorrido es, como se observa: Rec (f) $= \{-2\} \cup [0, \infty)$

b. Esta función presenta una asíntota en $x = 3$. En el resto de valores de x no se aprecian saltos o discontinuidades; por tanto: Dom (f) $= \mathbb{R} - \{3\}$

Por lo que hace al recorrido, cabe excluir los valores comprendidos entre las ordenadas de los dos vértices que aparecen en la gráfica, de manera que:

$$\text{Rec (f)} = (-\infty, -4] \cup [0, \infty)$$

5 Halla la expresión algebraica de la siguiente función:

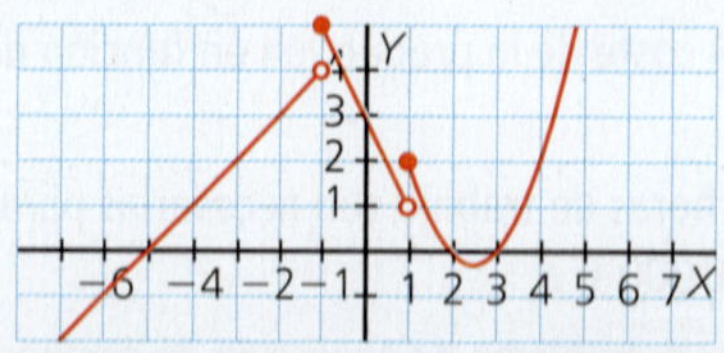

Se trata de una función definida a trozos que contiene dos rectas y una parábola. Se pueden hallar las expresiones algebraicas correspondientes a partir de dos puntos de las mismas:

- Dos de los puntos de la primera recta son $(-1, 4)$ y $(-2, 3)$. El vector director se obtiene de la diferencia de las coordenadas de ambos puntos: $(-1, 4) - (-2, 3) = (1, 1)$

  La ecuación de la recta es, por tanto:

  $$\frac{x-(-1)}{1} = \frac{y-4}{1} \Rightarrow y = x + 5$$

- Por su parte, dos de los puntos de la segunda recta son $(0, 3)$ y $(1, 1)$. El vector director se obtiene de la diferencia de las coordenadas de ambos puntos: $w = (1, 1) - (0, 3) = (1, -2)$

  La ecuación de esa recta es, por tanto:

  $$\frac{x-1}{1} = \frac{y-1}{-2} \Rightarrow -2x + 2 = y - 1 \Rightarrow y = -2x + 3$$

- Por último, queda por determinar la ecuación de la parábola. Las abscisas de los puntos de corte de la parábola con el eje X, es decir $x = 2$ y $x = 3$, corresponden a las raíces de esta. Así pues, la expresión algebraica que define la parábola es de la forma p $(x) = a \cdot (x - m) \cdot (x - n)$, donde m y n son las raíces, y a, el factor numérico que distingue a las infinitas parábolas que cortan el eje X por esos mismos puntos. Por tanto:

  $$p(x) = a \cdot (x-2) \cdot (x-3) = a \cdot (x^2 - 5x + 6)$$

  Para calcular a, se toma un punto de la parábola, por ejemplo el punto $(1, 2)$, y se sustituyen sus coordenadas en esta expresión:

  $$p(1) = 2 \Rightarrow a \cdot [1^2 - 5 \cdot (1) + 6] = 2 \Rightarrow a = 1$$

- La función definida a trozos se expresa algebraicamente como:

  $$f(x) = \begin{cases} x + 5 & \text{si } x < -1 \\ -2x + 3 & \text{si } -1 \le x < 1 \\ x^2 - 5x + 6 & \text{si } x \ge 1 \end{cases}$$

6 En una empresa textil se ha estudiado el número de prendas confeccionadas en función de las horas de trabajo, y se ha obtenido la siguiente relación:

$$p(t) = 8t - 3$$

Por otro lado, se ha evaluado el gasto derivado del material, los salarios, el alquiler del local…, y se ha obtenido la siguiente expresión para el coste de la producción:

$$\text{coste}(p) = p^2 + 2p - 130 \text{ (€)}$$

a. Calcula el número de prendas confeccionadas durante las 8 h de la jornada laboral y determina el coste correspondiente.

b. Expresa el coste de la producción en función de las horas de trabajo.

c. ¿Cuántas horas de trabajo son necesarias para que el coste alcance 10 000 €?

Se trata de un problema de aplicación de composición de funciones, pues se ofrecen dos funciones, una de las cuales, coste (p), tiene como variable la imagen de la otra función, p(t).

a. Al cabo de 8 h se han producido:

$$p(8) = 8 \cdot 8 - 3 = 61 \text{ prendas}$$

El coste de fabricación de las mismas –salarios, alquiler del local, materiales, etc.– asciende a:

$$\text{coste}(61) = 61^2 + 2 \cdot 61 - 130 = 3713 \text{ €}$$

b. Para expresar el coste de la producción en función de las horas de trabajo, se deben componer las funciones coste (p) y p (t):

$$(\text{coste} \circ p)(t) = \text{coste}(p(t))$$

Así, pues:

$$\text{coste}(p) = p^2 + 2p - 130 \Rightarrow$$
$$\Rightarrow \text{coste}[p(t)] = (8t-3)^2 + 2 \cdot (8t-3) - 130 \Rightarrow$$
$$\Rightarrow \text{coste}(t) = 64t^2 - 32t - 127$$

c. Resolviendo la ecuación del coste en función del tiempo, se obtienen las horas de trabajo:

$$64t^2 - 32t - 127 = 10\,000 \Rightarrow t = 12{,}83 \text{ h}$$

La otra solución de la ecuación de segundo grado se desecha, pues, al ser negativa, carece de sentido en el contexto del problema.

7 Retomando el ejercicio anterior, selecciona de manera adecuada y razonada los ejes de coordenadas para la representación de las siguientes funciones:

a. Número de prendas confeccionadas en función de las horas de trabajo.

b. Coste de la producción en función de las horas de trabajo.

Indica en ambos casos el dominio, la magnitud representada en cada eje y la escala.

a. Una función polinómica del tipo f (x) = $8x - 3$ es una función cuyo dominio y recorrido es ℝ, ya que su representación gráfica es una recta, como se aprecia en la siguiente figura:

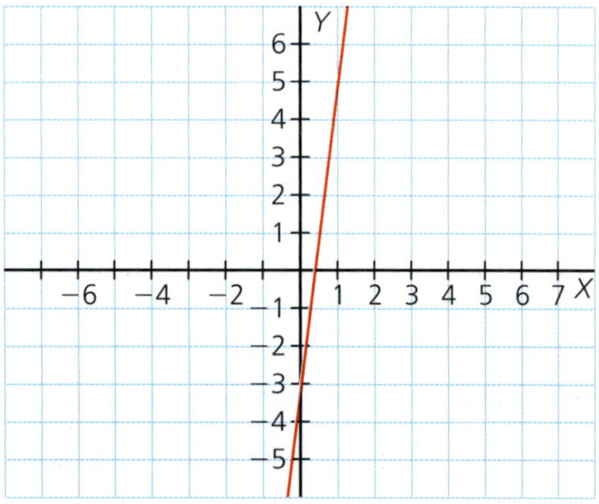

La función referenciada en la actividad anterior con la misma expresión matemática, p (t) = $8t - 3$, indica una relación entre dos magnitudes: horas de trabajo y número de prendas confeccionadas.

- La variable independiente (las horas de trabajo empleadas) se representará en el eje de abscisas.
- La variable dependiente (el número de prendas confeccionadas) se representará en el eje de ordenadas.

Cabe notar que carece de sentido hablar de un número negativo tanto de prendas confeccionadas como de horas de trabajo empleadas.

Al considerar este hecho y analizar la variable independiente (el tiempo), se restringe el dominio al intervalo (0 , ∞), con lo que la gráfica resultante sería:

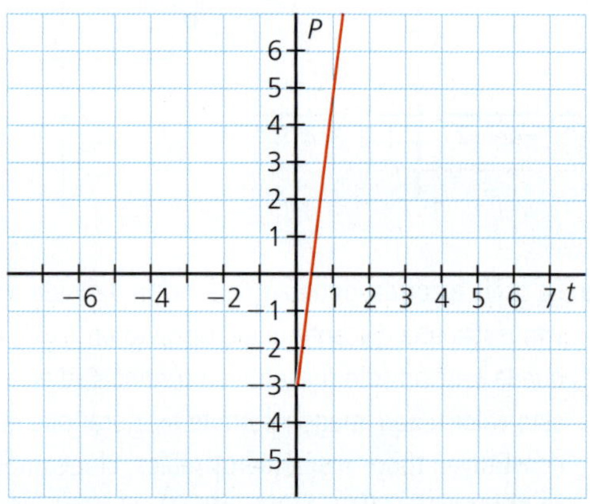

Ahora bien, esta representación tampoco tiene demasiado sentido en el contexto del problema, pues recoge valores negativos para el número de prendas confeccionadas.

Para resolver esta incongruencia, lo más apropiado y preciso es ajustar el dominio al inicio de la producción, es decir, al tiempo de ordenada nula, p $(t) = 0$:

$$\text{p}\,(t) = 0 \Rightarrow 8t - 3 = 0 \Rightarrow t = \frac{3}{8}\ \text{h}$$

Se obtiene, así, que el dominio es $\left(\frac{3}{8}, \infty\right)$, y la gráfica queda como se muestra a continuación:

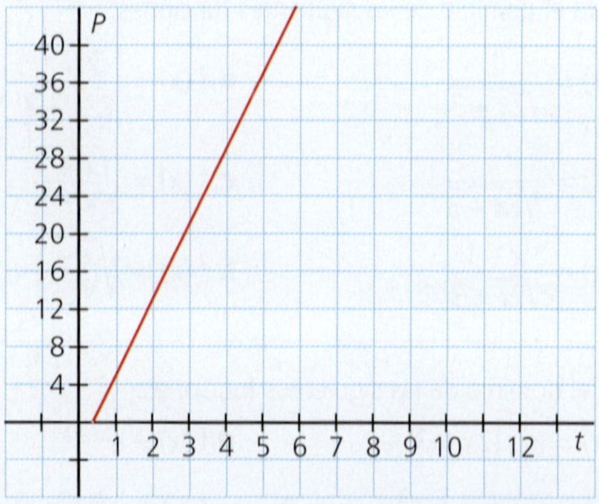

Obsérvese que en esta representación los ejes tienen denominación propia.

Fijémonos en que se ha modificado la escala clásica 1:1. En este caso, la escala es 1:4. Al hacer esto, se gana precisión a la hora de interpretar los datos representados, aunque se distorsiona la pendiente de la recta.

b. La función coste, coste $(t) = 64t^2 - 32t - 127$, es una función polinómica de segundo grado; por tanto, su dominio sería $\mathbb{R}$, pero en el contexto del problema cabe restringir este dominio a tiempos de producción positivos y a costes también positivos.

Procediendo de manera análoga a como se hizo en el caso anterior, se ajusta el dominio al tiempo de producción de ordenada nula, coste $(t) = 0$:

$$\text{coste}\,(t) = 0 \Rightarrow 64t^2 - 32t - 127 = 0$$

Se resuelve la ecuación de segundo grado y se obtienen dos soluciones:

$$t_1 = \frac{2 + \sqrt{131}}{8}\ ;\ t_2 = \frac{2 - \sqrt{131}}{8}$$

Puesto que solo tienen sentido los tiempos positivos (eje X positivo), se descarta la segunda solución, de manera que el dominio es:

$$\text{Dom coste}\,(t) = \left(\frac{2 + \sqrt{131}}{8}, \infty\right)$$

La gráfica queda como se muestra a continuación:

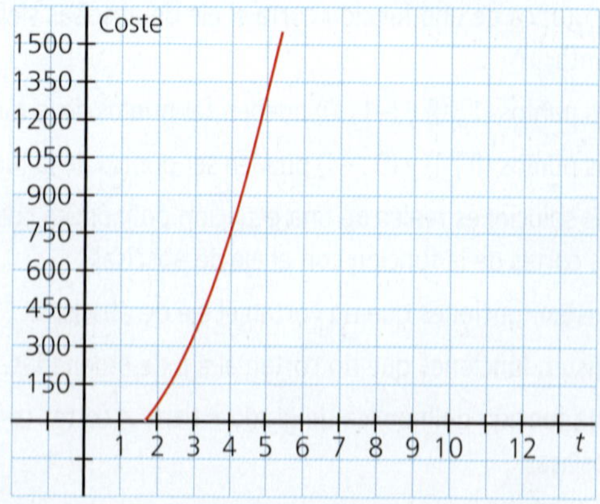

En el eje de abscisas se representa el tiempo expresado en horas, y en el de ordenadas, el coste. Se ha modificado también la escala a 1:150, para una mejor observación de los datos.

8 **A continuación, se ofrece la representación de la función coste $(t) = 64t^2 - 32t - 127$ a escala 1:1:**

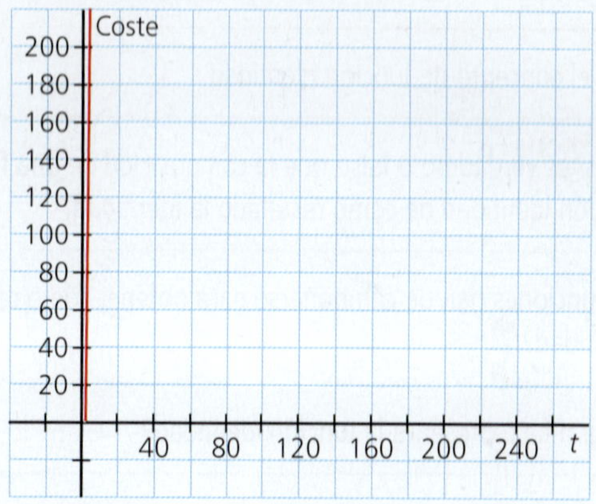

Identifica los errores de interpretación derivados de esta elección.

Como se observa, esta parábola es de un crecimiento tan elevado por unidad de tiempo que no es apreciable ni siquiera la forma parabólica de la gráfica, que podría llegar a interpretarse como una recta, a pesar de corresponder a una función de segundo grado.

En la actividad anterior se vio que, cuando las horas de trabajo alcanzan las 5 h, el coste supera los 1 000 €, y, por tanto, en un cálculo inicial aproximado, se diría que la variación de una unidad en el eje de abscisas provoca un crecimiento de 200 unidades en el eje de ordenadas. Al utilizar una escala básica cartesiana 1:1, ninguno de estos detalles puede visualizarse y, aunque la gráfica está correctamente representada, no alcanza el objetivo perseguido de facilitar la interpretación de los datos. De esto cabe concluir que conviene modificar las escalas de los gráficos siempre que convenga, a fin de facilitar su interpretación.

1 Indica si las siguientes afirmaciones son verdaderas o falsas:

a. La gráfica de una función corta el eje de abscisas siempre en un punto.

b. Los puntos (1 , 0) y (–1 , 0) pueden ser puntos de la función f (*x*).

c. Los puntos (0 , 1) y (0 , –1) pueden ser puntos de la función f (*x*).

d. Las soluciones reales de una ecuación polinómica coinciden con los cortes de la función con el eje de abscisas.

e. Existen funciones que no cortan el eje de abscisas.

f. Existen funciones que no cortan el eje de ordenadas.

g. Una función polinómica de grado *n* tiene *n* cortes con el eje de abscisas.

h. Si dos funciones tienen como dominio todos los números reales, su producto también lo tendrá.

i. Si dos funciones tienen como dominio todos los números reales, su cociente también lo tendrá.

j. El dominio de la suma de dos funciones es la intersección de los dominios de las mismas.

k. Una recta siempre corta el eje de abscisas.

l. Las parábolas pueden tener uno o dos puntos de corte.

2 Define el concepto de función identidad.

3 Indica si es verdadero o falso que la composición de una función y la función identidad dé como resultado la identidad.

4 ¿Qué funciones han de componerse para obtener como resultado la identidad?

5 ¿Qué gráfica representa la función identidad?

6 Determina el dominio de las siguientes funciones. Después, represéntalas utilizando Wiris o GeoGebra y comprueba que el dominio que has determinado es el correcto:

a. $f(x) = 2x + 3$

b. $f(x) = 2x^7 + 3x + 2$

c. $f(x) = \dfrac{2x^2 + 3x + 2}{7}$

d. $f(x) = \dfrac{1}{2x - 3}$

e. $f(x) = \dfrac{1}{2x^2 + 3}$

f. $f(x) = \dfrac{1}{(2x + 3)^2}$

g. $f(x) = \dfrac{1}{(2x + 3) \cdot (x + 1)}$

h. $f(x) = \dfrac{x - 1}{(2x + 3) \cdot (x + 1)}$

i. $f(x) = \dfrac{x^2 - 1}{x^2 - 9}$

j. $f(x) = \dfrac{x - 1}{(x^2 - 9) \cdot (x^2 - 4)}$

k. $f(x) = \dfrac{x^2 - 1}{x^2 - 5x + 6}$

l. $f(x) = \dfrac{x^2 - 1}{x^2 - 2x + 1}$

m. $f(x) = \dfrac{x^2 - 1}{x^2 + 9}$

n. $f(x) = \dfrac{x^2 + 1}{x^3 + 3x^2 - 4x}$

7 Encuentra el dominio de las siguientes funciones. Después, represéntalas utilizando Wiris o GeoGebra y comprueba que el dominio que has determinado es el correcto:

a. $f(x) = \sqrt{2x + 3}$

b. $f(x) = \sqrt{-2x + 3}$

c. $f(x) = \sqrt{2x + 3} + 3x^2$

d. $f(x) = \sqrt[3]{2x + 3}$

e. $f(x) = \sqrt[3]{2x + 3} + \dfrac{1}{x}$

f. $f(x) = \sqrt[4]{2x + 3}$

g. $f(x) = \sqrt[5]{2x + 3}$

h. $f(x) = \sqrt{x^2 + 3}$

i. $f(x) = \sqrt{x^3 - 3x}$

j. $f(x) = \sqrt{1 + x^2}$

8 Calcula el dominio de las siguientes funciones:

a. $f(x) = \dfrac{1}{\sqrt{2x + 3}}$

b. $f(x) = \dfrac{1}{\sqrt[3]{2x + 3}}$

c. $f(x) = \dfrac{x - 1}{\sqrt{2x + 3}}$

d. $f(x) = \dfrac{x + 1}{\sqrt[3]{2x + 3}}$

e. $f(x) = \sqrt{\dfrac{x + 1}{x - 3}}$

f. $f(x) = \sqrt[3]{\dfrac{x + 1}{x - 3}}$

9 Halla el dominio de las siguientes funciones:

a. $f(x) = \log(2x + 3)$

b. $f(x) = \log\left(\dfrac{1}{2x + 3}\right)$

c. $f(x) = \log\left(\dfrac{x - 1}{2x + 3}\right)$

d. $f(x) = e^{2x + 3}$

e. $f(x) = e^{\frac{2x + 3}{5}}$

f. $f(x) = e^{\frac{2x + 3}{5x}}$

10 Encuentra el dominio de las siguientes funciones:

a. $f(x) = \operatorname{sen} x$

b. $f(x) = \cos x$

c. $f(x) = \operatorname{tg} x$

d. $f(x) = \dfrac{1}{\operatorname{sen} x}$

e. $f(x) = \dfrac{1}{\cos x}$

f. $f(x) = \sqrt{1 - \cos x}$

11 Indica el dominio y el recorrido de las funciones representadas.

a.

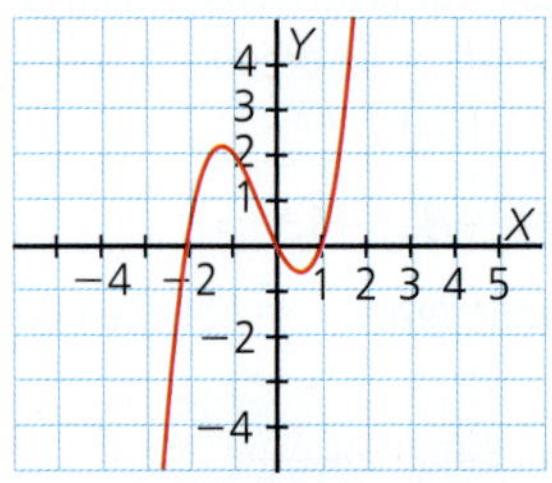

b.

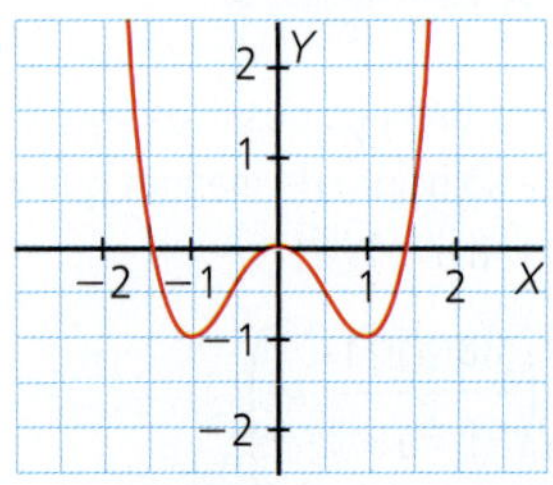

c.

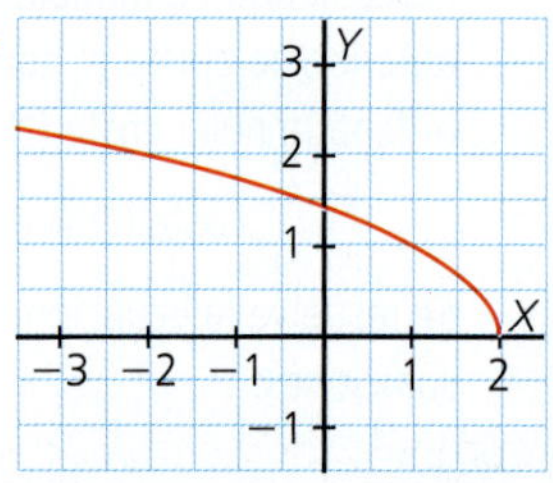

d.

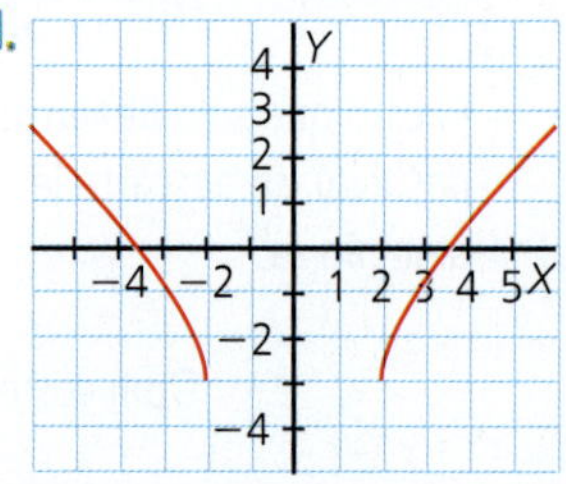

12 Halla el dominio y el recorrido de las funciones representadas.

a.
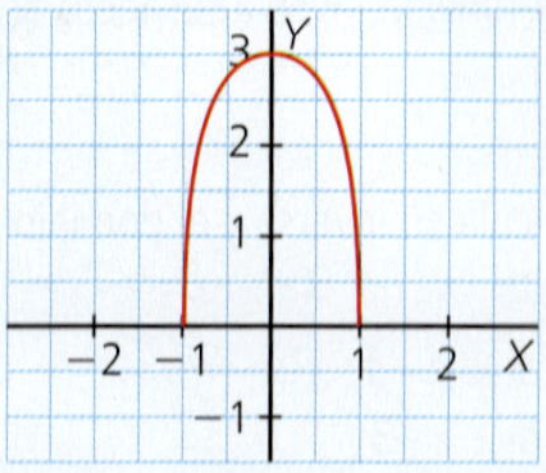

d.
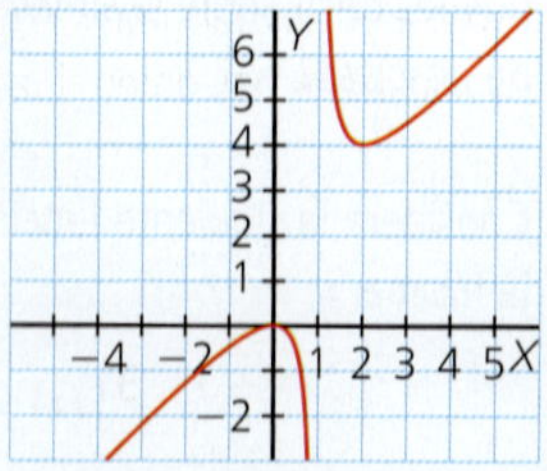

b.
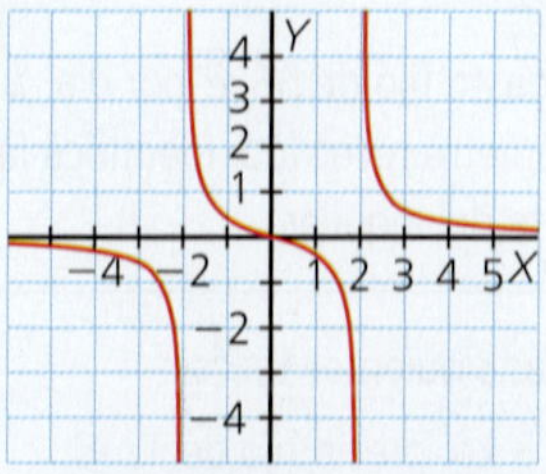

e.
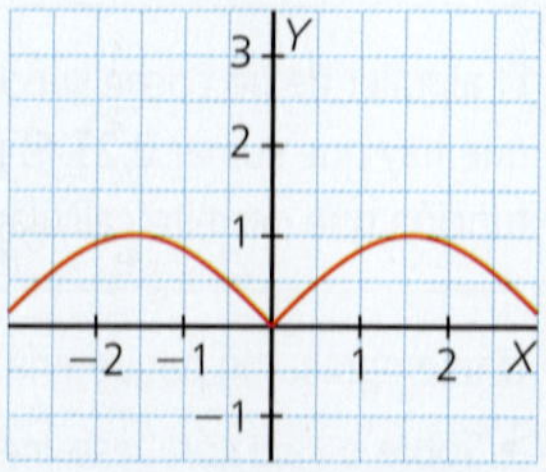

c.
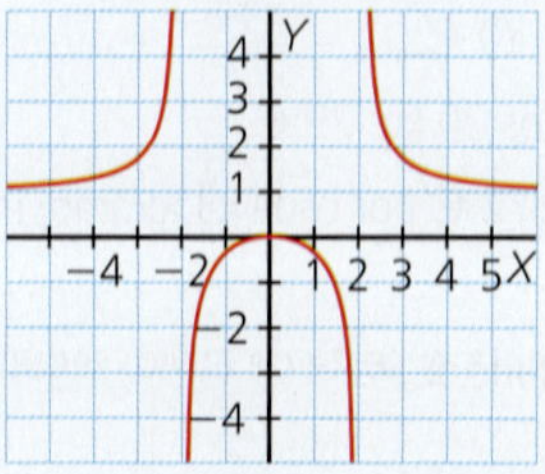

f.
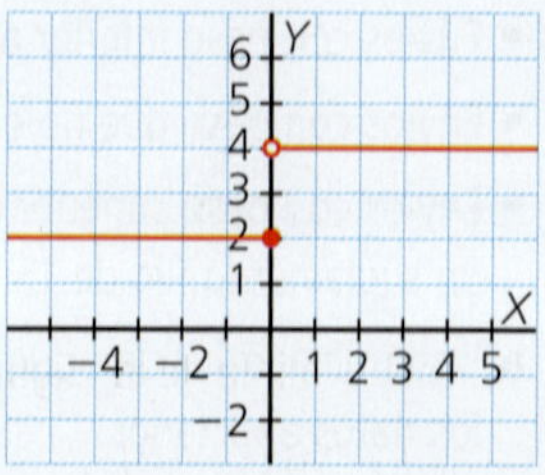

13 Considera las siguientes funciones:

$f(x) = x^2$ $\qquad$ $j(x) = -x + 2$

$g(x) = \dfrac{1}{x-1}$ $\qquad$ $k(x) = x - 4$

$h(x) = \sqrt{2-x}$ $\qquad$ $m(x) = \dfrac{x^2+1}{x-4}$

Realiza las operaciones que se indican y calcula el dominio de las funciones que se obtienen:

a. $f(x) + j(x) + k(x)$

b. $f(x) + g(x)$

c. $f(x) \cdot j(x)$

d. $f(x) \cdot m(x)$

e. $h(x) + f(x)$

f. $\dfrac{k(x)}{m(x)}$

g. $\dfrac{f(x)}{h(x)}$

h. $\dfrac{f(x)}{g(x)}$

14 Con las funciones de la actividad anterior, realiza las operaciones que se indican y calcula el dominio de las funciones que se obtienen:

a. $(f \circ g)(x)$

b. $(f \circ h)(x)$

c. $(h \circ f)(x)$

d. $(h \circ j)(x)$

e. $(j \circ h)(x)$

f. $(f \circ m)(x)$

g. $(m \circ f)(x)$

h. $(f \circ g \circ k)(x)$

15 Dadas las funciones $f(x) = x^2 - 3x + 1$ y $g(x) = 2x + m$, ¿para qué valores de m se cumple que la imagen de $x = 2$ es 5 en la composición $(f \circ g)(x)$?

16 A partir de las funciones $f(x) = \sqrt{x+3}$ y $g(x) = \dfrac{1}{x+2}$, calcula $(f \circ f)(x)$ y $(g \circ g)(x)$. A continuación, halla la imagen de $x = 1$ en cada una de las funciones obtenidas.

17 Demuestra que $g(x) = \dfrac{5x-1}{3}$ es la función inversa de $f(x) = \dfrac{3x+1}{5}$.

18 Halla las funciones inversas de las siguientes funciones:

a. $f(x) = 2x + 1$

b. $g(x) = \dfrac{1}{x+2}$

c. $h(x) = \dfrac{2x+3}{x-1}$

d. $j(x) = 2^{x+1}$

e. $k(x) = \ln(2x+3)$

f. $m(x) = \text{tg}(x)$

g. $n(x) = \text{tg}(5x-4)$

h. $p(x) = \sqrt{5x-4}$

i. $q(x) = e^x$

j. $r(x) = \text{sen}(x+2)$

k. $s(x) = \dfrac{2}{\cos x}$

l. $t(x) = 3x^2$

m. $u(x) = (x-2)^3$

n. $v(x) = \sqrt{x^3}$

ñ. $w(x) = \cos^2 x$

o. $z(x) = 3x^2 + 1$

19 Comprueba que las funciones obtenidas en el ejercicio anterior son verdaderamente las funciones inversas. Puedes realizar la comprobación con Wiris o GeoGebra, representando una función y su inversa en los mismos ejes de coordenadas y añadiendo la función identidad. Si una función es la inversa de la otra, sus gráficas serán simétricas respecto a la bisectriz del primer cuadrante, que corresponde a la función $\text{Id}(x) = x$.

20 Dada la función $f(x) = \dfrac{3x+2}{x-1}$, calcula $f^{-1}(2)$ sin hallar la función inversa. ¿Puede hacerse lo mismo con $f^{-1}(3)$?

21 Dadas las funciones $f(x) = \log x^2$ y $g(x) = \log(x+1)$:

a. Calcula el dominio de $f(x)$.

b. Determina el dominio de $g(x)$.

c. Obtén $(f + g)$ y su dominio.

d. Halla $(f - g)$ y su dominio.

e. Calcula $\dfrac{f}{g}$ y su dominio.

f. Determina f^{-1} y su dominio.

g. Obtén g^{-1} y su dominio.

Comprueba los resultados que has obtenido con Wiris o GeoGebra.

22 Dadas las funciones $f(x) = ax^2 + 1$ y $g(x) = bx + 2$, calcula a y b para que se cumpla $f \circ g = g \circ f$.

23 Representa las siguientes funciones:

a. $f(x) = 2x + 1$

b. $f(x) = \dfrac{2x + 1}{3}$

c. $f(x) = -x + \dfrac{1}{5}$

d. $f(x) = x^2 + 1$

e. $f(x) = x^2 - 1$

f. $f(x) = 1 - x^2$

g. $f(x) = x^2 - 10x + 25$

h. $f(x) = -2x^2 - 24x - 70$

i. $f(x) = (x + 7)^2 - 4$

24 Dada la función $f(x) = \begin{cases} x & \text{si } x < 0 \\ x - 2 & \text{si } x \geq 0 \end{cases}$:

a. Halla el dominio de $f(x)$.

b. Determina $f(2)$.

c. Obtén $f(0)$.

d. Determina $f(-2)$.

e. Representa la función.

25 Sea la función $f(x) = \begin{cases} x + 2 & \text{si } x < -2 \\ -x^2 + 2 & \text{si } -2 \geq x \geq 1 \\ \dfrac{x}{3} & \text{si } x > 1 \end{cases}$:

a. Calcula el dominio de $f(x)$.

b. Obtén $f(2)$.

c. Halla $f(0)$.

d. Determina $f(-2)$.

e. Representa la función.

26 Dada la función $f(x) = x^2 - 1$:

a. Establece el dominio de $f(x)$.

b. Halla $f(2)$.

c. Obtén $f(0)$ y determina $f(4)$.

d. Representa la función.

27 Dada la función $f(x) = 2x + 1$, resuelve las siguientes ecuaciones:

a. $(f \circ f)(x) = 3$

b. $(f \circ f)(x) = x$

c. $(f \circ f)(x) = 2x - 5$

d. $(f \circ f)(x) = x^2 + 6$

28 Calcula la inversa de la función $f(x) = x^2$ y represéntala. ¿Qué puedes decir sobre la simetría de la función inversa respecto al eje de abscisas?

29 Considera la siguiente función y calcula su inversa y el dominio de la misma:

$$f(x) = \begin{cases} x^2 & \text{si } x < -3 \\ 2x & \text{si } x \geq -3 \end{cases}$$

30 El alquiler de un coche supone un gasto fijo de 56 € por día, a lo que hay que sumar 0,25 € por kilómetro recorrido. Identifica la función que permite calcular el coste del alquiler.

31 Una empresa de paquetería tiene las siguientes tarifas:

- Sobre o caja con peso menor de 3 kg: precio fijo de 12 €.
- Envíos con peso inferior a 10 kg: 20 €.
- Envíos con peso que no excede los 20 kg: 29 €.
- Envíos con peso superior a 20 kg: 2 € por cada kilogramo, más un suplemento fijo de 15 €.

a. Determina la función que representa el coste de envío, según los datos aportados.

b. Representa dicha función.

c. Indica los costes para envíos de 7,5 kg, 20 kg y 37 kg.

32 Identifica las funciones elementales cuya composición es $f(x) = \ln(\sqrt{\operatorname{sen} x})$.

33 La temperatura de una masa de medio kilogramo de agua pura es de 5 °C. Se produce un aporte de calor por valor de 167 200 J y se observa una variación lineal de la temperatura de la masa de 80 °C. Calcula la variación de energía en función de la temperatura y elabora un gráfico de la misma con la escala más adecuada.

34 Un avión que sobrevuela una población arrasada por un seísmo a 1 100 m de altura y con una velocidad de 300 km/h lanza víveres sobre la zona. Se sabe que la ecuación que representa la caída de estos víveres es $y(t) = 1\,100 - 4{,}9t^2$, donde el tiempo, t, se mide en segundos, y la posición, $y(t)$, en metros. Representa dicha ecuación e indica la escala usada.

35 Las líneas de alta tensión transportan la energía eléctrica desde las centrales generadoras hasta los centros de consumo. Sin embargo, durante su transporte, parte de esta energía se disipa en forma de calor. La expresión que determina la potencia eléctrica disipada es $P = 2\,I^2\,R$, donde P es la potencia disipada expresada en vatios; I, la intensidad de corriente expresada en amperios, y R, la resistencia del cable expresada en ohmios. Representa la potencia disipada por un cable cuya resistencia es de 100 ohmios en función de la intensidad que circule e indica la escala usada.

PASOS

La fotografía del margen muestra las huellas de una persona caminando. La longitud del paso, P, es la distancia entre los extremos posteriores de dos huellas consecutivas.

Para los hombres, la expresión que proporciona una relación aproximada entre el número de pasos por minuto, *n*, y la longitud del paso expresada en metros, P, es la siguiente:

$$\frac{n}{p} = 140$$

1. Si se aplica la fórmula a la manera de caminar de Enrique, y este da 70 pasos por minuto, ¿cuál es la longitud del paso de Enrique?
2. Bernardo sabe que sus pasos miden 0,80 m y que su manera de caminar se ajusta a la fórmula. Calcula la velocidad a la que anda Bernardo.
3. Suponiendo que la fórmula es válida, establece la función velocidad, expresada en metros por segundo, según el tamaño del paso. Caracteriza dicha función.
4. Supón que se toma como velocidad máxima el récord mundial en la prueba atlética de 100 metros lisos (9,58 s) establecido por el jamaicano Usain Bolt en Berlín, el 16 de agosto de 2009. Indica si la carrera se ajusta a la fórmula y obtén el dominio y el recorrido de la función velocidad previamente calculada.

MANZANAS

Un agricultor plantó manzanos en su huerto siguiendo un patrón cuadrado y, para protegerlos del viento, plantó pinos a su alrededor. En la figura adjunta se muestra el patrón usado para plantar los dos tipos de árboles sea cual sea el número, *n*, de filas de manzanos.

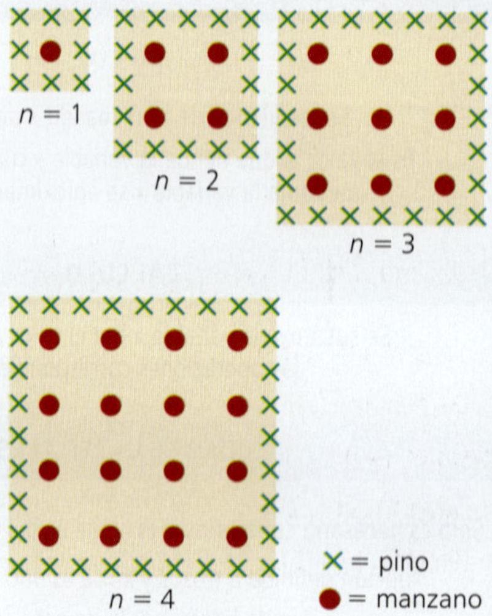

1. Indica cuántos árboles hay de cada especie para $n = 5$.
2. Indica cuántos árboles hay de cada especie para *n* filas de manzanos.
3. Existe un valor de *n* para el cual el número de manzanos es igual al de pinos. Encuentra dicho valor.
4. Obtén la función que proporciona el número total de árboles según el número de filas de manzanos, N (*n*).
5. Indica el dominio y el recorrido de la función N (*n*).
6. Representa dicha función.
7. Imagina que el agricultor quiere hacer más grande su huerto añadiendo más filas de árboles. Conforme vaya ampliando su huerto, ¿qué se incrementará más rápidamente, el número de manzanos o el número de pinos? Explica cómo has hallado la respuesta.

DIARIO DE APRENDIZAJE

¿En qué ocasiones podría serme útil algo de lo que he aprendido en esta unidad?

PASILLOS MECÁNICOS

El gráfico distancia-tiempo del margen muestra la diferencia entre dos personas que caminan: una de ellas sobre un pasillo mecánico y la otra normalmente sobre el suelo.

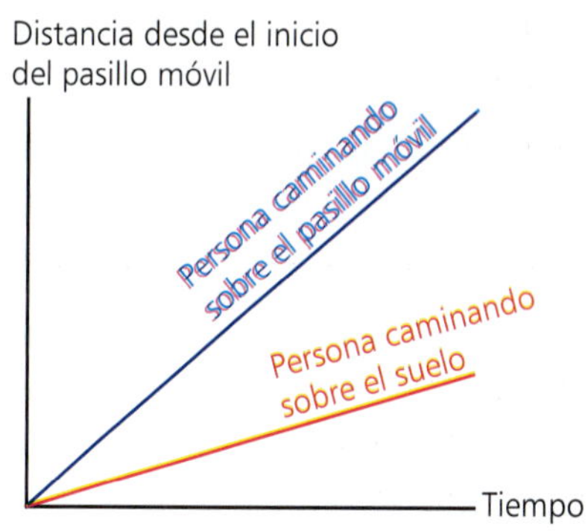

1. Suponiendo que, en el mencionado gráfico, el ritmo del paso de las personas es aproximadamente el mismo, añade una línea al gráfico que represente la distancia recorrida con relación al tiempo para una persona que permanezca quieta sobre el pasillo mecánico.
2. Si te ofreciéramos una expresión matemática para cada situación —f (*x*) para la persona que se desplaza caminando sobre el pasillo móvil y g (*x*) para la que prefiere andar de forma convencional sobre el suelo—, ¿qué operación habría que plantear para resolver la cuestión anterior?

10 LÍMITES DE FUNCIONES. CONTINUIDAD

LÍMITES DE FUNCIONES Y CONTINUIDAD

LÍMITE EN UN PUNTO

$$\lim_{x \to a} f(x)$$

Se lee «límite de f (x) cuando x tiende a a».

Es el valor al que tiende la variable y cuando los valores que toma la variable x se aproximan al valor a.

CÁLCULO

Se sustituye la variable x por el valor a y se realizan las operaciones correspondientes.

LÍMITES LATERALES

Solo es necesario calcularlos si el límite es del tipo $\frac{k}{0}$ o si f (x) es una función definida a trozos y $x = a$ es uno de los extremos.

Límite lateral por la derecha ($x > a$):

$$\lim_{x \to a^+} f(x)$$

Límite lateral por la izquierda ($x < a$):

$$\lim_{x \to a^-} f(x)$$

INTERPRETACIÓN GRÁFICA

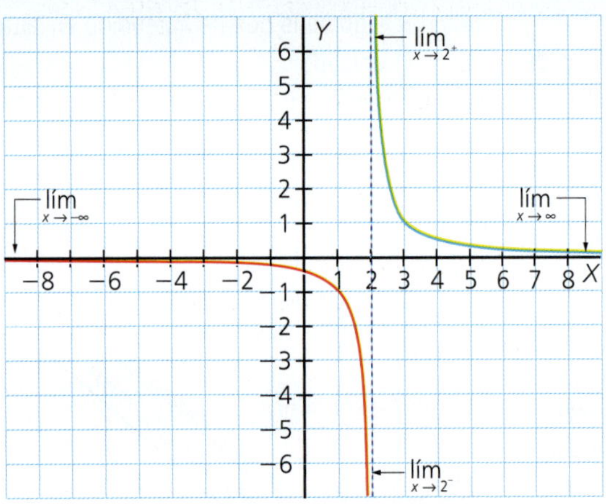

LÍMITE EN EL INFINITO

$$\lim_{x \to \infty} f(x)$$

Se lee «límite de f (x) cuando x tiende a infinito».

Es el valor al que tiende la variable y cuando la variable x toma valores cada vez mayores.

$$\lim_{x \to -\infty} f(x)$$

Se lee «límite de f (x) cuando x tiende a menos infinito».

Es el valor al que se aproxima la variable y cuando la variable x toma valores cada vez menores.

CÁLCULO

Se sustituye la variable x por $+\infty$ o $-\infty$ y se realizan las operaciones correspondientes.

SUMAS Y RESTAS CON ±∞

$\infty + \infty = \infty$

$-\infty - \infty = -\infty$

$\infty \pm k = \infty$

$-\infty \pm k = -\infty$

$\infty - \infty =$ indeterminación

$-\infty + \infty =$ indeterminación

PRODUCTOS CON ±∞

$$k \cdot \infty = \begin{cases} \infty & \text{si } k > 0 \\ -\infty & \text{si } k < 0 \end{cases}$$

$\infty \cdot \infty = \infty$

$(-\infty) \cdot \infty = -\infty$

$0 \cdot (\pm\infty) =$ indeterminación

$(-\infty) \cdot (-\infty) = \infty$

POTENCIAS CON ±∞

$$\infty^k = \begin{cases} \infty & \text{si } k > 0 \\ 0 & \text{si } k < 0 \end{cases}$$

$$k^\infty = \begin{cases} \infty & \text{si } k > 1 \\ 0 & \text{si } 0 < k < 1 \end{cases}$$

$0^\infty = 0$

$0^{-\infty} = 0$

1^∞, $\infty^0 =$ indeterminación

COCIENTES CON ±∞

$$\frac{\infty}{k} = \begin{cases} \infty & \text{si } k > 0 \\ -\infty & \text{si } k < 0 \end{cases}$$

$\frac{k}{\pm\infty} = 0$

$\frac{\pm\infty}{\pm\infty} =$ indeterminación

RESOLUCIÓN DE INDETERMINACIONES

El resultado de una indeterminación depende de las funciones implicadas en la operación que da lugar a dicha indeterminación. Para resolver los límites correspondientes, se requieren métodos específicos que permitan solventar las indeterminaciones.

$\frac{k}{0}$

1. El resultado del límite es siempre ∞.
2. El signo depende de los signos que adopten numerador y denominador.

$\frac{0}{0}$

1. Se factorizan numerador y denominador, apareciendo en ambos casos el factor $x - a$, donde a es el valor al que tiende x.
2. Se simplifica la fracción.
3. Si aparecen sumas o restas de raíces cuadradas, se eliminan usando conjugados.

$\frac{\infty}{\infty}$

1. Se dividen todos los monomios por la potencia de mayor grado.
2. Se simplifica la fracción resultante.

$\infty - \infty$

1. Se resuelve la indeterminación multiplicando y dividiendo la diferencia inicial por su conjugado, $f(x) + g(x)$.
2. Se resuelve el producto y después el límite del cociente resultante.

1^∞

Se aplica la definición de número *e*:

$$e = \lim_{f(x)\to\infty} \left(1 + \frac{1}{f(x)}\right)^{f(x)}$$

Esta expresión conduce a la fórmula:

$$\lim_{x\to a} f(x)^{g(x)} = e^{\lim_{x\to a} g(x)\cdot[f(x)-1]}$$

FUNCIÓN CONTINUA

$f(x)$ es continua en $x = a$ si $f(a) = \lim_{x\to a^+} f(x) = \lim_{x\to a^-} f(x)$.

$f(x)$ es continua en un intervalo $[a, b]$ si lo es en todos los puntos del intervalo.

PUNTOS A ESTUDIAR

Como estudiar la continuidad de todos los puntos de un intervalo es imposible, basta con estudiar los siguientes puntos:

1. Puntos que no pertenecen al dominio de $f(x)$.
2. Puntos de separación entre los intervalos de una función definida a trozos.

TIPOS DE DISCONTINUIDAD

Discontinuidad evitable:

$$\lim_{x\to a^+} f(x) = \lim_{x\to a^-} f(x) \neq f(a)$$

Ambos límites son finitos.

Discontinuidad de primera especie de salto finito:

$$\lim_{x\to a^+} f(x) \neq \lim_{x\to a^-} f(x)$$

Ambos límites son finitos.

Discontinuidad de primera especie de salto infinito:

$$\lim_{x\to a^+} f(x) \neq \lim_{x\to a^-} f(x)$$

Alguno de los límites laterales es $\pm\infty$.

Discontinuidad asintótica:

$$\lim_{x\to a^+} f(x) = \pm\infty \text{ o } \lim_{x\to a^-} f(x) = \pm\infty$$

Discontinuidad de segunda especie:

Alguno de los límites laterales no existe.

LÍMITES Y CONTINUIDAD CON GEOGEBRA

Cálculo de límites

En GeoGebra, el cálculo analítico de límites se realiza mediante los comandos **Límite, LímiteInferior** (que corresponde al límite por la izquierda) y **Límite Superior** (que corresponde al límite por la derecha).

A continuación, se muestra la sintaxis que permite calcular cinco límites y los resultados que se observan en la **Vista Algebraica:**

Límite	Sintaxis	Vista algebraica
$\lim\limits_{x\to 3} \frac{2x+3}{x^2}$	Límite[f(x), 3]	a = 1
$\lim\limits_{x\to -\infty} (x^2 e^x)$	Límite[g(x), −∞]	b = 0
$\lim\limits_{x\to +\infty} (x^2 e^x)$	Límite[g(x), ∞]	c = ∞
$\lim\limits_{x\to 1^-} \frac{3}{x-1}$	LímiteInferior[h(x), 1]	d = −∞
$\lim\limits_{x\to 1^+} \frac{3}{x-1}$	LímiteSuperior[h(x), 1]	e = ∞

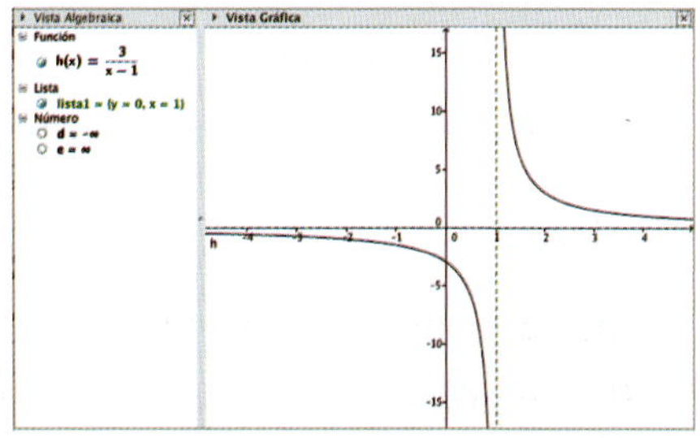

En la figura se muestra la gráfica de la función h (x) y sus asíntotas. Añadir las asíntotas a la gráfica de una función ayuda a entender mejor los límites en el infinito.

Aunque el cálculo analítico de límites con GeoGebra resulta una opción muy práctica a la hora de conocer el comportamiento de una función en un punto dado, es la gráfica de la función lo que permite extraer la máxima información, ya que de un solo vistazo se puede determinar la tendencia de cada uno de los límites. El comando **Asíntota** permite visualizar, además, las asíntotas de la función. La sintaxis de este comando es **Asintota [h(x)].**

Estudio de la continuidad

La representación gráfica de funciones mediante GeoGebra tiene la ventaja de que permite visualizar la continuidad de dichas funciones, lo que facilita la comprensión de este concepto. Se pueden, por ejemplo, editar dos funciones definidas a trozos y analizar la continuidad de cada una de ellas a partir de sus gráficas:

$$f(x) = \begin{cases} -x^2+3x+5 & \text{si } x \le 2 \\ 4x-3 & \text{si } x > 2 \end{cases}$$

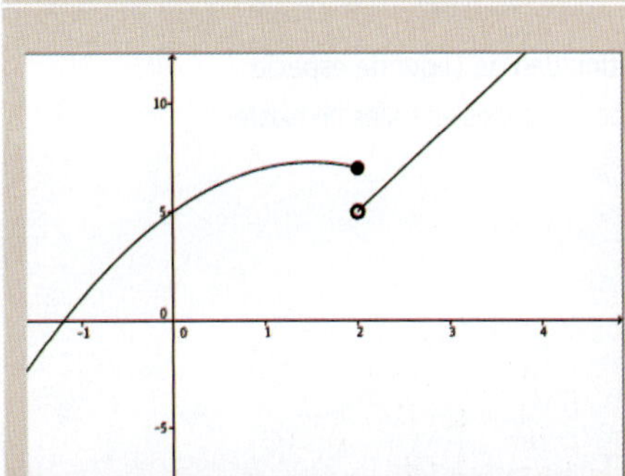

La gráfica muestra una discontinuidad de salto finito.

$$f(x) = \begin{cases} x+2 & \text{si } x \le -1 \\ \dfrac{2x-1}{x+1} & \text{si } x > -1 \end{cases}$$

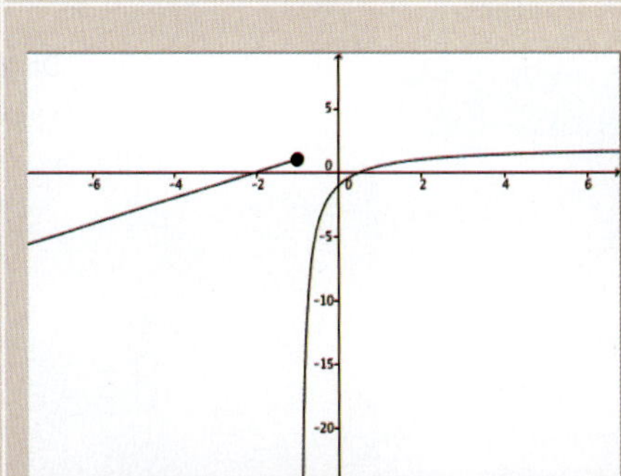

La gráfica muestra una discontinuidad de salto infinito.

+ RECUERDA

Para editar funciones definidas a trozos, se utiliza la sintaxis:

Función[<Función>,<Valor inicial>,<Valor final>]

+ INVESTIGA

Otra forma de analizar el límite de una función consiste en obtener las imágenes de puntos cercanos al punto en el que se quiere calcular el límite. Para hacerlo, se debe activar la vista **Hoja de Cálculo** de GeoGebra.

LÍMITES Y CONTINUIDAD CON WIRIS

Cálculo de límites

El desarrollo del cálculo de límites está ubicado en el menú **Análisis**, como es obvio.

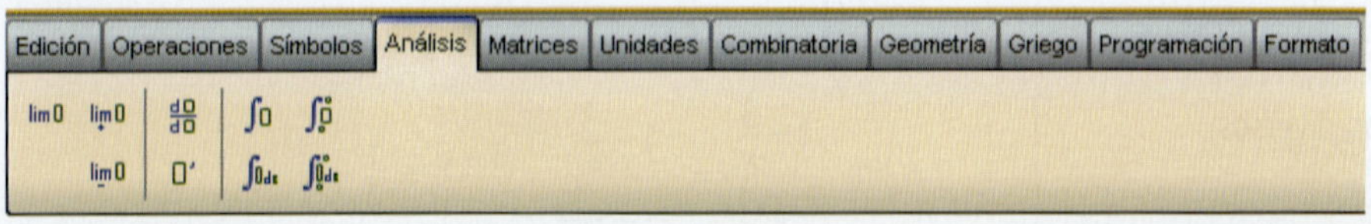

Este menú contiene tres iconos para el cálculo de límites (además de iconos que permiten la derivación e integración de funciones).

- El icono $\lim \square$ proporciona el límite de la función.
- El icono $\lim_{+} \square$ proporciona el límite lateral por la derecha.
- El icono $\lim_{-} \square$ proporciona el límite lateral por la izquierda.

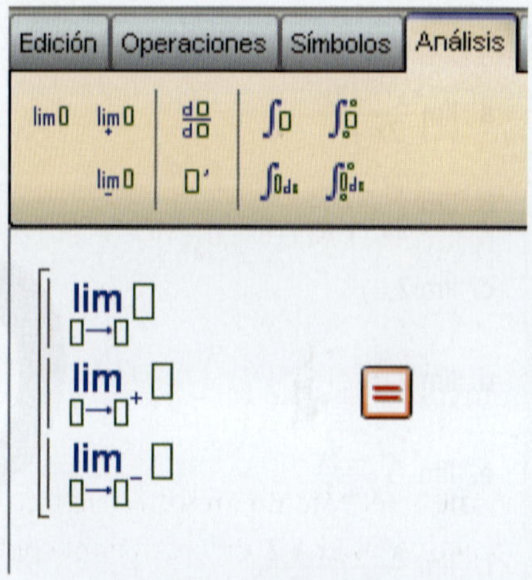

Al pulsar sobre estos iconos, aparecen los límites en pantalla, que deben ser completados con la función, la variable y el punto en el que se desea calcular el límite.

También se puede hallar el límite de una función, f, definida previamente en Wiris, mediante las instrucciones:

- **límite(f,x → a):** corresponde al límite sin precisar si es por la derecha o por la izquierda.
- **límite(f,x → a,1):** corresponde al límite por la derecha.
- **límite(f,x → a,–1):** corresponde al límite por la izquierda.

Si se desea evitar la incorporación de la flecha, pueden calcularse los límites mediante las instrucciones:

límite(f,x,a) **límite(f,x,a,1)** **límite(f,x,a,–1)**

El orden en que han de escribirse los argumentos debe ser forzosamente el que se ha indicado: primero la función, seguida de la variable y, finalmente, de la tendencia o valor numérico al que se aproxima la variable. Esta tendencia puede ser un número real o los valores ±∞, que se introducen desde el menú **Símbolos.** A modo de ejemplo, se pueden calcular los siguientes límites:

límite(x+1,x,3) → 4

$$\lim_{x\to 3} x+1 \to 4$$

$$\lim_{x\to 2} \frac{x+1}{x-2} \to \pm\infty$$

$$\lim_{x\to 2} \left(\frac{x+1}{x-1}\right)^{2x+1} \to 243.$$

$$\lim_{x\to\infty} \frac{\sqrt{x^2+2x}-3x}{x^2-3x} \to 0$$

$$\lim_{x\to\infty} \frac{\sqrt{2x-3x^2}}{2x^2-3x} \to -\frac{3}{2}$$

$$\lim_{x\to\infty} \left(1+\frac{1}{x}\right)^{x} \to e$$

$$\lim_{x\to\infty} \left(\frac{x^2+1}{x^2-3x}\right)^{2x+3} \to e^6$$

Como se observa, en el segundo límite de la figura del margen se ha obtenido el resultado ±∞. Para determinar el límite con más precisión, se deben hallar los límites laterales, como se muestra en la figura del margen.

$$\lim_{x\to 2^+} \frac{x+1}{x-2} \to +\infty$$

$$\lim_{x\to 2^-} \frac{x+1}{x-2} \to -\infty$$

1 Indica la veracidad o falsedad de la siguiente afirmación:

«Un límite indeterminado es un límite inexistente».

La afirmación es falsa. La indeterminación es consecuencia de obtener una expresión que no es posible calcular al determinar la imagen de un valor dado. Las indeterminaciones posibles son:

$$\frac{k}{0} \quad \frac{0}{0} \quad \frac{\infty}{\infty} \quad 0\cdot\infty \quad \infty-\infty \quad \infty^0 \quad 0^0$$

Para deshacer las indeterminaciones, se aplican diversos procedimientos.

2 Calcula los siguientes límites:

a. $\lim\limits_{x\to 2} \dfrac{x^2-3x}{2x+1}$

b. $\lim\limits_{x\to 0} \dfrac{x^2-3x}{2x^3+x}$

c. $\lim\limits_{x\to 0} 2$

d. $\lim\limits_{x\to 0} 2^{\frac{-1}{x^2}}$

e. $\lim\limits_{x\to \infty} \dfrac{x^2-3x}{2x+1}$

f. $\lim\limits_{x\to \infty} \dfrac{x^2+5x+2}{2x^2-3}$

El cálculo de límites no presenta ninguna dificultad cuando, al sustituir en la función la variable por el valor real correspondiente, se obtiene un resultado coherente. El problema aparece cuando el resultado es una indeterminación.

a. Para calcular este límite, se sustituye en la función la variable x por el valor 2:

$$\lim_{x\to 2} \frac{x^2-3x}{2x+1} = \frac{2^2-3\cdot 2}{2\cdot 2+1} = -\frac{2}{5}$$

b. Al sustituir en la función la variable x por el valor 0, se obtiene la indeterminación $\frac{0}{0}$.

Para solucionar esta indeterminación, se factorizan las funciones polinómicas del numerador y el denominador y se simplifica la fracción:

$$\lim_{x\to 0} \frac{x^2-3x}{2x^3+x} = \frac{0}{0} \Rightarrow \lim_{x\to 0} \frac{x\cdot(x-3)}{x\cdot(2x^2+1)} = \frac{-3}{1} = -3$$

c. Este límite se resuelve de forma inmediata sustituyendo la variable por el valor indicado:

$$\lim_{x\to 0} 2x = 2^0 = 1$$

d. Como en el apartado anterior, este límite también se resuelve de forma inmediata:

$$\lim_{x\to 0} 2^{\frac{-1}{x^2}} = 2^{-\infty} = 0$$

e. En este caso, se obtiene la indeterminación $\frac{\infty}{\infty}$, que se solventa dividiendo cada monomio del numerador y el denominador por el monomio de mayor grado:

$$\lim_{x\to\infty} \frac{x^2-3x}{2x+1} = \frac{\infty}{\infty} \Rightarrow \lim_{x\to\infty} \frac{\frac{x^2}{x^2}-\frac{3x}{x^2}}{\frac{2x}{x^2}+\frac{1}{x^2}} =$$

$$= \lim_{x\to\infty} \frac{1-\frac{3}{x}}{\frac{2}{x}+\frac{1}{x^2}} = \frac{1-\frac{3}{\infty}}{\frac{2}{\infty}+\frac{1}{\infty^2}} = \frac{1-0}{0+0} = \frac{1}{0} = \infty$$

f. Este límite presenta también la indeterminación $\frac{\infty}{\infty}$ y se resuelve, por tanto, de modo análogo al apartado anterior:

$$\lim_{x\to\infty} \frac{x^2+5x+2}{2x^2-3} = \frac{\infty}{\infty} \Rightarrow \lim_{x\to\infty} \frac{\frac{x^2}{x^2}+\frac{5x}{x^2}+\frac{2}{x^2}}{\frac{2x^2}{x^2}-\frac{3}{x^2}} =$$

$$= \lim_{x\to\infty} \frac{1+\frac{5}{x}+\frac{2}{x^2}}{2-\frac{3}{x^2}} = \frac{1+\frac{5}{\infty}+\frac{2}{\infty^2}}{2-\frac{3}{\infty^2}} = \frac{1}{2}$$

3 Calcula los siguientes límites:

a. $\lim\limits_{x\to\infty} \left(\dfrac{x^2+x+1}{2x^2+3}\right)^{2x+1}$

b. $\lim\limits_{x\to\infty} \left(\dfrac{x^2-3x}{x^2+1}\right)^{2x-3}$

c. $\lim\limits_{x\to\infty} \left(\sqrt{2x^2-3}-\sqrt{4x^2+5}\right)$

a. Se trata de calcular el límite de una función exponencial. El límite presenta una indeterminación en la base; solucionada esta indeterminación, el límite se halla mediante un cálculo meramente algebraico:

$$\lim_{x\to\infty} \left(\frac{x^2+x+1}{2x^2+3}\right)^{2x+1} = \left(\frac{\infty}{\infty}\right)^{\infty}$$

Se resuelve, en primer lugar, la indeterminación de la base:

$$\lim_{x\to\infty} \frac{x^2+x+1}{2x^2+3} = \frac{\infty}{\infty} \Rightarrow \lim_{x\to\infty} \frac{\frac{x^2}{x^2}+\frac{x}{x^2}+\frac{1}{x^2}}{\frac{2x^2}{x^2}+\frac{3}{x^2}} =$$

$$= \lim_{x\to\infty} \frac{1+\frac{1}{x}+\frac{1}{x^2}}{2+\frac{3}{x^2}} = \frac{1+\frac{1}{\infty}+\frac{1}{\infty^2}}{2+\frac{3}{\infty^2}} = \frac{1}{2}$$

Por tanto, el límite pedido es:

$$\lim_{x\to\infty} \left(\frac{x^2+x+1}{2x^2+3}\right)^{2x+1} = \lim_{x\to\infty} \left(\frac{1}{2}\right)^{2x+1} = \left(\frac{1}{2}\right)^{\infty} = 0$$

b. Este límite también presenta una indeterminación en la base:

$$\lim_{x\to\infty}\left(\frac{x^2-3x}{x^2+1}\right)^{2x-3}=\left(\frac{\infty}{\infty}\right)^{\infty}$$

Se resuelve, primeramente, la indeterminación de la base dividiendo todos los monomios por la potencia de mayor grado:

$$\lim_{x\to\infty}\frac{x^2-3x}{x^2+1}=\frac{\infty}{\infty}\Rightarrow\lim_{x\to\infty}\frac{\frac{x^2}{x^2}-\frac{3x}{x^2}}{\frac{x^2}{x^2}+\frac{1}{x^2}}=\lim_{x\to\infty}\frac{1-\frac{3}{x}}{1+\frac{1}{x^2}}=1$$

Solucionada la indeterminación de la base, se llega a una indeterminación en el límite pedido:

$$\lim_{x\to\infty}\left(\frac{x^2-3x}{x^2+1}\right)^{2x-3}=1^{\infty}$$

Esta indeterminación exige hacer uso de la definición del número *e*.

En primer lugar, se expresa la división como la suma del cociente más el resto dividido por el divisor, con lo que el límite queda:

$$\lim_{x\to\infty}\left(1+\frac{-3x-1}{x^2+1}\right)^{2x-3}=\lim_{x\to\infty}\left(1+\frac{1}{\frac{x^2+1}{-3x-1}}\right)^{2x-3}$$

Se trata ahora de expresar este límite en la forma que corresponde a la definición de *e*, es decir:

$$\lim_{f(x)\to\infty}\left(1+\frac{1}{f(x)}\right)^{f(x)}$$

Para hacerlo, se debe conseguir que en el exponente figure el denominador de la fracción:

$$\lim_{x\to\infty}\left(1+\frac{1}{\frac{x^2+1}{-3x-1}}\right)^{2x-3}=\lim_{x\to\infty}\left[\left(1+\frac{1}{\frac{x^2+1}{-3x-1}}\right)^{\underbrace{\frac{x^2+1}{-3x-1}\cdot\frac{-3x-1}{x^2+1}}_{1}}\right]^{2x-3}=$$

$$=\lim_{x\to\infty}\left[\left(1+\frac{1}{\frac{x^2+1}{-3x-1}}\right)^{\frac{x^2+1}{-3x-1}}\right]^{(2x-3)\cdot\frac{-3x-1}{x^2+1}}=$$

$$=\left[\lim_{x\to\infty}\left(1+\frac{1}{\frac{x^2+1}{-3x-1}}\right)^{\frac{x^2+1}{-3x-1}}\right]^{\lim_{x\to\infty}\left[(2x-3)\cdot\frac{-3x-1}{x^2+1}\right]}=e^{\lim_{x\to\infty}\frac{-6x^2+7x+3}{x^2+1}}$$

Se obtiene una indeterminación en el exponente del tipo $\frac{\infty}{\infty}$ que se resuelve por los procedimientos ya vistos en los apartados anteriores:

$$e^{\lim_{x\to\infty}\frac{-6x^2+7x+3}{x^2+1}}=e^{-6}=\frac{1}{e^6}$$

c. En este caso, aparece una indeterminación del tipo $\infty-\infty$ que exige crear una fracción con el conjugado de la expresión inicial:

$$\lim_{x\to\infty}\left(\sqrt{2x^2-3}-\sqrt{4x^2+5}\right)=\infty-\infty\Rightarrow$$

$$\Rightarrow\lim_{x\to\infty}\frac{\left(\sqrt{2x^2-3}-\sqrt{4x^2+5}\right)\cdot\left(\sqrt{2x^2-3}+\sqrt{4x^2+5}\right)}{\sqrt{2x^2-3}+\sqrt{4x^2+5}}=$$

$$=\lim_{x\to\infty}\frac{(2x^2-3)-(4x^2+5)}{\sqrt{2x^2-3}+\sqrt{4x^2+5}}=\lim_{x\to\infty}\frac{-2x^2-8}{\sqrt{2x^2-3}+\sqrt{4x^2+5}}=\frac{\infty}{\infty}$$

Se llega a la indeterminación $\frac{\infty}{\infty}$, que se resuelve dividiendo cada monomio por la potencia de mayor grado:

$$\lim_{x\to\infty}\frac{-2x^2-8}{\sqrt{2x^2-3}+\sqrt{4x^2+5}}=$$

$$=\lim_{x\to\infty}\frac{\frac{-2x^2}{x^2}-\frac{8}{x^2}}{\frac{1}{x^2}\cdot\sqrt{2x^2-3}+\frac{1}{x^2}\cdot\sqrt{4x^2+5}}=$$

$$=\lim_{x\to\infty}\frac{\frac{-2x^2}{x^2}-\frac{8}{x^2}}{\sqrt{\frac{2x^2}{x^4}-\frac{3}{x^4}}+\sqrt{\frac{4x^2}{x^4}+\frac{5}{x^4}}}=$$

$$=\lim_{x\to\infty}\frac{-2-\frac{8}{x^2}}{\sqrt{\frac{2}{x^2}-\frac{3}{x^4}}+\sqrt{\frac{4}{x^2}+\frac{5}{x^4}}}=-\infty$$

4 **Indica para qué valores el límite de la función $f(x)=\dfrac{2x}{x^2-1}$ es indeterminado y calcula dichos límites.**

La función presenta indeterminación para aquellos valores que anulan el denominador: concretamente, presenta límites indeterminados en $x=1$ y $x=-1$.

Para solucionar la indeterminación, se estudia qué ocurre en las proximidades de dichos valores, analizando los límites laterales respectivos:

$$\lim_{x\to-1^-}\frac{2x}{x^2-1}=\frac{2\cdot(-1^-)}{(-1^-)^2-1}=\frac{-2}{0^+}=-\infty$$

$$\lim_{x\to-1^+}\frac{2x}{x^2-1}=\frac{2\cdot(-1^+)}{(-1^+)^2-1}=\frac{-2}{0^-}=\infty$$

$$\lim_{x\to1^-}\frac{2x}{x^2-1}=\frac{2\cdot(1^-)}{(1^-)^2-1}=\frac{2}{0^-}=-\infty$$

$$\lim_{x\to1^+}\frac{2x}{x^2-1}=\frac{2\cdot(1^+)}{(1^+)^2-1}=\frac{2}{0^+}=\infty$$

Como se observa, los limites laterales no coinciden, por lo que se puede afirmar que no existe límite de la función para los puntos $x=1$ y $x=-1$.

5 ¿Qué interpretación geométrica cabe deducir de los resultados obtenidos en la actividad anterior?

Los puntos excluidos del dominio son asíntotas de la función. Las asíntotas verticales $x = 1$ y $x = -1$ presentan tendencias que son conocidas gracias a los valores hallados para los límites laterales correspondientes. La gráfica de la función sería, por tanto, de la siguiente forma:

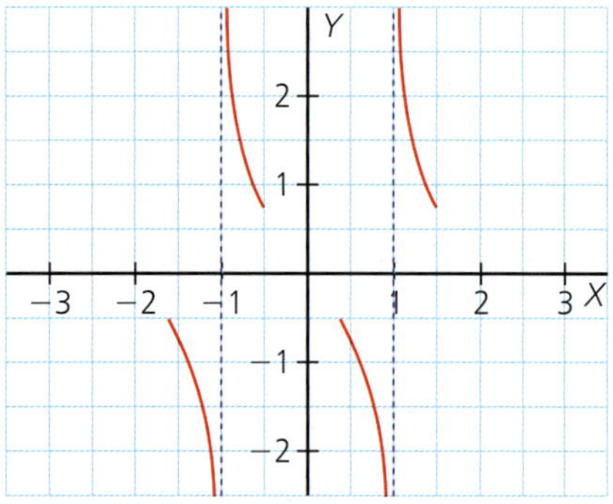

6 Determina, a través del cálculo de límites, las asíntotas de la función $f(x) = \frac{3}{x^2} + 4$.

El dominio de la función es el conjunto de los números reales a excepción del cero. La tendencia que presenta la función en este punto se interpreta a partir del estudio de los límites laterales:

$$\lim_{x \to 0^-} \left(\frac{3}{x^2} + 4\right) = \frac{3}{(0^-)^2} + 4 = \infty + 4 = \infty$$

$$\lim_{x \to 0^+} \left(\frac{3}{x^2} + 4\right) = \frac{3}{(0^+)^2} + 4 = \infty + 4 = \infty$$

Por tanto, la función presenta una asíntota vertical en $x = 0$.

Para ver si la función tiene asíntotas horizontales, se calculan los límites en el infinito:

$$\lim_{x \to -\infty} \left(\frac{3}{x^2} + 4\right) = \frac{3}{(-\infty)^2} + 4 = 0 + 4 = 4$$

$$\lim_{x \to \infty} \left(\frac{3}{x^2} + 4\right) = \frac{3}{(\infty)^2} + 4 = 0 + 4 = 4$$

Como los límites corresponden a valores reales, se deduce que $y = 4$ es una asíntota horizontal.

La gráfica de la función sería, entonces, de la siguiente forma:

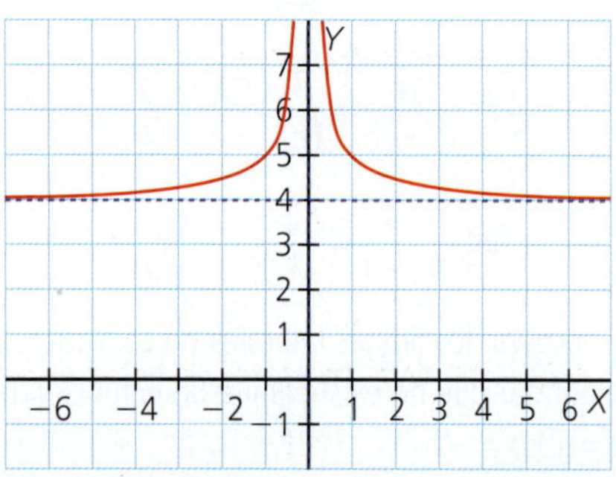

7 Observa esta función y resuelve las cuestiones que se plantean.

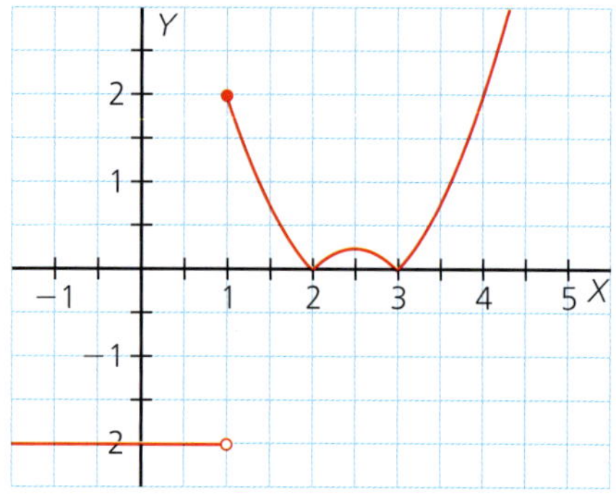

a. $\lim_{x \to 1^-} f(x)$

b. $\lim_{x \to 1^+} f(x)$

c. $\lim_{x \to 1} f(x)$

d. $f(1)$

¿Qué se deduce de los resultados obtenidos?

Para responder a todas estas cuestiones, basta con observar la gráfica e interpretarla con acierto.

a. Las imágenes de los puntos situados a la izquierda de $x = 1$ se obtienen observando la recta constante $y = -2$, por lo que resulta:

$$\lim_{x \to 1^-} f(x) = -2$$

b. Las imágenes de los puntos situados a la derecha de $x = 1$ se obtienen observando la segunda curva, de la que se obtiene:

$$\lim_{x \to 1^+} f(x) = +2$$

c. No existe límite de la función en $x = 1$, puesto que los límites laterales no coinciden.

d. La imagen de $x = 1$ ha de buscarse en la curva a la que corresponde el extremo cerrado. En este caso, se trata de la primera curva, por lo que $f(1) = 2$.

Para que una función sea continua, en todo punto debe existir límite y tal límite ha de coincidir con la imagen de dicho punto.

Los resultados de los apartados anteriores indican que la función presenta una discontinuidad de primera especie con salto finito.

8 Estudia la continuidad de esta función:

$$f(x) = \begin{cases} \frac{1}{x+5} & \text{si } x < 1 \\ \sqrt{x+3} & \text{si } x \geq 1 \end{cases}$$

Para estudiar la continuidad de la función, se empieza por determinar el dominio de cada expresión algebraica y se evalúan las posibles discontinuidades.

El dominio de la primera expresión es $(-\infty, 1) - \{-5\}$, por lo que conviene estudiar su comportamiento en $x = -5$, donde la función no tiene imagen.

$$\lim_{x \to -5^-} \frac{1}{x+5} = \frac{1}{(0^-)} = -\infty$$

$$\lim_{x \to -5^+} \frac{1}{x+5} = \frac{1}{(0^+)} = \infty$$

El dominio de la segunda expresión está definido en $[1, \infty)$; por tanto, cabe estudiar el comportamiento de la función global en $x = 1$, donde puede aparecer una discontinuidad, ya que la función cambia de expresión algebraica:

$$\lim_{x \to 1^-} \frac{1}{x+5} = \frac{1}{6}$$

$$\lim_{x \to 1^+} \sqrt{x+3} = 2$$

Como se observa, los límites laterales no coinciden, por lo que la función que se está estudiando presenta una discontinuidad de primera especie con salto finito.

Por consiguiente, la función es continua en $\mathbb{R} - \{-5, 1\}$.

9 **Representa la función indicada y halla otra que, coincidiendo con ella para todos los puntos excepto para $x = 1$, sea continua.**

$$f(x) = \begin{cases} \dfrac{x^2-1}{x-1} & \text{si } x \neq 1 \\ 4 & \text{si } x = 1 \end{cases}$$

La primera de las expresiones que componen esta función definida a trozos es fácilmente simplificable:

$$\frac{x^2-1}{x-1} = \frac{(x+1)\cdot(x-1)}{x-1} = x+1$$

Tal expresión corresponde a la ecuación de la recta $y = x + 1$, por lo que la gráfica de la función corresponderá a dicha recta, excluyéndose la imagen de $x = 1$, que, en lugar de ser 2, es 4, tal y como indica la segunda expresión.

Se representa la función f (x) y se obtiene la siguiente gráfica:

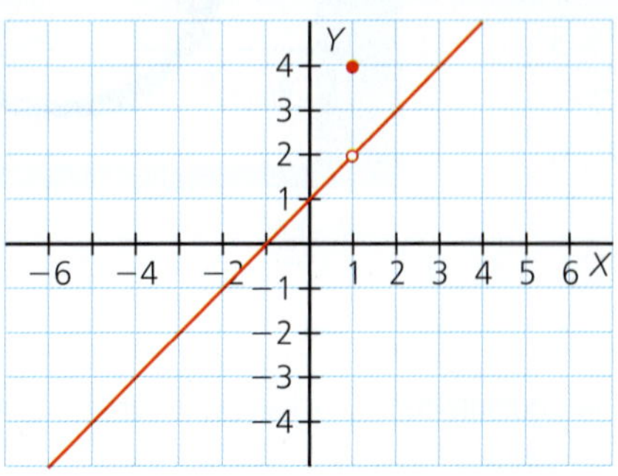

La función tiene límites a izquierda y derecha de $x = 1$ y coinciden en valor, $\lim_{x \to 1} f(x) = 1$. La imagen de la función en ese punto no coincide con el límite, de lo que se concluye que la función presenta una discontinuidad evitable.

La función que coincide con f (x) en todo valor a excepción de $x = 1$ y es continua es, como se ha visto, $y = x + 1$.

10 **Calcula el valor de m para que la siguiente función sea continua en todo $\mathbb{R}$:**

$$f(x) = \begin{cases} 2x+3 & \text{si } x < 1 \\ mx^2+1 & \text{si } x \geq 1 \end{cases}$$

Las dos expresiones que componen la función definidas a trozos son expresiones polinómicas, por lo que corresponden a funciones continuas en todo $\mathbb{R}$. El único punto en el que puede existir algún tipo de discontinuidad es $x = 1$.

Para que la función sea continua en todo $\mathbb{R}$, debe serlo en $x = 1$, por lo que debe verificarse que los límites laterales de la función en este punto son iguales:

$$\lim_{x \to 1^-} f(x) = \lim_{x \to 1^+} f(x) \Rightarrow 2 \cdot (1) + 3 = m \cdot (1)^2 + 1 \Rightarrow$$

$$\Rightarrow 5 = m + 1 \Rightarrow m = 4$$

La gráfica de la función es la siguiente:

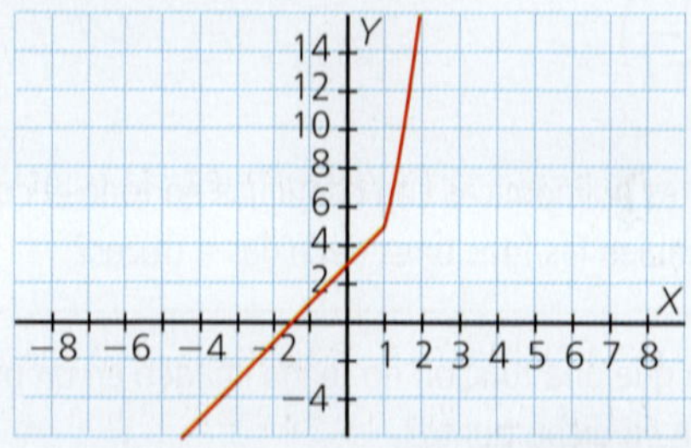

11 **Halla los valores de m y n que hacen que la siguiente función sea continua en todo $\mathbb{R}$:**

$$f(x) = \begin{cases} mx^2+2 & \text{si } x \leq 5 \\ |3-2x| & \text{si } 5 < x \leq 6 \\ mx - nx^2 & \text{si } x > 6 \end{cases}$$

Este caso se resuelve con el mismo razonamiento empleado en la actividad anterior: igualando los límites laterales de los puntos en los que podría haber algún tipo de discontinuidad.

Para $x = 5$:

$$\lim_{x \to 5^-} f(x) = \lim_{x \to 5^+} f(x) \Rightarrow m \cdot (5)^2 + 2 = |3 - 10| \Rightarrow m = \frac{1}{5}$$

Para $x = 6$:

$$\lim_{x \to 6^-} f(x) = \lim_{x \to 6^+} f(x) \Rightarrow |3 - 12| = \frac{1}{5} \cdot 6 - n \cdot 36 \Rightarrow$$

$$\Rightarrow n = -\frac{13}{60}$$

La gráfica de la función es la siguiente:

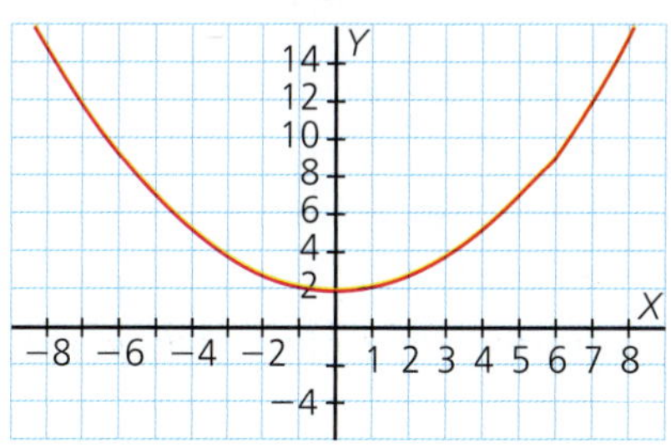

1 Las funciones polinómicas son continuas en todo el conjunto real. ¿Existe en estas funciones, para todo valor de x, límite definido?

2 Indica la veracidad o falsedad de las siguientes afirmaciones:

a. Si $\lim_{x \to 1} f(x) = 2$, entonces $f(1) = 2$.

b. Si $\lim_{x \to 1} f(x) = 2$, entonces las imágenes de valores de x muy cercanos a 1 se aproximan a 2.

c. Si $\lim_{x \to 1^-} f(x) = 2$, las imágenes de valores inferiores a $x = 1$ son menores que 2, pero están muy próximas a dicho valor.

3 Estima el valor de los siguientes límites, tomando valores a izquierda y derecha:

a. $\lim_{x \to 1} (x + 2)$

b. $\lim_{x \to 2} \left(\dfrac{1}{x^2 - 2}\right)$

4 Las funciones polinómicas son continuas en todo el conjunto real. ¿Lo son también las funciones definidas a trozos?

5 ¿Es posible que una función no tenga imagen en un punto y sí tenga límite en dicho punto?

6 Dada la gráfica de la función $f(x)$, determina:

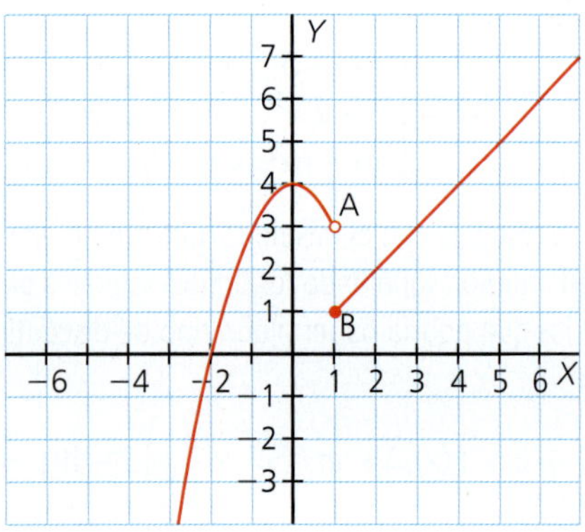

a. $\lim_{x \to 1^-} f(x)$

b. $\lim_{x \to 1^+} f(x)$

c. $\lim_{x \to 1} f(x)$

d. $f(1)$

¿Qué se deduce de los resultados obtenidos?

7 Se sabe que una función es tal que:

$$\forall x < 0,\ f(x) > 0 \text{ y } \forall x > 0,\ f(x) < 0$$

¿Se puede asegurar que $f(0) = 0$? Pon algún ejemplo que ilustre tu respuesta.

8 Dada la gráfica de la función $f(x)$, halla:

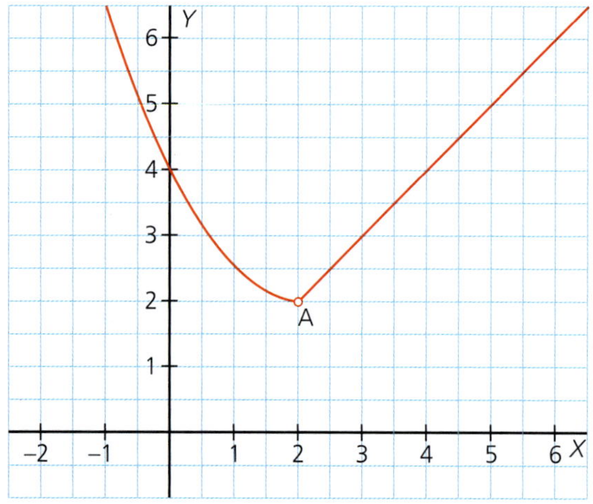

a. $\lim_{x \to 2^-} f(x)$

b. $\lim_{x \to 2^+} f(x)$

c. $\lim_{x \to 2} f(x)$

d. $f(2)$

¿Qué se deduce de los resultados obtenidos?

9 Calcula los siguientes límites. Después, comprueba los resultados que has obtenido con Wiris o GeoGebra.

a. $\lim_{x \to 1} (x^2 + 1)$

b. $\lim_{x \to 0} \dfrac{x^2 + 1}{x - 1}$

c. $\lim_{x \to 1} \dfrac{x^2 - 1}{x - 1}$

d. $\lim_{x \to 2} \dfrac{1}{x - 1}$

e. $\lim_{x \to 2} (5x - 1)^{\frac{1}{x-1}}$

f. $\lim_{x \to 1} \dfrac{\sqrt{x^2 + 3}}{x - 2}$

g. $\lim_{x \to 1} \dfrac{\sqrt{x^2 + 3}}{x - 1}$

h. $\lim_{x \to 0} \sqrt{2 - x}$

10 Considera la siguiente función y calcula los límites que se indican:

$$f(x) = \begin{cases} x + 2 & \text{si } x \le 2 \\ 2 & \text{si } x > 2 \end{cases}$$

a. $\lim_{x \to 0} f(x)$

b. $\lim_{x \to -2} f(x)$

c. $\lim_{x \to 2} f(x)$

11 Determina si existen los límites de la siguiente función en $x = 0$ y $x = 2$ y representa su gráfica:

$$f(x) = \begin{cases} x + 2 & \text{si } x \le 0 \\ \dfrac{1}{x} & \text{si } 0 < x < 2 \\ -x + \dfrac{5}{2} & \text{si } x \ge 2 \end{cases}$$

12 Calcula los siguientes límites indeterminados. Después, comprueba los resultados que has obtenido con Wiris o GeoGebra.

a. $\lim\limits_{x \to 2} \dfrac{\sqrt{x} - \sqrt{2}}{x - 2}$

b. $\lim\limits_{x \to 1} \dfrac{\sqrt{x^2 - 1}}{\sqrt{x - 1}}$

c. $\lim\limits_{x \to \infty} \dfrac{x^2 + 1}{x - 1}$

d. $\lim\limits_{x \to 0} \dfrac{x^2 + 1}{x - 1}$

e. $\lim\limits_{x \to 0} \dfrac{x^2 + 1}{x - 1}$

f. $\lim\limits_{x \to \infty} \left(\dfrac{x + 1}{x - 1}\right)^{x + 2}$

g. $\lim\limits_{x \to \infty} \left(\dfrac{2x + 1}{x - 1}\right)^{x + 2}$

h. $\lim\limits_{x \to \infty} \left(\dfrac{x + 1}{2x - 1}\right)^{x + 2}$

13 Calcula los siguientes límites indeterminados. Después, comprueba los resultados que has obtenido con Wiris o GeoGebra.

a. $\lim\limits_{x \to \infty} \dfrac{4x + \sqrt[3]{x^3 + x^2 - x + 1}}{3x + \sqrt{x^2 - x + 3}}$

b. $\lim\limits_{x \to \infty} \left(\sqrt{24x^2 + 2} - 5x\right)$

c. $\lim\limits_{x \to \infty} \left(\sqrt{x^2 + x} - \sqrt{x^2 - 2x}\right)$

d. $\lim\limits_{x \to \infty} \left(\dfrac{2x + 1}{2x - 1}\right)^{\frac{-3}{x^2}}$

e. $\lim\limits_{x \to \infty} \left(1 - \dfrac{1}{x}\right)^{x}$

f. $\lim\limits_{x \to \infty} \left(\dfrac{x^2 + 1}{x^2 - 2x + 3}\right)^{\frac{2x}{2x - 1}}$

g. $\lim\limits_{x \to \infty} \sqrt[\frac{4x - 1}{3x}]{\left(\dfrac{2x - 4}{2x - 3}\right)^3}$

h. $\lim\limits_{x \to \infty} \dfrac{(2x + 1)^2 \cdot (x + 1)}{x^2 - 2x + 3}$

14 Halla, en cada caso, una función polinómica para la cual los límites $\lim\limits_{x \to -\infty} f(x)$ y $\lim\limits_{x \to \infty} f(x)$ cumplan la condición indicada:

a. Ambos son $-\infty$.

b. Son $+\infty$ y $-\infty$, respectivamente.

c. Ambos toman el valor 2.

15 Dadas las siguientes gráficas, determina, en cada caso, los límites $\lim\limits_{x \to -\infty} f(x)$ y $\lim\limits_{x \to \infty} f(x)$ y las asíntotas de la función.

a.

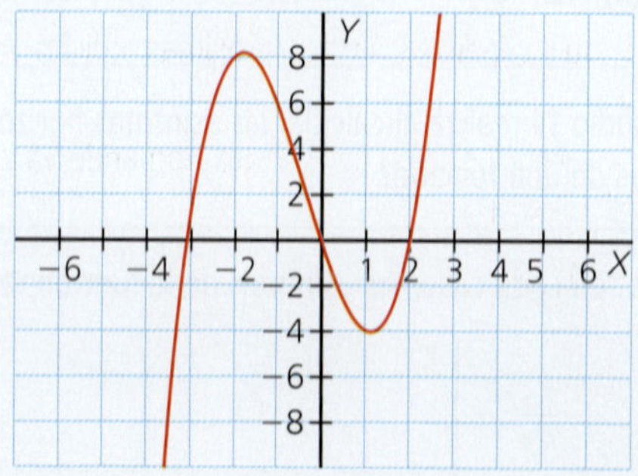

b.

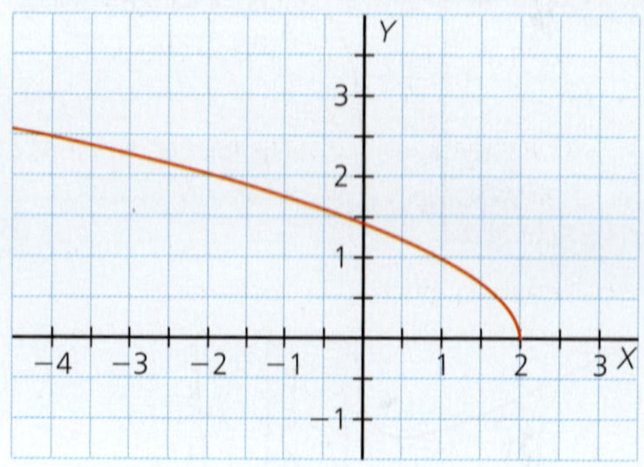

c.

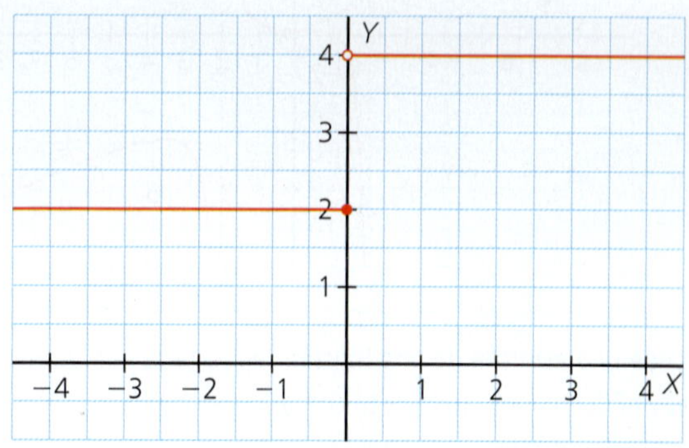

d.

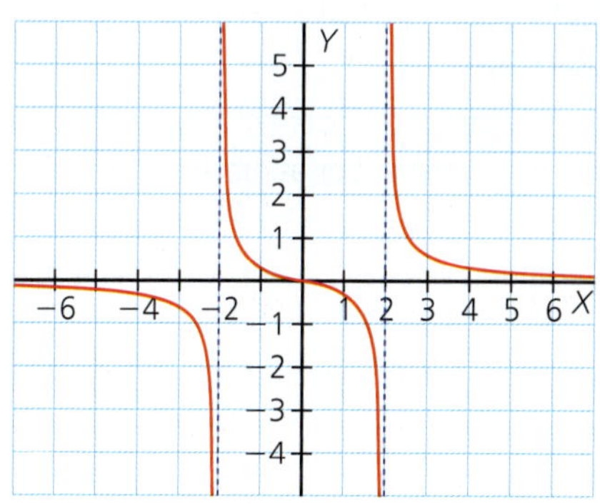

16 Representa la gráfica de una función que cumpla los siguientes requisitos:

- $\lim\limits_{x \to -\infty} f(x) = 2$
- $\lim\limits_{x \to \infty} f(x) = 2$
- $\lim\limits_{x \to 0^-} f(x) = -\infty$
- $\lim\limits_{x \to 0^+} f(x) = \infty$
- $\lim\limits_{x \to 1} f(x) = 3$

17 ¿Qué estudio se realiza al calcular las asíntotas horizontales u oblicuas de una función?

18 Identifica, en cada caso, las asíntotas de la función representada:

a.

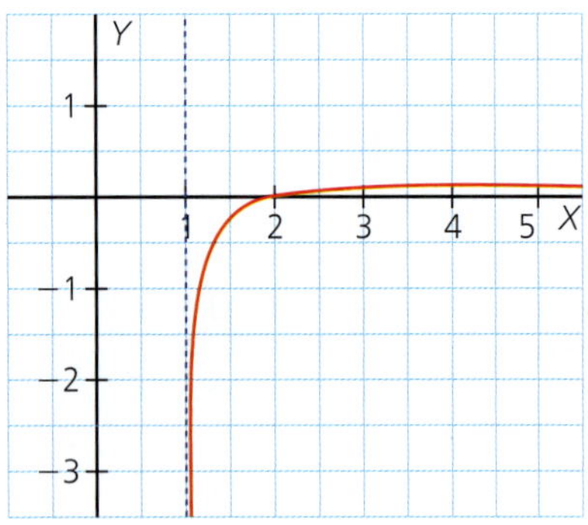

b.

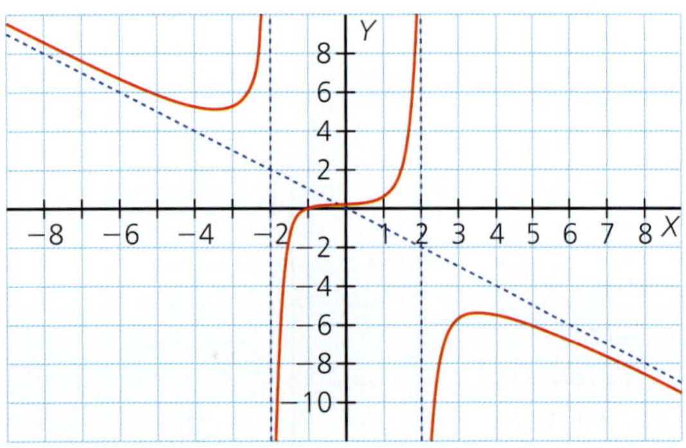

19 ¿Puede una asíntota de una función ser cortada por la propia función? Justifica tu respuesta con algún ejemplo.

20 ¿Son todos los puntos excluidos del dominio de una función asíntotas verticales?

21 ¿Puede una función tener tres asíntotas verticales?

22 ¿Cuántas asíntotas verticales puede tener una función?

23 ¿Puede una función tener dos asíntotas horizontales?

24 ¿Cuántas asíntotas horizontales puede tener una función?

25 ¿Puede una función tener asíntotas verticales y horizontales simultáneamente? ¿Y verticales y oblicuas? ¿Y horizontales y oblicuas?

26 Dibuja, en cada caso, la gráfica de una función que tenga las siguientes características:

a. Tiene dos asíntotas verticales y una horizontal.

b. Tiene una asíntota oblicua.

27 Indica, en cada caso, si la función tienen asíntotas y representa su gráfica con GeoGebra.

a. $f(x) = x^2$

b. $f(x) = \dfrac{1}{x^2} + 4$

c. $f(x) = \log(x^2 - 1)$

28 Representa, en cada caso, la función y calcula el límite indicado:

a. $\lim\limits_{x \to 0} \dfrac{|x|}{x}$

b. $\lim\limits_{x \to 0} \dfrac{\operatorname{sen} x}{x}$

c. $\lim\limits_{x \to 0} \dfrac{\ln x}{\sqrt{x}}$

29 Calcula el valor de *a* para que la siguiente función sea continua en todo $\mathbb{R}$:

$$f(x) = \begin{cases} x + 2 & \text{si } x \leq 0 \\ x^2 + 2 & \text{si } 0 < x < a \\ 2x + 2 & \text{si } x \geq a \end{cases}$$

30 Estudia la continuidad de la función que presenta la siguiente gráfica, indicando los tipos de discontinuidad que presenta. Calcula también los límites de la función en $\pm\infty$.

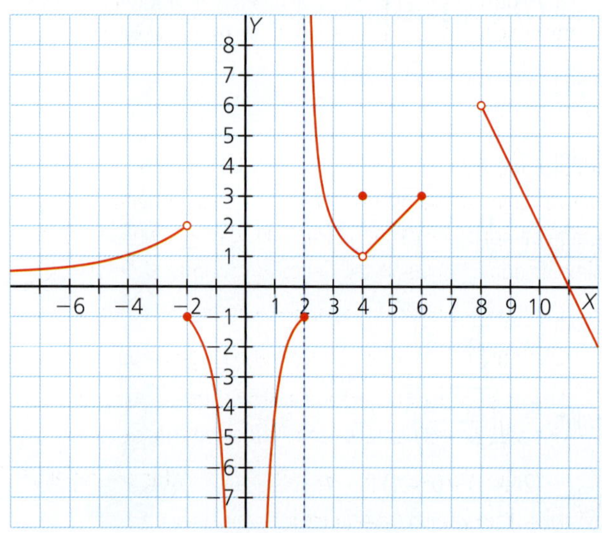

ESTATURA

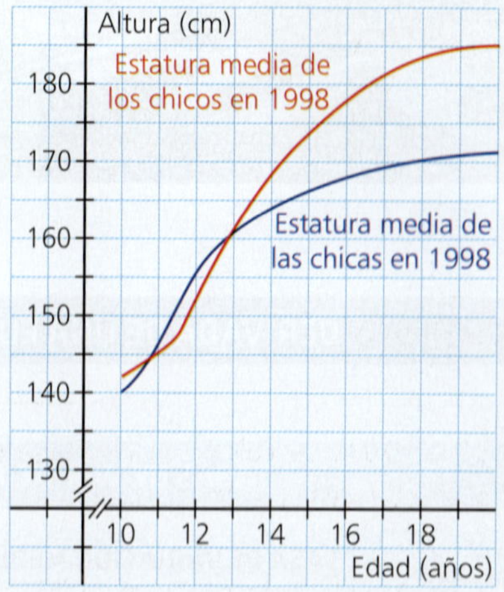

En el gráfico del margen se representa cuál era la estatura media de los holandeses menores de 20 años en 1998.

1. La estatura media de las chicas de 20 años había alcanzado los 170,6 cm, lo que significa un aumento de 2,3 cm respecto a la altura media de las chicas de la misma franja de edad en 1980. ¿Cuál era la estatura media de las chicas de 20 años en 1980?

2. Del gráfico se deduce que la tasa de crecimiento de la estatura media de las chicas disminuye de los 12 años en adelante. Explica por qué.

3. De acuerdo con el gráfico, ¿en qué período de la vida son las chicas, por término medio, más altas que los chicos de su misma edad?

4. Indica si el gráfico muestra signos de tendencia o límite.

5. ¿Existen límites para las funciones correspondientes a las estaturas medias de chicos y chicas?

LATIDOS DEL CORAZÓN

Por razones de salud, la gente debería limitar sus esfuerzos, por ejemplo al hacer deporte, para no superar una determinada frecuencia cardiaca. Durante años, la relación entre la máxima frecuencia cardiaca recomendada para una persona y su edad se describía mediante la siguiente fórmula:

$$\text{Máxima frecuencia cardiaca recomendada} = 220 - \text{edad}$$

Investigaciones recientes han demostrado que esta fórmula debería modificarse ligeramente y que es más acertada la expresión:

$$\text{Máxima frecuencia cardiaca recomendada} = 208 - (0{,}7 \cdot \text{edad})$$

1. En un artículo de prensa se afirma: «El resultado de usar la nueva fórmula en lugar de la antigua es que el máximo número recomendado de latidos cardiacos por minuto disminuye ligeramente para los jóvenes y aumenta levemente para los mayores». ¿A partir de qué edad aumenta la máxima frecuencia cardiaca recomendada como resultado de introducir la nueva fórmula?

2. La nueva fórmula se aplica también para determinar cuándo resulta más eficaz la realización de ejercicio físico. Recientes investigaciones han demostrado que el entrenamiento físico es más eficaz cuando la frecuencia cardiaca alcanza el 80 % del valor máximo recomendado. Escribe una fórmula para hallar, en función de la edad, la frecuencia cardiaca recomendada para que el ejercicio físico sea más efectivo.

PASEO EN COCHE

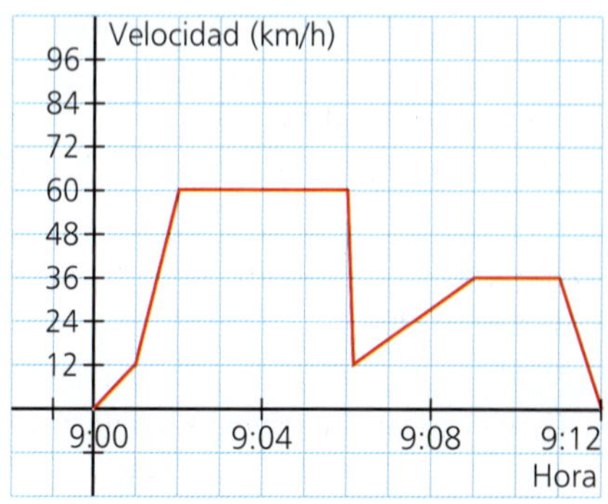

Mónica fue a dar un paseo con su coche. Durante el trayecto, un gato se cruzó delante del vehículo, lo que obligó a Mónica a pisar el freno para evitar el atropello. Ligeramente afectada por el incidente, Mónica decidió volver a casa. El gráfico del margen es un registro simplificado de la velocidad del coche durante el paseo.

1. ¿Cuál fue la velocidad máxima del coche?

2. ¿Qué hora era cuando Mónica frenó de golpe para evitar atropellar al gato?

3. ¿Fue más corto el trayecto que eligió Mónica para volver a casa que el que la llevó de su casa al lugar donde tuvo lugar el incidente con el gato?

4. ¿Tuvo que detenerse por completo para evitar el atropello?

5. ¿Qué distancia recorrió entre los minutos 4 y 6?

DIARIO DE APRENDIZAJE

¿Qué contenido me gustaría ampliar o estudiar con más profundidad?

11 DERIVADA DE UNA FUNCIÓN

DERIVADA DE UNA FUNCIÓN

TASAS DE VARIACIÓN

TASA DE VARIACIÓN MEDIA (TVM)

Tasa de variación media de f (*x*) en el intervalo [a , b]:

$$\text{TVM} = \frac{f(b) - f(a)}{b - a}$$

La TVM de f (*x*) en [a , b] coincide con la pendiente de la recta secante a la gráfica de f (*x*) que pasa por los puntos [a , f (a)] y [b , f (b)].

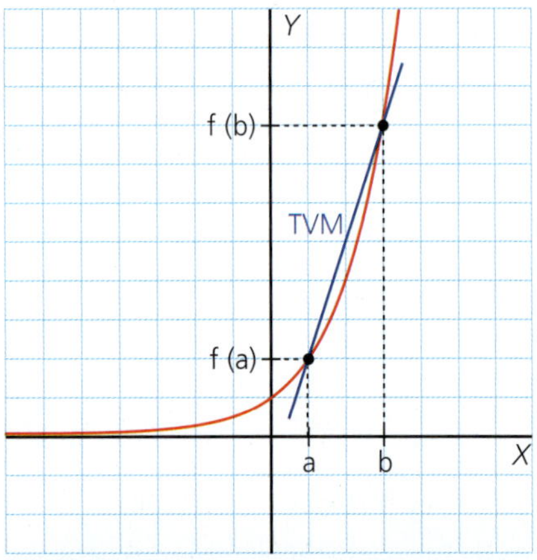

TASA DE VARIACIÓN INSTANTÁNEA (TVI)

Tasa de variación instantánea de f (*x*) en *x* = a:

$$\text{TVI} = \lim_{h \to 0} \text{TVM de } f(x) \text{ en } [a , a + h] \Rightarrow$$

$$\Rightarrow \text{TVI} = \lim_{h \to 0} \frac{f(a + h) - f(a)}{h}$$

DERIVADA DE f (*x*)

DERIVADA DE LA FUNCIÓN EN UN PUNTO

Tasa de variación instantánea, TVI, de f (*x*) en el punto *x* = a:

$$f'(a) = \lim_{h \to 0} \frac{f(a + h) - f(a)}{h}$$

DERIVADA LATERALES

Derivada por la derecha:

$$f'(a^+) = \lim_{h \to 0^+} \frac{f(a + h) - f(a)}{h}$$

Derivada por la izquierda:

$$f'(a^-) = \lim_{h \to 0^-} \frac{f(a + h) - f(a)}{h}$$

FUNCIÓN DERIVABLE

Una función, f (*x*), es derivable en el punto *x* = a, si $f'(a^+) = f'(a^-)$.

INTERPRETACIÓN GEOMÉTRICA

La derivada de la función f (*x*) en el punto *x* = a coincide con la pendiente de la recta tangente a f (*x*) en el punto *x* = a:

$$f'(a) = m_r = \text{tg}\ \alpha$$

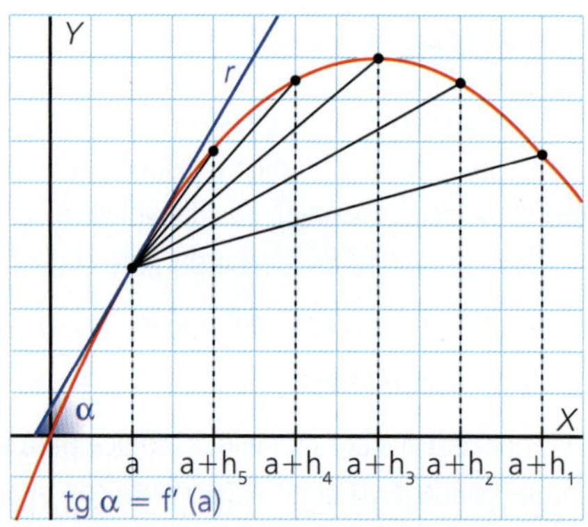

Recta tangente a f (*x*) en *x* = a:

$$y - f(a) = f'(a) \cdot (x - a)$$

DERIVADAS DE FUNCIONES ELEMENTALES

$y = k$	$y' = 0$
$y = f(x) \pm g(x)$	$y' = f'(x) \pm g'(x)$
$y = k \cdot f(x)$	$y' = k \cdot f'(x)$
$y = f(x) \cdot g(x)$	$y' = f'(x) \cdot g(x) + f(x) \cdot g'(x)$
$y = \dfrac{f(x)}{g(x)}$	$y' = \dfrac{f'(x) \cdot g(x) - f(x) \cdot g'(x)}{[g(x)]^2}$
$y = ax^n$	$y' = n \cdot ax^{n-1}$
$y = \sqrt[n]{x}$	$y' = \dfrac{1}{n \cdot \sqrt[n]{x^{n-1}}}$
$y = a^x$	$y' = a^x \cdot \ln a$
$y = \log_b x$	$y' = \dfrac{1}{x} \cdot \log_b e$
$y = \operatorname{sen} x$	$y' = \cos x$
$y = \cos x$	$y' = -\operatorname{sen} x$
$y = \operatorname{tg} x$	$y' = (1 + \operatorname{tg}^2 x) \cdot x = \dfrac{1}{\cos^2 x}$
$y = \operatorname{arcsen} x$	$y' = \dfrac{1}{\sqrt{1 - x^2}}$
$y = \arccos x$	$y' = \dfrac{-1}{\sqrt{1 - x^2}}$
$y = \operatorname{arctg} x$	$y' = \dfrac{1}{1 + x^2}$

REGLA DE LA CADENA

$y = f[g(x)]$

$y' = f'[g(x)] \cdot g'(x)$

APLICACIONES

MONOTONÍA. CRECIMIENTO Y DECRECIMIENTO

$f(x)$ es creciente en $x = a$ si $f'(a) > 0$.

$f(x)$ es decreciente en $x = a$ si $f'(a) < 0$.

EXTREMOS RELATIVOS

Sea un punto $x = a$ tal que $f'(a) = 0$:

Si $f''(a) > 0$, entonces $x = a$ es un mínimo.

Si $f''(a) < 0$, entonces $x = a$ es un máximo.

Si $f''(a) = 0$, entonces $x = a$ es un punto de inflexión.

CONCAVIDAD Y CONVEXIDAD

$f(x)$ es cóncava en el intervalo (a, b) si, $\forall\, c \in (a, b)$, la recta tangente a $f(x)$ en $x = c$ está por encima de la gráfica.

Se cumple que:

$f''(c) < 0,\ \forall\, c \in (a, b)$

$f(x)$ es convexa en el intervalo (a, b) si, $\forall\, c \in (a, b)$, la recta tangente a $f(x)$ en $x = c$ está por debajo de la gráfica.

Se cumple que:

$f''(c) > 0,\ \forall\, c \in (a, b)$

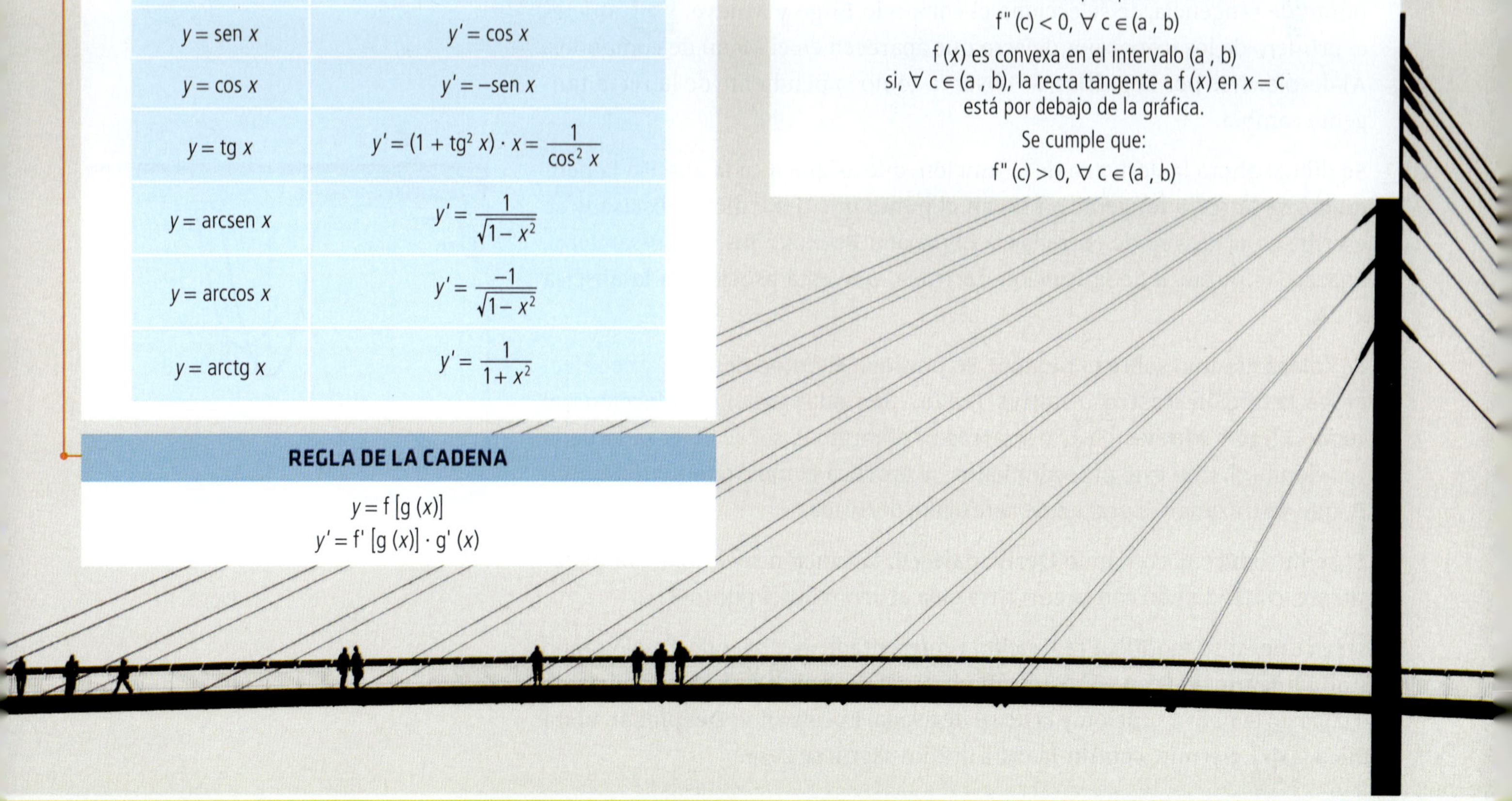

DERIVADAS CON GEOGEBRA

Una manera muy cómoda de estudiar la tasa de variación de una función consiste en representar gráficamente la función, su derivada y la recta tangente a un punto dado de la gráfica. Para hacerlo, hay que seguir estos pasos:

1. Se introduce la función, por ejemplo $f(x) = x \cdot (x - 1) \cdot (x + 1)$, en el campo de entrada:

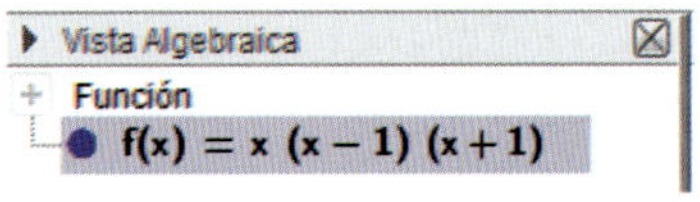

   Al pulsar *Intro*, se observa la expresión algebraica de la función en la **Vista Algebraica** y su gráfica en la **Vista Gráfica.**

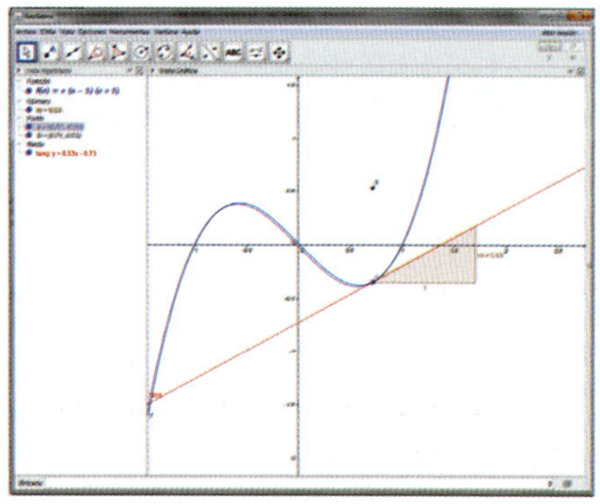

2. Se selecciona el comando **Nuevo Punto**, , y se hace clic sobre un punto, A, de la función representada.
3. Se activa el comando **Tangentes**, , se hace clic sobre el punto A y, seguidamente, se selecciona la función, $f(x)$. Con ello, se obtiene la recta tangente a la gráfica de la función en el punto A.
4. Se renombra la recta tangente como *tang*. Para hacerlo, se sitúa el ratón sobre la recta y se presiona el botón derecho del ratón, para seleccionar después la opción **Renombra** del menú contextual.
5. Se introduce en el campo de entradas el comando **m=Pendiente[tang]**. Este comando permite determinar la pendiente de la recta, semirrecta o segmento seleccionado, y traza el triángulo rectángulo con base igual a la unidad que ilustra el valor de la pendiente hallada.
6. Para desplazarse por la función y ver cómo es la recta tangente según el punto de tangencia, se selecciona el comando **Elige y Mueve**, , que es el primero de los iconos por defecto que aparecen en el Menú de comandos. Al desplazarse por la gráfica, se observa cómo la pendiente de la recta tangente cambia.
7. Se dibuja ahora la derivada de la función, que asigna a cada abscisa la pendiente de la recta tangente a $f(x)$ en el punto que tiene dicha abscisa, y se escribe en el campo de entradas la expresión **B=(x(A), m).** Al pulsar *Intro*, aparece el punto B de la función derivada, que está asociado a la abscisa $x = A$.

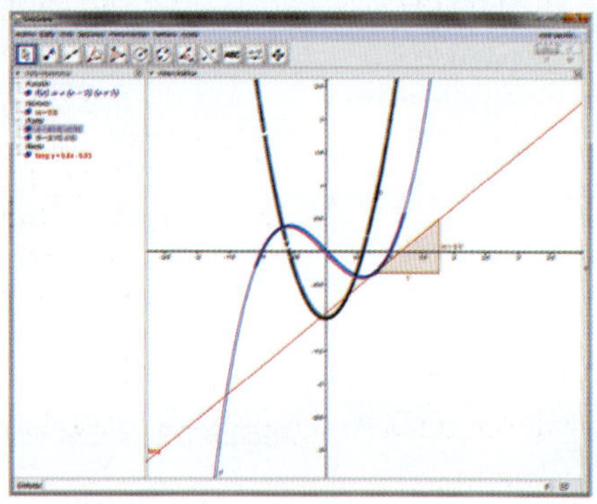

8. Se coloca el ratón sobre el punto B, se presiona el botón derecho y se selecciona la opción **Rastro** o **Activa Trazo.** Seguidamente, se selecciona el modo **Elige y Mueve**, , y se arrastra el punto A sobre el trazado de la función $f(x)$. Con este procedimiento, se provoca el movimiento del punto B, que va trazando la gráfica de la función derivada.
9. Si se introduce el comando **Derivada[f(x)]**, la función se dibuja completamente, coincidiendo con la curva trazada al arrastrar el punto B.

Observa que, si se modifica la función representada escribiendo en el campo **Entrada** una función con el mismo nombre, por ejemplo $f(x) = \cos(x)$, aparece la gráfica de la nueva función y la de su derivada. El comando **Desplazar Vista Gráfica**, , permite centrar la vista gráfica según se desee.

DERIVADAS CON WIRIS

Cálculo y representación de derivadas

En Wiris, las derivadas se obtienen con la habitual simplicidad de esta aplicación: basta con añadir una prima (') al lado de la función que se quiere derivar o dos primas ('') si se desea obtener la segunda derivada. Otras opciones consisten en introducir la función entre paréntesis y añadir la prima, o introducir la función indicando con respecto a qué variable se deriva. Para obtener la derivada mediante estos dos métodos, se dispone de dos iconos en el menú **Análisis:**

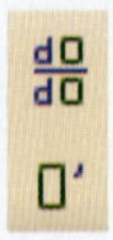

$f(x)=x^3-5x^2+1 \rightarrow x\mapsto x^3-5\cdot x^2+1$
$f'(x) \rightarrow 3\cdot x^2-10\cdot x$

$f(x)=x^3-5x^2+1 \rightarrow x\mapsto x^3-5\cdot x^2+1$
$f''(x) \rightarrow 6\cdot x-10$

$(x^3-5x^2+1)' \rightarrow 3\cdot x^2-10\cdot x$

$\frac{dx^3-5x^2+1}{dx} \rightarrow 3\cdot x^2-10\cdot x$

Para obtener el valor de la derivada en un punto determinado, por ejemplo el punto $x = 2$, simplemente se indica f'(2).

$f(x)=x^3-5x^2+1 \rightarrow x\mapsto x^3-5\cdot x^2+1$
$f'(2) \rightarrow -8$

El comando **dibujar**, que ya se ha utilizado en otras ocasiones, permite representar una función y su derivada, y analizar los puntos más relevantes, lo que facilita la comprensión del significado geométrico de la derivada. Se puede, por ejemplo, representar la función $f(x) = x^2 - 2x - 3$ y su derivada, $f'(x) = 2x - 2$:

f(x)=x²−2x−3 → x↦x²−2·x−3
f'(x) → 2·x−2
dibujar({f(x),f'(x)}) → tablero1

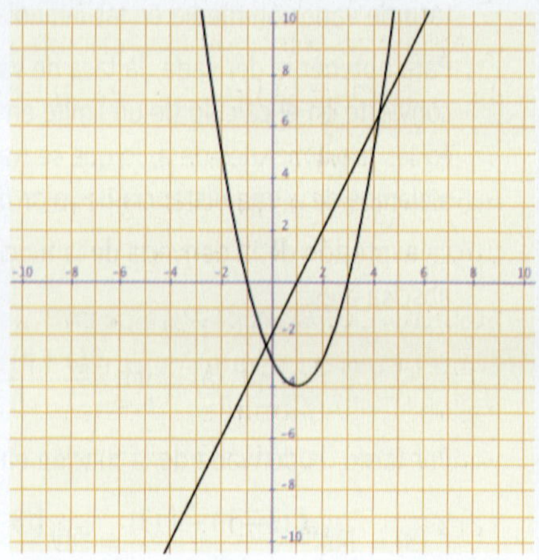

Para obtener más información de la función, en lugar del comando **dibujar**, se puede utilizar la opción **representar**, a la que se accede mediante su correspondiente icono situado también en el menú de **Operaciones.**

Aplicaciones básicas de la primera derivada

El cálculo de los extremos de una función es una de las aplicaciones directas más importante de la derivada. Para determinarlos, se necesita encontrar las soluciones de la ecuación $f'(x) = 0$. Evidentemente, la gráfica de la función permite visualizar esta información, pero, si se desea obtener los resultados analíticos, se ha de hacer uso del comando **resolver(f'(x)=0)**, como muestra la siguiente figura:

f(x)=x²−2x−3 → x↦x²−2·x−3
resolver(f'(x)=0) → {{x=1}}
resolver_inecuación(f'(x)<0) → x<1
resolver_inecuación(f'(x)>0) → x>1
representar(f(x)) → tablero1

TEN EN CUENTA

En el punto donde la función alcanza un mínimo, la función derivada se anula.

Observa que también es posible calcular los intervalos de crecimiento y decrecimiento de la función resolviendo las inecuaciones $f'(x) > 0$ y $f'(x) < 0$, respectivamente.

En la figura del margen se muestra la gráfica de la función $f(x) = x^2 - 2x - 3$. Se ha usado el comando representar, que facilita la información más relevante de la función (en este caso, el eje de simetría, los puntos de corte con el eje de abscisas y el mínimo).

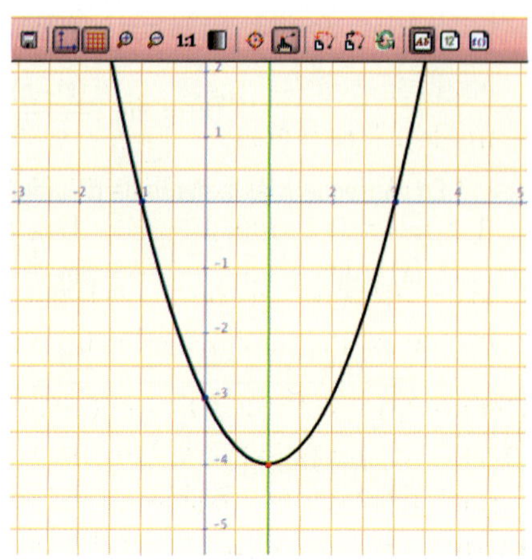

Seleccionando los botones (nombre, valor y definición) del tablero y situándose sobre los puntos clave de la gráfica se obtiene información extra de la función.

1 Dada la función $f(x) = x^2 - 2$, calcula:

a. La tasa de variación media en el intervalo [0 , 2].

b. La derivada de la función en $x = 3$ aplicando la definición.

c. La derivada de la función aplicando la definición.

a. La tasa de variación en un intervalo, (a , b), se define como:

$$TVM = \frac{f(b) - f(a)}{b - a}$$

Por tanto, en el intervalo [0 , 2] se expresa como:

$$TVM = \frac{f(b) - f(a)}{b - a} = \frac{f(2) - f(0)}{2 - 0} = \frac{(2)^2 - 2 - (0^2 - 2)}{2 - 0} = 2$$

La TVM permite evaluar las variaciones de la función en dicho intervalo, así como su crecimiento o decrecimiento y la rapidez con que se producen los cambios.

b. La derivada de una función en un punto resulta de estudiar la tasa de variación media en las inmediaciones de dicho punto.

Para obtener la derivada, la tasa de variación media se convierte en el cálculo de un límite en el que nos movemos en las proximidades de *a*, lo que se traduce en que nos alejamos de *a* una distancia de valor *h* que tiende a cero.

La expresión de la derivada de la función en un punto de abscisa *a* es:

$$f'(a) = \lim_{h \to 0} \frac{f(a + h) - f(a)}{h}$$

Por tanto, la derivada de la función en $x = 3$ es:

$$f'(3) = \lim_{h \to 0} \frac{f(3 + h) - f(3)}{h} = \lim_{h \to 0} \frac{[(3 + h)^2 - 2] - (3^2 - 2)}{h} =$$

$$= \lim_{h \to 0} \frac{9 + 6h + h^2 - 2 - 9 + 2}{h} = \lim_{h \to 0} \frac{6h + h^2}{h} =$$

$$= \lim_{h \to 0} \frac{h \cdot (6 + h)}{h} = \lim_{h \to 0} (6 + h) = 6$$

c. La derivada de una función se obtiene de aplicar la definición de derivada no a un punto concreto con una abscisa específica, sino a un punto general. Se trata, por tanto, de trabajar con la variable independiente *x* y no con un valor concreto de esta, por lo que la derivada se expresa como:

$$f'(x) = \lim_{h \to 0} \frac{f(x + h) - f(x)}{h}$$

En consecuencia, la derivada de la función $f(x)$ es:

$$f'(x) = \lim_{h \to 0} \frac{f(x + h) - f(x)}{h} = \lim_{h \to 0} \frac{((x + h)^2 - 2) - (x^2 - 2)}{h} =$$

$$= \lim_{h \to 0} \frac{x^2 + 2xh + h^2 - 2 - x^2 + 2}{h} = \lim_{h \to 0} \frac{2xh + h^2}{h} =$$

$$= \lim_{h \to 0} \frac{h \cdot (2x + h)}{h} = \lim_{h \to 0} (2x + h) = 2x$$

2 En el siguiente gráfico, se muestra la tasa de crecimiento demográfico en España entre los años 1960-2009.

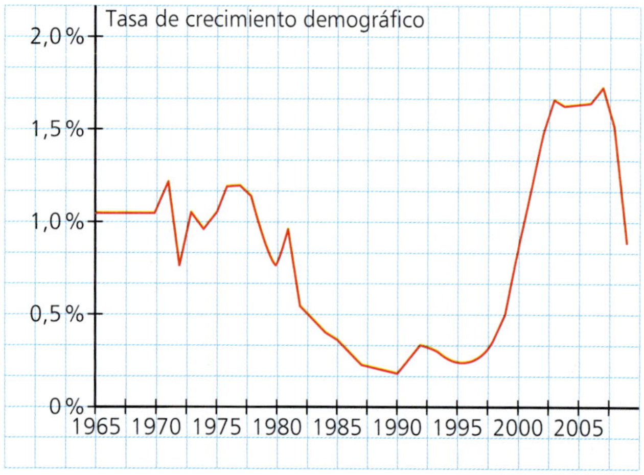

Si se estudia la tasa de variación media de la población tomando el intervalo de 50 años, se observa que la población muestra una mínima variación. ¿Qué otro concepto matemático ha de estudiarse para interpretar de forma más completa y veraz este gráfico?

Este ejercicio permite comprobar que las informaciones que ofrecen las tasas de variación media e instantánea se complementan y no son redundantes.

Como puede observarse, ciertamente el gráfico muestra una tasa de variación media mínima a lo largo de estos 50 años; sin embargo, esta tasa no informa de las variaciones demográficas que se han producido en cualquier instante durante este período de tiempo. Es la tasa de variación instantánea la que sí proporciona información precisa sobre las variaciones producidas en momentos concretos.

El estudio de la tasa de variación instantánea, muestra que en el año 2009 se produce un decrecimiento alarmante de la población, información esta, que no ofrece la tasa de variación media.

La pendiente de la curva en el año 2009 se inclina poderosamente, mostrando una caída drástica de la población; se observa, así, la pérdida de casi un punto porcentual durante los últimos tres años.

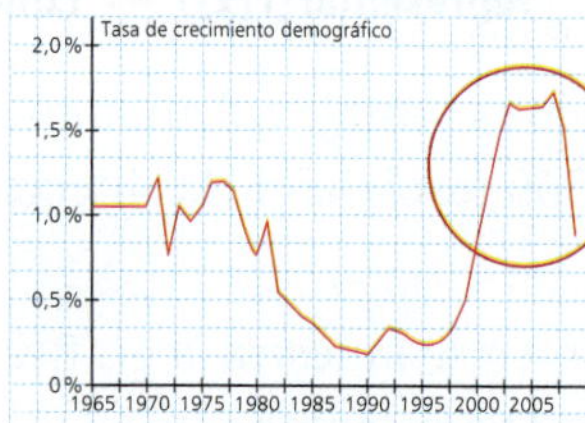

El estudio que proporciona la derivación es justamente el de la variación local, es decir, el de la tasa de variación instantánea, y, aunque no abarca el concepto de los promedios, permite estudiar la rapidez con la que cambia una función en un pequeño entorno.

3 Obtén la derivada de $f(x) = \sqrt{x^2 - 1}$ aplicando la definición de derivada.

La definición de derivada de una función es:

$$f'(x) = \lim_{h \to 0} \frac{f(x+h) - f(x)}{h}$$

Al aplicar esta definición a la función del enunciado, se tiene que:

$$f'(x) = \lim_{h \to 0} \frac{\left(\sqrt{(x+h)^2 - 1}\right) - \left(\sqrt{x^2 - 1}\right)}{h} = \frac{0}{0}$$

Como se obtiene una indeterminación del tipo $\frac{0}{0}$, se multiplica el numerador y el denominador por el conjugado del numerador, con lo que resulta:

$$\lim_{h \to 0} \frac{\left[\left(\sqrt{(x+h)^2 - 1}\right) - \left(\sqrt{x^2 - 1}\right)\right] \cdot \left[\left(\sqrt{(x+h)^2 - 1}\right) + \left(\sqrt{x^2 - 1}\right)\right]}{h \cdot \left[\left(\sqrt{(x+h)^2 - 1}\right) + \left(\sqrt{x^2 - 1}\right)\right]}$$

Desarrollando el producto de la suma por la diferencia del numerador, se llega a:

$$\lim_{h \to 0} \frac{((x+h)^2 - 1) - (x^2 - 1)}{h \cdot \left[\left(\sqrt{(x+h)^2 - 1}\right) + \left(\sqrt{x^2 - 1}\right)\right]} =$$

$$= \lim_{h \to 0} \frac{x^2 + 2xh + h^2 - 1 - x^2 + 1}{h \cdot \left[\left(\sqrt{(x+h)^2 - 1}\right) + \left(\sqrt{x^2 - 1}\right)\right]}$$

Agrupando los términos semejantes y operando, se obtiene:

$$\lim_{h \to 0} \frac{2xh + h^2}{h \cdot \left[\left(\sqrt{(x+h)^2 - 1}\right) + \left(\sqrt{x^2 - 1}\right)\right]}$$

seguidamente, se extrae *h* factor común:

$$\lim_{h \to 0} \frac{h \cdot (2x + h)}{h \cdot \left[\left(\sqrt{(x+h)^2 - 1}\right) + \left(\sqrt{x^2 - 1}\right)\right]}$$

Finalmente, se calcula el límite:

$$\lim_{h \to 0} \frac{2x + h}{h \cdot \left[\left(\sqrt{(x+h)^2 - 1}\right) + \left(\sqrt{x^2 - 1}\right)\right]} =$$

$$= \frac{2x + 0}{h \cdot \left[\left(\sqrt{(x+h)^2 - 1}\right) + \left(\sqrt{x^2 - 1}\right)\right]} = \frac{2x + 0}{2 \cdot \sqrt{x^2 - 1}} = \frac{x}{\sqrt{x^2 - 1}}$$

Por tanto, la derivada de la función es:

$$f'(x) = \frac{x}{\sqrt{x^2 - 1}}$$

4 Halla la derivada de las siguientes funciones:

a. $y = \dfrac{1}{\cos^7 (2x + 1)}$

b. $y = \ln \left(e^{x^2 + 2x + 7} \cdot \sqrt[3]{\cos^2 x}\right)$

c. $y = (\text{sen } x)^{\cos x}$

a. Se trata de una función compuesta en la que se anidan la función inversa, la función exponencial, la función coseno y una función polinómica.

Aplicando la regla de la cadena, según la jerarquía de las funciones, se obtiene:

$$y' = \left(\frac{-1}{\left[\cos^7 (2x+1)\right]^2}\right) \cdot \left[7 \cdot \cos^6 (2x+1)\right] \cdot \left[-\text{sen } (2x+1)\right] \cdot 2 =$$

$$= \frac{14 \cdot \text{sen } (2x+1)}{\cos^8 (2x+1)}$$

b. En este caso, se puede aplicar también la regla de la cadena, aunque puede resultar más efectivo expresar el logaritmo del producto como suma de logaritmos y después derivar, con lo que se simplifica bastante la operación:

$$y = \ln \left(e^{x^2 + 2x + 7} \cdot \sqrt[3]{\cos^2 x}\right) = \ln \left(e^{x^2 + 2x + 7}\right) + \ln \left(\sqrt[3]{\cos^2 x}\right) =$$

$$= (x^2 + 2x + 7) \cdot \ln e + \ln (\cos^{\frac{2}{3}} x) =$$

$$= (x^2 + 2x + 7) + \frac{2}{3} \cdot \ln (\cos x)$$

Por tanto, la derivada es:

$$y' = 2x + 2 - \frac{2 \text{ sen } x}{3 \cos x} = 2x + 2 - \frac{2}{3} \text{tg } x$$

c. En este caso se exige realizar la derivada logarítmica, que permite, utilizando las propiedades de los logaritmos, eliminar los exponentes en los que aparece *x*.

Para aplicar la derivada logarítmica, se toman logaritmos en ambos miembros de la igualdad:

$$y = (\text{sen } x)^{\cos x} \Rightarrow \ln y = \ln \left[(\text{sen } x)^{\cos x}\right] \Rightarrow$$

$$\Rightarrow \ln y = \cos x \cdot \ln (\text{sen } x)$$

Seguidamente, se derivan los dos miembros respecto de la variable correspondiente:

$$\frac{y'}{y} = -\text{sen } x \cdot \ln (\text{sen } x) + \cos x \cdot \frac{\cos x}{\text{sen } x}$$

Por último, se despeja *y'* y se sustituye *y* por su expresión inicial:

$$y' = (\text{sen } x)^{\cos x} \cdot \left[\frac{\cos^2 x}{\text{sen } x} - \text{sen } x \cdot \ln (\text{sen } x)\right]$$

5 **La gráfica de una función f (x) cuyo dominio es toda la recta real corta el eje X en los puntos de abscisas $x = a$, $x = b$ y $x = c$, de forma que en los intervalos $(-\infty, a) \cup (b, c)$ la función es negativa ($f(x) < 0$) y en el resto de su dominio, la función es positiva ($f(x) > 0$). Si la función descrita es la derivada de una segunda función, g (x), indica los intervalos de monotonía y los extremos de esta segunda función.**

La gráfica descrita, que corresponde a $f(x) = g'(x)$, es nula en los puntos de abscisas $x = a$, $x = b$ y $x = c$, por lo que la función g (x), su primitiva, tiene tres extremos en esos mismos puntos.

Por otro lado, el signo de la función derivada informa sobre si la función g (x) es creciente o no. Los intervalos en los que f (x) es negativa son intervalos de decrecimiento de g (x), y los intervalos en los que f (x) es positiva son intervalos de crecimiento de g (x). Por tanto:

- En el intervalo $(-\infty, a)$, $f(x) < 0 \Rightarrow g'(x) < 0$; luego, g ($x$) es decreciente en ese intervalo.
- En el intervalo (a, b), $f(x) > 0 \Rightarrow g'(x) > 0$; por tanto, g ($x$) es creciente en ese intervalo.
- En el intervalo (b, c), $f(x) < 0 \Rightarrow g'(x) < 0$; en consecuencia, g ($x$) es decreciente en ese intervalo.
- En el intervalo (c, ∞), $f(x) > 0 \Rightarrow g'(x) > 0$; luego, g ($x$) es creciente en ese intervalo.

Por tanto, en $x = a$ y en $x = c$ hay sendos mínimos, y en $x = b$, un máximo.

6 **Determina las rectas tangente y normal a la función $f(x) = x^3 - x$ en $x = 2$.**

En primer lugar, se calculan las coordenadas del punto de tangencia: $x = 2 \Rightarrow f(2) = 2^3 - 2 = 6$. Luego, el punto de tangencia es P (2 , 6). La pendiente de la tangente se obtiene calculando la derivada de la función para $x = 2$. Con este fin, se deriva primero f (x):

$$f(x) = x^3 - x \Rightarrow f'(x) = 3x^2 - 1$$

Seguidamente, se calcula el valor de la derivada en $x = 2$, que corresponde a la pendiente de la recta tangente en ese punto:

$$m_{tangente} = f'(2) = 3 \cdot (2)^2 - 1 = 11$$

La ecuación punto-pendiente de la recta es, por tanto:

$$r_{tangente}: y - 6 = 11 \cdot (x - 2)$$

La recta normal es perpendicular a la tangente y, por consiguiente, su pendiente es la inversa y opuesta a la de la recta tangente:

$$m_{normal} = \frac{-1}{11}$$

La ecuación punto-pendiente de la recta normal es, por tanto:

$$r_{normal}: y - 6 = -\frac{1}{11} \cdot (x - 2)$$

7 **Determina la recta tangente a la función $f(x) = e^{x+2}$ que es paralela a la recta $x - y - 1 = 0$.**

En esta actividad no se conoce el punto de tangencia, pero se sabe que la recta tangente ha de ser paralela a la recta $x - y - 1 = 0$; luego, ha de tener la misma pendiente.

La pendiente de la recta $x - y - 1 = 0$ es 1, lo que implica que la derivada de f (x) en el punto de tangencia ha de ser también 1.

La derivada de f (x) es $f'(x) = e^{x+2}$, y, por tanto, en el punto de tangencia, x_0, ha de cumplirse que:

$$f'(x_0) = e^{x_0+2} = 1$$

Para despejar x_0, se toman logaritmos neperianos en ambos miembros de la igualdad:

$$e^{x_0+2} = 1 \Rightarrow \ln(e^{x_0+2}) = \ln 1 \Rightarrow$$

$$\Rightarrow (x_0 + 2) \cdot \ln e = \ln e^0 \Rightarrow x_0 + 2 = 0 \Rightarrow x_0 = -2$$

Una vez conocida la abscisa del punto de tangencia, se calcula su ordenada:

$$f(-2) = e^{-2+2} = 1$$

Por tanto, la recta tangente buscada es:

$$r_{tangente}: x - y + 3 = 0$$

8 **Determina las rectas tangentes a la cónica cuya ecuación es $x^2 + 4y^2 = 4$ en $x = 1$ y represéntalas.**

Como es bien sabido, algunas cónicas no son funciones, al tener dos valores de y asociados a un mismo valor de x. La actividad propone calcular las tangentes a una cónica, que no función, en los puntos que cumplen la condición que se indica en el enunciado.

En la unidad dedicada a las cónicas, ya se indicaron una serie de fórmulas que permiten calcular dichas tangentes. Con esta actividad, se pretende explicar cómo realizar los cálculos siguiendo un proceso deductivo a partir de la derivación.

En primer lugar, se establecen los puntos de tangencia:

$$x = 1 \Rightarrow y = \frac{\pm\sqrt{4 - x^2}}{2} = \frac{\pm\sqrt{4 - 1^2}}{2} = \frac{\pm\sqrt{3}}{2}$$

Por tanto, los puntos de tangencia son $\left(1, \frac{\sqrt{3}}{2}\right)$ y $\left(1, -\frac{\sqrt{3}}{2}\right)$.

La representación de dichas tangentes se muestra en la siguiente figura:

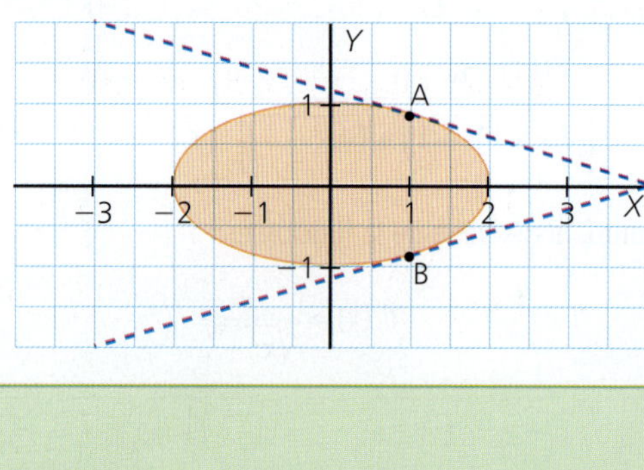

Llegados a este punto, nos planteamos la siguiente pregunta: ¿cómo se pueden calcular las pendientes si no se dispone de la expresión explícita de la cónica, máxime cuando, al hacerla explícita, se llega a un doble signo que hace que el desarrollo de la doble expresión sea un proceso complejo, cuando no erróneo?

La respuesta está en el uso de la derivada implícita. Una función o expresión es implícita cuando se escribe de la forma $f(x, y, z, \ldots) = k$. Para operar con acierto con este tipo de expresiones algebraicas, se derivan ambos miembros de la igualdad, prestando atención a la variable respecto a la cual se deriva. En este caso, se buscan variaciones de la función en relación con la variable independiente, es decir, se deriva con respecto a x. Cabe recordar que, al derivar la variable independiente respecto de sí misma, se obtiene 1, es decir, $x' = 1$; mientras que, al derivar la variable dependiente respecto de la variable independiente, se obtiene $y' = f'(x)$.

Para resolver esta actividad, conviene utilizar la nomenclatura de Leibniz. Numerosos autores resaltan que lo importante de esta notación es la indicación de la variable respecto de la que se deriva. En ella, $f'(x)$ se representa como $\frac{d\,f(x)}{dx}$, con lo que se indica que $f(x)$ se deriva respecto de la variable x. Al aplicar la derivada implícita haciendo uso de esta notación, se obtiene el siguiente resultado:

$$\frac{d(x^2+4y^2)}{dx} = \frac{d(4)}{dx} \Rightarrow \frac{d(x^2)}{dx} + \frac{d(4y^2)}{dx} = \frac{d(4)}{dx} \Rightarrow$$

$$\Rightarrow 2x \cdot \frac{dx}{dx} + 8y \cdot \frac{dy}{dx} = 0 \Rightarrow 2x + 8yy' = 0 \Rightarrow y' = \frac{-2x}{8y} = \frac{-x}{4y}$$

Hasta el momento, el cálculo de la derivada de una función en un punto exigía sustituir únicamente la abscisa del punto de la función derivada. Sin embargo, en esta ocasión, como puede observarse, la derivada en un punto depende de los valores que toman las dos variables, x e y, es decir, exige sustituir el valor de la abscisa y de la ordenada del punto.

Sustituyendo los puntos de tangencia, $\left(1, \frac{\sqrt{3}}{2}\right)$ y $\left(1, -\frac{\sqrt{3}}{2}\right)$, se obtienen las pendientes de las rectas tangentes a la cónica en dichos puntos:

$$m_{\text{tangente 1}} = y'(1) = \frac{-x_0}{4y_0} = \frac{-1}{4 \cdot \frac{\sqrt{3}}{2}} = \frac{-\sqrt{3}}{6}$$

$$m_{\text{tangente 2}} = y'(1) = \frac{-x_0}{4y_0} = \frac{\sqrt{3}}{6}$$

Por tanto, las ecuaciones de las rectas tangentes se expresan como:

$$r_{\text{tangente 1}} = y - \frac{\sqrt{3}}{2} = \frac{-\sqrt{3}}{6} \cdot (x-1)$$

$$r_{\text{tangente 2}} = y + \frac{\sqrt{3}}{2} = \frac{\sqrt{3}}{6} \cdot (x-1)$$

9 Halla los máximos y los mínimos de la función $f(x) = \ln\sqrt{\frac{x+1}{x-1}}$ y estudia su monotonía.

Antes de estudiar la monotonía de la función, es conveniente conocer su dominio, pues el conocimiento del dominio servirá para interpretar los resultados que se obtengan posteriormente.

El dominio de la función se halla exigiendo que el radicando sea mayor que cero, es decir, resolviendo la inecuación que se deriva de tal condición:

$$\frac{x+1}{x-1} > 0 \Rightarrow \text{Dom } f = \mathbb{R} - [-1, 1]$$

Para encontrar los extremos de la función, se debe derivar dicha función e igualarla a cero. En este caso, antes de derivar, conviene aplicar las propiedades de los logaritmos:

$$f(x) = \ln\sqrt{\frac{x+1}{x-1}} = \frac{1}{2} \cdot \ln\left(\frac{x+1}{x-1}\right) = \frac{1}{2} \cdot [\ln(x+1) - \ln(x-1)]$$

Seguidamente se deriva la función:

$$f'(x) = \frac{1}{2} \cdot \left(\frac{1}{x+1} - \frac{1}{x-1}\right) = \frac{1}{2} \cdot \left[\frac{x-1-(x+1)}{(x+1)\cdot(x-1)}\right] = -\frac{1}{x^2-1}$$

Llegados a este punto, se tendría que igualar la expresión de la derivada a cero y resolver la ecuación resultante, con lo que se hallarían los extremos, que posteriormente serían analizados según resultasen los intervalos de crecimiento y decrecimiento, para decidir si son máximos o mínimos. En este caso, no es necesario realizar este procedimiento, ya que la derivada es negativa en todo el dominio de la función, por lo que la función es siempre decreciente y, por tanto, no tiene extremos.

10 Halla dos números que sumen 40 y cuyo producto alcance el mayor valor posible.

Este ejercicio es una introducción a los problemas de optimización, que se verán en cursos posteriores con más detalle y que exigen el uso de conceptos como dominio, extremo, máximo y mínimo. En estos problemas, se trata de expresar mediante una función el enunciado del problema e igualar la derivada de dicha función a cero, de manera que los valores que se obtienen al resolver la ecuación resultante son los posibles máximos y mínimos.

En este caso, se consideran dos números, que se designan con x y $40 - x$ (ya que suman 40). El producto de ambos números se expresa, así, como una función de variable x:

$$P(x) = x \cdot (40 - x) = 40x - x^2$$

Los valores para los que el producto es máximo se obtienen de derivar esta función e igualarla a cero:

$$P'(x) = 40 - 2x \Rightarrow 40 - 2x = 0 \Rightarrow x = 20$$

La segunda derivada de $P(x)$ es siempre negativa, -2, lo que verifica que $x = 20$ corresponde ciertamente al máximo de la función.

El resultado no ofrece dudas: como puede comprobarse, los números que sumando 40 tienen máximo producto son 20 y 20.

1 Calcula la tasa de variación media de la función $f(x) = x^2 - 5x + 6$ entre los puntos $x = 3$ y $x = 4$ e interpreta el resultado.

2 Se sabe que la ecuación de un móvil responde a la siguiente expresión:

$$e = 20 + 50t - 5t^2$$

En ella, t es el tiempo expresado en segundos, y e, el espacio recorrido en metros.

Se sabe también que la velocidad media del móvil se calcula hallando la tasa de variación media entre dos tiempos dados, y la velocidad instantánea, hallando la tasa de variación instantánea.

a. Calcula la velocidad media del móvil entre los instantes $t = 1$ y $t = 2$ s.

b. Halla la expresión de la velocidad instantánea en función del tiempo

c. Determina la velocidad instantánea del móvil para $t = 2$ s.

3 Calcula la tasa de variación instantánea de la siguiente función:

$$f(x) = \frac{1}{x}$$

4 Realiza, en cada caso, un estudio de la tasa de variación de la siguiente función a partir de su gráfica:

$$f(x) = -x^2 + 4$$

a. En el intervalo $[-3, -1]$.

b. En el intervalo $[-2, 1]$.

c. En el intervalo $[-2, 2]$.

5 ¿Pueden existir dos funciones que tengan la misma derivada?

6 ¿Puede una función que tenga dos derivadas existir?

7 Obtén la derivada de las siguientes funciones aplicando la definición de derivada:

a. $f(x) = 2x^2 + 2$

b. $f(x) = \sqrt{x}$

8 Halla la derivada de la función $f(x) = -x^2 + 4$ para $x = 0$ y $x = 1$ y dibuja las tangentes a la gráfica de la función en los puntos con dichas abscisas. ¿Qué se puede concluir a partir de los resultados obtenidos?

9 Si la recta tangente a una curva en un punto es paralela al eje de abscisas, ¿cuál es el valor de la derivada en dicho punto?

10 El siguiente gráfico muestra la evolución del IBEX 35 durante un período de tiempo que abarca desde mediados de octubre del año 2010 a mediados de octubre del año 2011.

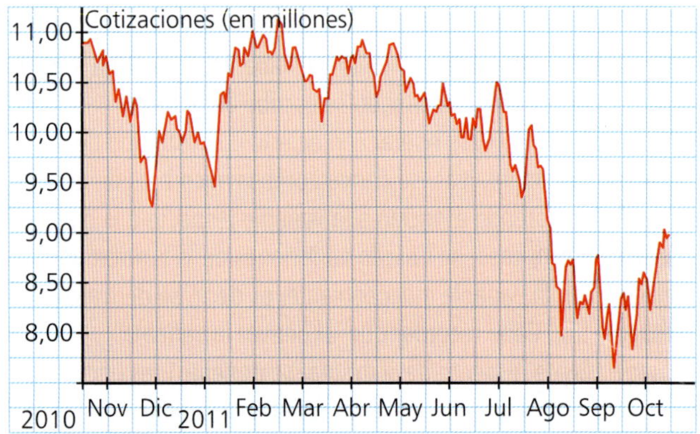

a. ¿Cuál es la tasa de variación media entre los meses de julio y octubre del año 2011?

b. ¿Puedes identificar períodos de grandes pérdidas?

c. ¿Cuál es la tasa de variación media anual?

11 Halla la derivada de las siguientes funciones. Después, comprueba con Wiris o GeoGebra los resultados que has obtenido.

a. $y = -3$

b. $y = 2x + 3$

c. $y = 2x^4 + 3x$

d. $y = \frac{2x^4 + 3x}{7}$

e. $y = 3x^4 + \sqrt{x}$

f. $y = \sqrt[7]{x^4} + \sqrt{x}$

g. $y = (2x^4 + 3x)^3$

12 Calcula la derivada de las siguientes funciones. Después, comprueba con Wiris o GeoGebra los resultados que has obtenido.

a. $y = \frac{x}{5}$

b. $y = \frac{5}{x}$

c. $y = \sqrt{\frac{5}{x}}$

d. $y = \frac{5}{x^2 + 3x}$

e. $y = \frac{x^3 + 3x}{x^2 + 1}$

13 Determina la derivada de las siguientes funciones. Después, comprueba con Wiris o GeoGebra los resultados que has obtenido.

a. $y = \dfrac{5}{(x^2 + 3x)^3}$

b. $y = \dfrac{3}{x^4} + \dfrac{1}{\sqrt{x}} + 3$

c. $y = \sqrt{x^2 + 3x + 2}$

d. $y = \sqrt[3]{2x^4 + 3x}$

e. $y = \left(\sqrt[5]{2x^4 + 3x}\right)^3$

f. $y = (x + 1) \cdot (x^3 + 2x)$

g. $y = \dfrac{x + 1}{x^2 + 3}$

14 Calcula la derivada de las siguientes funciones. Después, comprueba con Wiris o GeoGebra los resultados que has obtenido.

a. $y = \cos x + 3$

b. $y = \cos (x + 3)$

c. $y = \cos^4 x$

d. $y = \cos 4x$

e. $y = \cos (4x^3 + 2x)$

f. $y = \cos^4 4x$

g. $y = \cos \pi$

h. $y = \dfrac{1}{\text{tg}\, x}$

15 Halla la derivada de las siguientes funciones. Después, comprueba con Wiris o GeoGebra los resultados que has obtenido.

a. $y = [\text{tg}\,(\pi^2 + 3e)]^5$

b. $y = \text{tg}\,(x + \pi)$

c. $y = 5\, \text{sen}^4 (2x + 3)$

d. $y = \text{sen}\,(\cos x)$

e. $y = \text{sen}\,[\cos (2x^4)]$

f. $y = \sqrt[3]{\cos x}$

g. $y = \sqrt[3]{\cos^2 x}$

h. $y = \sqrt[3]{\cos^2 (3x + 1)}$

i. $y = \sqrt[3]{\left(\sqrt{x} + \cos^2 x\right)^2}$

16 Calcula la derivada de las siguientes funciones. Después, comprueba con Wiris o GeoGebra los resultados que has obtenido.

a. $y = e$

b. $y = e^{x + 1}$

c. $y = 2^{x + 1}$

d. $y = e^{x^2 + x}$

e. $y = e^{\frac{x^2 + x}{x + 2}}$

f. $y = e^{\text{sen}\, x}$

g. $y = 3^{\text{sen}\, x}$

h. $y = \sqrt{e^{\text{sen}\, x}}$

i. $y = e^{\text{sen}\, x \cdot \cos x}$

17 Determina la derivada de las siguientes funciones. Después, comprueba con Wiris o GeoGebra los resultados que has obtenido.

a. $y = \ln (x + 1)$

b. $y = \ln (x + 1)^2$

c. $y = [\ln (x + 1)]^2$

d. $y = x \cdot e^x$

e. $y = x^4 \cdot e^x$

f. $y = x^4 \cdot e^{3x}$

g. $y = x \cdot \ln x$

h. $y = (x^3 + 2x) \cdot \ln x$

18 Halla la derivada de las siguientes funciones. Después, comprueba con Wiris o GeoGebra los resultados que has obtenido.

a. $y = \dfrac{e^{x + 1}}{x + 2}$

b. $y = e^{x + 1} \cdot \cos x$

c. $y = \log (x^2 + 3x + 1)$

d. $y = \dfrac{\sqrt[3]{\cos x}}{\text{sen}\, x}$

e. $y = \cos 3x \cdot \text{sen}\, \pi$

f. $y = \cos 3x \cdot \text{sen}\, \pi x$

g. $y = \dfrac{\log x}{4^x}$

h. $y = \ln (\text{sen}\, x)$

19 Determina la derivada de las siguientes funciones. Después, comprueba con Wiris o GeoGebra los resultados que has obtenido.

a. $y = \ln(\text{cosec } x)$

b. $y = \ln\left(\sqrt[3]{\cos^2 x}\right)$

c. $y = \ln\left(\dfrac{\text{sen } x}{e^x}\right)$

d. $y = \ln(e^x)$

e. $y = \text{tg}(e^x)$

f. $y = \text{arctg } x$

g. $y = \text{arctg}(x^2)$

h. $y = \text{arcsen}(x^3)$

i. $y = \dfrac{\text{arcsen } 2x}{2x}$

20 Halla la derivada de las siguientes funciones. Después, comprueba con Wiris o GeoGebra los resultados que has obtenido.

a. $y = \ln\left[\text{arcsen}\left(\sqrt[3]{x^2}\right)\right]$

b. $y = \ln\left(\dfrac{x+1}{x-1}\right)$

c. $y = \ln\left(\sqrt{\dfrac{x+1}{x-1}}\right)$

d. $y = \ln\left(\sqrt[7]{\dfrac{x+1}{x-1}}\right)$

e. $y = \sqrt{\text{sen}^3(\ln x^3)}$

f. $y = \ln\left[\sqrt{\text{sen}^3(x^3 + 2x)}\right]$

21 Calcula, mediante derivadas logarítmicas, la derivada de las siguientes funciones:

a. $y = x^x$

b. $y = x^{3x^2+2}$

c. $y = x^{\text{sen } x}$

d. $y = x^{\ln x}$

e. $y = (\ln x)^x$

f. $y = (\ln x)^{\ln x}$

g. $y = (\text{sen } x)^x$

h. $y = (\text{sen } x)^{\text{sen } x}$

i. $y = \sqrt[x]{\cos x}$

j. $y = (\cos x)^{\text{arcsen } x}$

22 Observa las gráficas de estas funciones y calcula la función derivada de cada una de ellas.

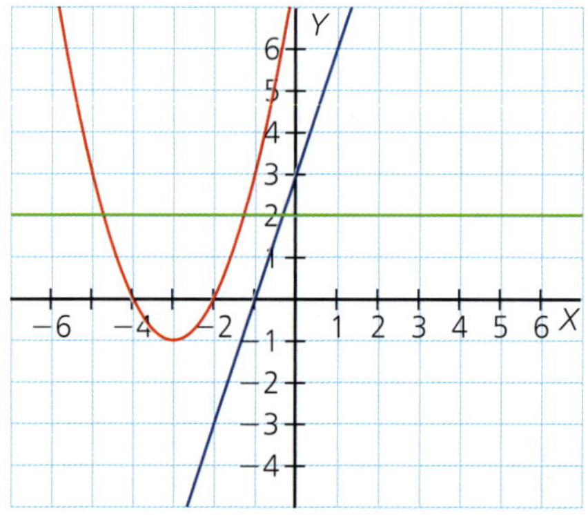

23 Indica, en cada caso, si a partir de las gráficas se puede deducir que una de las funciones representadas es la derivada de la otra.

a.

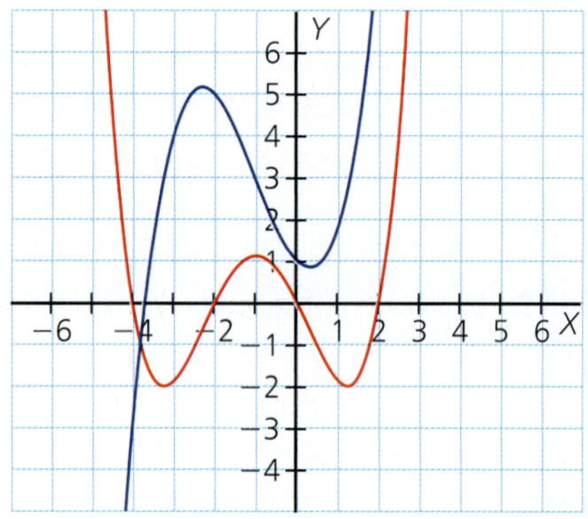

b.

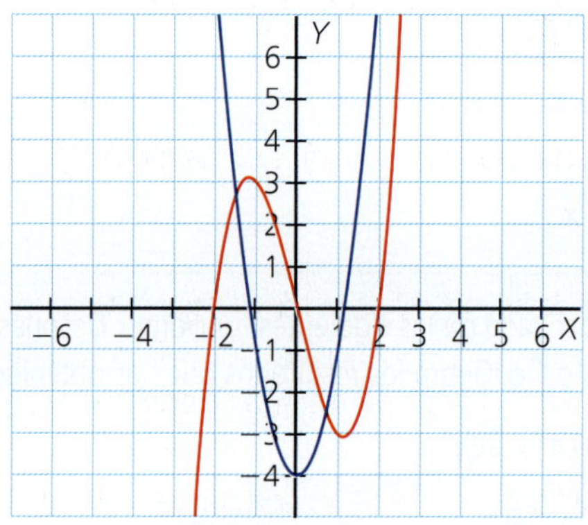

c.

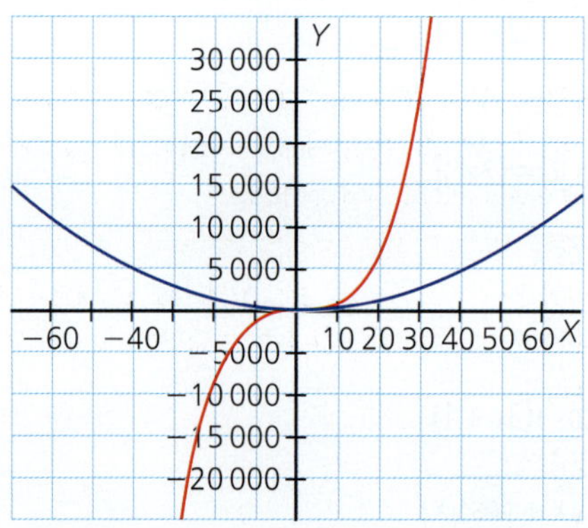

24 Obtén la derivada de la siguiente función:

$$f(x) = \left[\sqrt[3]{\text{sen}^5\left[\ln(3x)\right]}\right] \cdot \cos^7 \pi$$

25 En la figura adjunta se muestra la gráfica de una función derivada, f' (x).

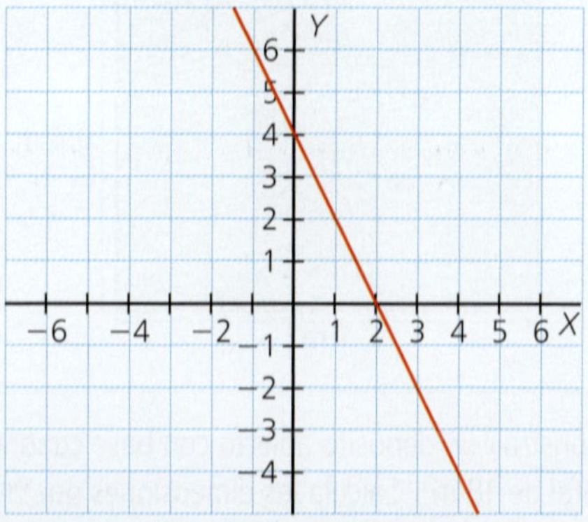

a. ¿Qué información respecto a su monotonía y extremos relativos puede darse sobre la función f (x)?

b. Dibuja una posible gráfica de la función f (x).

c. ¿Para qué valores de x las rectas tangentes a la función f (x) son horizontales?

26 Calcula la recta tangente a la función $f(x) = 2x^2 - 2$ en $x = 1$.

27 Halla la ecuación de la recta tangente y la ecuación de la recta normal a la gráfica de la función $f(x) = e^{x+2}$ en $x = 1$.

28 Determina las rectas tangentes a la curva $f(x) = 2x^2 - 2$ que son paralelas a la recta $y = -2x$.

29 Halla la recta tangente a la gráfica de la función $y = \sqrt{9 - x^2}$ para $x = 2$.

30 La gráfica de una función cuadrática pasa por los puntos (1 , 2) y (3 , 4). La tangente a dicha gráfica en $x = 0$ es paralela a la recta $y = -3x + 12$. Determina dicha función cuadrática.

31 Determina las rectas tangentes a la cónica $4x^2 + 9y^2 = 36$ en $x = 2$ y represéntalas.

32 Determina los puntos de tangencia y las rectas tangentes a la cónica $4x^2 + 9y^2 = 36$ que son paralelas a la recta $2x - 3y + 3 = 0$. Representa dichas rectas tangentes.

33 Halla los máximos y mínimos, así como las regiones de crecimiento y decrecimiento de las siguientes funciones:

a. $f(x) = 2$

b. $f(x) = 2x$

c. $f(x) = x^2 + 2$

34 Halla, en cada caso, los máximos y los mínimos de la función e indica su crecimiento y decrecimiento.

a. $f(x) = \ln(x)$

b. $f(x) = x \ln(x)$

c. $f(x) = \dfrac{x}{x^2 - 1}$

d. $f(x) = \dfrac{x}{x^2 + 1}$

35 Indica la veracidad o falsedad de las siguientes afirmaciones:

a. Si en un intervalo dado, $f'(x) > 0$, la función f (x) es creciente en ese intervalo.

b. Si f' (a) = 0, la función presenta un máximo en el punto (a , f (a)).

c. Si para todo el dominio de la función f (x) su derivada es tal que $f'(x) = 7$, entonces la función f (x) es una función constante.

d. Si en un intervalo dado, $f'(x) > 0$, entonces la función f (x) es positiva en dicho intervalo.

36 Una función polinómica de tercer grado que tiene tres raíces, o cortes con el eje de abscisas, ¿cuántos máximos o mínimos puede llegar a presentar?

37 Una función polinómica de tercer grado que tiene una sola raíz, o corte con el eje de abscisas, ¿cuántos máximos o mínimos puede llegar a presentar? Justifica tu respuesta con algún ejemplo.

38 Pon algún ejemplo de una función que, siendo tal que $f(a) > g(a)$, cumpla que $f'(a) < g'(a)$.

39 La ecuación del movimiento de un cohete espacial viene dada por la expresión $x(t) = 2t^3 - 15t^2 + 36t - 40$, donde t se mide en segundos, y x, en metros. Determina cuándo es nula la velocidad. ¿Cuándo es máxima?

ACTIVIDADES PROPUESTAS

40 Se lanza verticalmente un objeto hacia arriba, de manera que la ecuación que describe su movimiento es:

$$y(t) = 40t - 5t^2$$

En esta ecuación, *t* es el tiempo expresado en segundos, e *y*, la altura alcanzada por el objeto expresada en metros.

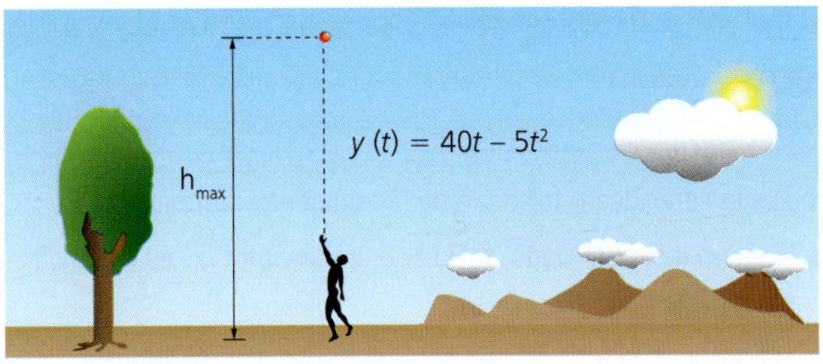

a. Determina la posición y la velocidad inicial del móvil, sabiendo que la velocidad corresponde a la derivada de la altura respecto del tiempo

b. ¿Cuánto tiempo está el móvil en el aire?

c. ¿En qué momento la velocidad del objeto es nula?

d. ¿Cuál es la altura máxima que alcanza el objeto?

e. ¿En qué momento alcanza el objeto los 12 m de altura?

41 De una función polinómica de segundo grado se sabe que $f(-1) = 7$, $f'(-1) = -4$ y $f''(-1) = 6$. Determina la expresión algebraica de dicha función.

42 Halla una función polinómica de tercer grado que cumpla que $f(0) = -3$, $f'(0) = 1$ y que presente dos rectas tangentes horizontales en $x = 1$ y $x = \frac{1}{3}$.

43 El beneficio neto anual de un escultor que fabrica piezas en barro, cerámica y bronce viene dado por la función $B(x) = 35x - \frac{x^2}{50}$, donde *x* es el número de piezas vendidas y el beneficio se mide en euros. Calcula cuántas piezas han de venderse anualmente para que el beneficio sea máximo e indica cuál es este beneficio máximo.

44 Obtén las abscisas de los puntos de la parábola $y = x^2 + 1$ que están más cerca del punto (0 , 2).

45 Calcula el área y las dimensiones del triángulo de área máxima cuyos catetos suman 6 m.

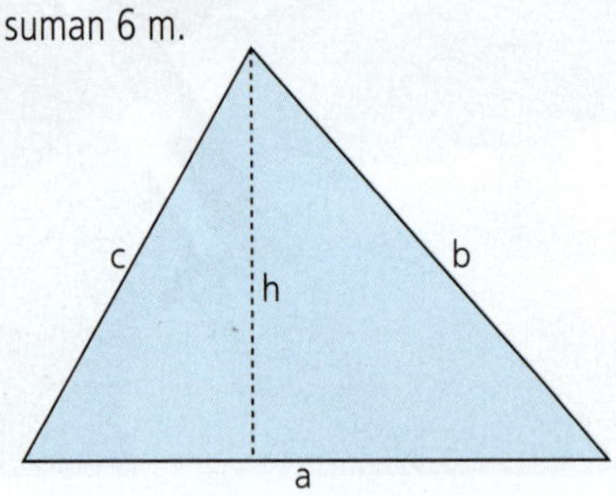

46 Se pretende construir una caja sin tapa a partir de un cartón cuyas dimensiones son 1 m × 0,8 m. Calcula la longitud del cuadrado que ha de recortarse en cada esquina del cartón para que el volumen sea máximo.

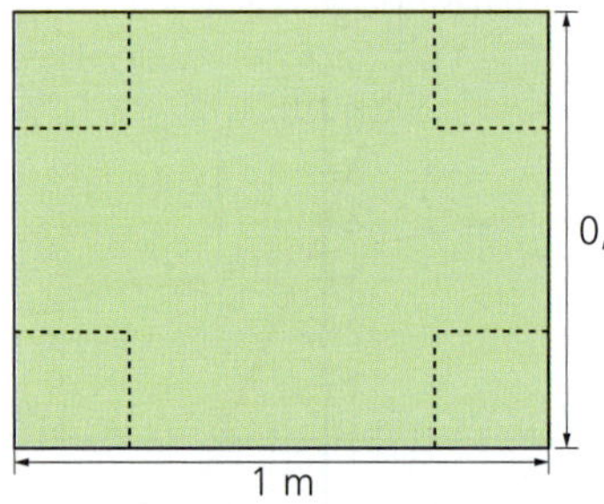

47 Se quiere construir un depósito abierto con base cuadrada y un volumen total de 18 m³. Calcula las dimensiones que ha de tener el depósito para que su construcción tenga el menor coste.

48 Se sabe que el alcance máximo de una jabalina que es lanzada con una velocidad inicial v_0 viene dado por la expresión $\text{alcance}(\alpha) = \frac{v_0^2}{g} \cdot \text{sen}(2\alpha)$. Calcula el ángulo α para el que se produce el máximo alcance.

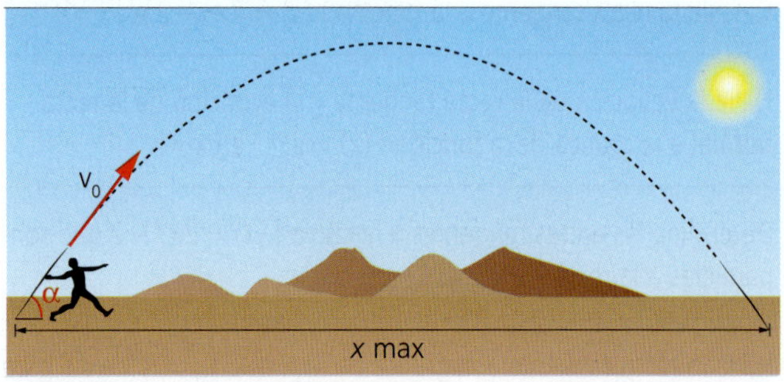

49 La siguiente gráfica muestra el número de nacimientos que se han producido en España a lo largo de más de un siglo. Indica qué regiones o intervalos serían las de mayor interés para realizar un estudio sobre la natalidad.

50 Estudia la derivabilidad de las siguientes funciones

a. $f(x) = \begin{cases} x + 2 & \text{si } x \leq 1 \\ x^2 & \text{si } x > 1 \end{cases}$

b. $f(x) = \begin{cases} x^2 + 2 & \text{si } x \leq 0 \\ -x^2 + 2 & \text{si } x > 0 \end{cases}$

CONCENTRACIÓN EN SANGRE DE UN FÁRMACO

En la figura del margen se muestra la evolución de la concentración en sangre, C, de un fármaco a lo largo del tiempo, *t*. La expresión matemática que indica la relación entre las dos variables es $C(t) = \frac{1}{5}t + \frac{1}{25}t^2 - \frac{1}{250}t^3$, donde la concentración se expresa en miligramos, y el tiempo, en minutos.

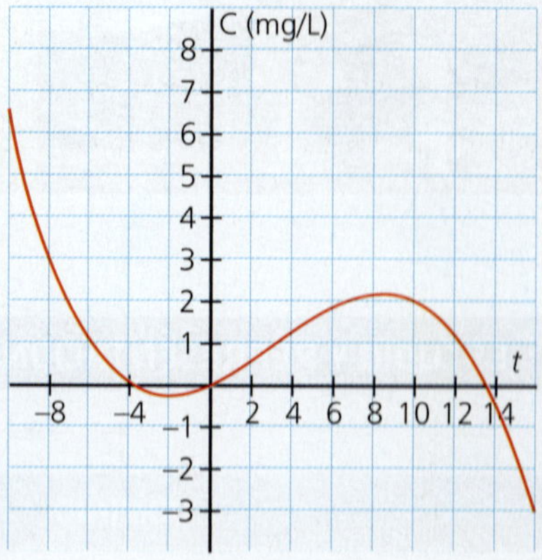

1. ¿Cuál debería ser la gráfica una vez ajustada a los valores lógicos que puede tomar el tiempo en esta expresión?
2. ¿Qué interpretación debemos dar a las tres raíces, o ceros de la función?
3. ¿Cuánto tiempo permanece el fármaco en sangre?
4. ¿En qué momento se alcanza la máxima concentración en sangre del fármaco? ¿Cuál es el valor de la concentración en ese momento?

CONTAMINACIÓN

Como es de sobra conocido, el nivel de dióxido de carbono en el aire es un indicador del grado de contaminación atmosférica, que alcanza sus máximas cotas en las ciudades debido a agentes como el tráfico de vehículos y otros factores que ponen en riesgo la salud de la población. Se estima que la concentración de dióxido de carbono en el aire en las ciudades, expresada en partes por millón (ppm), depende del número de habitantes según la expresión $C(p) = \sqrt{5 + \frac{p^2}{4}}$, donde *p* es la población expresada en miles de habitantes.

En una determinada ciudad se estima que la población aumenta según la expresión $p(t) = 12 + \frac{t^2}{2}$, donde *t* se expresa en años, y *p*, en miles de habitantes.

1. ¿Con qué rapidez estaría incrementándose la contaminación por CO_2 en esa ciudad en función del tiempo?
2. ¿Qué valor alcanzará la concentración de CO_2 transcurridos cuatro años?

COSTES, BENEFICIOS, PÉRDIDAS

La gráfica del margen muestra los beneficios que obtiene una empresa en función del número de unidades que venda de su producto principal. En el eje *X* se representa los productos vendidos, expresados en miles de unidades, y el eje *Y*, los beneficios netos, expresados en miles de euros.

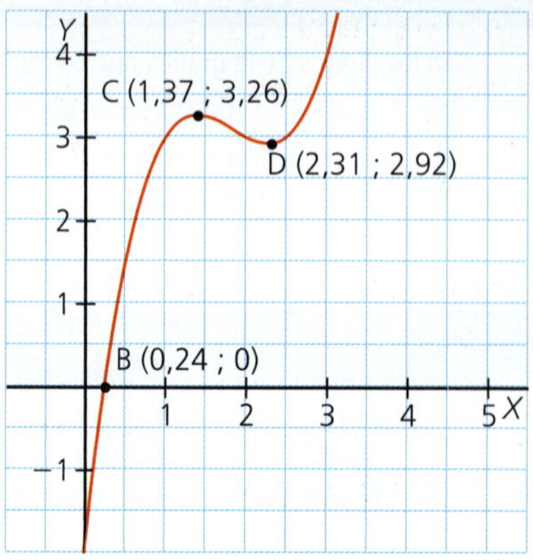

Sabiendo que el beneficio neto es la diferencia entre los ingresos que obtiene la empresa por las ventas y los costes de producción y gestión, indica si las siguientes afirmaciones son verdaderas o falsas:

1. Si no se vende ninguna unidad la empresa tiene pérdidas por valor de aproximadamente 2 000 €.
2. La empresa no registra beneficios si no se venden más de 240 unidades.
3. La empresa solo vende productos por encima de las 240 unidades.
4. Si se venden 210 unidades, los costes superan a las ganancias.
5. Si se venden entre 1 400 y 2 300 unidades, se producen pérdidas.
6. La relación ganancia-coste se optimiza alrededor de las 1 300-1 400 unidades o cuando se superan las 2 500 unidades vendidas.

DIARIO DE APRENDIZAJE

¿En qué ocasiones podría serme útil algo de lo que he aprendido en esta unidad?

12 ESTUDIO Y REPRESENTACIÓN DE FUNCIONES

ESTUDIO Y REPRESENTACIÓN DE FUNCIONES

DOMINIO

Es el conjunto de valores de x para los que existe f (x).
Funciones polinómicas:
Dom = $\mathbb{R}$
Fracciones:
Dom = $\mathbb{R}$ – {denominador = 0}
Radicales de índice par:
Dom = {x | radicando $\geq$ 0}
Logaritmos:
Dom = {x | característica > 0}

RECORRIDO

Es el conjunto de valores que puede tomar la variable y.
Recorrido [f (x)] = Dominio [f^{-1} (x)]

SIMETRÍAS

Simetría par: $f(-x) = f(x)$
Simetría impar: $f(-x) = -f(x)$

PUNTOS DE CORTE

Son los puntos de la gráfica que cortan los ejes cartesianos.
Cortes con el eje X:
$f(x) = 0 \Rightarrow$ (solución , 0)
Cortes con el eje Y:
$f(0) \Rightarrow [0\ ,\ f(0)]$

ASÍNTOTAS

Son las rectas a las que se aproxima la gráfica de f (x) cuando x o y toman valores próximos a $\pm\infty$.

- f (x) tiene una asíntota horizontal en $y = a$ si $\lim\limits_{x \to \infty} f(x) = a$ o $\lim\limits_{x \to -\infty} f(x) = a$.
- f (x) tiene una asíntota vertical en $x = a$ si $\lim\limits_{x \to a^+} f(x) = \pm\infty$ o $\lim\limits_{x \to a^-} f(x) = \pm\infty$.
- f (x) tiene una asíntota oblicua en $y = mx + n$ si $\lim\limits_{x \to \infty} \frac{f(x)}{x} = m$ y $\lim\limits_{x \to \infty} (f(x) - mx) = n$.

MÁXIMOS Y MÍNIMOS

$x = a$ es máximo de f (x)
si $f'(a) = 0$ y $f''(a) < 0$.

$x = a$ es mínimo de f (x)
si $f'(a) = 0$ y $f''(a) > 0$.

MONOTONÍA

f (x) es creciente en (a , b)
si $f'(x) > 0\ \forall\ x \in (a\ ,\ b)$.

f (x) es decreciente en (a , b)
si $f'(x) < 0\ \forall\ x \in (a\ ,\ b)$.

PUNTOS DE INFLEXIÓN

Son los puntos donde cambia la curvatura de la gráfica de f (x).
$x = a$ es punto de inflexión de f (x) si $f''(a) = 0$.

CURVATURA

f (x) es cóncava hacia abajo en (a , b) si $f''(x) < 0\ \forall\ x \in (a\ ,\ b)$.
f (x) es cóncava hacia arriba en (a , b) si $f'(x) > 0\ \forall\ x \in (a\ ,\ b)$.

PERIODICIDAD

Una función es periódica si su gráfica se repite en intervalos de tamaño p, donde p es el período de f (x):
$f(x) = f(x + p),\ \forall\ x \in \text{Dom}\ (f)$

FUNCIONES POLINÓMICAS

$f(x)$ es de grado 1. $\Rightarrow$ Su gráfica es una recta.

$f(x)$ es de grado 2. $\Rightarrow$ Su gráfica es una parábola.

$f(x)$ es de grado ≥ 3. $\Rightarrow$ Su gráfica es una curva.

Para representar curvas, es necesario calcular al menos las siguientes características:

Puntos de corte, resolviendo $f(x) = 0$.

Máximos y mínimos, resolviendo $f'(x) = 0$.

FUNCIONES RACIONALES

Son de la forma $f(x) = \frac{P(x)}{Q(x)}$, donde el grado de $Q(x) \geq 1$.

$\text{Dominio} = \mathbb{R} - \{x \mid Q(x) = 0\}$

- Asíntota horizontal si grado (P) $\leq$ grado (Q).
- Asíntota vertical resolviendo $Q(x) = 0$.
- Asíntota oblicua si grado (P) = grado (Q) + 1.

FUNCIONES RADICALES

Son aquellas en las que la variable x se encuentra dentro de algún radical.

Si n es par, $\text{Dom} = \{x \mid f(x) \geq 0\}$.

Si n es impar, $\text{Dom} = \mathbb{R}$.

FUNCIONES EXPONENCIALES

Son del tipo $f(x) = a^{g(x)}$, donde $a > 0$ y $a \neq 1$.

$\text{Dom} = \mathbb{R}$

$\text{Recorrido} = (0, \infty)$, si $a > 0$

(No suelen presentar cortes con el eje X).

Poseen un comportamiento asintótico muy particular, ya que es frecuente que $\lim_{x \to \infty} f(x) \neq \lim_{x \to -\infty} f(x)$.

El comportamiento asintótico, en algunas ocasiones, solo se manifiesta a la derecha o a la izquierda.

FUNCIONES LOGARÍTMICAS

Son aquellas en las que la variable x figura en la característica de un logaritmo de base b:

$$f(x) = \log_b g(x)$$

Los logaritmos presentan asíntota vertical en aquellos valores de x que anulan la característica, ya que:

$$\lim_{g(x) \to 0^+} \log_b g(x) = \log_b 0 = -\infty$$

FUNCIONES TRIGONOMÉTRICAS

Se caracterizan por ser periódicas.

La variable x suele expresarse en radianes:

$$\pi \text{ radianes} = 180°$$

Existe equivalencia entre ángulos positivos y negativos según la siguiente relación:

$$\alpha° = (\alpha - 360)°; \ \alpha \text{ rad} = (\alpha - 2\pi) \text{ rad}$$

Para hallar algunas de sus características, es necesario resolver ecuaciones trigonométricas. Cabe recordar que las funciones arcsen x, arccos x y arctg x dan dos respuestas en la mayoría de los casos.

FUNCIONES CON VALORES ABSOLUTOS

$$|x| = \begin{cases} x & \text{si } x \geq 0 \\ -x & \text{si } x < 0 \end{cases}$$

Si dentro del valor absoluto se tiene una función compuesta, $f(x)$, entonces:

$$y = |f(x)| = \begin{cases} f(x) & \text{si } f(x) \geq 0 \\ -f(x) & \text{si } f(x) < 0 \end{cases}$$

Gráficamente, esto implica que las funciones $f(x)$ y $|f(x)|$ coinciden en los intervalos donde $f(x) \geq 0$ (signo positivo) y son opuestas en los intervalos donde $f(x) < 0$ (signo negativo).

Para el estudio de y' se tiene en cuenta que:

$$y' = \begin{cases} f'(x) & \text{si } f(x) \geq 0 \\ -f'(x) & \text{si } f(x) < 0 \end{cases}$$

REPRESENTACIÓN Y ANÁLISIS DE FUNCIONES CON GEOGEBRA

Funciones polinómicas

GeoGebra representa todo tipo de funciones y ofrece comandos específicos que proporcionan información relevante sobre dichas funciones. A modo de ejemplo, se puede representar la función f $(x) = 2x^3 - 3x^2 - 12x + 9$ y determinar sus puntos más representativos mediante los siguientes comandos:

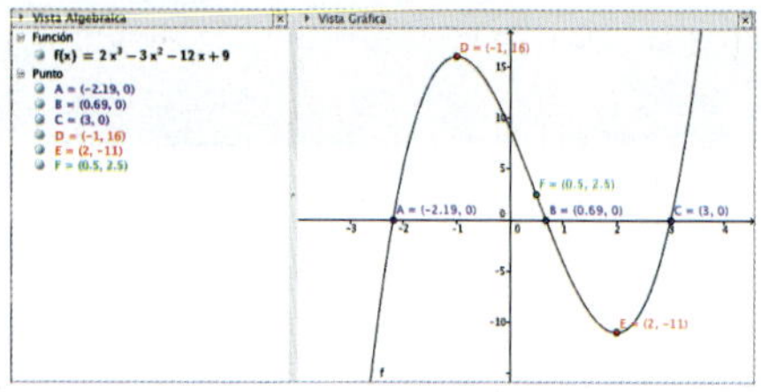

Raíz[f(x)] **Extremo[f(x)]** **PuntoInflexión[f(x)]**

Opcionalmente, se puede obtener el valor de una función en cualquier punto de su dominio introduciendo:

f(0), f(1), f(-1),...

Funciones no polinómicas

Cuando la función que se desea analizar no es polinómica, conviene hacer uso de la **Vista de Cálculo Simbólico (CAS).** A modo de ejemplo, se puede representar la función f $(x) = \frac{x^2 - 3x + 2}{2x - 1}$ y averiguar cuáles son sus extremos mediante el cálculo de los ceros de la función y de su derivada primera y segunda, para lo que se utilizan los siguientes comandos:

Resuelve[f(x)=0] **Resuelve[f'(x)=0]** **Resuelve[f''(x)=0]**

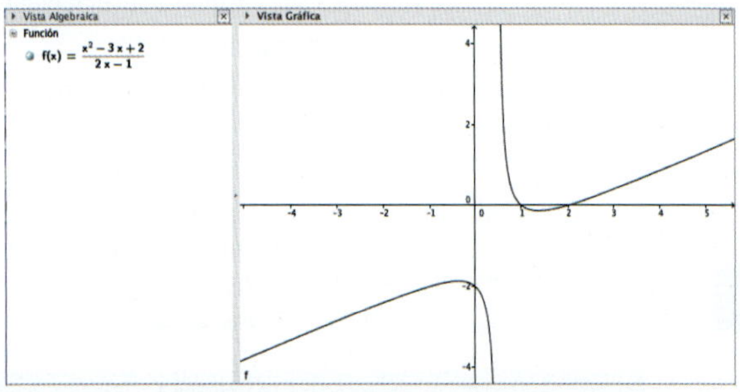

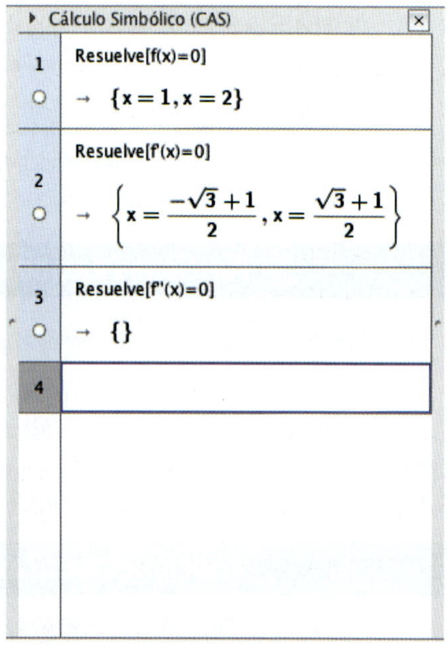

Existe una forma alternativa de obtener los extremos y las raíces de una función. Se trata de hacer uso de los comandos **Extremos** y **Raíces**, que requieren que se precise el intervalo en el que se quiere realizar el cálculo, ya que dichos cálculos se ejecutan por aproximación mediante algoritmos que requieren de «puntos de partida». La sintaxis de estas instrucciones es:

Extremo[f(x), -3, 3] **Raíces[f(x), -3, 3]**

Se ha elegido el intervalo [−3 , 3], ya que la gráfica muestra que tanto los extremos como las raíces se hallan en dicho intervalo.

Para obtener las asíntotas de la función, se utiliza el comando **Asíntota[f(x)]:**

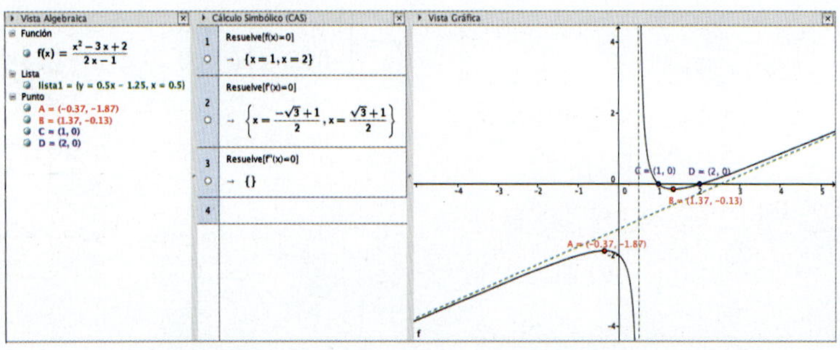

+ INVESTIGA

GeoGebra ofrece un **Analizador de funciones**, al que se accede desde el icono **Analizador de funciones**, que permite extraer la máxima información posible de una función dada.

REPRESENTACIÓN Y ANÁLISIS DE FUNCIONES CON WIRIS

En la pestaña **Análisis** de esta aplicación se encuentran todas las operaciones fundamentales que se pueden realizar con funciones, como es el caso de la derivación, que se realiza mediante el doble icono que se muestra en la figura del margen.

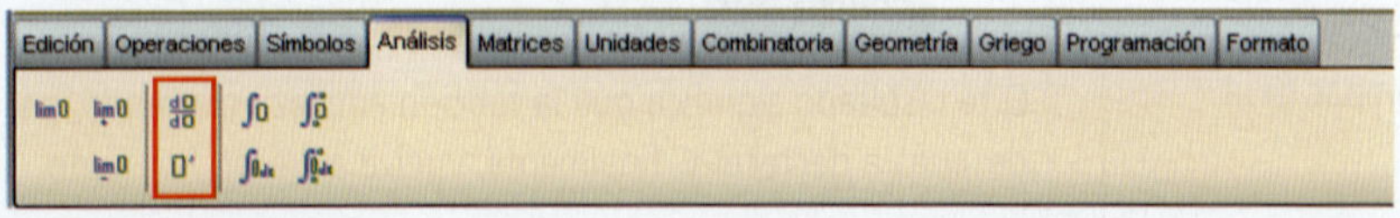

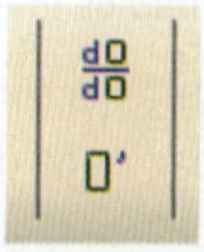

Las herramientas para el estudio y la representación de gráficas se localizan en la pestaña **Operaciones:**

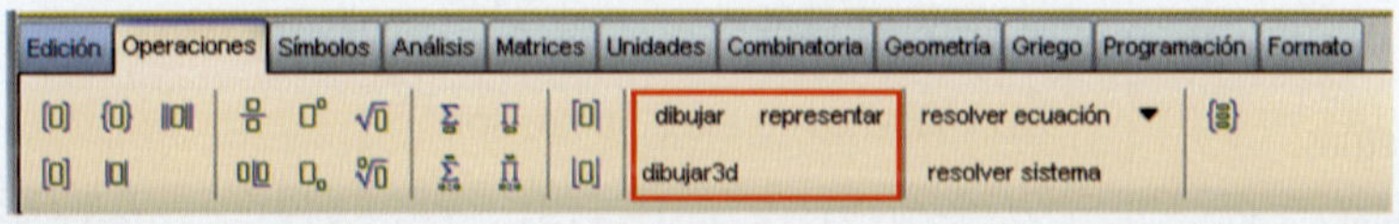

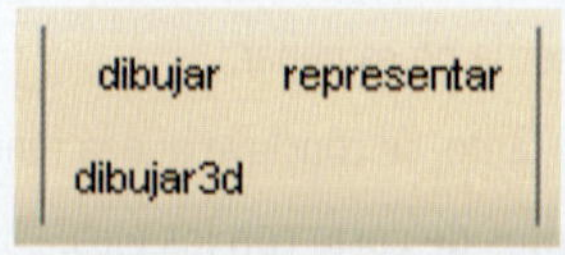

Como se observa, se dispone de dos tres comandos para representar gráficas de funciones: **dibujar**, **representar** y **dibujar3d.**

- El comando **dibujar** muestra la gráfica de la función que se le haya pasado como argumento.
- El comando **representar,** además de representar una función, facilita los puntos más significativos de su gráfica; solo se precisa situar el puntero del ratón sobre ella.
- El comando **dibujar3d** permite representar funciones en tres dimensiones.

De los tres comandos anteriores, el comando **representar** es el de mayor utilidad, ya que, a diferencia del comando **dibujar,** indica las asíntotas, los máximos y los mínimos, los puntos singulares y el dominio de la función.

A modo de ejemplo, se puede introducir la siguiente función:

$$f(x) = \frac{x^2 - 3x + 2}{2x - 1}$$

Observa que, al ejecutar el comando **representar,** aparece la ventana emergente **tablero1**, que contiene la gráfica de la función. En ella se señalan las asíntotas y los máximos y mínimos de la función:

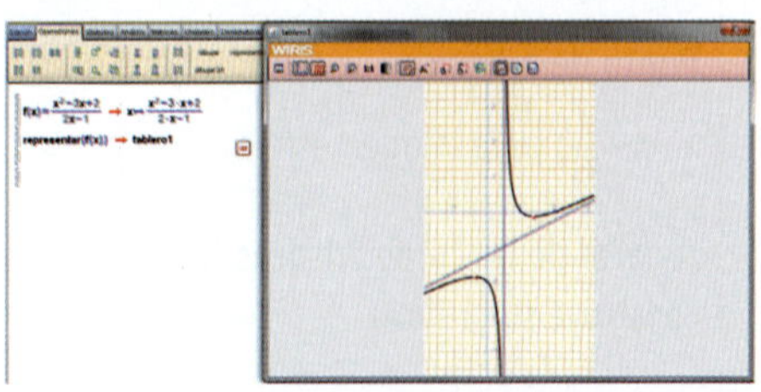

Si se presiona el icono **Valor,** emplazado en la ventana **tablero1**, y señalado en color rojo en la figura adjunta, se pueden visualizar las expresiones algebraicas de las asíntotas, las coordenadas de los máximos y mínimos, la región del dominio representada, etc.

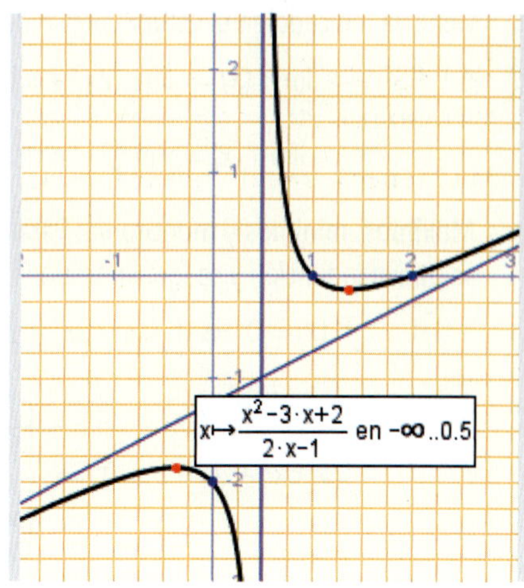

En la figura del margen se muestra la expresión algebraica de la asíntota oblicua.

1 **Realiza un estudio completo de la función $f(x) = 2x^3 + x^2 - 3x$ y represéntala.**

Para realizar el estudio, se analizan las características fundamentales de la función:

Dominio. Como es una función polinómica, su dominio es $\mathbb{R}$.

Simetrías. De tener simetría, esta puede ser par o impar. Si la simetría es par, se ha de cumplir que $f(x) = f(-x)$:

$f(-x) = -2x^3 + x^2 + 3x \neq f(x) \Rightarrow$ La simetría no es par.

Si la simetría es impar, se ha de cumplir que $f(x) = -f(-x)$:

$-f(-x) = -(-2x^3 + x^2 + 3x) = 2x^3 - x^2 - 3x \neq f(x) \Rightarrow$ La simetría no es impar.

Por tanto, se concluye que la función no presenta simetrías.

Puntos de corte con los ejes. Los puntos de corte con el eje *X* se determinan resolviendo la ecuación de segundo grado correspondiente:

$$2x^3 + x^2 - 3x = 0 \Rightarrow x = 0,\ x = -\frac{3}{2} \text{ y } x = 1$$

Se obtienen, así, los puntos $(0\ ,\ 0)$; $\left(-\frac{3}{2}\ ,\ 0\right)$; $(1\ ,\ 0)$.

Los puntos de corte con el eje *Y* se determinan calculando la imagen de $x = 0$, que ya ha sido calculada y corresponde al punto $(0\ ,\ 0)$.

Signo de la función. Se estudia el signo de la función en los intervalos definidos por los puntos de corte de esta con el eje *X*:

	$-\infty$ a $-\frac{3}{2}$	$-\frac{3}{2}$ a 0	0 a 1	1 a ∞
Signo f (x)	−	+	−	+

La función es, por tanto, negativa en $\left(-\infty\ ,\ -\frac{3}{2}\right) \cup (0\ ,\ 1)$ y positiva en $\left(-\frac{3}{2}\ ,\ 0\right) \cup (1\ ,\ \infty)$.

Asíntotas. La función no presenta asíntotas, pues carece de puntos excluidos del dominio y su comportamiento en el infinito viene ya indicado en el estudio previo del signo de la función:

$$\lim_{x\to-\infty} f(x) = \lim_{x\to-\infty} (2x^3 + x^2 - 3x) = -\infty$$

$$\lim_{x\to\infty} f(x) = \lim_{x\to\infty} (2x^3 + x^2 - 3x) = \infty$$

Máximos, mínimos y monotonía. Para conocer los extremos, se deriva la función y se iguala a cero la función derivada:

$$f'(x) = 0 \Rightarrow f'(x) = 6x^2 + 2x - 3 = 0 \Rightarrow$$

$$\Rightarrow 6x^2 + 2x - 3 = 0 \Rightarrow \begin{cases} x_1 = \dfrac{-1-\sqrt{19}}{6} \\ x_2 = \dfrac{-1+\sqrt{19}}{6} \end{cases}$$

Seguidamente, se estudia el signo de la función derivada en los intervalos definidos por los puntos en los que el valor de esta es 0:

	$-\infty$ a $\frac{-1-\sqrt{19}}{6}$	$\frac{-1-\sqrt{19}}{6}$ a $\frac{-1+\sqrt{19}}{6}$	$\frac{-1+\sqrt{19}}{6}$ a ∞
Signo f' (x)	+	−	+

Este resultado significa que la función empieza creciendo, pasa después a decrecer y, finalmente, vuelve a crecer. Por tanto:

El punto de abscisa $x_1 = \frac{-1-\sqrt{19}}{6}$ es un máximo de la función.

El punto de abscisa $x_2 = \frac{-1+\sqrt{19}}{6}$ es un mínimo.

Las imágenes de estos puntos son:

$$f\left(\frac{-1-\sqrt{19}}{6}\right) = 2\cdot\left(\frac{-1-\sqrt{19}}{6}\right)^3 + \left(\frac{-1-\sqrt{19}}{6}\right)^2 - 3\cdot\left(\frac{-1-\sqrt{19}}{6}\right) = $$
$$= \frac{28 + 19\cdot\sqrt{19}}{54} \approx 2$$

$$f\left(\frac{-1+\sqrt{19}}{6}\right) = 2\cdot\left(\frac{-1+\sqrt{19}}{6}\right)^3 + \left(\frac{-1+\sqrt{19}}{6}\right)^2 - 3\cdot\left(\frac{-1+\sqrt{19}}{6}\right) = $$
$$= \frac{28 - 19\cdot\sqrt{19}}{54} \approx -1$$

Curvatura. Para hallar la curvatura, se analiza la segunda derivada y se determinan los puntos en los que esta se anula:

$$f''(x) = 12x + 2 = 0 \Rightarrow x = -\frac{1}{6}$$

Se estudia ahora el signo de la segunda derivada en los intervalos determinados por los puntos en los que esta es 0:

	$-\infty$ a $\frac{1}{6}$	$\frac{1}{6}$ a ∞
Signo f'' (x)	−	+

Se concluye, por tanto, que la función es cóncava hacia abajo $\forall\, x \in \left(-\infty\ ,\ -\frac{1}{6}\right)$ y cóncava hacia arriba $\forall\, x \in \left(-\frac{1}{6}\ ,\ \infty\right)$.

Punto de inflexión. La función tiene un punto de inflexión en $x_1 = -\frac{1}{6}$, cuya imagen es $f(x_1) = \frac{14}{27} \Rightarrow \left(-\frac{1}{6}\ ,\ \frac{14}{27}\right)$.

A partir de las características fundamentales de la función, se construye su gráfica:

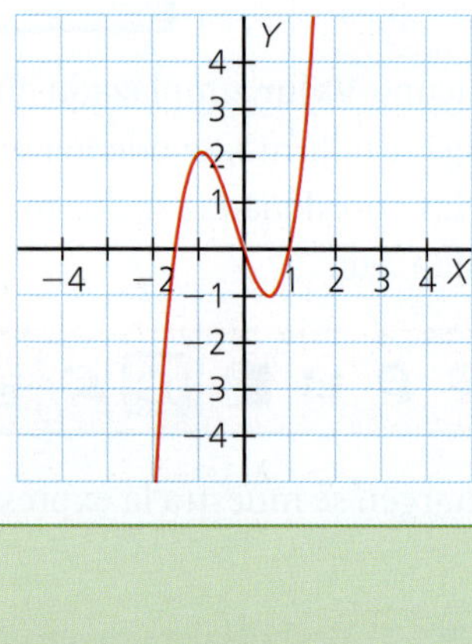

2 **Representa la función $f(x) = |2x^3 + x^2 - 3x|$.**

El valor absoluto de una función se define de modo análogo al valor absoluto de un número. Así, la función del enunciado puede expresarse de la siguiente forma:

$$|f(x)| = \begin{cases} -f(x) & \text{si } f(x) < 0 \\ f(x) & \text{si } f(x) > 0 \end{cases}$$

Para representar el valor absoluto de una función, se representa en primer lugar la función y se modifica después la parte negativa de su gráfica, realizando una simetría con respecto al eje de abscisas. La gráfica de la función del enunciado queda, entonces, de la siguiente forma:

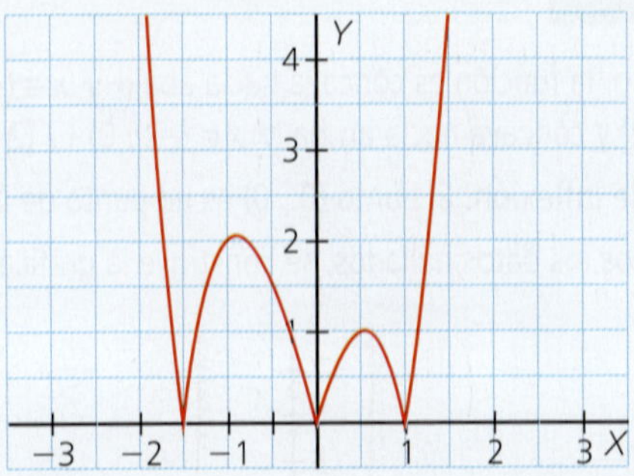

3 **Representa la función $f(x) = |x| - |x - 3|$ e indica su dominio, recorrido y curvatura.**

La función que se ofrece es la diferencia de dos valores absolutos. Se considera, entonces, compuesta por dos funciones: $a(x) = |x|$ y $b(x) = |x - 3|$.

- La gráfica de $a(x) = |x|$ coincide con la bisectriz del primer cuadrante a la que se le aplica la condición de valor absoluto de la función, de modo que la zona negativa de la gráfica sufre la transformación de verse convertida en su imagen especular con respecto al eje de abscisas.
- La gráfica de $b(x) = |x - 3|$ es idéntica a la de $a(x) = |x|$, pero trasladada hacia la derecha tres unidades.

La representación de las dos funciones es la siguiente:

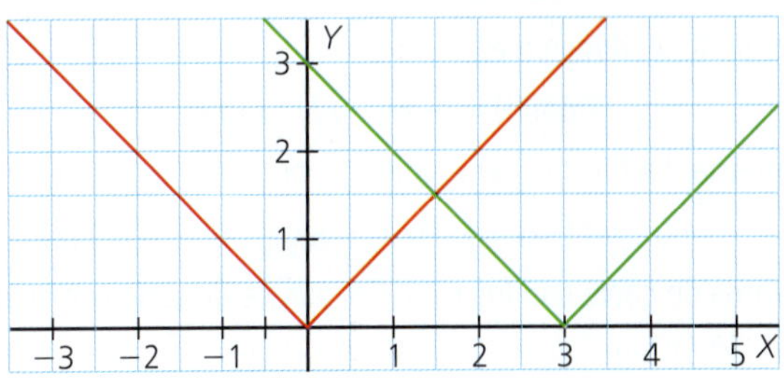

Como se observa, en el intervalo $(-\infty, 0)$, las imágenes de la función $b(x) = |x - 3|$ superan en tres unidades a las imágenes de $a(x) = |x|$. Por tanto, en esa región, la función $f(x)$ se puede expresar como:

$$f(x) = |x| - |x - 3| = -3$$

En el intervalo $(3, \infty)$ ocurre la situación contraria, ya que las imágenes de $a(x) = |x|$ son superiores a las de $b(x) = |x - 3|$ en tres unidades. Por tanto, en este intervalo, $f(x)$ se puede expresar de la siguiente forma:

$$f(x) = |x| - |x - 3| = 3$$

En el intervalo $(0, 3)$, tal y como muestra la gráfica, la función $f(x)$ se expresa como la suma de dos funciones: $m(x) = x$, que corresponde a la función $a(x) = |x|$, y $n(x) = -x + 3$, que corresponde a la función $b(x) = |x - 3|$. Por tanto, en este intervalo, $f(x)$ se puede expresar como:

$$f(x) = |x| - |x - 3| = x - (-x + 3) = 2x - 3$$

La función del enunciado puede escribirse, pues, como la siguiente función definida a trozos:

$$f(x) = |x| - |x - 3| = \begin{cases} -3 & \text{si } x \le 0 \\ 2x - 3 & \text{si } 0 < x < 3 \\ 3 & \text{si } x \ge 3 \end{cases}$$

Su gráfica es la siguiente:

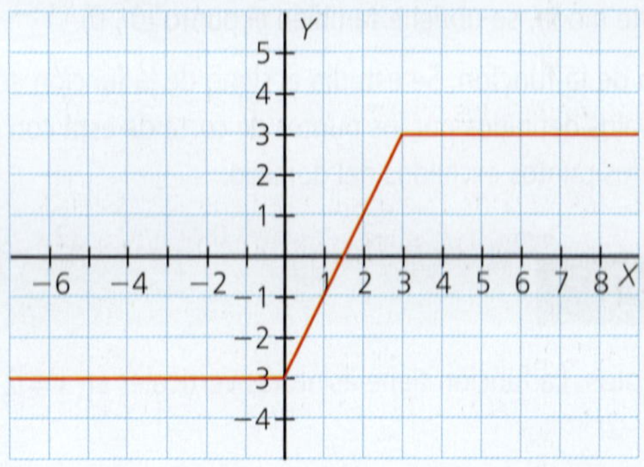

Otra manera de representar la función del enunciado consiste en aplicar directamente la definición de valor absoluto a su expresión algebraica. Es decir:

$$f(x) = |x| - |x - 3| \Rightarrow f(x) = \begin{cases} -x & \text{si } x \le 0 \\ x & \text{si } x > 0 \end{cases} - \begin{cases} 3 - x & \text{si } x < 3 \\ x - 3 & \text{si } x \ge 3 \end{cases}$$

Seguidamente, se opera con las expresiones obtenidas para cada uno de los intervalos de definición de las funciones que componen la función definida a trozos:

$$f(x) = \begin{cases} -x & \text{si } x \le 0 \\ x & \text{si } x > 0 \end{cases} - \begin{cases} 3 - x & \text{si } x < 3 \\ x - 3 & \text{si } x \ge 3 \end{cases} =$$

$$= \begin{cases} -x - (3 - x) & \text{si } x \le 0 \\ x - (3 - x) & \text{si } 0 < x < 3 \\ x - (x - 3) & \text{si } x \ge 3 \end{cases}$$

De manera que la función se puede expresar como:

$$f(x) = \begin{cases} -3 & \text{si } x \le 0 \\ 2x - 3 & \text{si } 0 < x < 3 \\ 3 & \text{si } x \ge 3 \end{cases}$$

Como se aprecia en la gráfica, el dominio de la función es el conjunto real, y el recorrido, el intervalo $[-3, 3]$.

4 **Realiza un estudio completo de la función $f(x) = \dfrac{x}{x^2-4}$ y represéntala.**

Dominio. Es el conjunto de los números reales, a excepción de los valores de x que anulan el denominador:

$$\text{Dom}(f) = \mathbb{R} - \{\pm 2\}$$

Simetría. La función presenta simetría impar:

$$f(x) = f(-x) \Rightarrow f(-x) = \frac{-x}{x^2-4} = -f(x)$$

Puntos de corte con los ejes. Los puntos de corte con el eje X se determinan resolviendo la ecuación $f(x) = 0$:

$$f(x) = 0 \Rightarrow \frac{x}{x^2-4} = 0 \Rightarrow x = 0$$

De ello se obtiene el punto (0 , 0).

El punto de corte con el eje Y se determinan hallando la imagen de $x = 0$:

$$x = 0 \Rightarrow f(0) = 0$$

De este modo, se obtiene también el punto (0 , 0).

Signo de la función. Se estudia el signo de la función en los intervalos definidos por los puntos de corte de esta con el eje X y por los puntos excluidos del dominio:

	$-\infty$ … -2	-2 … 0	0 … 2	2 … ∞
Signo f (x)	–	+	–	+

Asíntotas. La función tiene asíntotas verticales en $x = 2$ y $x = -2$:

$$\lim_{x\to -2^-} \frac{x}{x^2-4} = \frac{-2}{0^+} = -\infty \qquad \lim_{x\to -2^+} \frac{x}{x^2-4} = \frac{-2}{0^-} = \infty$$

$$\lim_{x\to 2^-} \frac{x}{x^2-4} = \frac{2}{0^-} = -\infty \qquad \lim_{x\to 2^+} \frac{x}{x^2-4} = \frac{2}{0^+} = \infty$$

En cuanto a las asíntotas horizontales, el límite en el infinito genera una indeterminación del tipo $\frac{\infty}{\infty}$, pero, dado que el mayor grado se encuentra en el denominador, se concluye que el límite en el infinito es 0, es decir, la función tiene una asíntota horizontal en $y = 0$:

$$\lim_{x\to -\infty} \frac{x}{x^2-4} = 0$$

Dado que hay una asíntota horizontal, no es necesario buscar asíntotas oblicuas.

Monotonía. Se deriva $f(x)$ y se obtiene una función que siempre es negativa:

$$f'(x) = \frac{-x^2-4}{(x^2-4)^2} = -\frac{(x^2+4)}{(x^2-4)^2}$$

Observa que el denominador de $f'(x)$ es siempre positivo, y el numerador, siempre negativo, por lo que $f(x)$ es decreciente en todo el dominio.

Máximos y mínimos. Al ser siempre decreciente, la función no tiene máximos ni mínimos.

Curvatura. Para determinar la curvatura, se deriva nuevamente la función y se iguala a cero la segunda derivada:

$$f''(x) = \frac{2x^3+24x}{(x^2-4)^3} \Rightarrow 2x^3 + 24x = 0 \Rightarrow x = 0$$

Se obtiene, así, el posible punto de inflexión de la función.

La curvatura se perfila estudiando el signo de la segunda derivada en los intervalos definidos por los puntos de corte de la función con el eje X y por los puntos excluidos del dominio:

	$-\infty$ … -2	-2 … 0	0 … 2	2 … ∞
Signo f" (x)	–	+	–	+

Por tanto, la función es cóncava hacia abajo $\forall\, x \in (-\infty, -2) \cup (0, 2)$ y cóncava hacia arriba $\forall\, x \in (-2, 0) \cup (2, \infty)$.

Punto de inflexión. El punto (0 , 0) es un punto de inflexión.

Con todos los datos hallados, se construye la gráfica:

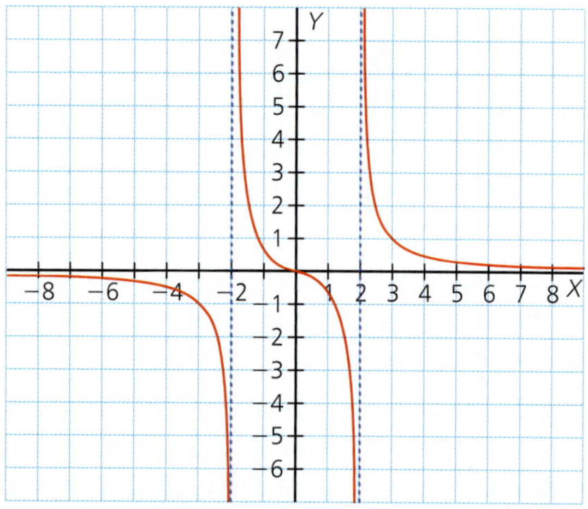

5 **Estudia y representa la función $f(x) = \log(x^2 - 2)$.**

Dominio. El dominio corresponde a aquellos valores de x para los que la característica del logaritmo es positiva:

$$x^2 - 2 > 0 \Rightarrow x^2 > 2 \Rightarrow x > \pm\sqrt{2}$$

Por tanto, el dominio es:

$$\text{Dom}(f) = (-\infty, -\sqrt{2}) \cup (\sqrt{2}, \infty)$$

Simetría. La función tiene simetría par:

$$f(x) = f(-x) \Rightarrow f(-x) = \log[(-x)^2 - 2] = f(x)$$

Puntos de corte con los ejes. Los puntos de corte con el eje X se determinan resolviendo la ecuación $f(x) = 0$:

$$\log(x^2-2) = 0 \Rightarrow x^2 - 2 = 1 \Rightarrow x = \pm\sqrt{3}$$

Se obtienen, así, los puntos de corte:

$$(-\sqrt{3}, 0) \cup (\sqrt{3}, 0)$$

No existen puntos de corte con el eje Y, pues $x = 0$ no pertenece al dominio de la función.

Signo de la función. Se estudia el signo de la función en los intervalos definidos por los puntos de corte de esta con el eje X y por los valores excluidos del dominio de la función:

	$-\infty$ a $-\sqrt{3}$	$-\sqrt{3}$ a $-\sqrt{2}$	$-\sqrt{2}$ a $\sqrt{2}$	$\sqrt{2}$ a $\sqrt{3}$	$\sqrt{3}$ a ∞
Signo f (x)	+	−	No pertenece al dominio.	−	+

La función es positiva en $(-\infty, -\sqrt{3}) \cup (\sqrt{3}, \infty)$ y negativa en $(-\sqrt{3}, -\sqrt{2}) \cup (\sqrt{2}, \sqrt{3})$.

Asíntotas. Se aprecian dos asíntotas verticales que corresponden a las rectas $x = -\sqrt{2}$ y $x = \sqrt{2}$. Para estudiar el comportamiento asintótico en estos entornos, se calculan los límites laterales respectivos:

$$\lim_{x \to -\sqrt{2}^-} \log(x^2 - 2) = \log(0^+) = -\infty$$

$$\lim_{x \to -\sqrt{2}^+} \log(x^2 - 2) = \log(0^+) = -\infty$$

Se hallan los límites en el infinito y se descarta la existencia de asíntotas horizontales u oblicuas:

$$\lim_{x \to -\infty} \log(x^2 - 2) = \infty \qquad \lim_{x \to \infty} \log(x^2 - 2) = \infty$$

Máximos y mínimos. Para determinar los extremos, se deriva la función y se iguala a cero:

$$f'(x) = \frac{1}{\ln 10} \cdot \frac{2x}{x^2 - 2} = 0 \Rightarrow 2x = 0 \Rightarrow x = 0$$

La abscisa $x = 0$ no pertenece al dominio; luego, no corresponde a un extremo.

Monotonía. Se estudia el signo de la derivada en los diferentes intervalos del dominio:

	$-\infty$ a $-\sqrt{2}$	$-\sqrt{2}$ a $\sqrt{2}$	$\sqrt{2}$ a ∞
Signo f' (x)	−	No pertenece al dominio.	+

Como se observa, la función decrece en el intervalo $(-\infty, -\sqrt{2})$ para luego crecer en el intervalo $(\sqrt{2}, \infty)$. Cabe recordar que la función es simétrica par y que no presenta extremos relativos.

Curvatura y puntos de inflexión. Se deriva nuevamente la función y se observa que la derivada segunda es negativa en todo el dominio; es decir, es cóncava hacia abajo (sin puntos de inflexión):

$$f''(x) = \frac{2}{\ln 10} \cdot \frac{-x^2 - 2}{(x^2 - 2)^2}$$

La gráfica de la función es:

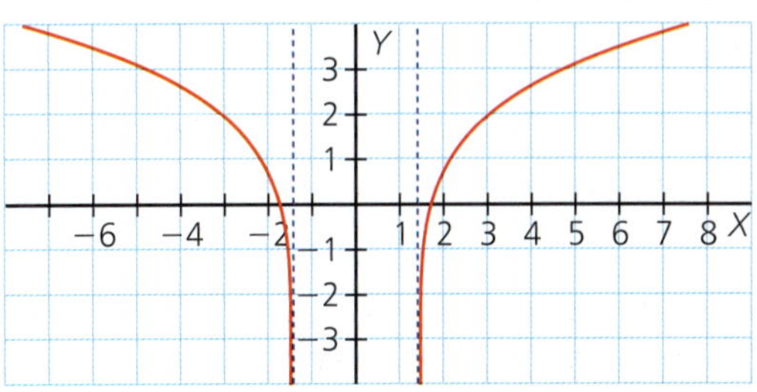

6 **Determina y representa una función polinómica de tercer grado que cumpla que f (1) = 0, f' (0) = 2 y que tenga dos extremos relativos en $x = 1$ y $x = 2$.**

La función es de la forma $f(x) = ax^3 + bx^2 + cx + d$, con lo que se precisa hallar el valor de cuatro incógnitas, los cuatro coeficientes, *a*, *b*, *c* y *d*. Se necesitan, por tanto, cuatro ecuaciones $f(1) = 0$, $f'(0) = 2$, $f'(1) = 0$ y $f'(2) = 0$.

Se considera que la derivada de la función es $f'(x) = 3ax^2 + 2bx + c$ y se planeta el sistema de ecuaciones:

$$\begin{cases} a \cdot (1)^3 + b \cdot (1)^2 + c \cdot (1) + d = 0 \\ 3a \cdot (0)^2 + 2b \cdot (0) + c = 2 \\ 3a \cdot (1)^2 + 2b \cdot (1) + c = 0 \\ 3a \cdot (2)^2 + 2b \cdot (2) + c = 0 \end{cases} \Rightarrow \begin{cases} a + b + c + d = 0 \\ c = 2 \\ 3a + 2b + c = 0 \\ 12a + 4b + c = 0 \end{cases} \Rightarrow$$

$$\Rightarrow a = \frac{1}{3}; b = -\frac{3}{2}; c = 2; d = -\frac{5}{6}$$

La función buscada es, por tanto, $f(x) = \frac{x^3}{3} - \frac{3x^2}{2} + 2x - \frac{5}{6}$.

El punto de corte con el eje Y es $\left(0, f(0) = -\frac{5}{6}\right)$ y los puntos de corte con el eje X se determinan resolviendo la ecuación $f(x) = 0$. Para hacerlo, se aprovecha que $x = 1$ corresponde a un punto de corte con el eje X, y por tanto a una raíz del polinomio, y se aplica el método de Ruffini, con lo que se obtiene:

$$\frac{x^3}{3} - \frac{3x^2}{2} + 2x - \frac{5}{6} = 0 \Rightarrow (x-1) \cdot \left(\frac{x^2}{3} - \frac{7x}{6} + \frac{5}{6}\right) = 0$$

Al igualar el primer factor a cero, se halla $x = 1$, y, al igualar el segundo factor a cero, se obtiene:

$$\frac{x^2}{3} - \frac{7x}{6} + \frac{5}{6} = 0 \Rightarrow x_1 = 1, x_2 = \frac{5}{2}$$

Los puntos de corte con el eje X son, por tanto, $(1, 0)$ y $\left(\frac{5}{2}, 0\right)$.

A continuación, se deriva la función y se iguala a cero para determinar los extremos relativos:

$$f'(x) = 0 \Rightarrow x^2 - 3x + 2 = 0 \Rightarrow x_1 = 1; x_2 = 2$$

Finalmente se estudia el signo de la segunda derivada, $f''(x) = 2x - 3$, para averiguar qué tipo de extremos son:

$x = 1 \Rightarrow f''(1) = 2 \cdot (1) - 3 = -1 < 0 \Rightarrow$ Es un máximo.

$x = 2 \Rightarrow f''(2) = 2 \cdot (2) - 3 = 1 \Rightarrow f''(2) > 0 \Rightarrow$ Es un mínimo.

La gráfica de la función es la siguiente:

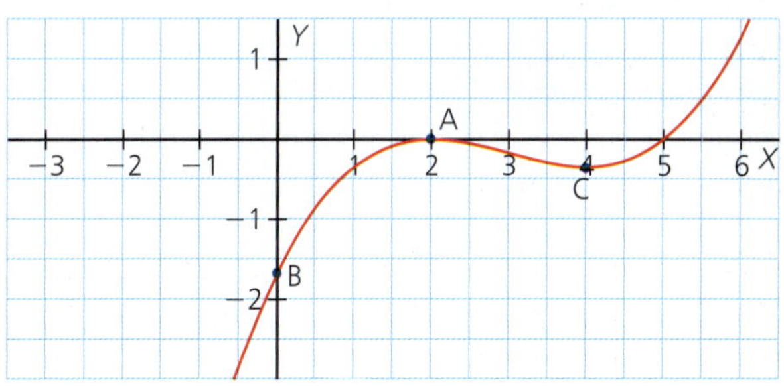

1 Sea la función $f(x) = -x + \frac{3}{5}$:

a. Indica de qué tipo de función se trata.
b. Determina su dominio y su recorrido.
c. Estudia su monotonía.
d. Indica si presenta algún tipo de simetría.
e. Halla sus asíntotas.
f. Indica cuál es su curvatura.
g. Construye su gráfica.

2 Halla la expresión algebraica de la función cuya gráfica es la siguiente:

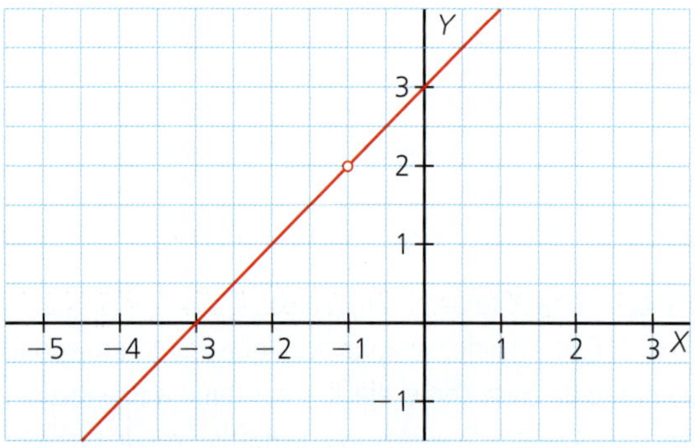

3 Se dispone de la gráfica de una determinada función, $f(x)$. Indica qué modificaciones sufrirían las gráficas de las funciones que se indican con respecto a la gráfica de $f(x)$.

a. $c(x) = 2 \cdot f(x)$
b. $d(x) = \frac{2}{5} \cdot f(x)$
c. $g(x) = f(x) + 2$
d. $h(x) = f(x + 2)$
e. $i(x) = f(x - 2) + 2$

4 Representa la función $f(x) = -x^2 + 2x + 8$ y calcula su dominio, recorrido, puntos de corte, asíntotas, vértice y curvatura.

5 Halla la expresión algebraica de la función que relaciona el volumen de un cilindro de 0,5 cm de radio con su altura. Después, representa dicha función y explica qué conclusiones pueden extraerse a partir de la observación de su gráfica.

6 Encuentra la expresión algebraica de la función que relaciona el volumen de un cilindro de 2 cm de altura con su radio. Después, representa dicha función y explica qué conclusiones pueden extraerse a partir de la observación de su gráfica.

7 ¿Es correcto afirmar que las funciones polinómicas no presentan asíntotas?

8 ¿Cuáles son las principales características de las funciones polinómicas de segundo grado?

9 ¿Cuáles son las principales características de las funciones polinómicas de grado mayor que dos?

10 ¿Cuáles son las principales características de las funciones del tipo $f(x) = \frac{k}{x - a}$?

11 Determina los puntos de cortes con los ejes de las siguientes funciones. Después, comprueba con Wiris o GeoGebra los resultados que has obtenido.

a. $f(x) = x^2 + 1$
b. $f(x) = -x^2 + 1$
c. $f(x) = x^3 - 4x$
d. $f(x) = \ln(x)$
e. $f(x) = \ln(x - 1)$
f. $f(x) = \ln(x^2 - 3)$
g. $f(x) = 2^{2x+1}$

12 Halla los puntos de cortes con los ejes de las siguientes funciones. Después, comprueba con Wiris o GeoGebra los resultados que has obtenido.

a. $f(x) = \frac{(x^2 + 1) \cdot (x + 2)}{(x - 2)}$
b. $f(x) = \frac{(x^2 + 1) \cdot (x + 2)^2}{(x - 2)}$
c. $f(x) = \frac{5}{x - 2}$
d. $f(x) = \frac{5}{(x - 2)^2}$
e. $f(x) = x^3 + 3x^2 + 2x$
f. $f(x) = x^3 - 3x^2 - 6x + 8$
g. $f(x) = \left(\frac{1}{3}\right)^{x+4}$

13 Encuentra los puntos de cortes con los ejes de las siguientes funciones. Después, comprueba con Wiris o GeoGebra los resultados que has obtenido.

a. $f(x) = \text{sen } x$
b. $f(x) = 2 \text{ sen } x$
c. $f(x) = \text{sen } 2x$
d. $f(x) = \text{sen } \frac{x}{2}$
e. $f(x) = \frac{\text{sen } x}{2}$
f. $f(x) = -x^3 - x^2 + 5x - 3$

14 Determina la simetría de las siguientes funciones:

a. $f(x) = -x^2 - 1$

b. $f(x) = x^4 - 1$

c. $f(x) = x^4 - x$

d. $f(x) = x^3$

e. $f(x) = x^3 - 1$

f. $f(x) = (x - 1)^3$

g. $f(x) = \dfrac{5}{(x - 2)}$

15 Estudia la simetría de las siguientes funciones:

a. $f(x) = \cos(x + 4)$

b. $f(x) = \ln(x + 1)$

c. $f(x) = \ln(x^2 + 1)$

d. $f(x) = \ln(x^2 - 1)$

e. $f(x) = \text{sen}(2x)$

f. $f(x) = 4\,\text{sen}(x)$

g. $f(x) = \cos(x)$

h. $f(x) = 2^{2x-3}$

i. $f(x) = \cos(x + \pi)$

16 ¿Cuáles son las principales características de las funciones del tipo $f(x) = \dfrac{k}{(x - a)^2}$?

17 ¿Cuáles son las principales características de las funciones exponenciales?

18 Escribe una función que exprese la altura en función de la base de todos los rectángulos que tienen 100 cm² de área.

a. Indica de qué tipo de función se trata.

b. Indica cuál es su dominio y su recorrido.

c. Estudia su monotonía.

d. Si la base de un rectángulo es de 12 cm, ¿cuánto medirá su altura?

e. Representa gráficamente la función e interprétala.

19 Representa en unos mismos ejes las siguientes funciones. Después, comprueba los resultados que has obtenido con Wiris o GeoGebra.

a. $f(x) = 2x + 3$ **c.** $f(x) = -x^2 - 7x - 12$

b. $f(x) = x^2 - 5x + 6$ **d.** $f(x) = x^2 - 19$

20 Construye las gráficas de estas funciones en unos mismos ejes:

a. $f(x) = x^2$ **c.** $f(x) = (x - 5)^2 - 4$

b. $f(x) = (x - 5)^2$ **d.** $f(x) = x^2 + 6x$

21 Representa en unos mismos ejes las siguientes funciones. Después, comprueba los resultados que has obtenido con Wiris o GeoGebra.

a. $f(x) = x^3$ **c.** $f(x) = x^3 - 3x$

b. $f(x) = (x - 2)^3$ **d.** $f(x) = x^2 - 6$

22 Representa en unos mismos ejes las siguientes funciones. Después, comprueba los resultados que has obtenido con Wiris o GeoGebra.

a. $f(x) = 5x^4$ **c.** $f(x) = x^4 - 4x^2$

b. $f(x) = x^4 - 1$ **d.** $f(x) = x^4 - 6x$

23 Halla la expresión algebraica de la función $f(x)$, cuya gráfica se muestra a continuación:

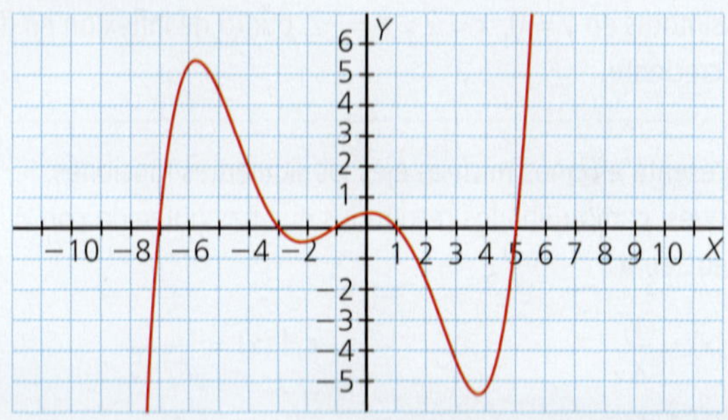

24 A partir de la gráfica de la actividad anterior, construye la gráfica de $|f(x)|$.

25 Encuentra la expresión algebraica que corresponde a la función cuya gráfica es la siguiente:

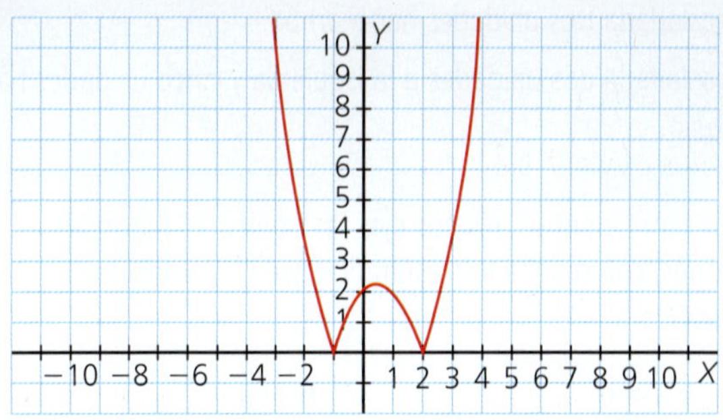

26 Representa las siguientes funciones. Después, comprueba los resultados que has obtenido con Wiris o GeoGebra.

a. $f(x) = |x + 1|$ **b.** $g(x) = |x^2 - 3x|$

27 Esboza las gráficas de las siguientes funciones. Después, comprueba los resultados que has obtenido con Wiris o GeoGebra.

a. $f(x) = (x + 1) \cdot x \cdot (x - 1)$ **c.** $f(x) = (x + 1) \cdot x^3 \cdot (x - 1)$

b. $f(x) = -(x + 1) \cdot x \cdot (x - 1)$ **d.** $f(x) = 4 \cdot (x + 1) \cdot x \cdot (x - 1)$

28 Esboza, en cada caso, una posible gráfica para la función que cumple las condiciones indicadas:

a. Asíntotas en $y = 3$ y $x = 2$; cortes con los ejes en (3 , 0) y (0 , 4).

b. Asíntotas en $y = 3$ y $x = 2$; corte con los ejes en (0 , 0).

c. Asíntotas en $y = 1$ y $x = 0$; cortes con los ejes en (1 , 0) y (–1 , 0).

d. Asíntotas en $y = 1$ y $x = 0$; sin cortes con los ejes.

e. Asíntotas en $y = 0$ y $x = -1$; corte con los ejes en (0 , –1) y $f(-2) > 0$.

f. Asíntotas en $y = 0$ y $x = -1$; corte con los ejes en (0 , –1) y $f(-2) < 0$.

g. Asíntotas en $y = x + 1$ y $x = 0$; sin cortes con los ejes.

h. Asíntotas en $y = x$ y $x = 0$; cortes con los ejes en (1 , 0) y (–1 , 0).

i. Asíntotas en $y = 0$, $x = 2$ y $x = -2$; máximo en (0 , 0).

j. Asíntotas en $y = 0$, $x = 2$ y $x = -2$; punto de inflexión en (0 , 0) y creciente.

29 Represente en unos mismos ejes las siguientes funciones. Después, comprueba los resultados que has obtenido con Wiris o GeoGebra.

a. $f(x) = \frac{1}{x}$ **c.** $f(x) = \frac{1}{x - 5}$

b. $f(x) = \frac{5}{x}$ **d.** $f(x) = \frac{1}{5x}$

30 Representa la función $f(x) = \frac{2}{x}$ y obtén la expresión algebraica de una función que tenga la misma forma que la propuesta, pero:

a. Desplazada dos unidades a la derecha.

b. Trasladada tres unidades hacia arriba.

c. Trasladada dos unidades a la izquierda y cinco unidades hacia abajo.

31 Representa en unos mismos ejes las siguientes funciones. Después, comprueba los resultados que has obtenido con Wiris o GeoGebra.

a. $f(x) = \frac{1}{x^2}$ **b.** $f(x) = \frac{1}{x^2 + 1}$

32 Realiza el estudio completo y la representación de las siguientes funciones. Después, comprueba los resultados que has obtenido con Wiris o GeoGebra.

a. $f(x) = \frac{x + 1}{x - 1}$ **d.** $f(x) = \frac{x}{x^2 + 4}$

b. $f(x) = \frac{1}{x^2 - 1}$ **e.** $f(x) = \frac{x^2 - 4}{x^2}$

c. $f(x) = \frac{x}{x^2 - 1}$ **f.** $f(x) = \frac{x - 1}{x^2 + 3x}$

33 Representa en los mismos ejes las siguientes funciones:

a. $f(x) = \ln x$ **c.** $h(x) = \ln x + 4$

b. $g(x) = \ln (x + 4)$ **d.** $j(x) = \ln 4x$

34 Representa en los mismos ejes las siguientes funciones:

a. $f(x) = \ln 2x$ **b.** $g(x) = \ln x^2$

35 Sabiendo que $\ln x^2 = 2 \ln x$, representa las funciones $f(x) = \ln x^2$ y $g(x) = 2 \ln x$. ¿A qué conclusión llegas? Pon un ejemplo de función logarítmica que justifique tu respuesta.

36 Representa en los mismos ejes las siguientes funciones. Después, comprueba los resultados que has obtenido con Wiris o GeoGebra.

a. $f(x) = 2^{x+1}$ **b.** $g(x) = \left(\frac{1}{2}\right)^{x+1}$

37 Representa en los mismos ejes las siguientes funciones:

a. $f(x) = \ln (x + 4)$

b. $g(x) = e^{x+4}$

¿Qué interpretación se puede dar a estas gráficas?

38 Calcula la función inversa de $f(x) = \ln (x + 4)$ y represéntala.

39 Considera las funciones $f(x) = \log_9 x$ y $f(x) = \log_\pi x$. Halla, en ambos casos, el dominio, el recorrido, los puntos de corte, el signo, la monotonía, la curvatura y las asíntotas, e indica las diferencias que se observan entre ambas funciones.

40 Representa en los mismos ejes las siguientes funciones e indica cómo varía la periodicidad de una a otra:

a. $f(x) = \text{sen } x$ **c.** $h(x) = \text{sen } \frac{x}{2}$

b. $g(x) = 2 \text{ sen } x$ **d.** $i(x) = \text{sen } 2x$

41 ¿Qué asíntotas presentan las funciones $f(x) = \text{sen } x$ y $g(x) = \cos x$? ¿Son funciones periódicas? ¿Tienen simetría?

42 Estudia la periodicidad y la simetría de las funciones $f(x) = \text{sen } (x + 4)$ y $g(x) = \text{sen } x + 4$.

43 ¿Qué intervalo de representación exige la función $f(x) = \text{tg } x$? ¿Dónde aparecen sus asíntotas? Represéntala.

44 Representa la función $f(x) = \frac{x^2}{x + 1}$.

45 Representa la función $f(x) = x^4 - 2x^2 + 1$.

46 Representa la función $f(x) = \frac{2 - x^2}{x + 1}$.

47 Representa la función $f(x) = \ln(x + 4)$.

48 Representa la función $f(x) = \ln(x^2 - 1)$.

49 Representa la función $f(x) = |x| - |x - 2|$.

50 Sea una función polinómica de cuarto grado de la que se sabe que es una función par, que dos de sus raíces son $x = 1$ y $x = 2$ y que $f(0) = 8$. Halla dicha función, determina las abscisas de sus puntos de inflexión y construye su gráfica.

51 Clasifica las siguientes funciones y esboza su gráfica, indicando qué parámetros son importantes en su estudio:

a. $f(x) = x + 2$

b. $f(x) = |x + 2|$

c. $f(x) = (x + 2)^2$

d. $f(x) = (x + 2)^3$

e. $f(x) = (x + 2)^4$

f. $f(x) = \dfrac{1}{x + 2}$

g. $f(x) = \dfrac{1}{(x + 2)^2}$

h. $f(x) = \sqrt{x + 2}$

i. $f(x) = \sqrt[3]{x + 2}$

j. $f(x) = 2^{x + 2}$

k. $f(x) = \log(x + 2)$

l. $f(x) = 2 \log x$

52 Representa las siguientes funciones:

a. $f(x) = x^4$

b. $f(x) = x^4 - 2$

c. $f(x) = x^4 + 5x^2 + 4$

d. $f(x) = x^4 - 5x^2 + 4$

e. $f(x) = x^4 - x^3 - 7x^2 + x + 6$

53 Factoriza las funciones del ejercicio anterior y responde a las siguientes preguntas:

a. ¿Una función polinómica de cuarto grado que presenta cuatro cortes con el eje de abscisas tiene obligatoriamente tres extremos relativos?

b. ¿Una función polinómica de cuarto grado que no presenta cortes con el eje de abscisas puede tener extremos relativos?

54 Halla los extremos relativos de las siguientes funciones. Después, comprueba los resultados que has obtenido con Wiris o GeoGebra.

a. $f(x) = x^3 - x$

b. $f(x) = \dfrac{1}{x + 2}$

c. $f(x) = \dfrac{x}{x + 2}$

d. $f(x) = \dfrac{x^2}{x + 2}$

e. $f(x) = 2 \operatorname{sen} x$

55 Halla los extremos relativos de las siguientes funciones. Después, comprueba los resultados que has obtenido con Wiris o GeoGebra.

a. $f(x) = e^{-x}$

b. $f(x) = x \cdot e^x$

c. $f(x) = \dfrac{\log(x + 1)}{2}$

d. $f(x) = x \cdot \ln x$

e. $f(x) = \dfrac{\ln x}{x}$

f. $f(x) = \dfrac{x}{\ln x}$

56 Halla el dominio, la monotonía y los extremos, si los hubiera, de la función $f(x) = \ln(x) + e^x$.

57 Halla el dominio, la monotonía y los extremos, si los hubiera, de la función $f(x) = \ln(x) \cdot e^x$.

58 Estudia el dominio, periodicidad, mínimos y máximos y simetría de las funciones $f(x) = \operatorname{sen} x$ y $g(x) = \operatorname{sen}^2 x$ y construye sus gráficas.

59 Se conoce la gráfica de la primera derivada de una función, $f'(x) = 2x + 3$. Con esta información, indica qué se puede afirmar sobre la función $f(x)$.

60 La siguiente gráfica es la primera derivada de una función, $f(x)$. Con esta información, indica qué se puede afirmar sobre la función $f(x)$.

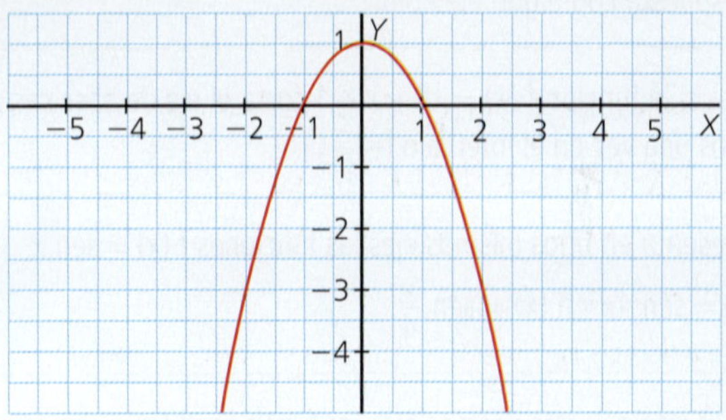

61 Se sabe que la derivada de una determinada función, $f(x)$, es $f'(x) = (x + 1)^2 \cdot (x^2 - 5x + 4)$. Calcula:

a. Los intervalos de crecimiento y decrecimiento de f.

b. Las abscisas de los máximos y los mínimos.

c. Los puntos de inflexión de $f(x)$, si es que existen. ¿Es factorizable la segunda derivada?

62 Supongamos una función, $f(x)$, y dos valores, a y b, tales que $a < b$, que cumplen que $f''(a) > 0$ y $f''(b) < 0$. ¿Se puede asegurar que entre a y b existe un punto de inflexión?

63 Determina los valores de a, b y c que hacen que la función $f(x) = ax^2 + bx + c$ tenga una tangente horizontal en el punto $(0, 4)$ y pase por el punto $(1, 0)$. Representa la función y su tangente en el punto indicado.

64 Determina los valores de *a*, *b*, *c* y *d* que hacen que la función $f(x) = ax^2 + bx + c + d \cdot \text{sen}\, x$ tenga una tangente horizontal en el punto (0 , –3) y que su segunda derivada sea $f''(x) = 10\ \text{sen}\, x + 2$.

65 Sea la función $f(x) = \sqrt[3]{x-1} + \sqrt[3]{x+2}$, calcula las abscisas de sus extremos relativos.

66 Considera la función $f(x) = \sqrt[3]{x-1} - \sqrt[3]{x+2}$ y calcula las abscisas de sus extremos relativos.

67 Obtén la función definida a trozos contenida en la expresión $f(x) = x \cdot |x-2|$ y represéntala.

68 Determina la ecuación de la recta tangente a la gráfica de la función $f(x) = x^3 - 6x^2 + 12x - 4$ en su punto de inflexión.

69 Calcula el dominio y el recorrido de las funciones $f(x) = \text{sen}^2\, x$, $g(x) = 1 + \text{sen}^2\, x$ y $h(x) = \dfrac{1}{1 + \text{sen}^2\, x}$.

70 De una función continua se sabe que f'' (a) = 0. ¿Se puede asegurar que la recta tangente en dicho punto es horizontal?

71 De una función continua se sabe que f'' (a) = f'' (b) = 0. ¿Se puede asegurar que las rectas tangentes son paralelas? Justifica tu respuesta con algún ejemplo.

72 Indica si la función $f(x) = x^9 + x + 1$ corta el eje de abscisas al menos una vez en el intervalo [–1 , 0].

73 Representa en unos mismos ejes las funciones $f(x) = \text{sen}\, x$, $g(x) = \text{sen}\, 4x$ y $h(x) = \text{sen}\, \dfrac{x}{4}$.

74 Representa en unos mismos ejes las funciones $f(x) = \text{sen}\, x$ y $g(x) = \text{sen}\left(x + \dfrac{\pi}{3}\right)$.

75 Estudia el recorrido, la simetría y las asíntotas de la función representada.

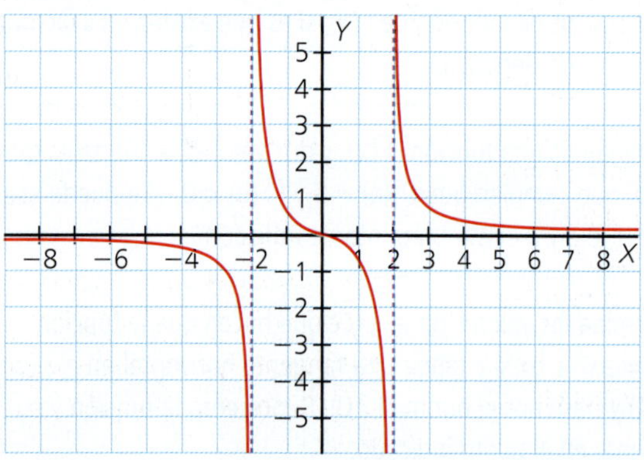

76 Calcula el dominio y el recorrido de las siguientes funciones y estudia su simetría: $f(x) = \ln(x^2 + 1)$ y $g(x) = \ln(x^2 - 1)$.

77 Dada la función $f(x) = \ln(x^2 + 1)$, calcula sus puntos de inflexión y las ecuaciones de las rectas tangentes a los mismos.

78 Representa las funciones $f(x) = \dfrac{1}{x-2}$ y $g(x) = \dfrac{1}{|x-2|}$. Después, comprueba los resultados que has obtenido con Wiris o GeoGebra.

79 Representa la función $f(x) = \dfrac{x}{x-2}$. Después, comprueba los resultados que has obtenido con Wiris o GeoGebra.

80 Representa la función $f(x) = \dfrac{|x|}{x-2}$. Después, comprueba los resultados que has obtenido con Wiris o GeoGebra.

81 Observa la gráfica e identifica el tipo de función representada y sus asíntotas.

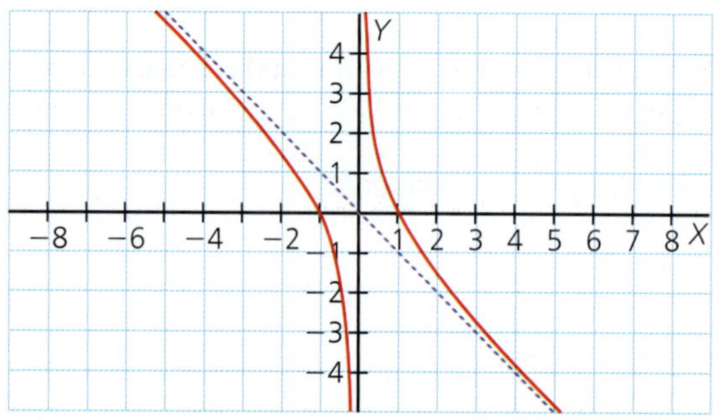

82 Observa la gráfica e identifica el tipo de función representada y sus asíntotas.

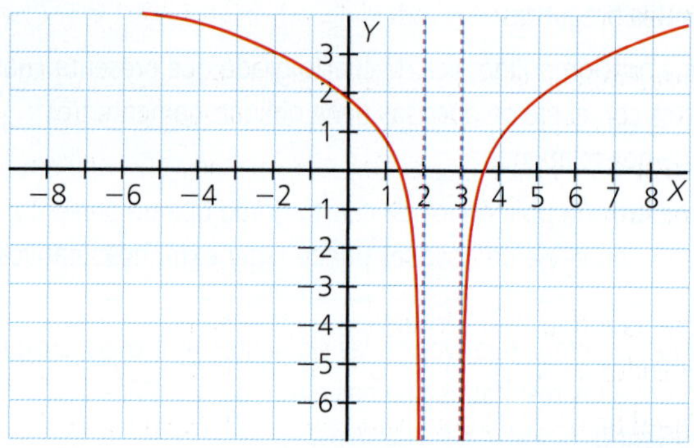

83 Considera la función $f(x) = \dfrac{ax^4 + 1}{x^3}$:

a. Determina el valor de *a* para el que la función tiene un mínimo relativo en $x = 1$. Para este valor de *a* obtén los otros puntos en los que $f(x)$ tiene un extremo relativo.

b. Obtén las asíntotas de la gráfica de $f(x)$ para $a = 1$.

c. Esboza la gráfica de la función para $a = 1$.

VENTA DE PERIÓDICOS

En Zedland, dos periódicos quieren contratar a vendedores. Los anuncios del margen muestran la forma de pago de los dos diarios.

1. Federico vende de media 350 ejemplares de *La Estrella de Zedland* cada semana. ¿Cuánto gana semanalmente?

2. Cristina es vendedora de *El Diario de Zedland.* ¿Cuántos periódicos vendió una semana en la que ganó 74 zeds?

3. Juan decide solicitar un puesto de vendedor de periódicos. Debe elegir entre *La Estrella de Zedland* y *El Diario de Zedland.* ¿Cuál de los siguientes gráficos representa correctamente la forma de pago de los dos periódicos a sus vendedores?

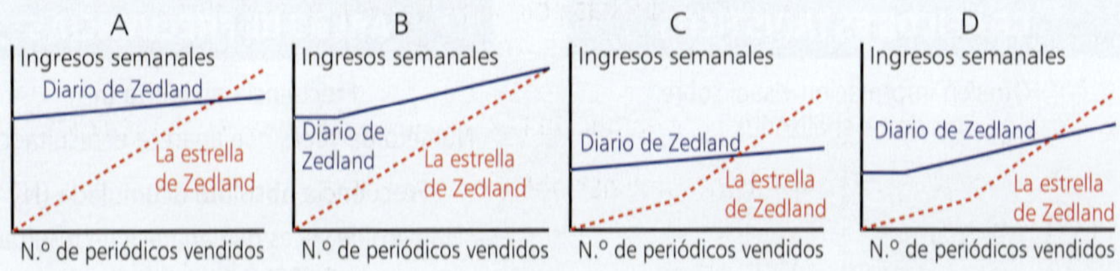

LA ESTRELLA DE ZEDLAND ¿NECESITAS DINERO EXTRA?

Vende nuestro periódico.

Pagamos 0,20 zeds por periódico por los primeros 240 ejemplares que vendas en una semana, más 0,40 zeds por cada periódico adicional.

EL DIARIO DE ZEDLAND ¡TRABAJO BIEN PAGADO QUE PRECISA POCO TIEMPO!

Vende *El diario de Zedland* y gana 0,60 zeds a la semana más 0,05 zeds adicionales por periódico vendido.

EL PODER DEL VIENTO

Villazed contempla la construcción de varias centrales de energía eólica para producir electricidad. El ayuntamiento de Villazed recogió información sobre el modelo que se muestra en el margen.

1. Indica si los siguientes enunciados sobre la central de energía eólica E-82 pueden deducirse de la información facilitada.

La construcción de tres de las centrales de energía costará más de 8 000 000 zeds en total.	Sí/No
Los costes de mantenimiento de la central de energía corresponden, aproximadamente, al 5 % de su facturación.	Sí/No
Los costes de mantenimiento de la central de energía eólica dependen de la cantidad de kilovatios hora generados.	Sí/No
Exactamente durante 97 días al año, la central de energía eólica no está operativa.	Sí/No

2. Villazed desea calcular los costes y el beneficio que generaría la construcción de esta central de energía eólica. El alcalde de Villazed propone la siguiente fórmula para calcular el beneficio económico, *E*, expresado en zeds, durante una serie de años, *a*, si construyen el modelo E-82.

$$E = 400a - 3\,200\,000$$

Según la fórmula del alcalde, ¿cuál es el número mínimo de años de funcionamiento requeridos para cubrir los costes de construcción de la central de energía eólica?

3. Villazed ha decidido erigir varias centrales de energía eólica E-82 en un terreno cuadrado (longitud = anchura = 500 m). Según las normas de construcción, la distancia mínima entre las torres de dos centrales de energía eólica de este modelo debe ser igual a cinco veces la longitud de una pala rotor. El alcalde de Villazed ha realizado una propuesta para distribuir las centrales de energía eólica sobre el terreno. Dicha propuesta se muestra en el dibujo del margen. Explica por qué la propuesta del alcalde no cumple las normas de construcción. Justifica tu razonamiento por medio de cálculos.

4. ¿Cuál es la velocidad máxima, expresada en kilómetros por hora, a la que se mueven los extremos de las palas del rotor de la central de energía eólica?

MODELO E-82

Altura de la torre: 138 m

Número de palas del rotor: 3

Longitud de una pala: 40 m

Velocidad máxima de rotación: 20 vueltas por minuto

Precio de construcción: 3 200 000 zeds

Facturación: 0,10 zeds por kWh generado

Coste de mantenimiento: 0,01 zeds por kWh generado

Rendimiento: operativo el 97 % del año

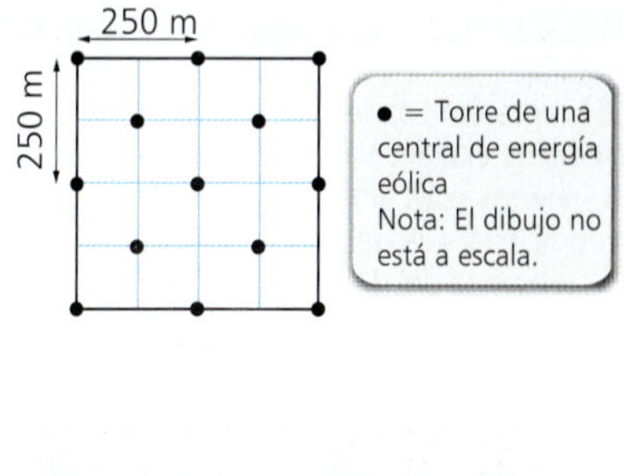

DIARIO DE APRENDIZAJE

¿Qué contenido me gustaría ampliar o estudiar con más profundidad?

13 ESTADÍSTICA

ESTADÍSTICA

DEFINICIONES

Población: conjunto de personas, animales o cosas que cumplen una determinada propiedad, sobre el cual se va a realizar un estudio.

Individuo: cada uno de los elementos de la población.

Muestra: subconjunto de la población.

Tamaño muestral: número de individuos que forman la muestra.

Carácter estadístico: característica o cualidad que se observa o se mide.

Modalidad: posibles resultados o respuestas de un carácter estadístico.

Carácter cualitativo: carácter cuya modalidad es numérica.

Carácter cuantitativo: carácter cuya modalidad no es numérica.

Variable estadística: valor numérico asignado a cada una de las modalidades de un carácter.

Variable continua: variable que puede tomar infinitos valores en un intervalo.

Variable discreta: variable que puede tomar un número finito de valores en un intervalo.

Clase: cada uno de los intervalos en los que se agrupan los datos, si fuese necesario.

GRÁFICOS ESTADÍSTICOS

Ofrecen información visual sobre los datos analizados.

DIAGRAMA DE BARRAS

Se representa cada dato mediante una línea vertical o «barra» cuya altura es proporcional a la frecuencia absoluta del dato.

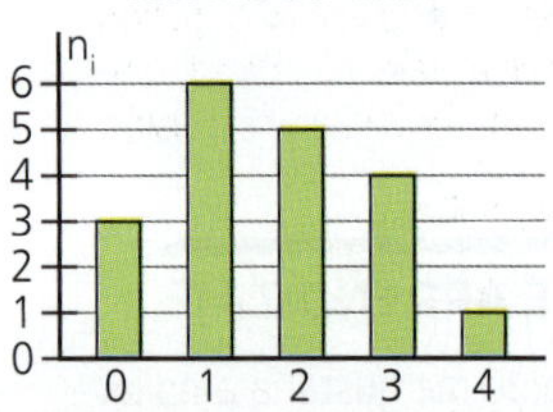

DIAGRAMA DE SECTORES

Se representa cada dato mediante un sector circular cuya área es proporcional a la frecuencia absoluta del dato.

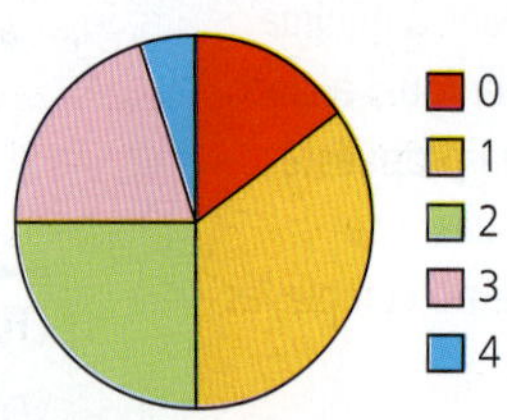

HISTOGRAMA

Se representa cada intervalo mediante un rectángulo cuya base coincide con la amplitud del intervalo y cuya altura es proporcional a la frecuencia absoluta de dicho intervalo.

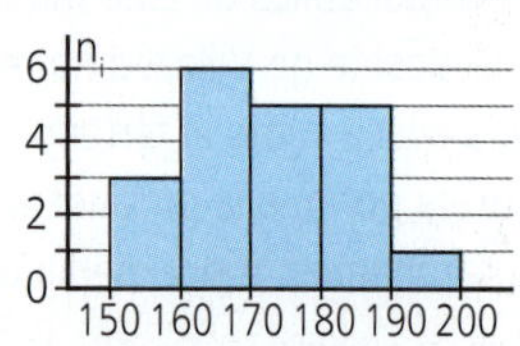

POLÍGONO DE FRECUENCIAS

Es la línea que une los extremos superiores de cada una de las barras del diagrama de barras o los puntos medios de los lados superiores de los rectángulos del histograma.

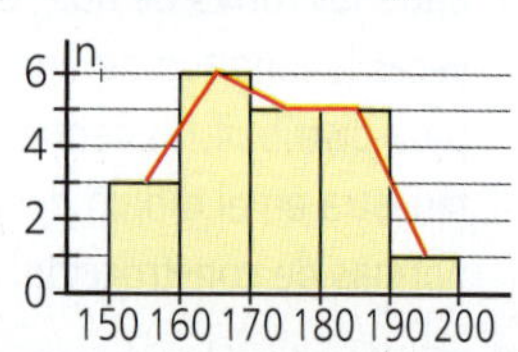

TABLAS DE FRECUENCIAS

Frecuencia absoluta (n_i)

Número de veces que aparece el resultado x_i.

Frecuencia absoluta acumulada (N_i)

Número de veces que aparece un resultado menor o igual que x_i.

Frecuencia relativa (f_i)

Cociente entre la frecuencia absoluta de x_i y el número total de datos:

$$f_i = \frac{n_i}{N}$$

Frecuencia relativa acumulada (F_i)

Cociente entre la frecuencia absoluta acumulada de x_i y el número total de datos:

$$F_i = \frac{N_i}{N}$$

PARÁMETROS DE CENTRALIZACIÓN

Ofrecen información sobre el grado de concentración de los datos.

Media aritmética ($\bar{x}$)

Es el promedio de todos los datos de la muestra. Corresponde al cociente entre la suma de todos los datos y el número de datos:

$$\bar{x} = \frac{\sum_{i=1}^{n} x_i \cdot n_i}{N}$$

Mediana (Me)

Es el valor de la muestra que cumple que el número de datos inferiores a él es el mismo que el de datos superiores, es decir, el dato que ocupa la posición central de una serie de datos ordenados de menor a mayor.

Moda (Mo)

Es el valor que más se repite; luego, es el que mayor frecuencia tiene.

Si los datos están agrupados, se define el intervalo modal como aquel que tiene mayor frecuencia.

PARÁMETROS DE DISPERSIÓN

Ofrecen información sobre el grado de separación o dispersión de los datos de la muestra con respecto a la media aritmética.

Varianza (s^2)

$$S^2 = \frac{\sum_{i=1}^{n} (x_i \cdot \bar{x})^2 \cdot n_i}{N} = \frac{\sum_{i=1}^{n} x_i^2 \cdot n_i}{N} - \bar{x}^2$$

Si los datos se encuentran agrupados por clases, se emplea la marca de cada clase, m_i:

$$S^2 = \frac{\sum_{i=1}^{n} (m_i \cdot \bar{x})^2 \cdot n_i}{N} = \frac{\sum_{i=1}^{n} m_i^2 \cdot n_i}{N} - \bar{x}^2$$

Desviación típica (S)

Es la raíz cuadrada positiva de la varianza.

$$S = \sqrt{S^2}$$

Siempre se debe cumplir que $S^2 > 0$.

Rango o recorrido

Es la diferencia entre el mayor dato de la muestra y el menor.

ESTADÍSTICA BIDIMENSIONAL

Tabla de doble entrada o tablas de contingencia

Los datos se ordenan por filas y columnas y en el interior de la tabla se colocan las frecuencias n_{ij} que se corresponden con las frecuencias absolutas de los datos (x_i, y_i).

Diagrama de dispersión o nube de puntos

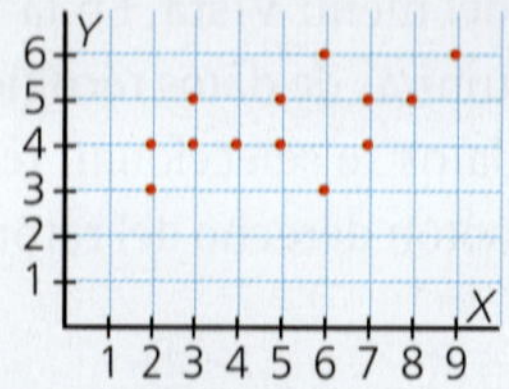

Covarianza (S_{xy})

$$S_{xy} = \frac{\sum_{i=1}^{n} x_i \cdot y_i \cdot n_i}{N} - \bar{x} \cdot \bar{y}$$

CORRELACIÓN

Estudia la relación entre las variables. Puede hacerse a través del diagrama de dispersión o mediante el coeficiente de correlación lineal de Pearson, *r*.

$$r = \frac{S_{xy}}{S_x \cdot S_y}$$

- Correlación lineal positiva o directa ($r > 0$): si aumenta *x*, aumenta *y*.
- Correlación lineal negativa o inversa ($r < 0$): si aumenta *x*, disminuye *y*.

La correlación se considera más fuerte cuanto más próximos se encuentren los puntos a una línea recta ($r \to \pm 1$).

Se considera que no hay relación o que las variables son incorreladas si los puntos están dispersos ($r \to 0$).

REGRESIÓN

Es la parte de la estadística que se encarga de buscar una función matemática que relacione dos variables *x* e *y* de una distribución bidimensional, de forma que, si se conoce el valor de una variable, se pueda estimar el valor de la otra con mayor o menor precisión.

Recta de regresión de *y* sobre *x*

$$y - \bar{y} = \frac{S_{xy}}{S_x^2} \cdot (x - \bar{x})$$

Recta de regresión de *x* sobre *y*

$$x - \bar{x} = \frac{S_{xy}}{S_y^2} \cdot (y - \bar{y})$$

ESTADÍSTICA CON GEOGEBRA

La estadística es una de las ramas de las matemáticas que más uso hace de programas informáticos, debido a la complejidad que tiene el tratamiento de grandes cantidades de datos. GeoGebra dispone de herramientas que ayudan a procesar la información de forma rápida e intuitiva, proporcionando las medidas de centralización y de dispersión y los gráficos estadísticos correspondientes.

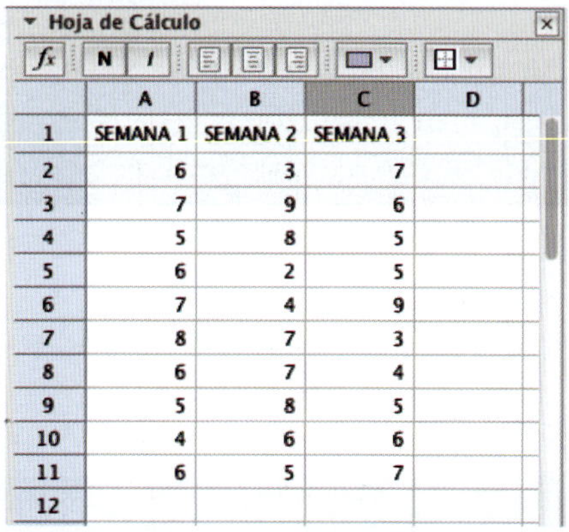

	A	B	C	D
1	SEMANA 1	SEMANA 2	SEMANA 3	
2	6	3	7	
3	7	9	6	
4	5	8	5	
5	6	2	5	
6	7	4	9	
7	8	7	3	
8	6	7	4	
9	5	8	5	
10	4	6	6	
11	6	5	7	
12				

Estadística unidimensional

A la hora de iniciar un estudio estadístico, se empieza siempre por introducir la información de que se dispone. Si no se cuenta con un número muy elevado de datos, se pueden introducir directamente desde el campo **Entrada**. Por ejemplo, para introducir los datos {3, 5, 2, 7}, se escribe: **L={3,5,2,7}**

Si no se designa la lista de datos con una letra, GeoGebra la etiqueta por defecto como «lista1».

En caso de disponer de un gran número de datos, conviene activar la opción **Hoja de Cálculo** del menú **Vista**. En la figura superior del margen, se han introducido tres columnas de datos recogidos a lo largo de tres semanas. Una vez introducidos los datos se seleccionan (en este caso desde la celda A2 hasta la C11) y se pulsa el botón derecho del ratón, eligiendo, después, la opción **Crear » Lista**.

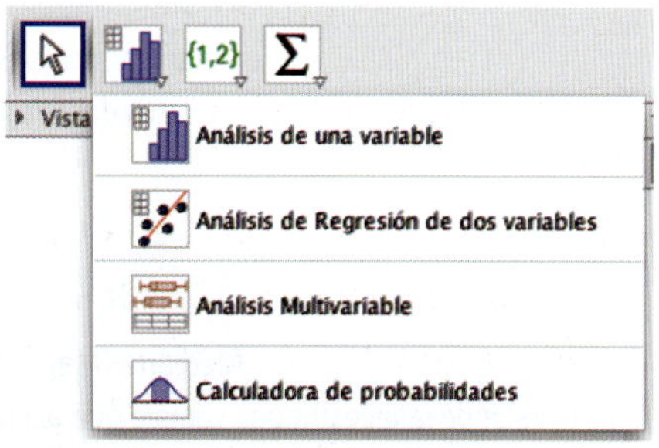

Las herramientas más interesantes para realizar estudios estadísticos se encuentran en el menú de la vista **Hoja de Cálculo**, que proporciona herramientas para el análisis de los datos contenidos en una tabla, tal y como se muestra en la figura del margen. Si se elige la opción **Análisis de una variable**, se obtiene toda la información de la distribución de datos que se ha introducido, así como el histograma correspondiente. Se puede modificar el número de clases en que se agrupan los datos moviendo el deslizador que aparece sobre el histograma.

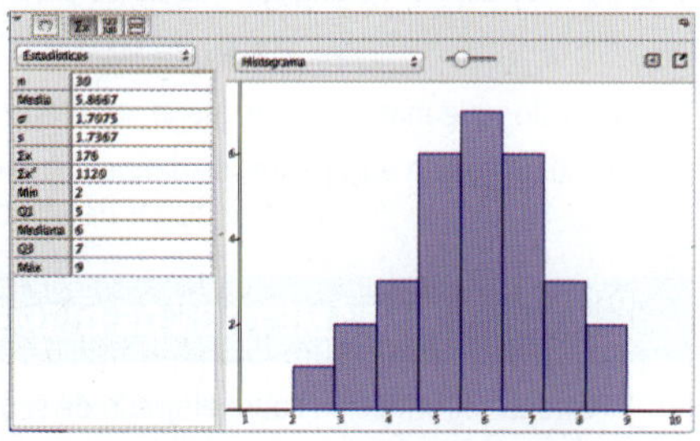

Estadística bidimensional

El procedimiento para trabajar con estadística bidimensional es análogo al utilizado con la estadística unidimensional. En la figura inferior, se ha introducido una lista de datos para dos variables, A y B, y una vez seleccionados, se ha elegido la opción **Análisis de regresión de dos variables** del menu de la vista **Hoja de Cálculo**, con lo que se ha obtenido la expresión algebraica de la recta de regresión y su representación gráfica.

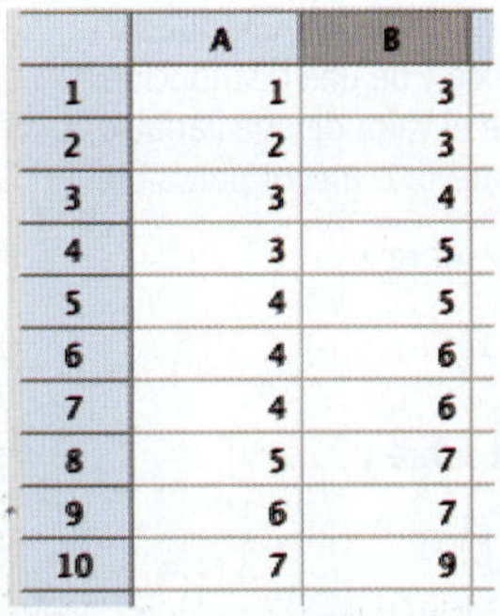

	A	B
1	1	3
2	2	3
3	3	4
4	3	5
5	4	5
6	4	6
7	4	6
8	5	7
9	6	7
10	7	9

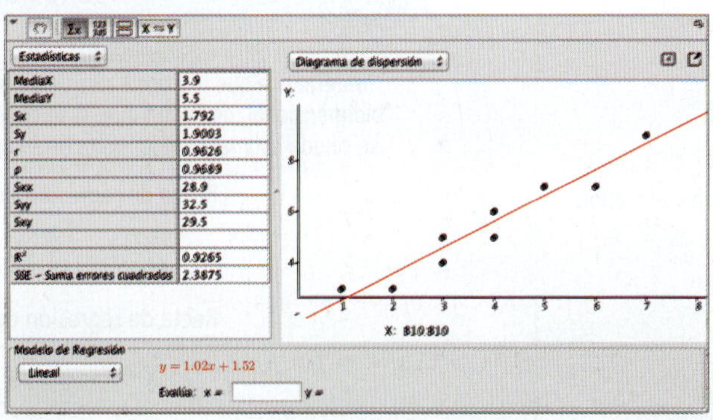

+ INVESTIGA

GeoGebra proporciona múltiples comandos desde su **Vista Algebraica** que calculan parámetros estadísticos.

ESTADÍSTICA CON WIRIS

Como se sabe, la estadística descriptiva es la rama de las matemáticas que se encarga de recopilar y organizar datos para su posterior análisis; entendiéndose el análisis de datos, fundamentalmente, como el cálculo de las medidas de posición, dispersión, y centralización.

Cuando se piensa en Estadística, suelen acudir a la mente las hojas de cálculo, ya que estas permiten organizar los datos en tablas, representarlos luego en gráficos estadísticos elaborados a partir de dichas tablas, ejecutar sumatorios, realizar productos y cocientes, etc., todo ello de manera rápida y eficaz. Sin embargo, Wiris también dispone de herramientas muy útiles para trabajar estos conceptos, como se muestra a continuación.

Estadística unidimensional

Supongamos que se desea introducir en Wiris los datos recogidos en la tabla del margen.

Variable	Frecuencia absoluta
12	2
15	1
16	3
17	4
19	1
20	1

Con este fin, se introduce cada dato acompañado por su frecuencia absoluta y separado mediante una coma del siguiente dato. Entre cada dato y su frecuencia debe introducirse una flecha tal y como se muestra en este ejemplo:

$$[12 \to 2, 15 \to 1, 16 \to 3, 17 \to 4, 19 \to 1, 20 \to 1]$$

Una vez definida la distribución de datos, se obtienen las medidas de centralización, dispersión y posición de manera sencilla, como se muestra a continuación:

```
X=([12→2,15→1,16→3,17→4,19→1,20→1]) → [12→2,15→1,16→3,17→4,19→1,20→1]
mediana ([12→2,15→1,16→3,17→4,19→1,20→1]) → 16.5
moda([12→2,15→1,16→3,17→4,19→1,20→1]) → 17.
media ([12→2,15→1,16→3,17→4,19→1,20→1]) → 16.167
variancia([12→2,15→1,16→3,17→4,19→1,20→1]) → 5.6061
desviación_estándar([12→2,15→1,16→3,17→4,19→1,20→1]) → 2.3677
cuartil(1,[12→2,15→1,16→3,17→4,19→1,20→1]) → 15.5
cuartil(2,[12→2,15→1,16→3,17→4,19→1,20→1]) → 16.5
cuartil(3,[12→2,15→1,16→3,17→4,19→1,20→1]) → 17.
```

INVESTIGA

Wiris dispone de otros comandos que completan los el análisis posible de una distribución de datos: se trata de los comandos media_geométrica y media_armónica.

Estadística bidimensional

Wiris también dispone de comandos que permiten analizar distribuciones bidimensionales de manera casi inmediata. Los comandos más relevantes son **covariancia**, **correlación** y **recta_de_regresión**, que se usan como se puede ver en el ejemplo:

```
x={1,2,3,2,4,5,8} → {1,2,3,2,4,5,8}
y={-1,2,3,4,9,6,12} → {-1,2,3,4,9,6,12}
covariancia({1,2,3,2,4,5,8},{-1,2,3,4,9,6,12}) → 9.5
correlación( {1,2,3,2,4,5,8},{-1,2,3,4,9,6,12}) → 0.91146
recta_de_regresión({1,2,3,2,4,5,8} ,{-1,2,3,4,9,6,12}) → y1=1.6907·x1-1.0381
rec=y1=1.6907·x1-1.0381 → y1=1.6907·x1-1.0381
representar(rec) → tablero1
```

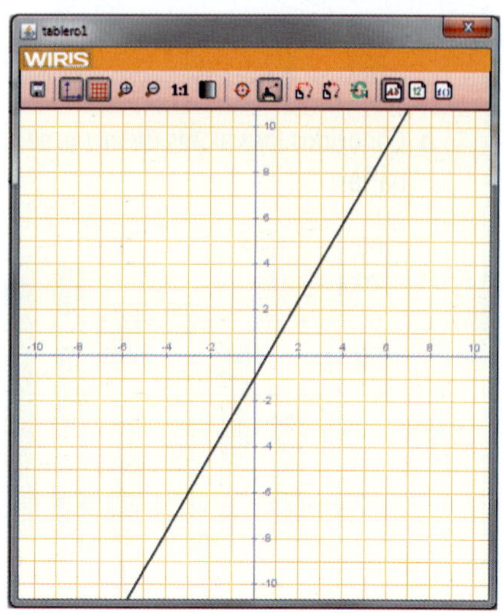

En la figura del margen se observa la recta de regresión correspondiente a las parejas de datos (1 , –1), (2 , 2), (3 , 3), (2 , 4), (4 , 9), (5 , 6) y (8 , 12).

1 La siguiente tabla presenta los 500 datos de una determinada distribución estadística:

Valor	1	2	3	4	5	6	7	8	9	10
Frecuencia	35	55	65	m	72	70	64	n	22	30

a. Calcula las frecuencias que faltan, sabiendo que la media aritmética de la distribución es 5,004.

b. Construye el diagrama de barras correspondiente.

a. En primer lugar, se considera que la suma de las frecuencias absolutas debe ser igual al número total de datos:

$$\sum_{i=1}^{N} n_i = N$$

Según se indica en el enunciado, el número total de datos asciende a 500, por lo que se debe verificar que:

$$35 + 55 + 65 + m + 72 + 70 + 64 + n + 22 + 30 = 500$$

Agrupando las frecuencias desconocidas en un miembro de la igualdad y las conocidas en el otro miembro, se obtiene la siguiente ecuación:

$$m + n = 500 - (35 + 55 + 65 + 72 + 70 + 64 + 22 + 30) =$$
$$= 500 - 413 = 87$$

De la definición de media aritmética se tiene que:

$$\bar{x} = \frac{\sum_{i=1}^{N} x_i \cdot n_i}{N} \Rightarrow \bar{x}\,N = \sum_{i=1}^{N} x_i \cdot n_i$$

En este caso, dado que la media de la distribución es 5,004, resulta:

$$5{,}004 \cdot 500 = 1 \cdot 35 + 2 \cdot 55 + 3 \cdot 65 + 4m + 5 \cdot 72 +$$
$$+ 6 \cdot 70 + 7 \cdot 64 + 8n + 9 \cdot 22 + 10 \cdot 30$$

Agrupando y transponiendo términos, la expresión anterior queda como:

$$4m + 8n = 436$$

Con esto, se tienen un sistema de dos ecuaciones con dos incógnitas que, al resolverlo, proporciona los valores de *m* y *n*:

$$\begin{cases} m + n = 87 \\ 4m + 8n = 436 = 0 \end{cases} \Rightarrow n = 22,\ m = 65$$

b. Conocidos los valores de *m* y *n*, se construye el diagrama de barras:

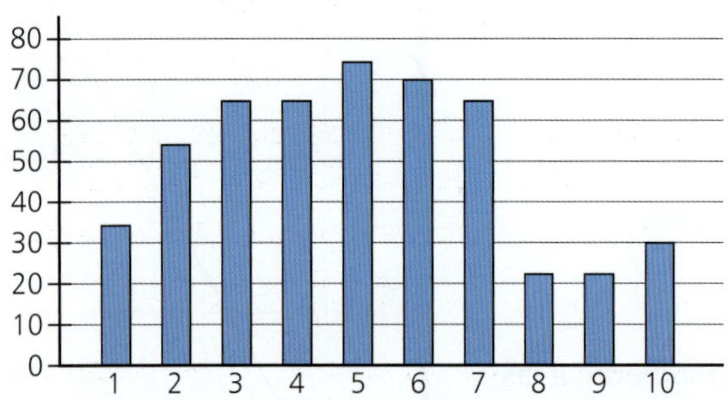

2 La siguiente tabla recoge las notas que obtuvieron varios alumnos en un examen de estadística:

Nota	1	2	3	4	5	6	7	8	9	10
Frecuencia	3	1	2	2	7	8	14	6	4	3

a. Añade a la tabla las frecuencias acumuladas.

b. Calcula las medidas de centralización: media aritmética, moda y mediana.

c. Calcula las medidas de dispersión: varianza, desviación típica y rango.

a. La tabla recoge las notas obtenidas por los alumnos dispuestas en orden creciente y las frecuencias absolutas correspondientes. Como se observa, se trata de una distribución de datos de variable cuantitativa discreta.

La frecuencia acumulada de cada dato se calcula sumando a su frecuencia absoluta la frecuencia absoluta de los datos anteriores. Por tanto, la tabla queda de la siguiente manera:

Nota	Frecuencia absoluta	Frecuencia acumulada
1	3	3
2	1	4
3	2	6
4	2	8
5	7	15
6	8	23
7	14	37
8	6	43
9	4	47
10	3	50
Totales	**50**	

b. Para calcular las medidas de centralización, se añade una nueva columna que contiene el producto de cada dato por su frecuencia absoluta, $x_i \cdot n_i$.

	A	B	C	D
1	Nota	Frec. absoluta	Frec. acumulada	$x_i \cdot n_i$
2	1	3	3	3
3	2	1	4	2
4	3	2	6	6
5	4	2	8	8
6	5	7	15	35
7	6	8	23	48
8	7	14	37	98
9	8	6	43	48
10	9	4	47	36
11	10	3	50	30
12	Totales	50		314

Para poder identificar correctamente los datos a la hora de calcular las medidas de centralización, se han encabezado las filas y las columnas de la tabla como si se tratase de una hoja de cálculo. Como puede observarse, la fila 12 contiene los totales de algunas columnas.

La media aritmética se define como: $\bar{x} = \dfrac{\sum_{i=1}^{N} x_i \cdot n_i}{N}$

En el caso que nos ocupa, corresponde al cociente del contenido de la casilla D12 entre el contenido de la casilla B12:

$$\bar{x} = \frac{\sum_{i=1}^{N} x_i \cdot n_i}{N} = \frac{D12}{B12} = 6,28$$

La moda es la nota con mayor frecuencia absoluta, es decir, 7, a la que corresponde una frecuencia de 14. La distribución es unimodal, pues ningún otro valor alcanza esta frecuencia.

Como el número total de datos es par, la mediana se halla calculando la media aritmética de los datos que ocupan las posiciones 25 y 26 una vez ordenados estos. Para determinar que datos ocupan estas posiciones, hay que fijarse en la columna de las frecuencias acumuladas. Como se observa, las frecuencias acumuladas 25 y 26 corresponden a la nota de valor 7, que es, por tanto, el valor de la mediana.

c. Para calcular las medias de dispersión, se añade una nueva columna a la tabla. Esta última columna contiene el producto del cuadrado de cada dato por su frecuencia, $x_i^2 \cdot n_i$, lo que representa un cálculo previo al cálculo de la varianza y la desviación típica.

La expresión general para el cálculo de la varianza es:

$$S^2 = \frac{\sum x_i^2 \cdot n_i}{N} - \bar{x}^2$$

En este caso, se puede expresar como: $\dfrac{E12}{B12} - \bar{x}^2 = 4,84$

La desviación típica es la raíz cuadrada de la varianza; por tanto: $s = 2,20$

En cuanto al rango, se obtiene restando los valores extremos de la distribución: rango = 10 – 1 = 9

3 A partir de los datos hallados en la actividad 2, calcula:

a. El primero, segundo y tercer cuartil.

b. El cuarto y el séptimo decil.

c. El 28.º y 86.º percentil.

Los cuartiles, deciles y percentiles son lo que se conoce como medidas de posición. Estas medidas dividen la distribución de datos en cuatro, diez o cien partes, respectivamente, formadas por el mismo número de elementos, y proporcionan información sobre cómo se distribuyen dichos datos.

Así, por ejemplo, por debajo del primer cuartil se encuentra el 25 % de los datos de la distribución; por debajo del segundo cuartil, el 50 %, y por debajo del tercer cuartil, el 75 %. Análogamente, por debajo del 4.º decil se encuentra el 40 % de los datos, y por debajo del 68.º percentil, el 68 %.

a. Para calcular los cuartiles, lo primero que hay que hacer es agrupar los 50 datos de que se dispone en cuatro partes con el mismo número de elementos.

El número de elementos incluidos dentro del primer cuartil es:

$$50 \cdot \frac{1}{4} = 12,5$$

Ahora, se busca en la tabla de frecuencias el valor al que le corresponde una frecuencia absoluta acumulada igual a 13 (el valor entero más próximo a 12,5). Como se observa, tal valor se encuentra en la sexta fila y corresponde a una nota igual a 5. Este valor es el primer cuartil: $Q_1 = 5$

Para determinar el segundo cuartil, no se requiere realizar cálculo alguno, pues coincide con la mediana, previamente hallada. Por tanto: $Q_2 = 7$

Para encontrar el tercer cuartil, hay que buscar en la columna de las frecuencias acumuladas el valor al que le corresponde la frecuencia:

$$50 \cdot \frac{3}{4} = 37,5$$

Tal frecuencia acumulada se contempla en la novena fila de la tabla de frecuencias, y corresponde a una nota igual a 8. Por tanto, el tercer cuartil es: $Q_3 = 8$

b. Los deciles dividen la distribución en diez partes iguales.

El número de elementos incluidos en el cuarto decil es:

$$50 \cdot \frac{4}{10} = 20$$

Para encontrar este decil, se busca el dato cuya frecuencia acumulada es 20. Como se observa, esta frecuencia acumulada corresponde a una nota igual a 6. Así pues: $D_4 = 6$

La frecuencia absoluta correspondiente al séptimo decil es:

$$50 \cdot \frac{7}{10} = 35$$

Tal frecuencia corresponde a una nota igual a 7. Por tanto: $D_7 = 7$

c. Los percentiles dividen la distribución en cien partes. El número de elementos que incluye el 28.º percentil es:

$$50 \cdot \frac{28}{100} = 14$$

La tabla de frecuencias muestra que esta frecuencia acumulada corresponde a una nota de 5: $P_{28} = 5$

El número de elementos que incluye el 86.º percentil es:

$$50 \cdot \frac{86}{100} = 43$$

Como se observa en la tabla, esta frecuencia acumulada corresponde a una nota igual a 8. Así pues: $P_{86} = 8$

4 Un pediatra registró el peso de 200 niños y construyó el siguiente histograma con los datos recopilados:

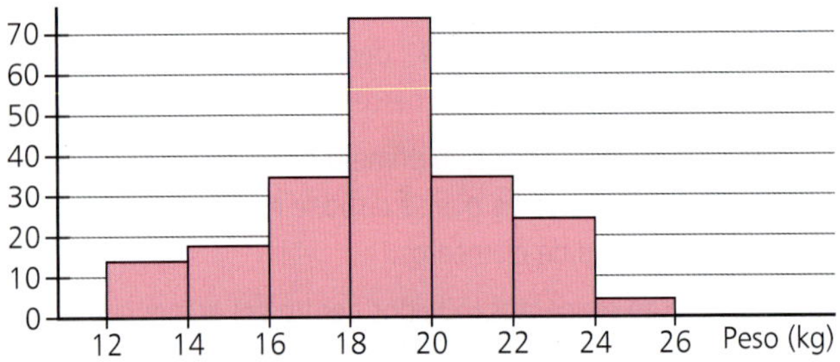

a. **Construye la tabla de frecuencias acumuladas que corresponde al histograma y añade las columnas necesarias para el cálculo de la varianza y la desviación típica.**

b. **Calcula las medidas de centralización: media aritmética, moda y mediana.**

c. **Calcula las medidas de dispersión: rango, desviación típica y varianza.**

a. Nos encontramos antes una distribución de datos de variable cuantitativa continua. La forma de trabajar con este tipo de distribuciones varía con respecto a lo que se ha visto con distribuciones de variable discreta.

El histograma muestra las clases en que se han agrupado los datos y las frecuencias de dichas clases, pero no proporciona información sobre datos concretos ni sobre las frecuencias de estos datos. Para poder operar numéricamente con estas agrupaciones, hay que añadir una columna con las marcas de clase de cada una de las clases, es decir, con las medias aritméticas de los extremos de cada clase. Una vez calculadas las marcas de clase, m_i, cabe añadir las columnas de las frecuencias absolutas, las frecuencias acumuladas, el producto de las marcas de clase por sus frecuencias absolutas respectivas, $m_i \cdot n_i$, y el producto de las marcas de clase al cuadrado por sus frecuencias absolutas correspondientes, $m_i^2 \cdot n_i$.

Clase	Marca de clase	Frecuencia absoluta	Frecuencia acumulada	$m_i \cdot n_i$	$m_i^2 \cdot n_i$
[12-14)	13	14	14	182	2366
[14-16)	15	18	32	270	4050
[16-18)	17	34	66	578	9826
[18-20)	19	72	138	1368	25992
[20-22)	21	34	172	714	14994
[22-24)	23	24	196	552	12696
[24-26]	25	4	200	100	2500
Totales		**200**		**3764**	**72424**

b. La media aritmética se calcula del siguiente modo:

$$\bar{x} = \sum_{i=1}^{N} \frac{x_i \cdot m_i}{N} = \frac{3764}{200} = 18,82$$

La moda corresponde a la clase con mayor frecuencia absoluta. Por tanto, la clase modal es [18-20). La distribución es unimodal, pues ningún otro valor alcanza esta frecuencia.

La mediana es la clase que ocupa la posición central de la distribución, es decir, [18-20).

Cabe señalar que, aunque en este caso la moda y la mediana se han definido según la clase, también pueden expresarse en función de la marca de clase.

c. La expresión general para el cálculo de la varianza es:

$$S^2 = \frac{\sum x_i^2 \cdot m_i}{N} - \bar{x}^2$$

En el caso que nos ocupa, sustituyendo los términos, se obtiene:

$$S^2 = \frac{\sum x_i^2 \cdot m_i}{N} - \bar{x}^2 = \frac{72\,424}{200} - 18,82^2 = 7,93$$

De esta manera, la desviación típica es 2,82, y la desviación media, 2,12.

El rango, en general, se calcula como la diferencia entre los extremos superior e inferior de la distribución. Sin embargo, en el caso que nos ocupa, el histograma no proporciona información sobre los extremos reales de la distribución; por ello, se calcula el rango a partir de la diferencia entre las marcas de clase de los intervalos que ocupan los extremos de la distribución. Así, se tiene que: rango = 26 − 12 = 14

5 Considera la siguiente distribución de datos:

x	9	5	5	4	3	5	2	2	8	1
y	2	7	3	2	4	5	9	2	4	1

a. **Construye el diagrama de dispersión o de nube de puntos e indica si existe correlación entre las dos variables.**

b. **Construye una tabla de frecuencias y complétala con las columnas que sean necesarias para el cálculo de las medias, varianzas y covarianzas, así como del coeficiente de correlación. Interpreta el coeficiente de correlación obtenido. ¿Tendría sentido la determinación de la recta de regresión?**

a. Al representar los datos recogidos en la tabla, se obtiene el diagrama de dispersión adjunto. El gráfico obtenido parece mostrar una muy débil correlación positiva en los puntos más cercanos al origen de coordenadas; sin embargo, la nube se abre conforme aumentan los valores de x, sin llegar a observarse una tendencia clara, ya sea lineal o curvilínea. Si se calculara el coeficiente de correlación, se obtendría, con toda seguridad, un valor mucho más cercano al cero que al uno.

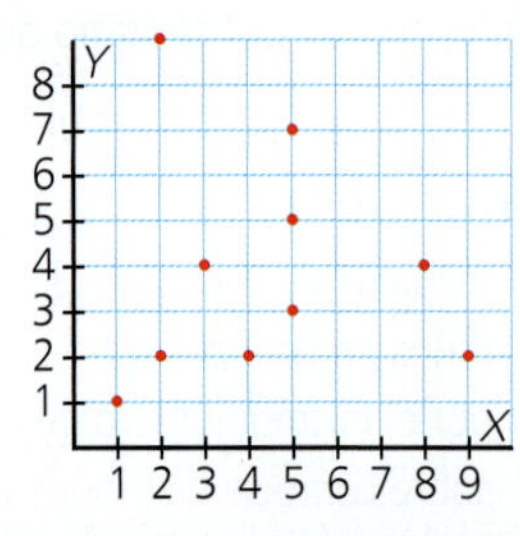

b. N.º DATOS: 10

x_i	y_i	x_i^2	y_i^2	$x_i \cdot y_i$
9	2	81	4	18
5	7	25	49	35
5	3	25	9	15
4	2	16	4	8
3	4	9	16	12
5	5	25	25	25
2	9	4	81	18
2	2	4	4	4
8	4	64	16	32
1	1	1	1	1
44	**39**	**254**	**209**	**168**

A partir de la tabla, se calculan las medidas de centralización y dispersión:

Medias: $\bar{x} = \frac{44}{10} = 4,4$; $\bar{y} = \frac{39}{10} = 3,9$

Desviaciones típicas:

$$S_x = \sqrt{\frac{254}{10} - 4,4^2} = 2,46;\ S_y = \sqrt{\frac{209}{10} - 3,9^2} = 2,39$$

Covarianza: $S_{xy} = \frac{168}{10} - 4,4 \cdot 3,9 = -036$

Coeficiente de correlación: $r = \frac{-0,36}{2,46 \cdot 2,39} = -0,06$

El coeficiente obtenido es prácticamente nulo. Eso indica que la correlación entre las variables no existe, es decir, las variables no están relacionadas. De ello se deriva que la recta de regresión no tiene, en este caso, valor de predicción.

6 **Una empresa de transporte pretende averiguar si el número de accidentes que sufren los vehículos de su flota está relacionado con el exceso de velocidad. Para analizar este supuesto, instala unos dispositivos de detección de velocidad en sus vehículos y analiza los datos registrados durante 7 días.**

Variable *x*: n.º accidentes	6	8	7	3	2	10	5
Variable *y*: n.º vehículos que exceden el límite de velocidad	16	19	14	12	11	19	13

a. Elabora una tabla con los datos de interés para el cálculo.

b. Calcula la media aritmética, la varianza y la desviación típica de cada variable.

c. Halla la covarianza.

d. Calcula el coeficiente de correlación lineal.

e. Halla la recta de regresión.

f. Si un día determinado se han producido 8 accidentes, ¿cuántos vehículos de la flota han excedido los límites de velocidad permitidos?

g. ¿Es fiable la predicción hecha en el apartado anterior?

a. A partir de los datos proporcionados en el enunciado del problema y siguiendo el esquema visto en las actividades referentes a estadística unidimensional, se construye la tabla que se muestra a continuación:

N.º DATOS: 7

x_i	y_i	x_i^2	y_i^2	$x_i \cdot y_i$
6	16	36	256	96
8	19	64	361	152
7	14	49	196	98
3	12	9	144	36
2	11	4	121	22
10	19	100	361	190
5	13	25	169	65
41	**104**	**287**	**1068**	**659**

b. y **c.** Las medidas de centralización y de dispersión se calculan a partir de la tabla como se ha visto en las anteriores actividades resueltas:

Medias:

$$\bar{x} = \sum_{i=1}^{N} \frac{x_i \cdot n_i}{N} = \frac{41}{7} = 5,86;\ \bar{y} = \sum_{i=1}^{N} \frac{y_i \cdot n_i}{N} = \frac{104}{7} = 14,86$$

Varianzas y desviaciones:

$$S_x^2 = \frac{\sum x_i^2 \cdot n_i}{N} - \bar{x}^2 = \frac{287}{7} - 5,86^2 = 6,69;\ S_x = \sqrt{6,69} = 2,59$$

$$S_y^2 = \frac{\sum y_i^2 \cdot n_i}{N} - \bar{y}^2 = \frac{1608}{7} - 14,86^2 = 8,98;\ S_y = \sqrt{8,98} = 3$$

Covarianza:

$$S_{xy} = \frac{\sum_{i=1}^{N} x_i \cdot y_i \cdot n_i}{N} - \bar{x} \cdot \bar{y} = \frac{659}{7} - 5,86 \cdot 14,86 = 7,12$$

d. Conocidas las varianzas y la covarianza, se determina el coeficiente de correlación lineal:

$$r = \frac{S_{xy}}{S_x \cdot S_y} = \frac{7,12}{2,59 \cdot 3} = 0,916$$

El coeficiente es positivo y cercano a uno, lo que indica la existencia de una dependencia lineal entre las dos variables; es decir, el exceso de velocidad está en relación directa con el número de accidentes.

e. La recta de regresión se calcula de este modo:

$$y - \bar{y} = \frac{S_{xy}}{S_x^2} \cdot (x - \bar{x}) \Rightarrow y - 14,86 = \frac{7,12}{6,69} \cdot (x - 5,86)$$

Es decir: $y = 1,064x + 8,623$

f. Si se han producido 8 accidentes, $x = 8$, por lo que se obtiene:

$$y = 1,064 \cdot 8 + 8,623 \approx 17$$

g. La predicción que se ha realizado en el apartado anterior tiene bastante fiabilidad, puesto que el coeficiente de correlación se aproxima a 1. Es decir, existe una correlación lineal positiva fuerte.

1. ¿Qué diferencias existen entre las variables cualitativas y las cuantitativas?

2. Indica si las siguientes variables son cualitativas o cuantitativas:
   a. El color favorito de los jóvenes menores de 30 años.
   b. El número de horas semanales de estudio de los alumnos de secundaria.
   c. Las asignaturas optativas que ofertan los centros.
   d. El número de alumnos por clase en Secundaria.
   e. El número de hospitales en los países europeos.
   f. El número de bares que hay en las ciudades españolas.
   g. Las ciudades preferidas por los turistas.
   h. El número de viajes realizados en los últimos dos años por las familias españolas.
   i. Las horas diarias de conexión a Internet de los alumnos de un instituto.
   j. La talla de calzado de los alumnos de una clase.

3. Se ha preguntado a los alumnos de una clase de Educación Infantil por su fruta preferida y se han obtenido las siguientes respuestas:
   plátano, naranja, pera, plátano, cereza, manzana, manzana, plátano, cereza, pera, plátano, naranja, naranja, cereza, naranja, pera
   a. ¿Cuáles son los valores que toma la variable?
   b. ¿Cuál es la frecuencia absoluta y relativa de cada valor?
   c. Construye el gráfico estadístico adecuado.

4. Se ha realizado una encuesta a los alumnos de una clase de Educación Infantil sobre su color preferido. Los resultados se muestran en el siguiente gráfico:

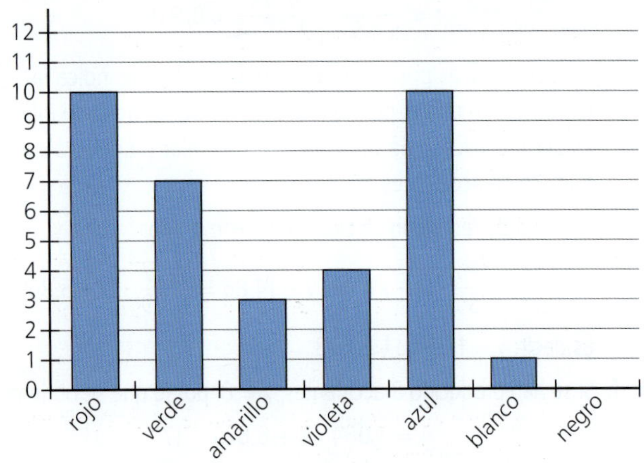

   a. ¿De qué tipo es la variable representada?
   b. ¿Qué valores toma la variable?
   c. ¿Cuál es la frecuencia absoluta y relativa de cada valor?

5. Ojeando la prensa, damos con una tabla en la que se muestran los resultados de una encuesta sobre intención de voto.

	Mujeres	Hombres
Partido A	35 %	33 %
Partido B	29 %	28 %
Partido C	24 %	31 %
NS / NC	12 %	8 %

   a. Comprueba que los datos ofrecidos son correctos y construye un gráfico que muestre la distribución de la intención de voto en porcentajes.
   b. Suponiendo que un 60 % de los encuestados son mujeres, determina los valores totales de intención de voto.

6. Dos niños juegan a tirar un dado. Gana el que con menos tiradas logre sacar dos unos. Las tiradas de los niños se muestran en las tablas adjuntas.

Jugador 1

Puntuación	Frecuencia
1	2
2	3
3	1
4	2
5	1
6	1

Jugador 2

Puntuación	Frecuencia
1	2
2	1
3	1
4	1
5	0
6	1

¿Cuál es la frecuencia absoluta del resultado «sacar dos unos» para cada jugador? ¿Quién ha tenido más suerte?

7. ¿Qué diferencia existe entre las variables cuantitativas discretas y las continuas?

8. ¿Cuál es el número de intervalos recomendado para agrupar los datos de una distribución de variable cuantitativa continua?

9. Indica si las siguientes variables son discretas o continuas:
   a. El número de hijos de las familias españolas.
   b. El número de horas semanales dedicadas al estudio.
   c. El número de alumnos por clase en Bachillerato.
   d. La talla de calzado de los alumnos de una clase.
   e. Los kilogramos de comida vendidos por un almacén.
   f. La superficie de las estancias de un piso.
   g. Las notas obtenidas en un examen que se califica con suspenso, aprobado, notable o sobresaliente.

10 Se ha realizado una encuesta a los alumnos de una clase de 1.º de Bachillerato en la que se les ha preguntado por el número de hermanos que tienen. Los resultados obtenidos han sido los siguientes:

4, 1, 0, 3, 4, 2, 0, 1, 3, 2, 2, 2, 1, 1, 0, 3, 6, 1, 3, 2, 0, 2, 3, 1, 1, 1, 1, 2, 2, 0, 0, 1, 1, 1, 2

a. Identifica de qué tipo es la variable con la que se trabaja.

b. Construye una tabla de frecuencias que muestre las frecuencias absolutas, relativas, relativas expresadas en porcentajes y las acumuladas.

c. Construye un diagrama de barras para las frecuencias absolutas y el gráfico que consideres apropiado para representar las frecuencias relativas expresadas en porcentajes.

11 Se ha realizado una encuesta a los alumnos de una clase de 1.º de Bachillerato para evaluar su estatura promedio. Los resultados obtenidos han sido los siguientes:

1,64; 1,65; 1,73; 1,52; 1,76; 1,56; 1,62; 1,59; 1,63; 1,71; 1,65; 1,85; 1,60; 1,74; 1,58; 1,71; 1,66; 1,84; 1,63; 1,61

a. Identifica de qué tipo es la variable con la que se trabaja.

b. Construye una tabla de frecuencias que muestre las frecuencias absolutas, las relativas, las relativas expresadas en porcentajes y las acumuladas.

c. Construye un diagrama de barras para representar las frecuencias absolutas.

12 ¿Qué informaciones aportan las medidas de centralización? ¿Y las de dispersión?

13 Idea dos ejemplos de distribuciones de datos que tengan las mismas medias aritméticas pero distintas características de dispersión.

14 Calcula las medidas de centralización y dispersión de la siguiente distribución estadística:

Notas	Frecuencia absoluta
12	6
15	18
16	22
17	12
19	6
20	1

15 Un alumno ha obtenido las siguientes calificaciones en cierta asignatura a lo largo del curso:

2, 3, 3, 5, 5, 6, 8, 8, 8, 9

a. Identifica el tipo de variable de que se trata y construye la tabla de frecuencias absolutas y acumuladas correspondiente.

b. Calcula la media aritmética, la moda, la mediana, la desviación típica, la varianza y el rango.

16 Los alumnos de una clase de 1.º de Bachillerato han realizado un examen de Lengua y han obtenido las siguientes calificaciones:

3,5; 3,75; 5,0; 8,5; 9; 3,1; 6,4; 7; 6,7; 7; 4,3; 5,9; 1; 6,2; 2; 6,2; 5,2; 6,4; 8,2; 8,9

Suponiendo que se trata de una variable cuantitativa continua, se pide:

a. La tabla de frecuencias absolutas y acumuladas con los datos agrupados por clases de amplitud 2.

b. La media aritmética, la clase modal, la clase mediana, la desviación típica y la varianza

c. La gráfica de frecuencia absoluta y la de frecuencia acumulada.

17 Realiza la actividad anterior sin agrupar los datos en clases y observa las diferencias en las medidas de dispersión y de centralización. Después, comprueba los resultados que has obtenido con Wiris o GeoGebra.

18 ¿Qué condiciones han de darse para que los resultados de los ejercicios 16 y 17 se acerquen más? ¿Cuál de las dos opciones es la más eficaz?

19 Para los datos del enunciado 15, calcula los cuartiles 1.º, 2.º y 3.º, los deciles 3.º y 6.º y los percentiles 31 y 73. Después, comprueba los resultados que has obtenido con Wiris o GeoGebra.

20 Indica si existe correlación entre las siguientes variables:

a. La altura y la edad.

b. La altura y el peso.

c. La altura y los hábitos alimenticios.

d. La altura y el nivel académico.

e. El número de horas semanales de estudio y el nivel académico.

f. El número de horas semanales dedicadas al ocio y el nivel académico.

21 Interpreta los siguientes valores para el coeficiente de correlación de una distribución bidimensional:

a. $r = -1$

b. $r = -0,2$

c. $r = 0$

d. $r = 0,5$

e. $r = 0,95$

f. $r = 1$

22 Halla una expresión para el coeficiente de correlación lineal en función de las pendientes de las rectas de regresión.

23 La siguiente tabla muestra las calificaciones en Matemáticas y Física de 55 alumnos a lo largo de un curso:

Variable *x* (Matemáticas)	Variable *y* (Física)	Número de alumnos
4	2	3
3	4	5
5	5	7
7	5	8
5	6	14
8	7	12
9	9	4
10	10	2

a. Elabora una tabla de frecuencias con los datos de interés para el cálculo y obtén las medias aritméticas, las varianzas y las desviaciones típicas de cada variable, así como la covarianza.

b. Calcula el coeficiente de correlación lineal y la recta de regresión.

c. Si un alumno obtiene un 6,3 en Matemáticas, ¿qué nota se puede predecir que sacará en Física? ¿Es fiable la predicción?

24 Considera la siguiente distribución bidimensional:

x \ *y*	0	1	2	3	4
0	7	4	0	1	2
1	3	10	8	9	2
2	4	7	12	12	1
3	2	3	6	8	4
4	1	2	8	2	2

a. Elabora una tabla con las distribuciones marginales.

b. Calcula el centro de gravedad, las varianzas y desviaciones y la covarianza.

c. Determina el coeficiente de correlación de Pearson y confirma el tipo de relación existente entre las variables estadísticas.

d. Halla la recta de regresión de *x* sobre *y* e indica si esta es de interés.

Comprueba los resultados que has obtenido con Wiris o GeoGebra.

25 Es evidente que el uso continuado del móvil no beneficia al estudio. Se ha preguntado a 5 alumnos por el número de llamadas que reciben diariamente (variable *x*) y por las horas diarias que dedican al estudio (variable *y*) y se han obtenido estos resultados:

x: n.º de llamadas	0	1	3	4	7
y: horas de estudio	8	7	5	3	2

a. Representa el diagrama de dispersión, calcula el coeficiente de correlación e interpreta la relación existente entre *x* e *y*.

b. Halla la recta de regresión y averigua las horas que dedicará al estudio un alumno que reciba 8 llamadas diarias.

26 Se ha realizado un estudio estadístico para averiguar el tiempo que dedican a repasar las asignaturas los alumnos de 1.º de Bachillerato y la relación que pueda tener este factor con las calificaciones obtenidas a lo largo del curso escolar. El estudio muestra los siguientes resultados:

- El valor promedio de las horas de estudio semanales de los estudiantes de la muestra es de 7,1 h.
- La desviación típica en las horas de estudio es de 0,9 h.
- La nota media obtenida por los estudiantes objeto de estudio es de 5,25.
- La desviación típica en la nota media es de 1,2.
- El coeficiente de correlación entre las horas de estudio y la nota media obtenida es de 0,86.

a. Estima la nota media de un alumno que invierte 10 h semanales en el estudio.

b. Estima la nota media de un alumno que dedica 4 h a estudiar.

27 Ángel ha preguntado a sus amigos por el número de videojuegos que tienen para ordenador y para otras plataformas y ha obtenido los siguientes resultados:

x: ordenador	5	4	5	4	4	3
y: otras plataformas	4	4	5	3	4	3

a. Obtén las dos rectas de regresión.

b. Halla el punto de corte de las rectas de regresión y averigua si coincide con alguno de los valores obtenidos al determinar dichas rectas.

28 Dos variables, *x* e *y*, están relacionadas de forma que las rectas de regresión correspondientes adoptan las siguientes expresiones:

Recta de regresión de *y* sobre *x*: $2x - y = 1$

Recta de regresión de *x* sobre *y*: $2x - 5y = 1$

a. Calcula el coeficiente de correlación e indica si las variables son dependientes.

b. Halla la media de cada variable.

ESTATURA

La estatura media de las chicas de una clase de 1.º de Primaria, en la que hay 25 alumnas, es de 130 cm.

1. Indica la veracidad o falsedad de las siguientes afirmaciones:

a. Si una de las chicas de la clase mide 132 cm, tiene que haber otra que tenga 128 cm de estatura.

b. La estatura de la mayoría de las chicas es de 130 cm.

c. Si se ordenan las niñas de la más alta a la más baja, entonces la estatura de la que ocupa la posición central tiene que ser igual a 130 cm.

d. La mitad de las alumnas de la clase deben medir menos de 130 cm, mientras que la otra mitad ha de medir más de 130 cm.

e. Si la distribución es bimodal, uno de los valores más repetidos debe ser 130 cm.

2. Se ha reparado en que hay un error en la medida de la estatura de una de las alumnas. Se había anotado 120 cm cuando su estatura real es de 145 cm. Subsanado este error de medición, ¿cuál es realmente la estatura media de la clase?

REPRODUCTORES DEFECTUOSOS

La empresa Electrix fabrica dos tipos de equipos electrónicos: reproductores de vídeo y de audio. Los reproductores se prueban al finalizar la producción diaria y se retiran los defectuosos, que son enviados a reparar.

La siguiente tabla muestra el número medio de reproductores de cada tipo que se fabrican al día y el porcentaje medio de reproductores defectuosos.

Tipo de reproductor	Número medio de reproductores	Porcentaje medio de reproductores defectuosos
Reproductores de vídeo	2000	5 %
Reproductores de audio	6000	3 %

1. A continuación, figuran cuatro afirmaciones sobre la producción diaria en la empresa Electrix. Indica si dichas afirmaciones son verdaderas o falsas.

a. Un tercio de los reproductores fabricados diariamente son reproductores de vídeo.

b. En cada lote de 100 reproductores de vídeo fabricados hay exactamente 5 reproductores defectuosos.

c. Si de la producción diaria se elige un reproductor de audio al azar para probarlo, la probabilidad de que tenga que ser reparado es de 0,03.

d. De media, se envían a reparar más reproductores de vídeo al día que de audio.

2. La empresa Tronics también se dedica a la fabricación de reproductores de vídeo y audio, pero en otras cantidades y con otros porcentajes de unidades defectuosas.

- Fabrica 7 000 reproductores de vídeo al día, con un porcentaje medio de reproductores defectuosos del 4 %.
- Fabrica 1 000 reproductores de audio, con un porcentaje medio de unidades defectuosas del 2 %.

¿Cuál de las dos empresas presenta el porcentaje total más bajo de equipos defectuosos?

DIARIO DE APRENDIZAJE

¿Cómo me he sentido en las ocasiones en las que he ayudado a un compañero a entender algún contenido de esta unidad?
¿Y cuando he sido ayudado?

ACTIVIDADES U09, U10, U11, U12 Y U13

1 Indica cuáles de las siguientes gráficas corresponden a funciones:

a.

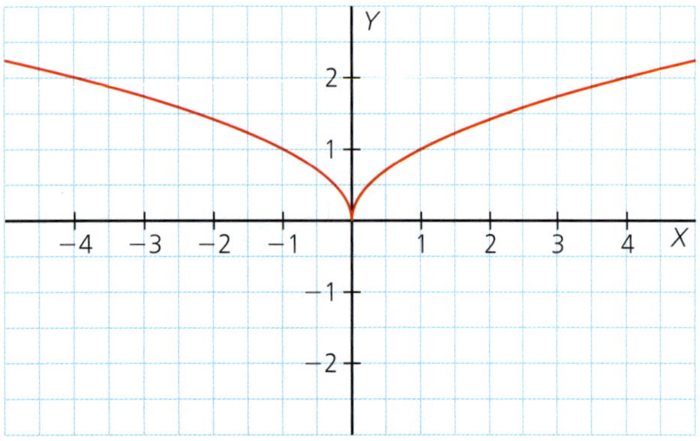

b.

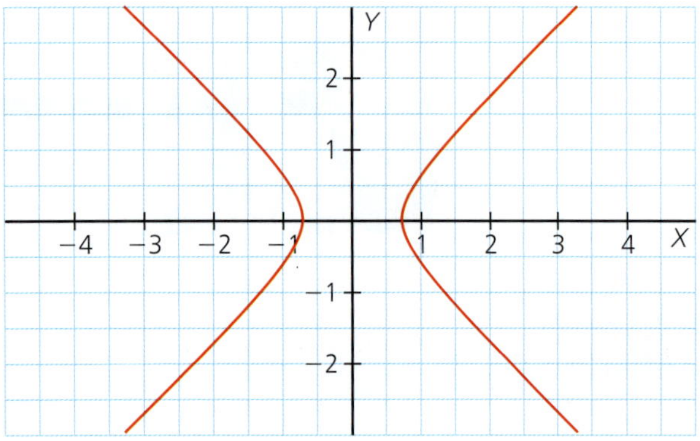

c.

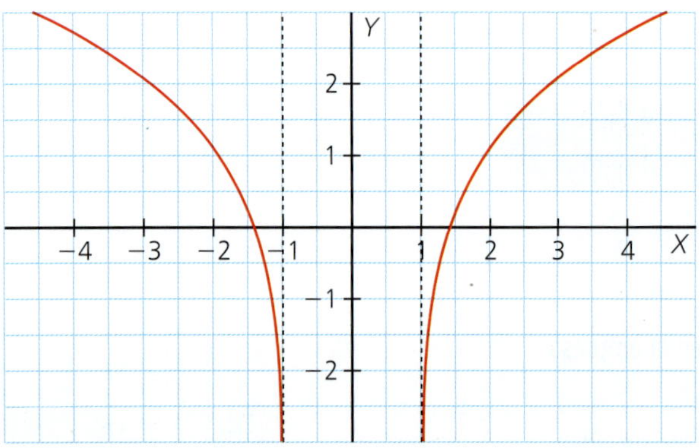

a. Las tres gráficas corresponden a funciones.

b. La segunda gráfica.

c. La tercera gráfica.

2 Considera la siguiente función:

$$f(x) = \frac{k}{ax^2 + bx + c}$$

¿Es posible que una función racional de este tipo tenga por dominio el conjunto $\mathbb{R}$?

a. No, siempre existen dos valores de x que no pertenecen al dominio.

b. Solo si el denominador es un producto notable.

c. Solo si el denominador no tiene raíces.

3 ¿Cuál es el recorrido de la función $f(x) = 1 + \sqrt{2x - 2}$?

a. $\mathbb{R} - \{1\}$

b. $[0, \infty)$

c. $[1, \infty)$

4 Sean las funciones $f(x) = \frac{1}{2x - 4}$ y $g(x) = \sqrt{2x - 2}$. ¿Cuál es el dominio de $(f \circ g)(x)$?

a. $[1, \infty) - \{3\}$

b. $[1, \infty)$

c. $[1, \infty) - \{2\}$

5 Se dice que una función tiene límite cuando $x \to a$ si:

a. El límite es un número finito.

b. Los límites laterales coinciden.

c. Existe f (a).

6 ¿Qué tipo de discontinuidad presenta la función $y = \frac{f(x)}{x - 1}$ en $x = 1$?

a. Depende del valor que tome f (1).

b. De salto infinito.

c. Asintótica.

7 El límite de $f(x) = \sqrt{x^2 + 4x} - \sqrt{x^2 + 1}$ cuando $x \to \infty$ es:

a. ∞

b. 2

c. 1

8 Ell límite de $f(x) = \left(\frac{x + 3}{x - 1}\right)^{2x - 2}$ cuando $x \to \infty$ es:

a. 1

b. e^8

c. e^4

9 Considera la siguiente función:

$$f(x) = \begin{cases} ax - 2 & \text{si } x < 1 \\ x + 1 & \text{si } x \geq 1 \end{cases}$$

El valor de *a* para el que la función es continua es:

a. a = 4

b. a = 2

c. No existe ningún valor de *a* para el que la función sea continua.

10 Determina la recta tangente a $f(x) = x^2 - 3x + 1$ en el punto $x = 2$.

a. $y = -1$

b. $x - y + 3 = 0$

c. $x - y - 3 = 0$

11 Halla el punto de la gráfica de la función $f(x) = x^2 - 4x - 5$ en el que la recta tangente correspondiente es paralela a la recta $r: 4x + 2y + 1 = 0$.

a. $(1, 8)$

b. $\left(1, -\frac{5}{2}\right)$

c. $(2, -9)$

12 La derivada de la función $f(x) = \operatorname{sen}^2 3x$ es:

a. $6 \operatorname{sen} 3x \cdot \cos 3x$

b. $3 \cos^2 3x$

c. $3 \cos^2 3x \cdot \operatorname{sen} 3x$

13 La derivada de la función $f(x) = \ln \sqrt{\frac{2x+2}{x+1}}$ es:

a. $\frac{1}{x+1}$

b. $\frac{1}{2} \ln 2$

c. 0

14 La derivada de la función $f(x) = (\cos 3x)^{2x-2}$ es:

a. $[2 \ln(\cos 3x) - 6 \cdot (x-1) \cdot \operatorname{tg} 3x] \cdot (\cos 3x)^{2x-2}$

b. $(2x - 2) \cdot (\cos 3x)^{2x-1} \cdot \operatorname{sen} 3x$

c. $(\cos 3x)^{2x-2} \cdot \ln \cos 3x$

15 Determina una función racional con asíntotas $y = 1$ y $x = 2$ cuya gráfica no corte el eje X.

a. $y = \frac{1}{x-2}$

b. $y = \frac{x^2+1}{(x-2)^2}$

c. $y = \frac{x+2}{x-2}$

16 Las asíntotas horizontales de la función $f(x) = e^{2x+1}$ son:

a. No tiene asíntotas.

b. $y = 0$

c. $y = e$

17 Halla los máximos y mínimos de $f(x) = \frac{x^2}{x^2+1}$.

a. Mínimo en $(0, 0)$.

b. Máximo en $(0, 0)$.

c. No existe ningún máximo ni ningún mínimo.

18 Halla los máximos y los mínimos de $f(x) = e^x \cdot (x - 2)$.

a. Máximo en $(1, -e)$.

b. Mínimo en $(2, 0)$.

c. Mínimo en $(1, -e)$.

19 ¿Qué coeficiente de correlación corresponde al siguiente diagrama de dispersión?

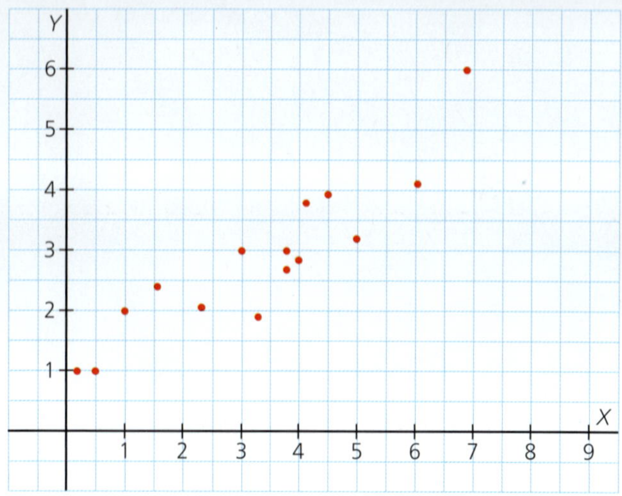

a. 0,9

b. 0,6

c. −0,6

20 ¿Cuál de las siguientes rectas de regresión se corresponde con el anterior diagrama de dispersión?

a. $x - y + 1 = 0$

b. $x + y - 1 = 0$

c. $3x - y + 1 = 0$

somos
#
link